W0253508

Kryptogamenflora
für Anfänger

Eine Einführung
in das Studium der blütenlosen Gewächse
für Studierende und Liebhaber

Begründet von

Prof. Dr. Gustav Lindau †

Fortgesetzt von

Prof. Dr. R. Pilger

Vierter Band, 1. Abteilung

Die Algen

Berlin
Verlag von Julius Springer
1926

Die Algen

Erste Abteilung

Von

Prof. Dr. Gustav Lindau †

Zweite, umgearbeitete
und vermehrte Auflage
von

Dr. Hans Melchior
Assistent am Botan. Museum in Berlin-Dahlem

Mit 489 Figuren auf 16 Tafeln
und 2 Figuren im Text

Berlin
Verlag von Julius Springer
1926

ISBN 978-3-642-98441-9 ISBN 978-3-642-99255-1 (eBook)
DOI 10.1007/978-3-642-99255-1

Softcover reprint of the hardcover 2nd edition 1926

Vorwort zur ersten Auflage.

Obwohl es im ursprünglichen Plane des Werkes lag, die gesamten Algen im 4. Bande darzustellen, so ließ sich dieses Vorhaben nicht verwirklichen, weil die Artenzahl sich als viel höher herausstellte, als die erste Berechnung ergeben hatte. Die Hereinziehung der Flagellaten und die sich notwendig erweisende umfangreichere Behandlung der Bacillariales ließ die Teilung des Bandes als wünschenswert erscheinen, da sonst der Umfang in Mißverhältnis mit den bisher herausgegebenen Bänden gekommen wäre. Deshalb wird diese 1. Abteilung nur die Cyanophyceen, Flagellaten, Dinoflagellaten und Bacillariales bringen, während alle übrigen Gruppen der 2. Abteilung vorbehalten werden, die dann die Grünalgen und Meeresalgen umfassen soll. Auch der Umfang der Abbildungen mußte bedeutend erweitert werden, weil sich durch reicheres Figurenmaterial die Bestimmung der schwierigen Gruppen erleichtern ließ, was durch etwa erweiterten Text für den Anfänger nicht ermöglicht werden konnte.

Das Studium der Algen liegt in Deutschland darnieder. Wenn sich auch einige hervorragende Forscher mit diesen ebenso interessanten wie zierlichen Organismen beschäftigen, so gibt es leider heutzutage im Gegensatz zu früher nur wenige Sammler und Liebhaber, welche sich der floristischen Erforschung der einzelnen Landesteile, die noch außerordentlich viel zu bieten vermag, intensiver widmen. Weite Teile unseres Vaterlandes sind fast völlig unbekannt. Zu diesem beklagenswerten Tiefstand der Algenforschung mag außer der großen Schwierigkeit, die einzelnen Formen entwicklungsgeschichtlich zu verfolgen, auch die außerordentliche Zerstreutheit der Literatur beitragen, die es nur wenigen, an Zentralpunkten tätigen Forschern ermöglicht, sie zu verfolgen oder zum Vergleich herbeizuschaffen. Seit der Zusammenfassung der Binnenlandalgen durch Rabenhorst ist fast ein halbes Jahrhundert verflossen, und seitdem hat niemand wieder versucht, durch selbständige Forschung und Beobachtung geleitet, ein ähnliches zusammenfassendes Werk zu schreiben. Bei aller Achtung vor der Kenntnis und Kritik Migulas kann doch sein mühevolles Werk nur als ein Ausgangspunkt für eine spätere umfassende Algenflora Mitteleuropas gelten.

Wenn ich deshalb mit schweren Bedenken diesen Band der Anfängerflora der Öffentlichkeit unterbreite, so verhehle ich mir die große Schwierigkeit des Unternehmens nicht, aber es mag dies als ein erster Versuch gelten, die Algenwelt den Liebhabern und Studierenden in einer wohlfeilen Ausgabe vorzuführen. Einen Anspruch auf kritische Bearbeitung zu erheben, bin ich weit entfernt, denn dazu würde ein Menschenalter selbständigen Forschens und Beobachtens gehören. Deshalb habe ich mich mehr als bei den anderen von mir verfaßten Bänden auf frühere Zusammenstellungen und Bearbeitungen stützen müssen. Sollte ich aber durch diese Arbeit neuen Anstoß für die in der Diaspora sitzenden Sammler und Beobachter geben können, sich dieser vernachlässigten Klasse der Kryptogamen anzunehmen, so würde der Zweck der Mühe erfüllt sein.

Das behandelte Gebiet ist dasselbe wie früher, aber ich mußte mir noch größere Beschränkung in der Auswahl auferlegen, weil sehr viele Arten nur von einem einzigen Standort bisher bekannt geworden sind. Im allgemeinen habe ich die gut beschriebenen Arten von Deutschland berücksichtigt, aber von den Alpen und Böhmen konnte ich leider nicht alles aufnehmen, namentlich dann nicht, wenn die Hauptart außerhalb des Gebietes vorkommt und nur eine Varietät im Gebiete beobachtet wurde. Ich glaube aber kaum, daß dies dem Buche zum Schaden gereichen wird, da es besser ist, dem Anfänger nur die gut bekannten und mehrmals beobachteten Formen vorzuführen, als ihm einen großen Wust von kritischen und wenig bekannten Arten zu unterbreiten. Möge deshalb die Kritik diese Darlegung berücksichtigen, um zu einer gerechten Beurteilung zu kommen.

Wie bisher, so hat auch diesmal Herr Pohl die Zeichnungen mit bekannter Meisterschaft nach meinen Angaben ausgeführt. Dem Verlage schulde ich für das bereitwillige Eingehen auf meine Vorschläge zur Teilung des Bandes und für die vortreffliche Ausstattung meinen besonderen Dank.

Berlin-Lichterfelde, im Februar 1914.

G. Lindau.

Vorwort zur zweiten Auflage.

Seit dem Erscheinen der ersten Auflage dieses Buches sind zwölf Jahre verstrichen, ein Zeitraum, in dem sich die „Lindausche Kryptogamenflora“ und speziell auch die Algenbände bewährt und allgemeine Anerkennung gefunden haben. Für die rege Nachfrage, die gerade für das vorliegende Bestimmungsbuch über Blaualgen, Flagellaten und Diatomeen vorhanden ist, spricht vor allem die Tatsache, daß es schon im vorigen Jahre vollständig vergriffen war. Als daher der Herr Verleger an mich mit der Bitte herantrat, das damals von Herrn Prof. Lindau herausgegebene Buch für die Neuauflage zu bearbeiten, habe ich diesem Anerbieten gern Folge gegeben.

Wenn auch die Systematik der Algologie heute gegenüber anderen Disziplinen der botanischen Wissenschaft etwas in den Hintergrund getreten ist, so ist doch in den letzten zwölf Jahren von vielen Seiten eifrig an der Erweiterung und Vertiefung unserer diesbezüglichen Kenntnisse gearbeitet worden. Gerade in letzter Zeit sind manche Gruppen wie die Blaualgen, Flagellaten und Dinoflagellaten Gegenstand umfangreicher Studien gewesen, wobei die allgemeinen systematischen Gesichtspunkte und die Einteilung dieser Gruppen teilweise recht wesentliche Änderungen erfahren haben, die in der vorliegenden Auflage berücksichtigt werden mußten. Auch war es notwendig, die Gruppierung der Diatomeen unseren heutigen Kenntnissen anzupassen.

Daneben erwies es sich als erforderlich, die aufgenommenen Arten einer genauen Revision zu unterziehen. Manche konnten fortfallen oder zusammengezogen werden, andere wiederum mußten notwendigerweise hinzugefügt werden. Die Bestimmungstabellen selbst mußten revidiert und z. T. umgearbeitet werden. Innerhalb der Gattungen habe ich mehr Wert auf die Hervorhebung der Untergattungen bzw. Sektionen gelegt, als es bisher geschehen war. Ich ging dabei von der Erwägung aus, daß besonders für den Anfänger ein Einblick in die Formenkreise notwendiger ist als die Feststellung der einzelnen Arten.

Bezüglich der Figuren hätte ich gern noch manche Abbildung aufgenommen, doch mußte ich mich mit dem vorhandenen Raum begnügen. Die Tafel VIII wurde jedoch zum großen Teil neu gezeichnet und erweitert, da die bisherigen Figuren nicht mehr unseren heutigen Kenntnissen entsprachen. Aus demselben Grunde mußten auch einige andere Figuren durch neue ersetzt werden.

Um die Brauchbarkeit und die leichte Benutzbarkeit des vorliegenden Buches zu erhöhen, habe ich die Tafeln an den Schluß des Bandes gestellt und ihnen außerdem besondere Figurenerklärungen beigefügt. Es kommt dadurch viel zeitraubendes Nachschlagen bei der Namensfeststellung einer Figur in Fortfall und außerdem ist durch diese Anordnung eine im Text angeführte Figur leichter und schneller aufzufinden als es bisher der Fall war.

Wenn auch, wie bereits oben erwähnt wurde, die Beschäftigung mit den Algen gegenüber früheren Zeiten etwas zurückgegangen ist, so hat es doch gerade jetzt den Anschein, als ob ein neuer Aufschwung in dieser Beziehung stattfindet. Möge das vorliegende Buch hierzu beitragen und das Eindringen in das Studium und in die außerordentliche Formenmannigfaltigkeit dieser so interessanten und anziehenden Organismen erleichtern. Möge der zweiten Auflage derselbe Erfolg wie der ersten beschieden sein!

Berlin-Halensee, im Juli 1926.

H. Melchior.

Inhaltsverzeichnis.

A. Allgemeiner Teil.

B. Systematischer Teil.

A. Allgemeiner Teil.

1. Allgemeines.

Unter der allgemeinen Bezeichnung „Algen" versteht man sehr heterogene Gruppen der Thallophyten. Ein gemeinsames entwicklungsgeschichtliches Merkmal hält sie nicht zusammen, denn wir werden sehen, daß die Entwicklung der einzelnen Abteilungen sehr verschieden verläuft. Wenn wir hier aber unter dem Allgemeinnamen „Algen" alle diese Organismen vereinigen, so folgen wir damit nur einer alten Gewohnheit; höchstens könnte man die Flagellaten und Dinoflagellaten, die früher gewöhnlich zu den Protozoen gerechnet wurden, als etwas nicht hierher Gehöriges ansehen. Aber ihre Einfügung in die Algen dürfte jetzt ganz allgemein angenommen werden.

Wir können unter Algen alle diejenigen Thallophyten zusammenfassen, welche Chlorophyll enthalten. Allerdings ist es nicht immer rein in den Chromatophoren vorhanden, wie bei den Conjugaten, Chlorophyceen und Charophyten, sondern häufig findet es sich durch andere Farbstoffe verdeckt, wie bei den Schizophyceen, Bacillariales, Phaeophyceen und Rhodophyceen. Nicht alle Flagellaten haben Chlorophyll, aber die wenigen Familien, denen es fehlt, gehören so eng mit den übrigen zusammen, daß eine Trennung unmöglich erscheint. Dasselbe gilt von den farblosen Dinoflagellaten und Chlorophyceen.

Phylogenetisch betrachtet gehören die Algen sehr verschiedenen Stämmen an. Die Schizophyceen (Cyanophyceen) stellen eine Gruppe dar, die sich durch das Fehlen eines Kernes sowie durch primitive Organisation der anderen Zellbestandteile auszeichnet und die man daher oft mit den Schizomyceten (Bakterien) zusammen zu der Abteilung der Schizophyta vereinigt. Die Flagellaten bilden wieder einen besonderen Stamm, der sich nach oben hin bis in die Chlorophyceen fortsetzt. Durch ihre Schalenstruktur und Ausgestaltung des Geißelapparates unterscheiden sich davon die Dinoflagellaten, die sonst mit den Flagellaten und zwar speziell mit den Cryptomonadalen viele Berührungspunkte haben und sich phylogenetisch an diese Gruppe unter den Flagellaten anzuschließen scheinen. Die Bacillariales zeigen eine so eigenartige Ausbildung durch den Bau ihrer Schalen und durch die Auxosporenbildung, daß ihr Anschluß nach unten noch recht ungewiß ist; sie stellen ebenso wie die Dinoflagellaten einen nach oben tot endigenden Ast der Entwicklungsreihe dar. Ebenso ungewiß bleibt der Anschluß der Conjugaten, während die niederen

Familien der Chlorophyceen wieder Anklänge an die Flagellaten aufweisen. Die Charophyten bleiben in ihrer Herkunft ebenfalls dunkel; sie sind ihrer ganzen Organisation nach eine sehr isoliert stehende Gruppe. Von den als „Meeresalgen" zusammengefaßten Klassen schließen sich die Phaeophyceen nach unten zu an die Flagellaten an. Wo dagegen die Rhodophyceen anzureihen sind, ist noch gänzlich ungewiß.

Die Unterscheidung der einzelnen Klassen läßt sich zwar in Definitionen fassen, aber dem Anfänger wird es nicht leicht werden, sich daraus ein vollständiges Bild zu machen. Deshalb möge das Betrachten der Figuren ihm ein zuverlässigerer Führer sein als die Diagnosen. Er wird nach kurzer Zeit darüber orientiert sein, wenn es ihm auch anfangs schwierig sein wird, gewisse Schizophyceen, Conjugaten und Chlorophyceen mit Sicherheit auf den ersten Blick unterzubringen.

2. Vorkommen und Sammeln.

Die meisten Algen sind Wasserbewohner oder leben an feuchten Standorten. Nur verhältnismäßig wenige können in ihrem vegetativen Zustande ein Austrocknen und Wiederaufleben durch Feuchtigkeit vertragen, wie so manche Bewohner von Baumrinden, Felsen oder Erde. Meist werden unter ungünstigen Bedingungen Dauerformen ausgebildet, auf die bei den einzelnen Abteilungen verwiesen sei.

Der Algensammler möge in erster Linie die Gewässer absuchen. Hat er in seiner Nähe Tümpel oder kleinere Seen, so werden sie ihm reiche Ausbeute zu jeder Jahreszeit gewähren. Besonders achte man auf kleinere Wasseransammlungen, die oft innerhalb weniger Tage eine reiche Flora entstehen lassen, so besonders Regenpfützen, Wassertonnen, Bassins in Gewächshäusern und ähnliche Standorte. Die größeren Wasseransammlungen bieten eine meist sehr verschiedenartige Zusammensetzung der Flora: Teiche im Walde oder auf dem Felde, Altwässer, größere Seen, Bäche, Quellbassins, Flüsse bergen eine Fülle von Arten, die nach der Jahreszeit außerordentlich wechseln können. Besonders zu beachten sind auch die Hochmoore, die eine eigene und sehr interessante Pflanzengemeinschaft beherbergen. Die Erwärmung des Wassers spielt eine große Rolle für das Auftreten gewisser Arten; so sind flache Gewässer anders bevölkert als tiefe, kalte Quellen sehr verschieden von warmen. Daß der Salzgehalt oder Kalkgehalt ebenfalls sehr zu beachten ist, sei ganz besonders erwähnt. Dabei ist wieder zu unterscheiden zwischen Brack- und Meerwasser. Kurz es bietet sich für die Art der Wasseransammlung und für die Beschaffenheit des Wassers eine solche Fülle von Verschiedenheiten, daß es nicht möglich ist, hier alle Kombinationen aufzuzählen. Jedenfalls ist es notwendig, daß man beim Sammeln darauf ein ganz besonderes Augenmerk richtet, weil damit häufig für die vorherige Beurteilung der aufzufindenden Organismen ein ganz besonderer Fingerzeig gegeben wird. Man wird durch einige Übung bald selbst auf diese Verhältnisse aufmerksam werden und sie zu unterscheiden lernen.

Bei der Wasserflora muß in ganz besonders sorgfältiger Weise darauf geachtet werden, welche Arten sich im Wasser schwebend erhalten (Plankton) und welche am Grunde oder an Pfählen, Steinen, Wasserpflanzen festsitzen (Benthos). Mit dem Plankton wollen wir uns weiter unten beschäftigen, da dessen Einsammlung besonderer Vorrichtungen bedarf. Die festsitzenden Arten dagegen können entweder vom Substrat abgehoben oder abgekratzt werden, oder sie werden mit dem Substrat eingesammelt. Auch hierfür hat man besondere Apparate konstruiert, die nachher berücksichtigt werden sollen.

Eine ebenso reiche Ausbeute gewähren auch die nicht im Wasser befindlichen Substrate. So achte man ganz besonders auf die Ränder der Wasseransammlungen, besonders wenn sie ständig feucht sind, also auf alle flachen Stellen, die unter Umständen überspült werden, auf periodisch überrieselte Steine, feuchte Felswände, die durch Sickerwasser benetzt werden. Ferner sind zu beachten periodisch eintrocknende Pfützen auf Heiden oder im Walde, besonders wenn sie schattig liegen. Außerdem sind die Baumrinden, besonders rissige und häufig vom Regen benetzte, auf der Wetterseite abzusuchen, wo sich Algen in grünen oder braunroten Überzügen finden. Der Grund von dickeren Stämmen beherbergt ebenfalls bestimmte Arten. Feucht liegende Knochen, Steine, Moospolster, besonders Sphagnum, Laub, ja sogar Zeugfetzen oder Federn und ähnliche ausgefallene Substrate sind sorgfältig zu beachten. Sobald man erst einige Übung in der Beurteilung der Standorte erlangt hat, wird man immer neue Funde machen und besonders auf gewisse Spezialitäten der Schizophyceen und Bacillariales stoßen. Wer Gelegenheit hat, Gewächshäuser zu durchmustern, besonders Warmhäuser, der wird auf der Erde und an der Außenwand der Blumentöpfe, an den Glasscheiben und Holzverkleidungen, auf den größeren immergrünen Blättern und an den feuchten Wänden eine Fülle von interessanten Arten einsammeln können.

Für das Sammeln von Algen bedarf es mannigfacher Apparate, die man sich zum Teil selbst anfertigen, zum Teil aber fertig von Handlungen beziehen kann. Ich möchte für diejenigen, die nicht in größeren Orten wohnen, als Bezugsquelle die Firma E. Thum in Leipzig empfehlen, die in bester Ausführung alle Apparate vorrätig hat.

Der notwendigste Apparat ist ein Ausziehstock, an dem Planktonnetz, Kratzer, Harke usw. befestigt werden können. Ein guter Stock besteht aus mehreren ineinandersteckenden Metallröhren und läßt sich auf 2—3 m ausziehen. Natürlich läßt sich auch ein einfacher Holzstab oder Spazierstock für die Befestigung der Apparate einrichten.

Für das Sammeln der festsitzenden Organismen ist ein Pfahlkratzer (Schaber) notwendig. Ein Netzbügel trägt an der einen Seite eine Vorrichtung zum Befestigen am Stock, an der anderen eine messerartige gerade Verbreiterung. Ein kleiner Beutel aus Stoff hängt an dem Bügel. Mit dem messerartigen Teile des Bügels kratzt man Steine, Pfähle usw. ab; das Abgekratzte fällt in den Beutel. Man kann auch mit dieser Vorrichtung im Wasser flottierende Watten einfangen.

Sehr bequem ist ein Schilfmesser, das sichelförmig gebogen ist und zum Abschneiden von Wasserpflanzen dient, die ja häufig dicht mit Algen bedeckt sind.

Vielfach wird ein Grund- oder Wurfhaken gebraucht, um die am Grunde des Wassers wachsenden Algenrasen oder -polster heraufzuholen. Auch eine am Planktonstock zu befestigende Grundharke kann man bei geringen Tiefen hierzu verwenden. Für größere Tiefen oder im Meere verwendet man die sog. Dredschen oder auch Schleppnetze, die in sehr verschiedener Ausführung im Handel sind. Um den Schlamm an die Oberfläche befördern zu können, ist ein Schlammschöpfer notwendig, den man am besten fertig kauft.

Ehe sich der Anfänger diese Apparate anschafft, frage er einen erfahrenen Sammler um Rat; denn für die ersten Exkursionen sind außer dem Stock höchstens noch Pfahlkratzer und Schilfmesser notwendig.

Um die Fänge aufzubewahren, muß man sich mit Flaschen oder gut verschließbaren Glastuben (sog. Präparatengläsern) versehen. Jede einzelne Aufsammlung wird in eine besondere Flasche getan und mit einem beigelegten Zettel versehen, auf dem der Standort vermerkt wird.

Zum Planktonfang bedarf man in erster Linie eines Planktonnetzes. Der Netzbügel kann durch einen an Fäden befestigten Ring oder seitliche Öse am Stock befestigt werden, kann aber ebenso, wenn durch den Ring eine Schnur gezogen wird, als Wurfnetz dienen. Am Netzbügel hängt ein ziemlich langer Netzsack aus feiner Müllergaze, der unten durch einen kleinen Metalleimer abgeschlossen wird. Unten trägt dieser eine kleine Röhre als Ausflußöffnung, die durch einen kurzen Gummischlauch mit Quetschhahn geschlossen wird. Man läßt durch das Netz Wasser hindurchfiltrieren, indem man es langsam durch das Wasser zieht oder auch mehrmals einsenkt und langsam hebt. Die Organismen sammeln sich im Eimer und werden durch Öffnen des Quetschhahnes in kleine Fläschchen übergeführt. Da die Müllergaze, welche den Beutel bildet, verschieden fein zu haben ist, so sollte man als Anfänger eine nicht zu feine Maschenweite wählen. Erst später müßte dann ein zweites, aus feinster Gaze bestehendes Netz hinzukommen. Man kann Plankton vom Ufer oder vom Boote aus fischen. Besonders beachte man bei letzterer Fangmethode, daß das Netz langsam durch das Wasser gezogen wird, weil sich sonst das Wasser im Innern des Netzbeutels staut und kein frisches Wasser mehr in das Netz hineingelangen kann. Bei einiger Übung wird man mit einem solchen Netz Oberflächenplankton fischen können sowie Plankton aus einiger Tiefe. Kommt es freilich darauf an, das Plankton aus bestimmter Tiefe zu erbeuten, so muß man besonders konstruierte und z. T. sehr komplizierte Planktonnetze — sog. Schließnetze — oder eine Planktonpumpe verwenden. Bei letzterem Verfahren pumpt man mit einer gewöhnlichen Pumpe, deren Form und Antrieb natürlich höchst verschieden sein können, Wasser aus der gewünschten Tiefe in ein Planktonnetz hinein, wo sich dann im Eimer die Organismen ansammeln.

Für quantitative Zwecke genügt das einfache Netz nicht, sondern man gebraucht hierzu ein sogenanntes quantitatives Netz. Für den Anfänger kommt ein solcher komplizierter Apparat nicht in Betracht. Will er aber doch einmal den Versuch machen, die Zahl der Organismen in einer bestimmten Wassermenge festzustellen, so mag er mit einem Meßgefäß (Litergefäß) das Wasser schöpfen und durch ein Planktonnetz gießen. Auch die Pumpe kann man benutzen, sobald man weiß, wieviel Wasser bei jedem Hub ins Netz befördert wird.

Wenn ein Gewässer organismenreich ist, so wird man schon durch Schöpfen mit einem Glase genügend Material erhalten.

Für die Exkursion versehe man sich mit einer größeren Zahl von Glasflaschen. Ich habe es immer als angenehm empfunden, als Aufbewahrungsflaschen für die Proben Apothekerfläschchen mit 30—50 ccm Inhalt zu verwenden, wie sie von jeder größeren Glaswarenfabrik für sehr billiges Geld zu beziehen sind. Für etwa 8—10 Fläschchen kann man sich einen flachen Pappkarton anfertigen, dessen Deckel fest auf den Korken der Flaschen aufliegt. Wird der Deckel durch ein Band geschlossen, so stehen die Flaschen ganz unbeweglich fest und können nicht entzwei gehen. Es ist allerdings angenehm, wenn man nebenbei noch weithalsige Glastuben hat, um größere Gegenstände, wie Steine, Stengel usw. oder Schlamm unterbringen zu können. Jede Probe muß in der Flasche bezeichnet werden. Korrespondierend mit diesem Zettel mache man sich dann genauere Notizen über Fundort, Zeit, Beschaffenheit und Eigenschaften des Wassers, allgemeine Bemerkungen über das Gewässer, zu besonderen Zwecken auch über Temperatur, chemische Reaktionen des Wassers usw.

Man vergesse nie, auf Exkursionen eine gute Lupe mitzunehmen. Für Anfänger ist ein Algensucher zwecklos, dagegen ist die Benutzung einer sog. Planktonkammer mit ca. 30 mal vergrößernder Lupe sehr zu empfehlen. Wenn es erforderlich scheinen sollte, daß die Proben gleich an Ort und Stelle fixiert werden, so muß man auch Fläschchen mit Fixierflüssigkeit zur Hand haben.

Im allgemeinen wird man das gesammelte Material im lebenden Zustande nach Haus bringen, um es dort weiter zu untersuchen und zu kultivieren, besonders dann, wenn die Exkursion an demselben Tage beendet ist. Kommt man nicht zur Untersuchung, sondern muß das Material noch bis zum nächsten Tage stehen bleiben, so entferne man von den Gläsern die Stopfen und stelle sie möglichst kühl auf. Größere Mengen kann man auch sofort in Kristallisierschalen gießen. Auch diese lasse man offen oder nur mit Glasscheiben bis zu 3/4 verdeckt stehen. Vielfach aber wird es gut sein, das Material bereits an Ort und Stelle abzutöten und zu fixieren. Besonders bei mehrtägigen Exkursionen oder an sehr heißen Tagen empfiehlt sich die sofortige Fixierung, besonders auch dann, wenn etwa Untersuchungen des inneren Baues vorgenommen werden sollen. Wenn auch der Anfänger das Bedürfnis dafür nicht fühlen wird, so sollen ihn die folgenden Vorschriften doch in die Lage setzen, das Material nach der vorläufigen Untersuchung im lebenden Zustand für spätere mikroskopische Betrachtung in geeigneter Weise zu fixieren und aufzubewahren.

Die einfachste Art der Fixierung wird mit Formalin vorgenommen. Von der käuflichen 40proz. Formalinlösung setzt man einem Fläschchen von 25—50 ccm Inhalt tropfenweise 1—2 ccm der Lösung zu und vermischt die Flüssigkeiten durch vorsichtiges Schütteln. Wenn es nur auf die Abtötung der Algen ankommt, so habe ich auch gute Erfahrungen mit einer konzentrierten Lösung von Sublimat in Alkohol und mit Sublimat-Eisessig (konz. Sublimatlösung + 5 % Eisessig) gemacht. 3—4 Tropfen genügen für ein Fläschchen der angegebenen Größe. Die Aufbewahrung des fixierten Materials muß stets im Dunkeln erfolgen.

Die Behandlung mit anderen Flüssigkeiten läßt sich nur zu Haus vornehmen und am besten, wenn das Algenmaterial bereits durch Absetzen gereinigt oder durch Zentrifugieren konzentriert worden ist. Für unsere einfachen Zwecke kann man durch Zentrifugieren in einem größeren Uhrgläschen, das man in schnelle Rotation versetzt, leicht konzentriertes Material gewinnen. Die Algen sammeln sich in der Mitte an, und man saugt nun vorsichtig mit einer Pipette möglichst viel Wasser ab. Das beinahe wasserlose Material versetzt man dann mit einer 1proz. Lösung von Chromsäure, läßt 6—8 Stunden darin stehen und wäscht nun wieder mit der Uhrglaszentrifuge mit destilliertem Wasser oder auch abgekochtem Regenwasser aus, bis die Fixierungsflüssigkeit entfernt ist. Das reine Material wird dann in Alkohol aufbewahrt.

Für histologische Zwecke geeignet ist die Chromessigsäure, die man aus 70 ccm 1proz. Chromsäurelösung, 5 ccm Eisessig und 90 ccm Wasser herstellt, oder die Flemmingsche Lösung, die aus 15 Teilen 1proz. Chromsäure, 4 Teilen 2proz. Osmiumsäure und 1 Teil Eisessig besteht. Die Algen bleiben 8—12—24 Stunden in der Lösung und müssen dann ausgewaschen werden.

Besonders empfehlen möchte ich noch das Pfeiffersche Gemisch (1 Teil Formalin, 1 Teil Methylalkohol, 1 Teil Holzessig), das man 24 Stunden oder auch länger einwirken läßt und das sehr gute Resultate ergibt.

Besondere Methoden erfordern die Bacillariaceen, die später besprochen werden sollen.

3. Untersuchung und Präparation.

Das frische Material muß nun mikroskopisch untersucht werden, damit der Bau und die Entwicklung festgestellt werden kann. Im allgemeinen wird man, besonders bei Cyanophyceen und vielen Chlorophyceen, ebenso auch bei Charophyten und Meeresalgen, durch die mikroskopische Betrachtung auf die Stellung im System hingeführt. Worauf man zu achten hat, läßt sich im allgemeinen nicht angeben, da jede Gruppe ihre besonderen Merkmale besitzt, die sorgfältig berücksichtigt werden müssen. Deshalb ist es gut, wenn der Anfänger möglichst die Gruppenmerkmale und die Abbildungen studiert. Auch die Einführung durch einen älteren Algologen oder durch einen mikroskopischen Kursus, wie sie jetzt in allen größeren Städten abgehalten werden, kann nicht genug empfohlen werden. Erst wenn der Anfänger größere Übung im Beobachten sich angeeignet hat und möglichst vielerlei Arten gesehen hat, wird er zur Bestimmung schreiten können. Da das Vergleichungsmaterial nicht einfach zu benutzen ist, so muß es durch Abbildungen ersetzt werden. Ich habe versucht, möglichst viele Bilder zu geben, aber sie genügen zum tieferen Eindringen nicht. Wer also weiterstreben will, muß sich eine Abbildungssammlung durch Kopieren der in teuren Atlanten oder Monographien zerstreuten Bilder anlegen. Vor allen Dingen zeichne man selbst sehr viel nach eigenen Präparaten, selbst wenn sich die Namen der beobachteten Formen nicht sofort feststellen lassen. Allmählich kommt man doch durch Vergleich dahinter, welche Art man vor sich hatte.

Vielfach nun, besonders wenn die Fortpflanzungsverhältnisse näher untersucht werden müssen, empfiehlt sich das Anlegen von Kulturen. Auf Reinkulturen, die gerade bei den Algen eine ganz besondere Technik erfordern, muß allerdings der Anfänger verzichten, aber es wird ihm nach einigen Fehlschlägen doch bald gelingen, die Algen längere Zeit lebend zu erhalten, so daß er Studien über die Entwicklung anstellen kann. Besonders interessant sind Beobachtungen über Kopulation bei Conjugaten, Teilung bei Flagellaten und Desmidiaceen, Auxosporenbildung bei Bacillariaceen, Schwärmerbildung und ihre Weiterentwicklung bei Chlorophyceen usw.

Das von der Exkursion mitgebrachte Rohmaterial mustert man flüchtig und trennt dann die fädigen Formen der Conjugaten und Chlorophyceen ab. Man beschickt nicht zu große, etwa 3 cm hohe Kulturschalen damit. Am besten eignet sich reines steriles Wasser. Man kann also zweckmäßig abgekochtes Leitungswasser oder Regenwasser nehmen, oder auch, wenn der Transport bequem ist, Wasser von dem Originalstandort. Die Schalen werden mit Glasscheiben bedeckt und an einen hellen Ort gestellt. Bisweilen erreicht man durch Sonnenlicht eine schnellere Entwicklung, so z. B. für die Kopulation bei Conjugaten. Im allgemeinen wird man bei den einzelnen Arten aber die besten Lichtbedingungen und Wärmeverhältnisse ausprobieren müssen. Je nach der Jahreszeit fruktifiziert die eine Art besser als die andere, selbst die Tageszeit ist für die Bildung der Schwärmer nicht gleichgültig. Wer sich näher mit diesen außerordentlich interessanten und lohnenden Beobachtungen beschäftigt, wird bald das Gefühl für die besonderen Bedingungen erwerben.

Zur Beobachtung genügt ein einfacheres Mikroskop; Öl-Immersion oder Vergrößerungen über 600 sind für den Anfänger kaum notwendig, wenn er nicht etwa Bacillariaceen als Spezialstudium wählt. Es gibt keine Pflanzengruppe, deren Beobachtung unter dem Mikroskop so anziehend ist wie die der Algen. Viele Arten sind beweglich oder haben bewegliche Schwärmer; die Artenzahl ist außerordentlich groß, und besonders die einzelligen Algen bieten eine solche Menge von zierlichen und schönen Formen, daß allein dadurch schon das Studium außerordentlich anregend und abwechslungsreich wird. Wer wirklich Freude an der Natur und ihren Schöpfungen hat, dem kann das Studium der Algen gar nicht angelegentlich genug empfohlen werden.

Wenn auch die mikroskopische Untersuchung des lebenden Materials die inneren Strukturverhältnisse — wenn man nicht Kernstudien treibt, die der Anfänger am besten fortläßt — ohne weiteres zeigt, so ist es doch notwendig, einige Reagenzien bei der Hand zu haben, um die Natur der Zelleinschlüsse sofort beurteilen zu können. Vielfach ist gerade dies zur Feststellung der systematischen Stellung wichtig.

S t ä r k e wird durch verdünnte Jodlösung blau gefärbt, bei zu starker Lösung wird sie fast schwarz. Bisweilen ist soviel Amylodextrin der Stärke beigemischt, daß eine weinrote Färbung entsteht.

E i w e i ß k ö r p e r werden durch das Millonsche Reagens, das in jeder Apotheke erhältlich ist, rot, durch Boraxkarmin dunkelrot gefärbt. Jodlösung färbt sie gelbbraun, aber die Färbung ist wenig spezifisch.

F e t t e und Ö l e lösen sich in Äther, Chloroform, Nelkenöl u. a. und werden durch Alkannatinktur rot, durch Osmiumsäure meist schwarz gefärbt.

V o l u t i n (Bütschlische Körperchen) zeigen keine Färbung durch Jod oder Osmiumsäure und lösen sich nicht in Äther und Alkohol. Am besten lassen sich die Körnchen färben mit einer 0,001—0,01 proz. wässerigen Methylenblaulösung, worin sie zuerst bläulich mit rötlichem Rand, darauf rotviolett erscheinen.

G a l l e r t - und S c h l e i m h ü l l e n werden am ehesten in Lösungen von chinesischer Tusche sichtbar und färben sich mit Gentiana, Vesuvin, Safranin und anderen Farbstoffen. Man kann auch an lebenden Kulturen die Gallerte dadurch sichtbar machen, daß man die Algen auf 1—2 Minuten in eine 0,2proz. Lösung von milchsaurem Eisenoxydul bringt und sie nach Auswaschen mit einer 0,2proz. Lösung von Ferricyankalium behandelt. Dann entsteht in der Gallerte, ohne daß im allgemeinen die Algen Schaden erleiden, ein blauer Niederschlag.

Gerbstoffblasen färben sich in wässeriger Eisenchloridlösung blau.

Kalk löst sich in reiner Salzsäure unter Bildung von Kohlensäurebläschen auf.

Kernfärbungen sind leicht mit Anilinfarbstoffen auszuführen, indessen muß hier auf die Schilderung der Methodik verzichtet werden.

Pyrenoide, die häufig den Chromatophoren eingelagert sind und eiweißhaltige Körperchen darstellen, werden durch Millonsches Reagens rot gefärbt, zeigen also die Eiweißreaktion. Anliegend finden sich gewöhnlich Stärkekörner.

Es ließen sich noch mehr derartige Reaktionen auf einzelne Zellbestandteile anführen, aber für den Anfänger genügen die gemachten Angaben vollständig.

Um nun nach der Untersuchung stets Vergleichsmaterial zur Hand zu haben, muß man sich eine Sammlung anlegen, die man am besten zu einem Herbar vereinigt. In diesem ordnet man die Präparate und Auftragungen zusammen.

Die Zeichnungen, die man sich nach den Präparaten angefertigt oder aus anderen Arbeiten kopiert hat, ebenso Notizen und besondere Aufzeichnungen über Entwicklung, Bau usw. ordnet man ebenfalls den einzelnen Arten bei.

Bei der Anfertigung von Präparaten verfährt man nach den allgemeinen Regeln, wobei die später noch besonders beschriebenen Verfahren für Bacillariaceen zu beachten sind. Am einfachsten und schnellsten geht das Einbetten in Glyzerin. Die fixierten und gut gereinigten Algen werden in verdünntes Glyzerin gebracht und je nach dem Verdunsten des Wassers stärkere Glyzerinlösung zugesetzt, bis die Algen in konzentriertem Glyzerin liegen. Man kann bei einiger Vorsicht diese Manipulationen unter dem Deckglas vornehmen, muß aber besonders darauf achten, daß keine Flüssigkeit auf die Deckglasoberfläche kommt. Man entfernt dann durch Fließpapier sorgfältig die Flüssigkeit vom Objektträger und umgibt das Deckglas mit einem Rand von Maskenlack oder Goldsize. Sind die Algen sehr zart, so daß der Druck des Deckglases ihnen schaden könnte, dann klemmt man am besten ein feines Deckglassplitterchen mit ein, wodurch der Abstand etwas vergrößert wird. Die Präparate halten sich bei sorgfältigem Abschluß lange, müssen aber von Zeit zu Zeit nachgesehen werden, ob der Verschluß noch dicht ist. Auf die beiden Enden des Objektträgers klebt man Etiketten mit Stärkekleister an, auf denen man Namen und Standort vermerkt.

Empfehlenswert ist auch die Verwendung der Glyzeringelatine, weil dadurch das Eintrocknen der Präparate und das lästige Kontrollieren vermieden wird. Man verfährt wie bei den Glyzerinpräparaten. Sobald das Material in reinem Glyzerin liegt, nimmt man etwas Glyzeringelatine an den Rand des Deckglases und erhitzt vorsichtig, bis sie weich wird und unter das Deckglas fließt. Bei einiger Übung wird man die Menge der anzuwendenden Glyzeringelatine bald herausfinden und durch vorsichtiges Absaugen des Glyzerins mittels Fließpapiers ihr Abfließen unter das Deckglas beschleunigen. Nach dem Festwerden entfernt man vom Deckglasrand alle Spuren von Glyzerin und umgibt das Deckglas mit einem leichten Lackrand. Solche Präparate halten sich unbegrenzt ohne einzutrocknen. Die Glyzeringelatine kauft man am besten fertig in einschlägigen Geschäften.

Die Objektträger können in kleinen Pappetuis, die man in jeder Handlung mikroskopischer Artikel bekommt, eingeschlossen und so dem Herbar einverleibt werden. Am besten kommen die Pappetuis in Papierkapseln.

Da die Anfertigung von Präparaten kostspielig und zeitraubend ist, so wird man besser Auftragungen auf Papier oder Glimmer machen. Wenn man von reinen Algenmassen genügend reiches Material besitzt, so empfiehlt es sich, Aufschwemmungen auf Papier vorzunehmen. Man nimmt ein Blatt, am besten ungeleimten Papiers, tut es auf einen flachen Teller und gießt die Algenmasse vorsichtig mit dem Wasser darauf. Darauf läßt man trocknen oder saugt das Wasser nach Absetzen der Algenmassen ab und erhält so eine Auftragung auf Papier, die besonders die charakteristische Farbe oder die Form der Kolonien (Nostoc oder andere schleimige Arten) zeigt. Zur späteren Untersuchung sind derartige Papierauftragungen weniger zu empfehlen, sondern man bedient sich, namentlich bei kleineren Massen, zweckmäßiger des Glimmers. Diesen Glimmer bezieht man am besten als Abfallglimmer von irgendeiner Handlung und spaltet sich die Platten selbst unter Wasser in feine Plättchen. Sehr zweckmäßig ist es, die Glimmerstücke mit dem Rande dem Strahle der Wasserleitung auszusetzen, da dann das Spalten viel leichter vor sich geht. Die Glimmerplättchen schneidet man sich zu zweckmäßiger Größe mit der Schere zu und trägt nun die Algensammlungen mit der Pinzette oder mit einer Pipette auf. Nach dem Eintrocknen hat man dann das fertige Präparat, das man in eine Papierkapsel mit der nötigen Aufschrift tut.

Zur Untersuchung solcher Glimmerauftragungen weicht man mit einem Tröpfchen Wasser ein kleines Stück vom Rande auf und überträgt dann die aufgeweichte Masse auf den Objektträger. Um die unvermeidliche Schrumpfung auszugleichen, setzt man am besten Milchsäure zu.

Zum Anlegen des Herbars empfehle ich die Wahl eines nicht zu großen Formates, etwa Folio. Die Zeichnungen und die Kapseln mit den Präparaten oder Auftragungen legt man in Bogen, die außen auf der linken unteren Ecke den Namen tragen. Man kann auch zweckmäßig die Kapseln und Zeichnungen auf ein besonderes Blatt im Format des Herbars aufkleben, da man dadurch das Herausfallen der Kapseln aus den Mappen vermeidet.

Bei der Trockenaufbewahrung des Algenmaterials auf Papier oder Glimmer treten so starke Schrumpfungen auf, daß diese bei erneuter Untersuchung des Materials durch Aufweichen oder Zusatz von Milchsäure oft nicht wieder beseitigt werden können. Auch wird der Zellinhalt, besonders die Chromatophoren, dabei sehr verändert. Daher habe ich es als äußerst praktisch empfunden, die einzelnen Proben möglichst einzudicken und dann in gut verkorkten kleinen Flaschen in $4^0/_0$ Formalin, Alkohol oder dgl. aufzubewahren. Man hat dann stets Vergleichsmaterial zur Hand, von dem man bei erneuter Untersuchung nur eine kleine Probe mit der Pipette zu entnehmen und auf den Objektträger zu bringen braucht. Zweckmäßig ist es, die so aufbewahrten Proben fortlaufend zu nummerieren und sich für jede Probe ein Verzeichnis der darin enthaltenen Formen nebst Angabe der Häufigkeit ihres Vorkommens anzulegen. Daß den einzelnen Flaschen Zettel mit den Fundortsangaben, Datum usw. beigelegt werden müssen, ist selbstverständlich. Im Herbar kann man sich dann bei den entsprechenden Arten einen kurzen Hinweis auf die Probe machen (Angabe der Nummer der Probe.)

4. Die Schizophyceen (Cyanophyceen).

Die Schizophyceen oder Blaualgen werden seit dem Vorgange F. Cohns mit den Schizomyceten zu der Gruppe der Schizophyta vereinigt, deren Charakteristikum gegenüber den übrigen Pflanzen auf dem Fehlen eines Kernes beruht. Während aber die Schizomyceten (Bakterien) farblos sind, besitzen die Schizophyceen Chlorophyllfarbstoff, der allerdings im Leben durch blaugrüne, braungrüne, rötliche usw. Farbstoffe überdeckt wird.

Die Zellformen der Schizophyceen sind außerordentlich mannigfach. Die Chroococcinales und Chamaesiphoniales umfassen einzellige Formen, bei denen die Zellen kugelig, länglich, eiförmig, zylindrisch, S-förmig gebogen oder spiralig sein können. Sie werden häufig durch Schleim zu Kolonien zusammengehalten. Besonders findet man oft 2 Zellen in Zusammenhang, was durch die beginnende oder vollendete Teilung zu erklären ist. Im Gegensatz dazu enthalten die Hormogoneae nur solche Formen, bei denen die Zellen zu Fäden verbunden sind. Die Form der Fadenzellen ist äußerst mannigfaltig, bleibt sich aber bei den meisten Familien im Faden gleich. Bei den Rivulariaceen aber werden die Zellen nach der Fadenspitze zu schmaler und länger, bis der Faden in eine lange, haarförmige Spitze ausläuft. Die Abbildungen zeigen die mannigfachen Gestaltungen, die vorkommen.

Die Zellen sind stets von einer deutlich begrenzten Membran umgeben, die nicht immer aus Zellulose, sondern vielleicht häufiger aus pektin- oder chitinartigen Stoffen besteht. Oft scheidet die Membran nach außen hin Schleim ab, der wohl in den meisten Fällen durch Verquellung der äußeren Schichten entsteht. Während die Verschleimung gewöhnlich keine besonderen Dimensionen annimmt, erreicht sie bei vielen eine außerordentliche Ausdehnung, indem große Klumpen entstehen, in denen verhältnismäßig wenige Zellen zu sehen sind (z. B. Nostoc).

Eine besondere Art der Umhüllung der Membran bezeichnet man mit dem Ausdruck Scheide. Meist ist die Scheide dünn und einfach und erscheint nur am Fadenende noch nicht ausgebildet, vielfach aber wird sie durch Einlagerung von Farbstoffen (Eisenoxydul) gefärbt und ist dann auch ohne Reagenzien deutlich sichtbar. Häufig erscheinen die Scheiden geschichtet, es stecken dann gleichsam mehrere Scheiden ineinander (Phormidium). Bisweilen aber treten die einzelnen Schichten dadurch deutlich hervor, daß die Grenzlinien nicht parallel zueinander verlaufen sondern divergieren. Dabei brauchen die einzelnen ineinandersteckenden Scheiden nicht gleichlang zu sein, sondern können sich verschiedentlich trennen und ausbauchen oder sind sogar verschieden gefärbt, indem meist die mittleren Schichten dunklere Färbung besitzen. Bei der Behandlung der Arten wird sich die Mannigfaltigkeit der Scheidenbildung ergeben.

Die Bedeutung dieser Gallerte oder Scheiden für die Pflanze ist nicht überall die gleiche. Die Hauptfunktion muß wohl darin gesucht werden, daß die Pflanze einen Schutz gegen Austrocknung erhält, denn der Schleim gibt das Wasser nur schwer ab und quillt bei der geringsten Feuchtigkeit sofort wieder auf. Vielleicht dürfen wir in diesen Gebilden auch einen Schutz gegen Tierfraß oder gegen chemische Einflüsse suchen; bei den Planktonformen mag auch vielfach die Schwebefähigkeit darauf beruhen.

Auf die Inhaltsbestandteile der Zelle näher einzugehen, versage ich mir hier, weil die Meinungen über gewisse Bauverhältnisse und Einschlüsse immer noch sehr geteilt sind. Nachdem man sich lange Zeit über die Homologisierung der Zellbestandteile der Blaualgenzelle mit denen der höheren Pflanzen gestritten hatte, scheint sich heute die Ansicht immer mehr durchzusetzen, daß die Blaualgen einen primitiven Formenkreis darstellen, bei dem weder eine Differenzierung in Cytoplasma und Karyoplasma (Kernplasma), noch eine besondere Ausgestaltung von Chromatophoren und Vakuolen im Protoplasma eingetreten ist. Infolge dieser geringen Kompliziertheit scheinen sie eine Gruppe darzustellen, die außerhalb der Flagellaten und des mit ihnen zusammenhängenden ganzen Algenreiches steht.

Die mannigfachen Farbtöne, die bei den Schizophyceen vorkommen, beruhen auf der Einlagerung von vier verschiedenen Farbstoffen: Chlorophyll, orangegelbem Karotin, blauem Phykozyan und rotem Phykoerythrin. Im Leben ist das stets vorhandene und vom Karotin begleitete Chlorophyll überdeckt, aber nach dem Tode der Zelle oder nach Herauslösen des Phykozyans und des Phykoerythrins wird es deutlich erkennbar. Das Phykozyan kann man durch Chloroformwasser als blaue Flüssigkeit herauslösen. Das Phykoerythrin scheint nicht immer vorhanden zu sein. Je nach den Mischungsverhältnissen dieser Farbstoffe erscheint der Farbton der Zelle verschieden nuanciert, vom tiefen Blaugrün bis blaßgrün oder rötlich, bisweilen fast ganz farblos. Bei Nährstoffmangel tritt häufig eine Gelbfärbung infolge Reduktion der anderen Farbstoffe ein.

Sehr häufig, besonders in ruhenden Zellen, sind die Cyanophycinkörner, die als rundliche, stark glänzende, farblose Körperchen erscheinen.

Von Bedeutung für die Zelle scheinen die Pseudovakuolen oder Gasvakuolen zu sein, obwohl es noch nicht ganz sicher ist, woraus sie eigentlich bestehen. Ob die Annahme richtig ist, daß in ihnen gasförmige Stoffe enthalten sind, wird von manchen bestritten, doch dürfte es wahrscheinlich sein, da sich diese Vakuolen fast ausschließlich bei Planktonformen finden, ja sogar erst auftreten, wenn festsitzende Formen zum Schweben übergehen.

Bei den fadenförmigen Formen finden sich häufig die sogenannten Grenzzellen (Heterocysten), die wahrscheinlich rudimentär gewordene Fortpflanzungszellen darstellen. Wenn sich auch ihre biologische Bedeutung noch nicht klar übersehen läßt, so geben sie doch für einige Familien wichtige Erkennungsmerkmale ab. Meist sind sie kugelig und größer als die umgebenden Zellen und besitzen verdickte Membranen sowie schwach gelbliche Färbung. Gewöhnlich liegen sie in fast regelmäßigen Abständen interkalar (Nostocaceen) oder basal (Rivulariaceen), oft bei derselben Art basal und interkalar zusammen. In den meisten Fällen liegen sie einzeln, bisweilen treten sie aber auch reihenweise gelagert auf.

Geschlechtliche Vermehrung ist bei den Schizophyceen bisher nicht beobachtet worden, dagegen ist die vegetative Vermehrung und die Bildung von Dauerzellen weit verbreitet.

Durch die Zellteilung kann nur bei einzelligen Formen eine Vermehrung der Individuen stattfinden. Diese Teilungen finden entweder immer nur nach einer Richtung des Raumes (viele Gattungen der Chroococcaceen) oder abwechselnd nach 2 Richtungen (Merismopedia) oder nach verschiedenen Richtungen statt, wodurch dann unregelmäßige Zellhaufen entstehen. Besonders ist zu beachten, daß häufig die Tochterzellen von der Membran der Mutterzelle umhüllt bleiben (Gloeocapsa), wodurch dann Kolonien entstehen, die ineinandergeschachtelte Membranen besitzen.

Bei den fadenförmigen Formen kann nur ein Zerfall der Fäden die Vermehrung der Individuen herbeiführen. Wir sehen denn auch, daß sich Gruppen von Zellen von den Fäden loslösen (Hormogonien) und zu neuen Fäden auswachsen.

Weniger häufig ist die Endosporenbildung, wodurch einzellige Sporen entstehen, die durch Zellteilung wieder neue Fäden oder dgl. bilden. Die Bildung dieser Endosporen geht in besonderen Zellen, den Sporangien, vor sich, in denen sie entweder durch Teilungen nach allen Richtungen des Raumes (z. B. Dermocarpa) oder aber nur durch Querteilung (Clastidium) gebildet werden. Exosporen, die durch Quer- oder auch durch Längsteilung abgeschnürt werden, finden sich nur bei der Gattung Chamaesiphon.

Dauerzellen kommen allenthalben vor und entstehen aus vegetativen Zellen, indem sich in ihnen Reservestoffe anhäufen und die Membran meist derber, häufig doppelt (Endo- und Exospor) wird. Sie vermögen ungünstige Bedingungen, wie Austrocknung und Kälte längere Zeit zu ertragen. Meist liegen sie einzeln, oft neben den Grenzzellen, oft aber auch reihenweise, wie die Beispiele im systematischen Teile zeigen werden.

Auf eine eigenartige Erscheinung bei vielen Oscillatoriaceen sei noch hingewiesen. Die Fäden zeigen nämlich eine dreifache Bewegung, eine pendelnde, drehende und fortschreitende, wodurch es den Fäden möglich wird, sich aus dem Schlamm hervorzuarbeiten. Auch die Hormogonien solcher beweglicher Arten besitzen dieselbe Bewegungsform.

Die Wachstumsformen der Schizophyceen zeigen eine große Mannigfaltigkeit. Während viele Arten, besonders die einzelligen, einzeln oder zu wenigen verbunden auftreten, bilden andere mehr oder weniger ausgedehnte, zusammenhängende Kolonien. Man findet sie festsitzend oder im Wasser schwebend, häufig mit anderen Grünalgen vermischt.

Die fädigen Arten können ebenfalls einzeln auftreten, viele aber bilden Lager, die entweder reine Ansammlungen bilden oder gemischte Bestände darstellen. Je nach dem Standort der Art zeigen diese Lager ein ganz verschiedenes Aussehen. Während die schlammbewohnenden Formen flache Überzüge bilden, kommen bei den in flutenden, namentlich schneller fließenden Gewässern wachsenden Arten Zöpfe oder pinselförmige oder polsterförmige Lager vor, deren Form charakteristisch für die Art ist. Sehr häufig inkrustieren sich solche Lager in kalkhaltigen Gewässern mit Kalk, wodurch dann feste, steinharte Polster entstehen können. Besonders finden sich solche Gebilde in warmem Wasser, heißen Quellen usw. und können dicke, nach oben wachsende Inkrustationen bilden.

Dem Anfänger wird es zuerst nicht leicht werden, die Standorte dieser Algen aufzufinden. Er möge deshalb die Ränder von Teichen, Gräben, namentlich an flachen, nur durchfeuchteten Schlammstellen absuchen und wird dort in den dunkelgrünen oder fast schwarzen Überzügen mannigfaltige Arten, besonders von Oscillatoriaceen finden. Holz und Steine in fließenden oder stehenden Gewässern werden in den vorhandenen schleimigen Überzügen weitere Ausbeute ergeben. Ganz besonders empfiehlt sich die Durchsuchung von Abwässern aus Rieselfeldern, Zuckerfabriken, Dunggruben und ähnlichen an organischen Abfällen reichen Standorten. Auf Heidetümpel, moorige Gewässer, feuchte Moor- und Heideflächen richte man sein besonderes Augenmerk. In Gewächshäusern, besonders Warmhäusern wird man an Steinen, Holz, Mauern, Glasfenstern, auch auf Blättern sehr viele interessante Formen antreffen, die dort ausschließlich vorkommen. Im Gebirge achte man besonders auf feuchte Felswände, überspülte Steine in Bächen und quelligem Terrain, ferner auf warme Quellen, in denen sich besonders die oben erwähnten kalkspeichernden Arten finden.

Erst wenn man diese festsitzenden Formen gesammelt hat, wende man sich den Planktonarten zu. Nicht alle sind obligate Planktonbewohner, sondern viele lösen sich nur zuzeiten von ihren festen Standorten ab und schweben dann frei im Wasser. Ein besonderes Interesse erheischen die sogenannten Wasserblüten, von denen oft die Oberfläche von Seen oder stillen Buchten der fließenden Gewässer so vollständig bedeckt ist, daß die Fläche spangrün oder blaugrün erscheint.

Man wird allmählich auch spezielle Standorte absuchen, so z. B. Schneckenschalen. Die endophytischen Formen finden sich in den Höhlungen von Azolla (Anabaena), Blasia, Pellia und anderen Lebermoosen (Nostoc), in den Wurzelknöllchen der Cycadeen (Anabaena) sowie in den Schleimgängen von Gunnera (Nostoc).

Für die Präparation zur Sammlung entscheidet in erster Linie der Standort. Wenn reine Rasen auf Schlamm, Steinen oder Holz vorliegen, wird man sie mit dem Substrat trocknen oder Aufschwemmungen machen, die auf Glimmer oder Papier erfolgen können (S. 10). Bei vereinzelt vorkommenden Arten des Planktons wird man mikroskopische Präparate wählen müssen. Für die beweglichen Formen wird man vielfach auch bei Mischungen reine Präparate erzielen, wenn man sie auf Glimmer oder Papier aufkriechen läßt. Man geht dann so vor, daß man die Schlammansammlungen auf Teller mit etwas Wasser legt und nun Glimmerplättchen oder Papier an den Rand der Schlammansammlung anbringt, auf die die Oscillatorien dann kriechen. Oft genügen schon wenige Stunden, um auf diese Weise saubere Präparate zu erhalten. Spezielle Vorschriften lassen sich kaum geben, aber der Anfänger wird nach wenigen Versuchen die richtige Methodik bald herausfinden, wie er die einzelnen Formen in ansprechender Weise seiner Sammlung einverleiben kann.

5. Die Flagellaten.

Seit den Zeiten Chr. G. Ehrenbergs hatte man allgemein die Flagellaten zu den Tieren gestellt und sie später in die große Klasse der Protozoen untergebracht. Deshalb verdanken wir den größten Teil unserer Kenntnisse den Zoologen, bis in den letzten Jahrzehnten Bedenken an der tierischen Natur dieser Organismen entstanden. Seitdem haben auch die Botaniker in hervorragender Weise an ihrer Erforschung teilgenommen und zwar von anderen Gesichtspunkten aus.

Die Flagellaten stellen in ihrer heutigen Begrenzung keine kontinuierliche phylogenetische Reihe dar, sondern wir fassen unter diesem

Namen eine Anzahl Gruppen von ziemlich verschiedener Organisation zusammen, die an dem Anfang des Tier- und Pflanzenreichs stehen und die Ausgangsglieder für verschiedene Verwandtschaftsgruppen dieser beiden Reiche darstellen. So nähern sich manche Formen durch ihre amöboide Bewegung und ihre Ernährungsweise entschieden den Protozoen, andere mit Schwärmern versehene Formen aber weisen untrüglich auf die Chlorophyceen und andere Algengruppen hin, als deren phylogenetische Vorgänger sie zu betrachten sind. Bei der vorläufig noch recht geringen Kenntnis von den Zusammenhängen der niederen Organismen schwebt freilich noch vieles in der Luft und kommt aus äußerlichen Vergleichen und Ähnlichkeiten nicht heraus.

Große Ähnlichkeit zeigen viele Formen mit den Volvocaceen, wenn auch die Zellteilung bei diesen in anderer Weise vor sich geht. Die Chrysomonadales sind den Schwärmern einzelliger Formen der Phaeophyceen sehr ähnlich, aber die verschiedene Art der Teilung und das Vorhandensein des roten Augenfleckes bei den Schwärmern unterscheiden beide ebenfalls sehr augenfällig.

Die Flagellaten sind einzellige Organismen, die entweder durch eine dünne Grenzschicht nach außen begrenzt werden (z. B. Pantostomatales) oder eine festere Begrenzung haben, die man als Periplast bezeichnet. Dieser Periplast ist entweder dünn und $\pm$ hautartig, oder dicker und fester. Bei den dünnwandigen Formen wird die Beweglichkeit des Plasmas nicht behindert, es können also Protoplasmafortsätze in Form von Pseudopodien ausgestreckt werden, die je nach der Art verschiedene Gestalt haben können (fußförmig, zungenförmig, fingerförmig, einfach oder verästelt) und zur Nahrungsaufnahme sowie zur Fortbewegung dienen. Sobald der Periplast fester wird, hört diese amöboide Beweglichkeit auf, dafür aber tritt oft die Fähigkeit ein, daß die Zellen sich langstrecken und zusammenziehen können (Metabolie). Diese metabolischen Bewegungen sind besonders bei den Euglenen zu beobachten, oft beschränken sie sich nur auf das hintere Ende der Zelle, wo der Periplast fast fehlt.

Im allgemeinen zeigt der Periplast keine Differenzierung, sondern erscheint glatt. Bei manchen Arten aber besitzt die Oberfläche Streifungen, die parallel oder gekreuzt verlaufen, seltener kommen auch Punkte, Stacheln oder Warzen vor.

Bei vielen Formen wird der Periplast noch von einer Gallertschicht umgeben, die wohl dieselbe biologische Bedeutung wie bei den Schizophyceen hat. Solche Gallerthüllen können mehrere Individuen einhüllen, so daß dann Kolonien entstehen. Bisweilen wird die Gallerte in Form eines Stieles ausgeschieden, der ein oder mehrere Individuen trägt, oder es bilden sich Gallertröhren, in deren Spitze die Zelle sitzt. Dabei können die Stiele sich auch teilen, so daß baumartig verzweigte Stöcke entstehen.

Bisweilen bilden sich auch besondere feste Gehäuse aus, die glatt oder irgendwie skulpturiert sein können. Auch kommt es vor, daß die Gehäuse schuppig sind oder Kieselnadeln tragen. Die Zelle steckt in diesen Gehäusen vollständig drin, und die obere Öffnung läßt nur die Geißeln hervorragen. Bisweilen können die Gehäuse auch so gebaut sein, daß sie Doppelgehäuse vortäuschen (z. B. Hyalobryon, manche Dinobryon-Arten usw.).

Merkwürdige Hautbildungen stellen die sogenannten Trichocysten dar (z. B. Gonyostomum), die in der Ruhelage oberflächlich aufsitzenden Wärzchen gleichen. Durch Reizung quellen sie stark auf und sollen sich sogar haarartig verlängern. Man könnte vielleicht an die Nesselkapseln der Coelenteraten als Analogon denken, aber Näheres ist bisher nicht bekannt geworden.

Auch die Funktion der Staborgane ist noch dunkel. Es sind dies stäbchenförmige, gerade oder gebogene Gebilde, die von der Mundöffnung aus ins Innere gehen und bestimmte Beziehungen zum Kern zeigen. Die Stäbe sind beweglich und können vor- und zurückgezogen werden. Wahrscheinlich stehen diese Pumporgane mit der Nahrungsaufnahme in näherer Beziehung.

Der Plasmaleib der Zelle ist farblos und zeigt je nach der Art die verschiedenste Gestaltung, bald kugelig abgerundet oder an der Mundöffnung vorgezogen, rüsselförmig ausgestülpt, wulstig lippenförmig, vorn kragenförmig-trichterartig vorgewölbt, bisweilen sogar als Doppelkragen ausgebildet usw. Bei den amöboid beweglichen Formen sieht man die Bewegung des Plasmas deutlich an der Bewegung der Körnchen, bisweilen lassen sich auch Rotationsströmungen in der Zelle verfolgen.

Als Inhaltsbestandteile, die als Stoffwechselprodukte aufzufassen sind, finden sich bei einigen Formen kleine Stärkekörner (Cryptomonadales), Paramylon (Euglenales), das sich im Gegensatz zur Stärke mit Jod nicht färbt, aber in 55proz. Schwefelsäure oder in 40proz. Formalin aufgelöst wird und sehr verschiedene Gestalt bei den einzelnen Arten aufweist. Häufig findet sich bei den mit Chromatophoren versehenen Arten im Innern derselben ein Pyrenoid, das mit Paramylonkörnern in Verbindung steht. Als kleine Tröpfchen kann vielfach fettes Öl auftreten. Außerdem hat man Leukosin am Hinterende der Zellen bei Chrysomonaden und Monadaceen als farblose lichtbrechende Substanz nachgewiesen, die sich in den gebräuchlichen Reagenzien löst. Was sonst noch an Reservestoffen auftritt, beansprucht geringeres Interesse für den Anfänger.

Von besonderer Bedeutung sind die Chromatophoren, die sich aber nur bei den letzten 4 hier behandelten Ordnungen finden. Man findet scheibenförmige, sternförmige, einfach bandförmige und bandförmige mit Fortsätzen versehene Formen bei Euglena, muldenförmige bei Dinobryon, spiralige oder gefaltete bei Chromulina usw. Die Färbung ist grün, gelb, braun, rot bis blaugrün und erscheint zwar je nach der Art konstant, wechselt aber unter verschiedenen Bedingungen häufig die Nuance.

Bei vielen Formen findet sich am Vorderende der Chromatophoren oder bisweilen an der Basis der Geißel ein roter Augenfleck (Stigma), der wohl ein lichtempfindliches Organ darstellt. Seine Gestalt ist meist punkt- oder strichförmig, manchmal auch fleckenförmig.

Vakuolen kommen fast stets vor, doch scheinen sie recht verschiedene Aufgaben zu haben. In der einfachsten Ausbildung unterscheiden sie sich von den Vakuolen anderer Organismen nicht. Sie kommen dann in Einzahl oder Mehrzahl vor, können sogar so massenhaft auftreten, daß das Plasma schaumig aussieht. Sogenannte Nahrungsvakuolen sind vielfach bei Oicomonadaceen, Monadaceen, Amphimonadaceen usw. festgestellt und finden sich meist an der Geißelbasis. Ein interessantes Beobachtungsobjekt stellen die pulsierenden Vakuolen dar, die sich sehr häufig finden. Die Vakuole nimmt allmählich an Größe zu, entleert sich dann ganz plötzlich nach außen und verschwindet dadurch. Darauf entsteht sie an derselben Stelle wieder und das Spiel beginnt von neuem. Bisweilen sind mehrere kleinere pulsierende Vakuolen vorhanden, die in eine größere zusammenfließen oder sich direkt nach außen entleeren — kurz, es lassen sich hier allerlei anziehende Beobachtungen machen, die den Anfänger besonders fesseln werden.

Das wichtigste Organ der Zelle als Träger der Vererbung ist der Kern. Dieser auch als Nährkern (Trophonukleus) bezeichnete, eigentliche Zellkern kommt meist nur in der Einzahl vor und zeigt verschiedene Gestaltung. Die einfachste Form, ohne Membran und Binnenkörper, besitzt Trypanosoma, bei den meisten hat er eine deutliche Kernmembran und einen stärker färbbaren Binnenkörper und endlich bei den Euglenen Membran und einen deutlichen Binnenkörper, von dem Chromatinfäden radial ausstrahlen. Über die Teilungen, die vielfach studiert sind, wird der Anfänger kaum Beobachtungen machen können, da die Präparation vieler technischer Kunstgriffe bedarf. Wieweit der Geißelkern, der mit dem Basalkorn der Geißel in Verbindung steht und wohl den Zweck hat, ihre Bewegung zu dirigieren, allgemein verbreitet ist, darüber sind die Beobachtungen noch nicht abgeschlossen.

Die Bewegung der Flagellaten wird durch die amöboide Beweglichkeit oder die Metabolie vermittelt. Daneben aber finden sich stets eine oder mehrere Geißeln, die bei den nicht amöboiden Arten die Rolle der Bewegungsorgane allein übernehmen. Während durch die amöboide Bewegung oder die Metabolie kriechende Bewegungen ausgeführt werden, dienen die Geißeln fast nur zum Schwimmen. Durch Schlängeln und Schwingen vermögen sie die Zelle zu bewegen, wobei die Geißel in der Bewegungsrichtung gehalten wird. Die sogenannte Schleppgeißel aber dient zum Kriechen und wird nach hinten gehalten. Die Bewegung selbst kann sehr mannigfach sein, denn die Zellen können sich pendelnd, zitternd, gleichmäßig oder unregelmäßig schwingend nach vorn bewegen, oder sie bleiben unter

Festhalten der Schleppgeißel pendelnd am Orte. Daß dabei je nach der Gestalt der Zelle oder der Kolonie ein sehr verschiedenartiger Bewegungscharakter zustande kommt, ist ganz selbstverständlich und kann dem Anfänger nicht genug zur Beobachtung empfohlen werden. Bei wenigen finden sich außer den Geißeln noch feine Zilien (Pteridomonas) oder undulierende Membranen (Blutparasiten). Die Geißeln sind sehr empfindliche Organe und stellen bei plötzlicher Änderung der äußeren Bedingungen ihre Bewegungen ein, verquellen oder fallen ganz ab.

Wenn auch der Anfänger nur geringes Interesse daran haben kann, in welcher Form sich die Flagellaten ernähren, so sei doch auf die wichtigsten Tatsachen hier hingewiesen. Sobald Chromatophoren vorhanden sind, werden wir entweder völlige oder doch teilweise holophytische (autotrophe) Ernährung voraussetzen müssen, denn es findet dann Assimilation vermittels des Chlorophylls statt. Die nicht mit Chlorophyll versehenen Arten dagegen müssen sich saprophytisch (heterotroph) oder parasitisch ernähren. Zu der ersteren Ernährung werden die meisten Arten schreiten, die zweite haben besonders die Blutparasiten (Trypanosomen), die uns hier aber wegen der Schwierigkeit der Untersuchung weniger interessieren. Daneben nun aber finden wir bei den meisten Arten die animalische Ernährung, die den Pflanzen sonst fremd ist. Zum Teil wird diese erfolgen durch Aufnahme der Nährstoffe an der ganzen Oberfläche, indem ein Umfließen und Aussaugen durch die Pseudopodien, vielleicht auch daneben eine Lähmung durch die Geißeln stattfindet. Wieder andere Arten haben den Ort der Nahrungsaufnahme als besondere Mundöffnung ausgebildet. Man findet Nahrungsvakuolen am Vorderende (Dinobryon, Oicomonas usw.); durch besondere Zilien wird die Nahrung in den Mundtrichter gewirbelt und hier in Vakuolen aufgenommen, oder durch besondere seitliche taschenartige Einstülpungen oder rüssel- oder lippenförmige Organe wird die Nahrung erfaßt und einverleibt. Seltener kommen vorstülpbare Rüssel oder Staborgane zum Einsaugen vor, auch Anbohren der Nahrung (Bodo) findet sich. Natürlich hängt die Ernährung eng mit dem Bau dieser eigenartigen Organismen zusammen, so daß der Beobachter hier reiches Material vorfindet.

Die Vermehrung der Flagellaten vollzieht sich in den meisten Fällen auf rein vegetativem Wege durch Teilung. Die Zelle teilt sich dabei fast stets der Länge nach in zwei gleiche Tochterzellen. Wenn bei wenigen Formen Querteilung oder Teilung in ungleiche Zellen beobachtet worden ist, so muß dies als Ausnahme gelten. Vor der Teilung erfolgt stets die Zweiteilung des Kernes und dann erst nach Einziehung der Geißeln die Durchschnürung in zwei Zellen. Auch die pulsierenden Vakuolen und die Chromatophoren teilen sich vorher. Bisweilen werden auch Vakuolen neu gebildet, jedenfalls ist dies mit den Geißeln immer der Fall. Wenn auch die Teilung meist im ruhenden Zustande erfolgt, so kennt man doch Fälle, wo sie im beweglichen Zustande vor sich geht. Bisweilen bleiben die Tochterzellen durch Gallerte eine Zeitlang verbunden, trennen sich dann aber bald voneinander, nur bei koloniebildenden Arten bleiben natürlich die Tochterzellen an den Stielen oder Röhren sitzen.

Man hat auch bei Blutparasiten geschlechtliche Fortpflanzung festgestellt, indem zwei Individuen unter bestimmten Kernvorgängen miteinander verschmelzen. Ein näheres Eingehen auf die dabei sich abspielenden Vorgänge verbietet sich hier.

Bildung von Dauerzellen (Cysten) kommt recht häufig vor und hat den Zweck, die Art über ungünstige Verhältnisse hinaus zu erhalten. Sie kann erfolgen, indem die ganze Zelle zur Dauerzelle wird oder indem sich nur ein Teil des Plasmas oder das Plasma ohne die Hautschicht zur Dauerzelle abrundet. Die Dauerzellen sind stets mit einer widerstandsfähigen, oft geschichteten und gefärbten, mit Skulptur versehenen Membran umgeben. Bei der Keimung wird entweder der ganze Inhalt zur neuen Zelle, oder er teilt sich in zwei oder mehrere Teile, von denen jeder zum neuen Individuum wird.

Wo soll nun der Anfänger Flagellaten suchen? Sie kommen überall vor, wo sich nährstoffreiches Wasser vorfindet. Je reiner das Wasser, um so weniger Flagellaten sind darin vorhanden, während sich mit zunehmender Verschmutzung eine Unzahl von Arten findet, die allerdings in den meisten Fällen an ganz bestimmte Stoffe im Wasser gebunden sind. Man suche deshalb zuerst Standorte auf, die reiche Nährstoffe enthalten. Besonders ausgiebig sind Regenpfützen, Regentonnen, Springbrunnenbassins, wo sich besonders Euglenen finden, ferner Gewässer der Rieselfelder, Abflüsse von Fabriken mit verschmutztem Wasser und ähnliches. Schlammige Teiche, Waldtümpel geben ebenfalls vielfache Ausbeute. Viele Arten sitzen an Schlammteilchen, Wasserpflanzen usw. fest oder schwimmen als Planktonformen frei im Wasser. Oft treten sie so massenhaft auf, daß das Wasser rot, grün, gelbbraun gefärbt wird. Besonders interessant für den Anfänger erscheint aber die Anlegung von künstlichen Kulturen. Man kann in Standgläser Wasser aus Tümpeln oder Regenpfützen tun oder Schlamm mit reinem Wasser übergießen. Bei längerer Aufbewahrung solcher künstlicher Sümpfe wird man von Tag zu Tag reicheres Beobachtungsmaterial erhalten, denn die Flora wechselt mit dem allmählichen Abbau der Nährstoffe immerfort. Die Variation dieser Kulturen ist unendlich und wird dem Beobachter stets Anregung in Hülle und Fülle bieten.

Eine besondere Gruppe der Flagellaten bilden die Blutparasiten und die zu den Parasiten gewöhnlich gerechneten Bewohner von Körperhöhlen. Auf ihren zwar hochinteressanten, aber schwierigen Entwicklungsgang einzugehen, verbietet sich hier von selbst; will der Anfänger darüber Näheres erfahren, so muß er die spezielle Literatur zu Hilfe nehmen.

Wenige Worte noch seien über die Präparation gesagt. So empfehlenswert das Studium der lebenden Objekte auch ist, so lassen sich doch häufig nicht alle Beobachtungen daran ausführen. Man ist deshalb vielfach auf konserviertes Material angewiesen. Allerdings kann der Anfänger in den wenigsten Fällen damit etwas anfangen, da die Zellen durch Kontraktion, Verlust der Geißeln usw. für ihn unkenntlich geworden sind: Erst große Übung und eingehende Formenkenntnis wird ihm über diese Klippe hinweghelfen. Als Fixierungsflüssigkeiten kommen außer den auf S. 6 genannten noch andere in Betracht, die in den speziellen Abhandlungen nachgelesen werden müssen. Die Anfertigung der Präparate in Glyzerin oder Glyzeringelatine erfordert sehr große Erfahrung. Das beste bleibt immer die Anfertigung möglichst genauer Zeichnungen, die aber am lebenden, sich bewegenden Objekt nicht einfach sind. Man muß sich damit behelfen, die lebenden Zellen durch Druck oder besondere Einschlußmittel — wie z. B. Quittenschleim — in ihrer Bewegungsfreiheit zu beschränken oder den Moment des Absterbens abzupassen, um über die innere Organisation Klarheit zu gewinnen.

6. Die Dinoflagellaten (Peridineen).

Die Dinoflagellaten sind äußerlich durch eine Querfurche, welche die Zelle in einen vorderen (apikalen) und hinteren (antapikalen) Teil gliedert, gekennzeichnet. Dabei ist es gleich, ob die Zelle fast kugelige, eiförmige, verkehrt eiförmige, rhomboidale oder flach blattartige Gestalt besitzt. Meist ist bei den Süßwasserformen der apikale Teil größer, während bei den Meeresformen die Tendenz hervortritt, diesen Teil der Zelle zu verkleinern, so sehr, daß er bisweilen nur knopfartig ist (Amphidinium). Bei Glenodinium sind beide Teile fast gleich groß. Diese Querfurche geht bisweilen nur um einen Teil der Zelle herum, bei den für uns in Betracht kommenden Arten umgibt sie die ganze Zelle kreisförmig oder verläuft $\pm$ stark spiralig, und zwar dann meist links, seltener rechts windend.

Außer der Querfurche findet sich mehr oder weniger deutlich eine Längsfurche, die allerdings nur selten vom Vorder- bis zum Hinterende verläuft, sondern meistens nur einen Teil beider Hälften umspannt. Bisweilen zeigt sich auf der linken Seite der Längsfurche eine flügelartige Erhöhung, oder es sind Stacheln vorhanden; der rechte Teil dagegen ist flach oder weniger stark flügelartig vorgezogen.

In diesen beiden Furchen befinden sich die zwei vorhandenen Geißeln. Sie entspringen in der Längsfurche, in der sich eine rundliche oder längliche Öffnung findet, die noch durch besondere Vorsprünge oder durch röhrenförmige Verlängerung nach innen geschützt wird. Die eine Geißel, die Quergeißel, ist ganz in der Querfurche verborgen und führt hier undulierende Bewegungen aus. Durch die mehr oder weniger entwickelten Flügelleisten an der Querspalte wird die Geißel gut nach außen geschützt. Die andere Geißel, die Längsgeißel, ist ein mehr als zellenlanger feiner Faden, der in der Längsfurche liegt oder schräg vom Körper absteht. Sie führt peitschenartige Bewegungen aus und kann sich auch spiralig zusammenrollen, ja sogar in die Geißelspalte sich zurückziehen. Während sie bei den Prorocentraceen nach vorn gerichtet ist, steht sie bei den übrigen Formen nach hinten und entspricht so etwa der Schleppgeißel bei den Flagellaten. Durch die Quergeißel wird eine langsam rotierende Bewegung der Zelle herbeigeführt, während durch die Bewegung der Längsgeißel eine Fortbewegung erfolgt.

Die Zellen sind stets von einer festen Hülle umgeben. Bei den Gymnodiniaceen, die früher als „unbeschalte" Formen angesehen wurden, ist diese Hülle in vielen Fällen sehr zarthäutig und an lebenden Exemplaren kaum sichtbar, in anderen Fällen jedoch derber; stets ist sie aber, wie in neuerer Zeit festgestellt werden konnte, ± deutlich gefeldert. Die Felder sind ziemlich groß und entweder polygonal oder unregelmäßig, oder aber sie stellen kleine, ganz gleichmäßig gestaltete Vielecke dar.

Die Peridiniaceen — die sogenannten „beschalten Dinoflagellaten" — besitzen demgegenüber einen oft starken Panzer, der aus Zellulose und anorganischen Stoffen besteht. Dieser charakteristische Panzer besteht aus Platten, die durch Nähte verbunden sind. Die Platten selbst zeigen häufig Areolen, indem durch Leistenbildungen unverdünnte Stellen bleiben, oder wirkliche Durchbohrungen (Poren) oder nur angedeutete Poren (Poroiden) auftreten. Häufig erheben sich Stacheln oder Warzen an den Kreuzungsstellen der Leisten, auch Flügelleisten kommen häufig vor. Die Nähte sind oft durch Stacheln, Papillen oder Wälle bezeichnet; in den Nähten selbst finden sich mehr oder weniger deutlich entwickelte Interkalarleisten. Die große Mannigfaltigkeit in der Panzerstruktur ist nicht immer einfach festzustellen.

Besonders zu beachten ist die Zusammensetzung des Panzers aus einzelnen Platten. Man unterscheidet den Gürtelpanzer, die Oberschale (Epivalva) und Unterschale (Hypovalva). Der Gürtelpanzer umfaßt den Gürtelteil und gliedert sich in das Gürtelband (Querfurchentafel) und die Schloßtafel (Längsfurchentafel), die wieder in mehrere Platten zerfallen können. Die beiden Valven, welche die wichtigsten Merkmale zur Unterscheidung der Arten liefern, bestehen an ihren Enden aus einer, zwei oder mehreren, in letzterem Falle häufig in mehreren Reihen angeordneten Endplatten; diese bezeichnet man als Apikal- bzw. Antapikalplatten. Um diese herum nach dem Gürtelbande hin lagern sich nun abermals Platten, die einen Ring bilden; man unterscheidet sie als prääquatoriale und postäquatoriale Platten. Betrachtet man die Zelle von der Seite der Längsfurche her, so kann man diese Platten auch als vordere (ventrale), seitliche (mediane) und hintere (dorsale) bezeichnen. Die Zahl und Form aller dieser Platten wechselt sehr nach der Art. Die Oberschale besitzt bei Peridinium auf der Bauchseite außerdem noch eine unpaare, charakteristisch gestaltete Rautenplatte, während die Ceratien auf der Bauchseite durch ein unbedecktes Feld, das nach seinem Umriß als rhomboidales Feld bezeichnet wird, ausgezeichnet sind.

Dadurch, daß die eine Platte mit einem Falzstreifen versehen ist, in den die andere hineingreift, wird eine feste Verbindung erzielt, die noch durch eine Art Kitt verstärkt wird. Außerdem finden sich noch besondere, schon oben erwähnte Interkalarleisten die fest ineinandergreifen. Will man zum Zwecke des näheren Studiums die Platten voneinander lockern, so geschieht dies am besten mit verdünnter warmer Kalilauge. Bei einigen Arten findet sich am Vorderende (selten auch hinten) zwischen den Endplatten eine besondere Öffnung, die man als Apex bzw. Antapex bezeichnet und aus der unter Umständen Plasma austreten kann. Ist eine Spitze ohne Öffnung vorhanden, so spricht man von einem Pseudapex.

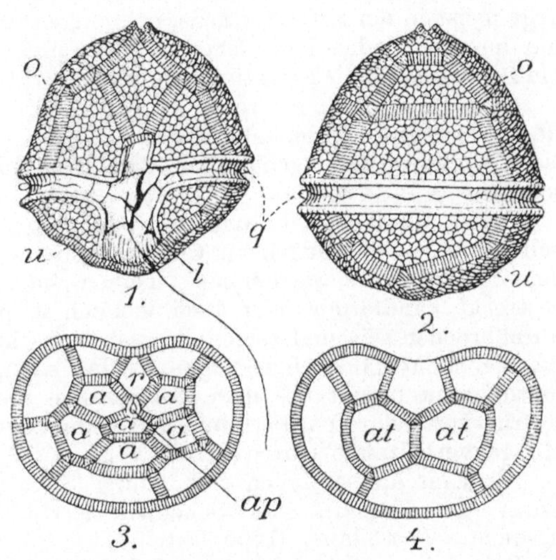

Abb. A. Peridinium tabulatum (Ehrenb.) Cl. und Lachm. *1.* Bauchseite, *2.* Rückenseite, *3.* Oberschale, *4.* Unterschale. *o* Oberschale, *u* Unterschale, *q* Querfurche, *l* Längsfurche. *ap* Apex, *a* Apikalplatten, *at* Antapikalplatten, *r* Rautenplatte,

Die Panzerplatten zeigen nun bisweilen an besonderen Stellen noch Verzierungen in Form von Hörnern, Stacheln, Flügeln usw. und tragen dadurch zur Charakterisierung der Arten bei.

Einen etwas abweichenden Bau zeigt die kleine Gruppe der Phytodiniaceen, die weder Geißeln noch Furchen haben und als abgeleitete Formen der echten Dinoflagellaten angesprochen werden müssen.

Das Plasma der Peridineen-Zellen ist farblos, seltener rot. Es zerfällt in ein körniges, die Chromatophoren enthaltendes, peripheres Hüllplasma und in ein mehr feinkörniges Füllplasma, in dem sich Vakuolen, Pusulen und Kern befinden. Das periphere Plasma erscheint durch zahlreiche Stränge mit dem mittleren, kernführenden

Teil verbunden. Außer den dadurch entstehenden, nichts Besonderes weiter bietenden Vakuolen gibt es noch Pusulen, die mit einer deutlichen, fein radial streifigen Wandung versehen sind. Diese Pusulen münden mit feinerem Ausgangskanal in die Geißelspalte ein, daneben finden sich Tochterpusulen, deren Ausführungsgänge wieder in eine größere Sammelpusule münden. Die Pusulen können sich vergrößern und zusammenziehen, zeigen aber kein regelmäßiges Pulsieren.

Der kugelige, bohnen- oder nierenförmige bis wurstförmige Kern liegt meist in der Mitte der Zelle, bei einigen im apikalen, bei wenigen nur im antapikalen Teil. Über den Bau und die Teilung des Kernes muß auf die Spezialliteratur verwiesen werden.

Gewöhnlich fehlt ein roter Augenfleck; nur bei wenigen Arten findet man ihn, in der Längsfurche gelegen, als scheiben- oder hufeisenförmiges Plasmagebilde, in dem Hämatochrom eingelagert erscheint.

Die empfindlichen, braungelben oder gelbbraunen, seltener gelben, gelbgrünen oder blaugrünen Chromatophoren weisen sehr verschiedene Gestalt auf. Sie können scheiben- oder stäbchenförmig, langgestreckt bandförmig oder auch vielfach lappig, ja selbst netzartig durchbrochen sein und zeigen eine sehr verschiedene Anordnung, auf die hier nicht näher eingegangen werden kann. Die Farbe der Chromatophoren beruht auf dem Vorkommen von braunrotem Phykopyrrin, portweinrotem Peridinin und gelbgrünem Chlorophyllin, deren Mengenverhältnisse sehr wechseln können.

Als Einschlüsse finden sich häufig Stärke und Fett, erstere in Form von Körnern oder Scheiben, letzteres abgeschieden durch besondere Fettbildner (Lipoplasten).

Bei einigen Arten ist eine Gallertbildung außerhalb des Periplasten beobachtet worden.

Die Ernährung erfolgt ähnlich wie bei den Flagellaten, aber bisher ist wenig darüber bekannt, außer daß sich im Innern der Zellen vielfach kleine Organismen und Nahrungsreste nachweisen lassen.

Die Fortpflanzung der Dinoflagellaten erfolgt durch Zellteilung, die auf zweierlei Weise vor sich gehen kann. In dem einen Falle teilt sich die Zelle in beweglichem oder meist ruhendem Zustande samt ihrer Hülle, nachdem, meist während der Nacht, die Teilung des Kernes vorausgegangen ist. Die Durchschnürung selbst erfolgt in der Längsachse oder schief zu derselben, selten in der Querrichtung und zwar nach bestimmten Gesetzen, worauf hier nicht näher eingegangen werden kann. Nach der Teilung tritt eine Neubildung der einen Panzerhälfte und der Geißeln ein. — Bei der anderen, häufigeren Art der Zellteilung wird die Hülle unter Abscheidung von Gallerte gesprengt. Der Protoplast teilt sich in 2 oder 4 Zellen, die sich dann mit einer neuen, zunächst noch sehr zarten Hülle umgeben (sog. Jugendstadien!). Die Hülle wird dann allmählich stärker.

Bei ungünstigen Bedingungen kann Dauersporenbildung eintreten, indem sich das Plasma zusammenzieht und eine dickwandige Hülle ausbildet. Bei Ceratium sollen die Dauerzellen aus einer Kopulation von zwei Zellen hervorgehen, indessen ist Näheres darüber nicht bekannt.

Die Dinoflagellaten sind typische Planktonformen und besitzen deshalb ausgezeichnete Schwebeeinrichtungen, so die Form der Zellen, Stachel- und Hornbildungen, Vorhandensein von Flügeln, Kettenbildung bei marinen Arten. Wenn auch das Meerwasser die größte Zahl der bekannten Arten beherbergt, so kommen doch im Süßwasser so zahlreiche Formen vor, daß sie auch der Anfänger kaum übersehen kann. In verschmutztem Wasser fehlen sie, leben dagegen in reinem Wasser überall, besonders in Teichen, Seen, Tümpeln; fließendes Wasser meiden sie fast ganz. Sie können bisweilen in großen Massen auftreten, daß es braun oder rötlich gefärbt erscheint, aber gewöhnlich kommen sie nur vereinzelt vor.

Während viele Arten das ganze Jahr über vorhanden sind, haben andere ihre bestimmte Vegetationsperiode, die in ganz verschiedene Zeiten des Jahres fallen kann. Es kann nicht genug empfohlen werden, leicht erreichbare Gewässer innerhalb bestimmter Intervalle immer wieder zu untersuchen. Nur auf diese Weise kann man sich ein Bild der wechselnden Panktonflora machen und die Maxima und Minima des Auftretens der einzelnen Algenformen feststellen.

Trotzdem die Artenzahl der Dinoflagellaten im Süßwasser keine allzu große ist, wird der Anfänger doch große Mühe haben, um sich in die Variationsfülle der Formen einzuarbeiten. Nicht alle bieten den Formenreichtum von Ceratium, aber an dieser Gattung (besonders an C. hirundinella) lassen sich ganz besonders schöne Beobachtungen über die verschiedene Form der Zelle, die Zahl, Gestalt und Stellung der Hörner machen. Besonders anziehend werden solche Beobachtungen, wenn man die verschiedene Jahreszeit, die Mannigfaltigkeit der Gewässer und andere äußere Bedingungen damit in Zusammenhang bringt. Für den Anfänger bietet sich also hier ein weites Feld der Beobachtung, worin er bei genügender Übung auch Selbständiges zu leisten imstande ist.

Die Präparation der gepanzerten Formen bietet keine besonderen Schwierigkeiten, da sie keine Kontraktion befürchten lassen und deshalb leicht in Dauerpräparaten zu halten sind. Die nur von einer dünnen Hülle umgebenen Formen dagegen schrumpfen sehr leicht, so daß stets auch eine Untersuchung des lebenden Materials vorzunehmen ist.

Für die Sammlung beschränke man sich auf Präparate und vor allem auf Zeichnungen. Will man sich ein Herbar davon anlegen, so beachte man die auf S. 10 gegebenen Winke.

7. **Die Bacillariales** (Diatomeen).

Wohl wenige Gruppen der niederen Organismen fesseln den Anfänger so wie die Bacillariales. Nicht bloß die Beweglichkeit vieler Formen, die sich in ganz anderer Weise wie etwa bei den Flagellaten oder Schwärmsporen der Grünalgen abspielt, sondern vor allem die ungeheure Mannigfaltigkeit ihrer äußeren Gestalt machen diese Gruppe so außerordentlich anziehend. Dazu kommt die feine Durchbildung des äußeren Skelettes, die mit ihren Strichen, Punkten und Liniensystemen an die Beobachtung die äußersten Anforderungen für unsere heutige mikroskopische Technik stellt. Für die Prüfung der Auflösungskraft unserer optischen Hilfsmittel bieten sie auch heute noch die besten Objekte dar, obwohl natürlich diese Anforderungen an die Beobachtungstechnik dem Anfänger erst allmählich zum Bewußtsein kommen können.

Die Bacillariales oder, wie sie vielfach genannt werden, Diatomeen sind durch den Besitz zweier Kieselschalen ausgezeichnet, die nach Art der Pillenschachteln seitlich übereinandergreifen und einen festen Abschluß des Innern gewährleisten. Die obere Schale greift also an der Seite über die untere hinüber. Wenn wir uns die Zelle so orientiert denken, daß die Oberschale (Epitheca) nach oben, die Unterschale (Hypotheca) nach unten liegt, so sehen wir, daß die Unterschale um ein weniges kleiner ist als die Oberschale. Wenn wir die Mittelpunkte beider Schalen verbinden, so erhalten wir die Längsachse (Pervalvarachse, Gürtelbandachse, Zentralachse), die aber nur in den wenigsten Fällen wirklich die längste Achse der Zelle ist. Querschnitte stehen zu dieser Längsachse senkrecht. Legen wir Ebenen durch die Längsachse, so erhalten wir Median- oder Radialschnitte. Diese Medianschnitte sind bei den zentrischen Formen (Centricae) untereinander gleich, man bezeichnet aber diejenigen, welche Teile der Zelle schneiden, die besonders durch Skulptureigentümlichkeiten hervortreten, als Hauptradialschnitte.

Verwickelter wird die Orientierung bei den Pennatae, bei denen die Schalen nicht kreisförmig sind. Hier unterscheidet man die Sagittalachse (Apikalachse, Mediane), welche die beiden Pole der Zelle in der Längsausdehnung verbindet, und die Transversalachse (Transapikalachse), die senkrecht hierzu durch die Längsachse geht. Die durch die Sagittalachse und Längsachse gelegte Ebene, die Sagittal- oder Apikalebene, teilt die Schale in eine rechte und linke Hälfte, während die durch die Transversalachse und Längsachse gelegte Ebene, die sog. Transversalebene, die Schale in eine vordere und hintere Hälfte teilt. Man hat dann ferner diejenige Ebene, welche durch den morphologischen Mittelpunkt der Zelle geht und die Trennungslinie der Gürtelbänder schneidet, als Teilungsebene oder Valvarebene bezeichnet; sie bezeichnet die Ebene, in der bei der Teilung die neugebildeten Schalen Rücken an Rücken angelegt werden.

Jede Schale besteht aus einem flachen Oberteil (Schale, Valva) und einem Gürtelteil (Gürtelband, Pleura), entsprechend also bei einer Schachtel dem Flachteil und dem gerundeten Seitenrand. Um die Schalen auch durch Namen auseinanderzuhalten, nennt man bei der Oberschale diese beiden Stücke Epivalva und Epipleura, bei der Unterschale Hypovalva und Hypopleura. Die Valven sind am Rande zugeschärft und etwas umgebogen, die Pleuren ebenfalls, und daher greifen beide falzartig ineinander und können nur durch Kochen in Säuren getrennt werden. Da die Epipleura über die Hypopleura übergreift, so ist letztere etwas kleiner und kann sich, wie bei einer Schachtel, etwas herausschieben.

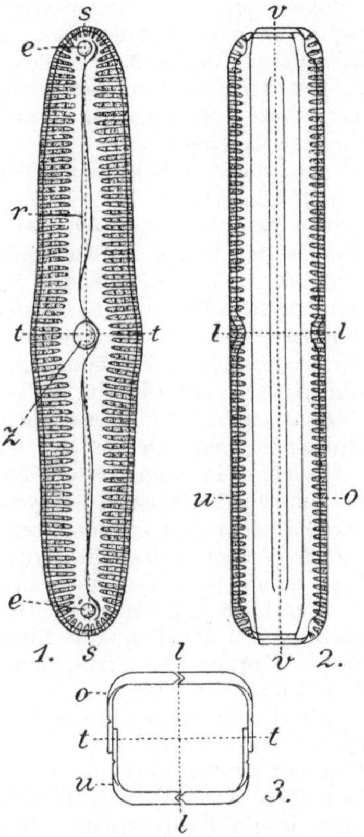

Die Gestalt der Valven wechselt bei den einzelnen Arten und Gattungen außerordentlich. Neben kreisrunden kommen ovale, ellipsoidische, längliche, lanzettliche, biskuitförmige Formen vor, dabei kann der Rand verschieden eingebuchtet sein; dementsprechend wechselt auch die Gestalt der Pleuren.

Aus dem Gesagten geht hervor, daß die Ansichten der Zelle durchaus verschieden sind, je nachdem man sie von der Schalen- oder Gürtelseite betrachtet. Letztere ist meist schmal und gerade, erstere dagegen in der vorhin charakterisierten Art äußerst mannigfach.

Kompliziertcr wird nun die Form der Zelle durch die Einfügung von Zwischenbändern. Diese werden zwischen Schale und Gürtel eingeschoben, und zwar gleichmäßig mit dem Gürtelbande. Die Zwischenbänder können sich (entsprechend dem Gürtelband) als geschlossene Ringe (Ellipsen usw.) einschieben, meist gehen sie nicht völlig ringförmig herum, sondern werden dann durch besondere Stücke geschlossen. Diesen Typus der Zwischenbänder bezeichnet man als Ringpanzer. Wenn aber die Ringe nicht geschlossen sind

Abb. B. Navicula viridis Nitzsch. *1.* Schalenansicht, *2.* Gürtelansicht, *3.* Transversaler Längsschnitt. *s* Sagittalachse, *t* Transversalachse, *l* Längsachse, *v* Teilungsebene (Valvarebene), *o* Oberschale, *u* Unterschale, *r* Raphe, *z* Zentralknoten, *e* Endknoten.

und sich seitlich auskeilen, wobei dann immer mehrere Zwischenbänder fest aneinanderschließen, so erhalten wir den Schuppenpanzer. Häufig biegen nun die Zwischenbänder (senkrecht zum Gürtelband) um und bilden Septen, die den Inhalt der Zelle mehr oder weniger unvollkommen zerlegen und von der Schalenseite aus als wellige oder gerade Linien sichtbar sind. Häufig finden sich in den Septen Durchbrechungen oder Fenster, durch die dann die einzelnen Zellteile in Verbindung stehen. Diese Verhältnisse sind schwierig zu beurteilen und werden dem Anfänger besondere Mühe machen. Am ehesten wird natürlich die Auseinanderlösung der Schalen zur Klärung beitragen.

Alle diese Schalen sind verkieselt und zeigen durch ungleichmäßige Lagerung der Kieselsäure gewisse Strukturverhältnisse, welche ganz besonders bei der Bestimmung zu beachten sind. Die Gürtelseiten zeigen nur in wenigen Fällen eine Struktur (z. B. Melosira), dagegen besitzen die Schalenseiten eine verwirrende Fülle von meist außerordentlich zierlichen Skulpturverhältnissen. Die Membran besteht aus einer Grundsubstanz, der die Kieselsäure in Form von feinen Punkten, Linien, Leistchen, Warzen in der verschiedensten Anordnung aufgesetzt erscheint. Je nach der Anordnung treten im mikroskopischen Bilde die Punkte zu verschiedenen Liniensystemen, die einfach oder gekreuzt erscheinen, zusammen. Bei vielen Formen treten bienenwabenartige Verdickungen auf, die an der Außenseite umgebogen sind, so daß die aufgesetzten Verdickungen einen T-förmigen Querschnitt zeigen. In diesen vertieften Waben besitzt die Grundsubstanz viele äußerst feine Poren. Aber damit ist die Mannigfaltigkeit noch nicht erschöpft, sondern die Membran der Centricae besitzt oft noch Zähne, Höcker, Zitzen, Klauen. Bei den Pennatae finden sich außerdem noch Kiele, Flügelleisten, Dornen usw. Die Abbildungen zeigen, wie verschieden diese Verhältnisse sein können.

Ein besonders wichtiges Organ ist der Zentralknoten, der in der Mitte der Valven liegt und meist rund und etwas buckelig ist. Bisweilen verbreitert er sich transversal bandförmig und bildet dann den Stauros. Entsprechend befindet sich an den beiden Polen je ein Endknoten. Diese 3 Knoten sind bei den Pennatae durch eine Raphe verbunden, die auf der Schale eine feine gerade oder S- oder C-förmig gekrümmte Linie bildet. In Wirklichkeit stellt sie zwei rinnenförmige Kanäle vor, die die Kanalsysteme in den Knoten miteinander verbinden und von denen der eine an der Außenseite, der andere an der Innenseite der Schale verläuft. Auf diese außerordentlich schwer sichtbaren und noch wenig erforschten Kanalsysteme kann hier nicht näher eingegangen werden, sondern es sei auf die Arbeiten von O. Müller verwiesen. An den Endpolen wird äußerlich oft die halbmondförmige Polspalte sichtbar. Die Struktur der Schalen ist symmetrisch zur Raphe, bisweilen aber enden die Punktreihen und Leisten etwas vor der Raphe, so daß ein mehr oder weniger schmaler strukturloser Raum längs der Raphe, die Area (Axillararea), übrig bleibt, die sich oft am Zentralknoten irgendwie verbreitert (Zentralarea).

Bei den Eunotiaceen sind die in je einem Endknoten endigenden Raphen sehr kurz, so daß auch der Zentralknoten fehlt. Eine Zelle besitzt daher hier vier voneinander getrennte Raphen, die außerdem auf den Schalenmantel verschoben sind und meist nur ein kurzes Stück auf die Valvarflächen übergreifen.

Es kommen nun bei einigen Familien der Pennatae Längslinien vor, welche eine Raphe vortäuschen, aber keinen Längskanal besitzen. Man nennt sie Pseudoraphe. Bei den Achnanthaceen hat die Unterschale eine echte Raphe, die Oberschale nur eine Pseudoraphe.

Die Raphe der Nitzschiaceen und Surirellaceen ist dadurch ausgezeichnet, daß sie in einem seitlichen, oft flügelartig vorgezogenen Längskiel verläuft. Diese sogenannte Kanalraphe steht mit deren Umgebung durch einen Längsspalt, mit dem Zellinnern durch feine Querkanäle in Verbindung.

Es war bisher vorausgesetzt, daß die Schalen streng symmetrisch gebaut sind; es würden also die beiden Schalen, ihre rechte und linke Seite und ihre obere und untere Hälfte, einander streng entsprechen. Aber es finden sich in den Strukturverhältnissen leichte Unregelmäßigkeiten, so bei manchen Centricae (Actinocyclus) ein exzentrisch liegendes Auge, ferner bei den Pennatae (z. B. Gomphonema) isolierte einseitige Punkte in der Area, verschieden lange Streifen an den entsprechenden Stellen der beiden Hälften u. a. m.

Bisher auch war vorausgesetzt, daß die Schalendeckel flach (wie bei einer Schachtel) oder gleichmäßig gekrümmt waren, so daß also die Mitte oder die Raphe den höchsten Punkt bildet und die Schale nach den Seiten gleichmäßig abfällt. Dabei konnte natürlich die Fläche der Schalen sehr verschieden gestaltet sein, immer aber waren die Achsen gerade oder die Mittellinien etwa in einer Ebene symmetrisch gekrümmt. Nun aber kommt es bei vielen vor, daß die Zellen um die Achsen gedreht sind. Man stelle sich vor, daß man eine Schachtel von Emser Pastillen mit den Händen an den Polen faßt und nun nach entgegengesetzten Seiten zu verdrehen sucht. Auch noch andere, etwa wellenförmige Verbiegungen der Schalen, konvexe Ausbiegung der Epivalva und gleichzeitig konkave Einbiegung der Hypovalva, finden sich, kurz es tritt bisweilen eine solche Mannigfaltigkeit auf, daß die ursprüngliche Symmetrie bedeutend verzerrt erscheint. Daß die Gürtelseiten bei diesen Verzerrungen ebenfalls in Mitleidenschaft gezogen werden, ist klar. Bei den keilförmigen Zellen geben sie aber noch besonders Anlaß zur Unregelmäßigkeit; hier verbreitern sie sich keilförmig nach oben hin, ebenso die Schalen. Die Feststellung derartiger Unregelmäßigkeiten ist häufig nicht einfach. Man muß die Zelle von der Schalen- und Gürtelseite betrachten, um die stereometrischen Verhältnisse der Zelle festzustellen.

Die meisten Bacillariales leben planktontisch und besitzen zum Schweben besondere Einrichtungen, die bei den Süßwasserformen im allgemeinen weniger stark hervortreten, aber bei den Meeresarten in der mannigfachsten Form in Gestalt von Zellanhängseln ausgebildet erscheinen.

Ein großer Teil der Arten — die sog. Grunddiatomeen — sitzt, im Gegensatz zu diesen Schwebeformen, auf Schlamm, Holz, Steinen, Wasserpflanzen fest, indem sie sich mit den Unterseiten fest anlegen. Dabei werden die einzelnen Arten oft von Gallerte umgeben, oder die Kolonien, die durch die Teilung der Zellen entstehen, liegen in Gallertmassen oder Gallertröhren eingebettet. Bei einigen ist die Zelle mit dem unteren Pole einem festsitzenden Gallertstiel angeheftet, der sich mit der Teilung der Zelle oft verzweigt, so daß dann dichotom oder baumförmig verzweigte Gallertstiele entstehen (Gomphonema, Licmophora).

Die mit echter Raphe versehenen Arten, die ausschließlich der Gruppe der Pennatae angehören, zeigen eine meist deutliche Eigenbewegung, die stoßweise bald rück- oder vorwärts erfolgt, jedenfalls nicht gleichmäßig ist. Diese Bewegung geht, soweit es bisher geklärt ist, so vor sich, daß in den Kanälen der Raphe vom Zentralknoten aus nach beiden Polen ein unter hohem Druck stehender Plasmastrom hinfließt und nach dem Zentralknoten zurückfließt. Der Plasmastrom in der äußeren Kanalrinne ruft eine beträchtliche Reibung mit dem umgebenden Wasser hervor und bewirkt dadurch die Fortbewegung der Zelle. Die Mechanik dieser Bewegungen gehört zu den schwierigsten Problemen, die diese kleinen Organismen stellen.

Die Koloniebildung ist bei vielen Gruppen eine allverbreitete Erscheinung, indem die einzelnen Zellen, die aus den Teilungen hervorgehen, miteinander $\pm$ fest verbunden bleiben und Fäden oder Ketten bilden. Häufig sind die einzelnen Zellen durch besondere Vorsprünge oder Haken oder aber durch kleine Gallertpolster miteinander verkettet. Je nach der Form der Zelle haben die Bänder eine gerade Gestalt oder bei keilförmiger Form ein rundes oder spiraliges Aussehen. Bezüglich der einzelnen Beispiele für die verschiedenen Modifikationen vergleiche man den systematischen Teil.

Die erwähnten Gallertstiele, Gallertfäden, Gallertschläuche, Gallertpolster usw. werden von der Zelle selbst durch besondere Gallertporen abgeschieden, deren Lage bei den einzelnen Arten jedoch recht verschieden ist.

Der Protoplast liegt in der Form eines Schlauches den Schalen an und umschließt im Innern einen großen Zellsaftraum, der auch durch einen Plasmabalken zerlegt oder von Plasmafäden durchzogen werden kann. Die Chromatophoren zeigen verschiedene Gestalt; entweder bilden sie eine flache, am Rande meist lappige oder zerklüftete Platte, oder sie sind zu mehreren als kleine dünne, flache Plättchen vorhanden. Diese kleineren Plättchen liegen fast stets im Plasmabelag, die großen Chromatophoren an der Schalen- oder Gürtelseite und greifen dann seitlich herum. Die Lagerung sowie Zahl der Chromatophoren charakterisiert die einzelne Art, manchmal auch ganze Familien. Die Farbe wechselt von grünlichgelb bis braungelb und wird durch Phykoxanthin (Diatomin) bedingt. Beim Absterben wandelt sich die Farbe in Gelb oder fast Grün um. Die Chromatophoren führen häufig Pyrenoide. Als Assimilationsprodukt und ebenso als Reservestoff tritt fettes Öl auf.

Stets ist ein Kern vorhanden, dessen Lage im Wandbelag einer Schalen- oder Gürtelseite oder in einem mittleren Plasmabalken oder- strang für die Art konstant ist.

Die Vermehrung geschieht durch Teilung senkrecht zur Längsachse, also in der Richtung der Gürtelbänder. Wenn die Längsachse eine gewisse Maximallänge erreicht hat und die beiden übereinandergreifenden Gürtelbänder am weitesten auseinandergeschoben sind, teilen sich Kern und Chromatophoren. In der mittleren Ebene der Gürtelbänder, also in der auf der Mitte der Längsachse senkrecht stehenden Ebene (Valvarebene) beginnt sich dann das Plasma durchzuschnüren und scheidet eine neue Unter- und Oberschale aus. Erst dann löst sich der Zusammenhang der beiden Gürtelbänder und es findet Neubildung der fehlenden Gürtelbänder und Zwischenbänder statt.

Nun war bekanntlich die Hypovalva ein wenig kleiner als die Epivalva und die neugebildeten Schalen werden natürlich, da sie innerhalb der alten Zelle angelegt werden, wiederum ein geringes kleiner sein als die alten Schalen. Wenn also die Zellteilung mehrmals vor sich gegangen ist, so wird man eine immer deutlicher werdende Verkleinerung der Zellen feststellen können; denn es ist klar, daß ein nachträgliches Flächenwachstum der verkieselten Membranen nicht stattfinden kann. Man wird bei den einzeln lebenden Arten diesen Verkleinerungsprozeß schwer verfolgen können, weil ja die Zellgröße sowieso variabel ist, aber bei den in Ketten zusammenhängenden Arten kann man die Verkleinerung direkt sehen. Nehmen wir an, der Faden einer Melosira geht von einer Zelle aus, so werden nach den Teilungen 2, 4 usw. Zellen vorhanden sein, die im Zusammenhang bleiben. Man sieht dann, wie von den beiden normalen Endzellen allmählich die Breite der Zellen nach der Mitte des Fadens hin abnimmt, bis sie ein Minimum erreicht, über das die Verkleinerung nicht hinausgehen darf, soll die Erhaltung der Art als solche nicht gefährdet werden. Hier setzt nun als Ausgleich und gleichsam als Rückkehr zum normalen Typus die Auxosporenbildung ein.

Man unterscheidet ungeschlechtliche und geschlechtliche Auxosporenbildung. Bei der ungeschlechtlichen (z. B. Melosira) schieben sich die Gürtelbänder der Zelle auseinander, und es tritt aus dem entstehenden Ringspalt das Plasma blasenförmig aus. Die Blase schwillt auf das Mehrfache des Durchmessers der ursprünglichen Zelle an und umgibt sich dann mit einer feinen verkieselten Haut. In dieser Zelle (Auxospore) scheidet sich zuerst eine Schale aus, darauf Gürtelbänder (und Zwischenbänder), dann die zweite Schale. Damit wäre die neue Zelle fertig, die nun wieder normale Größe hat und in der Längs- oder Querrichtung der Mutterzelle gelagert ist. Die äußere Hülle der Auxospore wird gesprengt und die Zellteilungen beginnen wieder.

Die geschlechtliche Auxosporenbildung geht stets von zwei Zellen aus, die sich aneinanderlegen und sich mit Gallerte (Perizonium) umgeben oder nackt bleiben. In den beiden parallel in der Gallerte liegenden Zellen erfolgt zunächst eine zweimalige Kernteilung, wodurch in jedem Protoplast zwei Groß- und zwei Kleinkerne oder auch nur ein Großkern und drei Kleinkerne gebildet werden. Gleichzeitig klaffen die Schalen der Zellen infolge der starken Gallertabscheidung auseinander, so daß die Zellen nunmehr nackt nebeneinander liegen. Nach der Kopulation der Großkerne wird endlich eine neue große Schale ausgeschieden und dann das Gürtelband und entsprechend auf der anderen Seite die andere Zellhälfte gebildet. Die umschließende Scheide wird dann gesprengt und die Zelle kommt in ursprünglicher Größe frei zum Vorschein. Während sich manchmal (Cocconema) die nackten Zellen nicht berühren, kommen sie bei anderen Gattungen (Frustulia) zur Berührung oder zur Verschmelzung (Surirella). Man hat auch Kreuzbefruchtung festgestellt, indem die beiden nackten Zellen sich teilen und nun je 2 gegenüberliegende Hälften sich vereinigen. Dadurch entstehen zwei Auxosporen und zwei Erstlingszellen (Epithemia). Näher hier auf diese Typen einzugehen, sei dem Anfänger erspart. Jedenfalls haben wir also in der Auxosporenbildung einen Verjüngungsprozeß vor uns.

Dauerzellen (Ruhesporen) sind erst bei einigen Arten bekannt geworden; sie bilden Gruppen von je zwei, miteinander verbundenen Zellen, die durch besonders starke Wände ausgezeichnet sind. Mikrosporen sind bei Melosira usw. beobachtet worden, doch kennt man erst wenig Näheres darüber.

Über die Verwandtschaft der Bacillariales sind wir bisher über bloße Vermutungen kaum hinweggekommen. Die etwa am ehesten damit zu vergleichenden Dinoflagellaten weichen so sehr in der Organisation von ihnen ab, daß zu ihnen kaum nähere Beziehungen vorhanden sein werden. Und ebenso verhält es sich mit der etwaigen Verwandtschaft mit den Desmidiaceen unter den Conjugaten.

Was nun das Vorkommen der Bacillariales betrifft, so sind sie fast ausschließlich Bewohner des Wassers, nur wenige finden sich auf feuchtem Boden, besonders auf Blumentöpfen und feuchter Humuserde. Im Meere kommen sie in ungeheueren Massen vor und bilden hier die hauptsächlichste Nahrung der Fische. Im Süßwasser finden sie sich zwar auch in Massen vor, aber nur selten bilden sie reine braune Überzüge auf Schlamm, auf Wasserpflanzen, Steinen oder Pfählen. Im Plankton finden sie sich zahlreich und zwar in reineren Gewässern; in Riesel- und Abwässern halten zwar einige

Formen aus (Synedra, Naviculeen), aber sie bilden die Minderzahl. Der Fang wird in den meisten Fällen daher mit dem Planktonnetz stattfinden müssen, dagegen müssen die festsitzenden Formen durch Abkratzen der Unterlage oder durch Abheben von Schlammteilen eingesammelt werden.

Wenn man Diatomeen sammelt, so muß vor allen Dingen die Jahreszeit in Betracht gezogen werden. Die Verteilung während der einzelnen Monate gestaltet sich nämlich höchst unregelmäßig. Im Winter kommen verhältnismäßig wenige Individuen vor, bis im Frühjahr fast plötzlich die Zahl zu einem Hauptmaximum anschwillt. Während der heißen Sommermonate flaut die Zahl abermals ab; im Spätsommer folgt dann wieder ein Nebenmaximum, das allmählich zum Winterminimum zurückgeht. Die Zeit dieser maximalen und minimalen Individuenzahl wechselt bei den einzelnen Arten und ist auch nicht für die einzelnen Wasseransammlungen konstant. Im Meere haben wir andere Verbreitungskurven als im Süßwasser. Es lohnt auch für den Anfänger sehr, diese quantitativen Verhältnisse bei irgendeinem naheliegenden Gewässer zu verfolgen.

Da es bei der Bestimmung der Bacillariales hauptsächlich auf die Schalenstruktur ankommt, so ist es notwendig, durch geeignete Präparation die Schalen so durchsichtig wie möglich zu machen. Die Zelle muß natürlich zuerst im Leben beobachtet werden, um die Struktur der Chromatophoren, die Beweglichkeit, das Vorhandensein von Gallertstielen, Auxosporenbildung usw. zu studieren. Dann aber muß eine Präparation einsetzen, die den Zweck hat, möglichst reine Massen zu erlangen und die Durchsichtigkeit der Schalen herbeizuführen. Wenn auch hier nicht alle Einzelheiten dieser Methoden geschildert werden können, so wird dem Anfänger doch eine Anleitung, wie er vorgehen muß, von Nutzen sein.

Bei der Behandlung des gesammelten Materials, namentlich wenn man es auf der Exkursion als Diatomeenmassen erkannt hat, wird man am besten so vorgehen, daß man den Schlamm durch ein feines Drahtsieb[1]) mit wenig Zugabe von Wasser treibt. Das gröbere Material beseitigt man und hat nun im Glase eine Aufschwemmung aus feinstem Detritus, Schlamm und den Diatomeen. Wenn man den Schlamm etwa 1 cm hoch mit Wasser bedeckt und das Gefäß in die Sonne stellt, so werden sich die beweglichen Arten bald an der Oberfläche als feine Haut sammeln. Sie läßt sich mit einem Pinsel abheben und in reines Wasser übertragen. Nach mehrmaligem Umrühren und weiterem Stehenlassen kann man das meiste Material aus dem Schlamm herausbringen.

Wenn man Bacillariaceen an Wasserpflanzen oder anderen Unterlagen gesammelt hat, so kocht man am besten die Aufsammlung mit salpetersäurehaltigem Wasser auf, läßt absetzen und gießt die

[1]) Von diesen Sieben gibt es Sätze mit verschiedener Maschenweite, die man am besten in einer Handlung kauft.

klare Flüssigkeit ab. Den Bodensatz behandelt man mit reinem Wasser weiter, bis die Säure entfernt ist, d. h. blaues Lackmuspapier nicht mehr gerötet wird. Wenn man dann die Masse durch ein Drahtsieb gibt, so wird man schließlich die Diatomeen fast rein erhalten.

Kann man diese Präparationen nicht sofort ausführen, so konserviert man das Material einstweilen mit Alkohol oder Formalin.

Man wird bei Material, das viel Diatomeen enthält, auch mit Vorteil die Schlämmethode in Anwendung bringen können, obwohl dabei, wenn man nicht geübt ist, viel verloren gehen kann. Das abgetötete Material wird in Reagenzgläser getan und nach Absetzung der gröbsten Teile (Sand, Schlamm, Holz usw.) das überstehende Wasser schnell abgegossen. Nach abermaligem Absetzen dieses Abgusses wird wieder abgegossen usw., bis man reines Material erhält. Dies Verfahren beruht darauf, daß die gröberen Teile sich schneller absetzen als die feinen, lange schwebenden Diatomeenschalen. Bei einiger Übung gibt dies einfache Verfahren recht gute Resultate und man bedarf dazu nur einiger Reagenzgläser.

Sobald man einigermaßen reines Material hat, das sich in Form eines feinen Bodensatzes am Grunde der Gläschen absetzt, kann die Weiterbehandlung einsetzen, die darauf abzielt, die Plasmateile zu zerstören und die Schalen für die Beobachtung der Struktur durchsichtig zu machen. Man gibt das Material, um es vollständig zu reinigen, in ein größeres Uhrglas mit Wasser und versetzt dies in drehende Bewegung. Es sammeln sich dann alle gröberen Bestandteile in der Mitte, die leichten Diatomeen dagegen rotieren nach dem Rande. Kippt man jetzt das Uhrgläschen etwas seitlich, so kann man die Diatomeenwölkchen mit einer Pipette aufsaugen und hat dann ganz reines Material. Man kann diese letzte Reinigung auch nach dem gleich zu beschreibenden Kochen vornehmen.

Die Massen kocht man zur definitiven Aufhellung in Porzellanschälchen mit konzentrierter Salpetersäure etwa 15—20 Minuten. Das Schälchen wird auf ein Sandbad gesetzt oder auf Eisenfeilspäne. Man kann auch englische Schwefelsäure benutzen, wodurch alle organischen Bestandteile geschwärzt werden; durch vorsichtiges Zusetzen von salpetersaurem Kali in kleinen Portionen bleicht man die Masse wieder. Sollte in der Originalmasse Kalk sein, was man durch das Aufbrausen beim Hinzufügen eines Tropfens Salzsäure feststellen kann, so setzt man vorher unter Umrühren Salzsäure tropfenweise zu, bis keine Kohlensäureentwicklung mehr stattfindet. Nachdem man dann durch Auswaschen mit destilliertem Wasser alle Säure entfernt hat, geht man erst zum Kochen in den starken Säuren über.

Durch diesen Prozeß werden die Schalen vollständig gebleicht und zugleich wird die Verbindung der Schalen- und Gürtelbänder gelöst. Nachdem man mit Kochen aufgehört hat, muß so lange ausgewaschen werden, am besten im Reagenzglas, bis keine Spur Säure mehr vorhanden ist. Das Auswaschen darf nur mit kalkfreiem Wasser (Regenwasser oder destilliertem Wasser) erfolgen.

Der übrigbleibende, rein weiße Bodensatz wird dann in Fläschchen gebracht und mit Alkohol übergossen. Er dient zur späteren mikroskopischen Untersuchung und zur Anfertigung von Dauerpräparaten.

Diese Präparationsmethode bietet außerordentlich viele Gefahren, denn die Säuredämpfe ätzen und geben bei mangelnder Vorsicht zu schweren Verletzungen der Atmungsorgane und der Haut Anlaß. Wer deshalb diese Abkochungen nicht in einem mit Abzug versehenen Laboratorium vornehmen kann, der koche im Freien oder in einem Waschhaus. Jedenfalls wende man äußerste Vorsicht an, namentlich bei der Schwefelsäuremethode.

Zur Sichtbarmachung der Struktur macht man mikroskopische Präparate und zwar Trockenpräparate sowie solche mit einem Einbettungsmittel. Die Trockenpräparate, die häufig die Struktureigentümlichkeiten am deutlichsten zeigen, stellt man so her, daß man auf dem Deckglas einen Tropfen destillierten Wassers ausbreitet und nun ein wenig von dem gereinigten Material darin umrührt. Nach völlig gleichmäßiger Ausbreitung, wobei die Schalen möglichst wenig sich decken dürfen, läßt man an staubfreiem Ort eintrocknen und kittet das Deckglas dann auf den Objektträger auf. Als Einschlußmedium empfiehlt sich Kanadabalsam nicht besonders, da sein Brechungsindex dem der Schalen sehr nahe kommt. Styrax ist besser. Man trägt beide Medien, mit etwas Chloroform oder Xylol verdünnt, auf dem wie oben behandelten Deckglase auf, läßt eintrocknen und schmilzt es dann bei vorsichtigem Erhitzen auf den Objektträger auf. Sehr zu empfehlen ist das flüssig bleibende Monobromnaphthalin. Man muß dann aber das Deckglas (behandelt wie oben) auf niedrige Lackfüße setzen und den Rand mit Lack überziehen. Da sich der gewöhnliche Lacküberzug (Maskenlack) im Zedernöl der Immersion löst, so empfiehlt sich ein Schutzüberzug von Goldsize über den Lackrand.

Wie aus dem Gesagten hervorgeht, empfieht sich für eine Vergleichssammlung nur das Anfertigen von Präparaten, da sie immer fertig für die Beobachtung sind. Gleichzeitig sei aber auch die Herstellung von Zeichnungen empfohlen. Zwar wird dies ohne Zeichenapparat nicht möglich sein, wenn die geometrischen Verhältnisse gewahrt werden sollen. Kommt es weniger darauf an, sondern nur auf einzelne Details, so genügt freihändiges Zeichnen. Die Präparate und Zeichnungen ordne man alphabetisch.

Um die feinste Struktur zu sehen, muß man sich der Immersionssysteme bedienen. Der Anfänger hat vielleicht eine Vergrößerung von 6—800 notwendig. Wer sich speziell mit dieser Gruppe beschäftigen will, muß Öl-Immersionen zur Verfügung haben.

Es sei zum Schluß noch darauf hingewiesen, daß die Diatomeen auch fossil oder subfossil vorkommen. Im Meeresschlamm, Schlamm von Sümpfen und stehenden Gewässer findet man häufig dicke Schichten von Schalen, die aus rezenten, abgestorbenen Arten bestehen. Ebenso finden sich in den Diatomeenlagern fossile Diatomeen vor, deren Bestimmung auf die Gattung kaum Schwierigkeiten macht. Die Präparation geschieht durch Schlämmen und nachheriges Kochen mit Salpetersäure. Man wird gerade aus solchem Material die schönsten und instruktivsten Präparate machen können.

8. Wichtigste Literatur.

Die ungeheure Spezialliteratur, die über die in diesem Bande veröffentlichten Algenabteilungen vorliegt, wird der Anfänger erst mit Vorteil benutzen können, wenn er bereits größere Kenntnis und Übung erlangt hat. Deshalb seien hier bloß die wichtigeren Handbücher und Floren zum weiteren Einarbeiten empfohlen.

Allgemeine Nachschlagebücher und Floren.

Engler-Prantl, Natürliche Pflanzenfamilien. Teil I, Abt. 1a, 1b u. 2. (Leipzig 1896—1900). — Nachtrag zu I, 2. (Leipzig 1911.) (Das Werk wird z. Zt. neu bearbeitet!)

Oltmanns, F., Morphologie und Biologie der Algen. 2. Aufl. Bd. I bis III. Jena 1922—23.

West, G. S., Algae I: Myxophyceae — Chlorophyceae. In Cambridge Botanical Handbooks. 1916.

De Toni, J. B., Sylloge Algarum omnium hucusque cognitarum. 5. vol. Patavia 1889—1907.

Dalla Torre u. Sarntheim, Die Algen von Tirol, Vorarlberg und Liechtenstein. Innsbruck 1901.

Eyferth-Schoenichen, Einfachste Lebensformen des Tier- und Pflanzenreiches. 5. Aufl. Bd. I. Berlin-Lichterfelde 1925/26.

Hansgirg, A., Prodromus der Algenflora von Böhmen (2 Teile). Prag 1886 und 1892.

Kirchner, O., Algen in Cohn: Kryptogamenflora von Schlesien. Bd. II, 1. Breslau 1878.

Lemmermann, E., Kryptogamenflora der Mark Brandenburg. Bd. III, 1. Algen. Leipzig 1910.

Migula, W., Kryptogamenflora von Deutschland, Deutsch-Österreich und der Schweiz. Bd. II, 1. Gera 1907.

Pascher, A., Die Süßwasserflora Deutschlands, Österreichs und der Schweiz. Heft. I—XII. Jena 1913—25 (Heft IV u. VIII noch nicht erschienen!).

Rabenhorst, L., Flora europaea Algarum aquae dulcis et submarinae. 3 Teile. Leipzig 1864—68.

Untersuchungsmethoden und Kultur der Algen:

Kostka, G., Praktische Anleitung zur Kultur der Mikroorganismen. Stuttgart 1922—24.

Küster, E., Die Kultur der Mikroorganismen. 3. Aufl. Leipzig 1921.

Pringsheim, E. G., Algenkultur in Abderhalden, Handb. d. biol. Arbeitsmethoden. Lief. 50. Abt. XI, 2; Heft 2. Berlin 1921.

Schneider-Zimmermann, Die Botanische Mikrotechnik. 2. Aufl. Jena 1922.

Steiner, G., Untersuchungsverfahren und Hilfsmittel zur Erforschung der Lebewelt der Gewässer. Stuttgart 1919.

Wagler, Thienemann, Hentschel, Naumann, Methoden der Süßwasserbiologie I. in Abderhalden, Handb. d. biol. Arbeitsmethoden. Lief. 115. Abt. IX, 2; 1. Hälfte. Berlin 1923.

Schizophyceae:

Baumgärtel, O., Das Problem der Cyanophyceenzelle. Archiv f. Protistenkd. 1920. Bd. 41, S. 50—148.

Bornet, E. et G. Flahault, Révision der Nostocacées hétérocystées (4 parties). Ann. d. Sc. nat., Paris 1886—88. Sér. VII, vol. 3—7.

Geitler, L., Cyanophyceae in Pascher, Süßwasserflora. Heft 12. Jena 1925.

Geitler, L., Synoptische Darstellung der Cyanophyceen in morphologischer und systematischer Hinsicht. Beih. Bot. Clbl. 1925. Bd. 41, II, S. 163—294.

Gomont, M.. Monographie des Oscillariées. Paris 1893.

Kirchner, O., Schizophyceae in Engler-Prantl, Nat. Pflanzenfam. Abt. I, 1a, S. 45—92. Leipzig 1900.

Lemmermann, E.. Schizophyceae in: Kryptogamenflora III, 1, S. 3—256. Leipzig 1910.

Migula, W., Die Spaltalgen. 2. Aufl. Stuttgart 1925.

Flagellatae:

Blochmann, F., Die mikroskopische Tierwelt des Süßwassers: I. Protozoa. 2. Aufl. Hamburg 1895.

Bütschli, P., Mastigophora in Bronn, Klassen und Ordnungen des Tierreichs. Bd. I, Abt. 2. 1883—87.

Doflein, F., Lehrbuch der Protozoenkunde. 4. Aufl. 1917.

Kent, A., A manual of the Infusoria. 2 vol. London 1880—82.

Klebs, G., Flagellatenstudien I., II. Zeitschr. f. wiss. Zool. 1892. Bd. 55, S. 265—446.

Lemmermann, E., Flagellatae in: Kryptogamenflora Bd. III, 1, S. 257—562. Leipzig 1910.

Pascher, A., Flagellatae I, II. in: Süßwasserflora Heft 1 u. 2. Jena 1913, 1914.

Senn, G., Flagellata in Engler-Prantl, Nat. Pflanzenfam. Abt. I, Ia, S. 93—188. Leipzig 1900.

Stein, F., Der Organismus der Infusionstiere. Teil III, 1. Leipzig 1878.

Dinoflagellatae:

Klebs, G., Über Flagellaten und algenähnliche Peridineen. Verhdl. nat.-med. Verein Heidelberg 1912. N. F. Bd. XI, S. 369—451.

Kofoid, C. A. and O. Swezy, The free-living unarmored Dinoflagellata. Mem. Univ. California, Berkeley 1921. vol. V.

Lebour, M. V., The Dinoflagellates of northern seas. Plymouth 1925.

Lemmermann, E., Peridinales in: Kryptogamenflora Bd. III, 1, S. 563—682. Leipzig 1910.

Lindemann, E., Untersuchungen über Süßwasserperidineen und ihre Variationsformen. Teil I: Arch. f. Protistenkunde Bd. 39, Heft 3. — Teil II: Arch. f. Naturgesch. 1918, Abt. A, Heft 8.

Lindemann, E., Dinoflagellatae in Eyferth-Schoenichen: Einfachste Lebensformen. 5. Aufl. Berlin 1925. Bd. I. S. 144—195.

Schilling, A. J., Die Süßwasser-Peridineen. Flora 1891, Bd. 74, S. 220—299.

Schilling, A. J., Dinoflagellatae in Pascher, Süßwasserflora, Heft 3. Jena 1913.

Schütt, F., Die Peridineen der Plankton Expedition I. Teil in: Ergebnisse d. Plankton-Exped., Bd. IV. Kiel 1895.

Schütt, F., Peridinales in Engler-Prantl, Nat. Pflanzenfam. Abt. I, 1b, S. 1—30. Leipzig 1896.

Woloszynska, J., Polnische Süßwasser-Peridineen. Bull. Acad. d. Sc. de Cracovie, Sér. B. 1916.

Bacillariales:

Brun, J., Diatomées des Alpes et du Jura. Genève 1880.

Cleve, P. T., Synopsis of the Naviculoid Diatoms I, II. Kgl. Sv. Vet. Handl. Bd. XXVI, 2, XXVII, 3. Stockholm 1894—95.

Cleve P. T., u. A. Grunow, Beitr. z. Kenntnis der Arktischen Diatomeen. Kgl. Sv. Vetensk. Akad. Handl. Bd. XXVII, 2. Stockholm 1880.

Hustedt, F., Süßwasser-Diatomeen Deutschlands. 3. Aufl. Stuttgart 1914.

Karsten, G., Die Diatomeen der Kieler Bucht in: Wissenschaftl. Meeresuntersuchungen. N. F. Bd. IV. Kiel 1899.

Meister, F., Die Kieselalgen der Schweiz in: Kryptogamenfl. d. Schweiz, Bd. IV, 1. Bern 1912.

Peragallo, H. et M., Diatomées marines de France. 2 vols. Grez-sur-Loing 1897—1908.

Schmidt, A., Atlas der Diatomaceenkunde. 91 Hefte mit 364 Tfl. erschienen. Leipzig 1874—1926.

Schönfeldt, H. v., Diatomaceae germanicae. Die deutschen Diatomeen des Süßwassers und des Brackwassers. Berlin 1907.

Schönfeldt, H. v., Bacillariales in Pascher, Süßwasserflora, Heft 10. Jena 1913.

Schulz, P., Die Kieselalgen der Danziger Bucht. Bot. Archiv 1926, Bd. XIII, S. 149—327.

Schütt, F., Bacillariales in Engler-Prantl, Nat. Pflanzenfam. Abt. I, 1b; S. 31—150. Leipzig 1896.

Van Heurck, Synopsis des Diatomées de Belgique. Anvers 1884 bis 1885.

Van Heurck, Traité des Diatomées. Anvers 1899.

Die spezielle Literatur über den Schalenbau, die Anatomie und Fortpflanzung siehe bei Oltmanns und v. Schönfeldt; besonders kommen die Arbeiten von Bonnet, Grunow, Hustedt, Karsten, Klebahn, Lauterborn, O. Müller, Pfitzer und Schütt in Betracht.

9. Die Einteilung der Algen.

Wie schon in dem ersten Abschnitt hervorgehoben wurde, sind die Gruppen, welche man als Algen zusammenzufassen pflegt, von sehr verschiedener Herkunft und bieten deshalb in ihrer Organisation höchst verschiedenartige Merkmale. Im allgemeinen wird man ja, sobald der Entwicklungsgang einer Art einigermaßen bekannt ist, über ihre Zugehörigkeit zu einer Hauptgruppe nicht im Zweifel sein, da aber oft nur Entwicklungszustände vorliegen, bietet die Unterbringung bisweilen große Schwierigkeiten. Wenn der Anfänger deshalb nicht sofort in die richtige Abteilung kommt, so mag er sich mit Geduld wappnen, erst größere Erfahrung wird ihm größere Sicherheit gewähren. Sobald er durch einen erfahrenen Beobachter und durch das Studium der Abbildungen sich eine gewisse Formenkenntnis angeeignet haben wird, wächst auch seine Sicherheit in der Beurteilung der Stellung. Schließlich mag er sich auch sagen, daß eben nicht alles ohne weiteres bestimmbar ist, und mag sich damit begnügen, zuerst die leichter feststellbaren Arten zu klassifizieren. Wenn deshalb mit den im folgenden gegebenen Übersichten die Bestimmung nicht sofort gehen will, so liegt dies z. T. daran, daß sich nicht alles in Worten ausdrücken läßt, sondern daß stets zur Beurteilung einer Form noch ein gewisses Formengefühl hinzukommen muß, das zuletzt sicherer leiten wird als die Beschreibung.

Übersicht über die Klassen der Algen.

A. Zellkern fehlt. Färbung durch Phykocyan blaugrün, bisweilen auch mehr rötlich oder bläulich, nach dem Absterben durch Hervortreten des Chlorophylls gewöhnlich grün, selten fast farblos. Vermehrung durch Teilung, selten durch unbewegliche Endo- oder Exosporen. Dauerzellen u. Grenzzellen vorkommend. Kopulation u. Schwärmerbildung fehlen.

I. Klasse: **Schizophyceae**[1]) (siehe S. 41).

B. Zellkern stets vorhanden. Färbung nie blaugrün, sondern grün, braun oder rot.

[1]) Die Unterabteilungen (Reihen, Familien) siehe im systematischen Teil.

a) Vegetative Zellen durch Geißeln beweglich. Einzellig. Meist Längsteilung. Dauerzustände vorkommend.

α) Zellen mit einer oder mehreren Geißeln, stets ohne Plattenpanzer, ohne Quer- u. Längsfurche.

II. Klasse: **Flagellatae** (siehe S. 120).

β) Zellen stets mit 2 Geißeln und gewöhnlich mit Quer- u. Längsfurche. Meist mit Plattenpanzer.

III. Klasse: **Dinoflagellatae** (siehe S. 172).

b) Vegetative Zellen unbeweglich oder ohne Geißeln beweglich oder seltener mit Geißeln beweglich, dann aber bewegliche Gameten vorhanden.

α) Individuen einzellig, mit zwei schachtelartig verbundenen Kieselschalen. Fortpflanzung durch Kopulation oder Auxosporenbildung. Chromatophoren meist gelbbraun.

IV. Klasse: **Bacillariales** (siehe S. 182).

β) Individuen ein- oder häufiger mehrzellig, niemals mit zwei schachtelartigen Kieselschalen.

I. Zellen durch Chlorophyll rein grün.

1. Individuen einzellig oder mehrzellig — fädig. Vermehrung durch vegetative Teilung; niemals Zoosporenbildung. Geschlechtliche Fortpflanzung durch Kopulation zweier Zellen (Isogamie).

V. Klasse: **Conjugatae** (siehe Bd. IV, 2).

2. Individuen einzellig oder mehrzellig. Vermehrung durch Teilung oder durch Zoosporen. Geschlechtliche Fortpflanzung durch bewegliche Isogameten, Heterogameten oder durch Befruchtung einer Eizelle (Isogamie, Heterogamie oder Oogamie).

VI. Klasse: **Chlorophyceae** (siehe Bd. IV, 2).

3. Individuen vielzellig, in Stamm und quirlförmig gestellte Zweige differenziert. Vegetative Vermehrung durch Knöllchen. Geschlechtliche Fortpflanzung durch Befruchtung von Eizellen (Oogamie).

VII. Klasse: **Charophyta** (siehe Bd. IV, 2).

II. Zellen durch Phaeophycin braun. Individuen meist reich gegliedert. Geschlechtliche Fortpflanzung durch Kopulation beweglicher Isogameten oder Heterogameten oder durch Befruchtung von Eizellen vermittels beweglicher Gameten (Spermatozoiden). Fast nur Meeresbewohner.

VIII. Klasse: **Phaeophyceae** (siehe Bd. IV, 2).

III. Zellen durch Phykocyan rot, selten violett (bei Batrachospermum grün). Geschlechtliche Fortpflanzung durch Oogamie, wobei die Befruchtung der Eizellen durch unbewegliche Gameten (Spermatien) geschieht. Fast nur Meeresbewohner.

IX. Klasse: **Rhodophyceae** (siehe Bd. IV, 2).

B. Systematischer Teil.

Abkürzungen.

br. = breit.	lg. = lang.	u. = und.
bes. = besonders.	od. = oder.	$\pm$ = mehr od. weniger.

I. Klasse: Schizophyceae (Cyanophyceae).

Bestimmungstabelle der Reihen.

A. Einzellig, selten fadenförmig und dann aus $\pm$ lose verbundenen, mit dicker, oft schleimiger Membran versehenen Zellen bestehend; einzeln lebend oder verschieden geformte Kolonien bildend. Dauerzellen [1]), Grenzzellen und Hormogonien fehlend.

a) Einzellig, nie fadenförmig; Zellen selten in Basis und Spitze differenziert, dann aber zu freischwimmenden Kolonien vereinigt. Vermehrung nur durch Zellteilung.
(I. Unterklasse: **Chroococcinales**)[2]).

α) Zellen einzeln oder kolonienbildend.
I. Reihe: **Chroococcales.**
(Einzige Familie: Chroococcaceae S. 42).

β) Zellen zu festsitzenden, aus aufrechten Zellen bestehenden Lagern vereinigt. II. Reihe: **Entophysalidales.**
(Einzige Familie: Chlorogloeaceae S. 59).

b) Einzellig, festsitzend, mit Differenzierung in Basis und Spitze, oder fadenförmig. Neben der vegetativen Zellteilung Vermehrung durch Endosporen und Exosporen.
(2. Unterklasse: **Chamaesiphoniales**)[2]).

α) Fadenförmig, meist seitlich zu scheinbaren parenchymatischen Geweben und Lagern verwachsend. Vegetative Zellteilung vorhanden. Endosporenbildung.
III. Reihe: **Pleurocapsales.**
(Einzige Familie: Pleurocapsaceae S. 59).

β) Einzellig, mit Differenzierung in Basis und Spitze. Vegetative Zellteilung fehlt. IV. Reihe: **Dermocarpales.**
(Bestimmungstabelle der Familien S. 61).

---

1) Nur bei einigen Gleocapsa-Arten auftretend.

2) Die von Geitler (1925) für diese Unterklassen verwendeten Bezeichnungen Chroococceae und Chamaesiphoneae habe ich hier nicht angenommen, da die Bildung dieser Namen mit unserer sonstigen Nomenklatur nicht übereinstimmt und sehr leicht zu Verwechslungen Anlaß gibt. Ich möchte deshalb hierfür die Bezeichnungen Chroococcinales und Chamaesiphoniales in Vorschlag bringen.

B. Fadenförmig, mehr- bis vielzellig, aus eng miteinander verbundenen Zellen bestehend. Fäden unverzweigt oder verzweigt, oft bescheidet. Dauerzellen und Grenzzellen vorhanden oder fehlend. Hormogonienbildung.
(3. Unterklasse: **Hormogoneae**).
a) Fäden aus einer bis mehreren Zellreihen bestehend, mit echter, durch Längsteilung von Zellen entstehender Verzweigung.
V. Reihe: **Stigonematales.**
(Bestimmungstabelle der Familien S. 63).
b) Fäden aus einer Zellreihe bestehend, unverzweigt oder seltener mit unechter Verzweigung. VI. Reihe: **Nostocales.**
(Bestimmungstabelle der Familien S. 67).

I. Reihe **Chroococcales.**

Einzige Familie: **Chroococcaceae.**

Einzellig; Zellen mannigfaltig gestaltet, einzeln lebend oder zu verschieden geformten Kolonien vereinigt, nach 1, 2 od. 3 Richtungen des Raumes sich teilend. Membran häufig dick und schleimig, oft geschichtet. Dauerzellen sehr selten.

Bestimmungstabelle der Gattungen.

A. Zellen einzeln od. zu wenigen od. durch Gallerte zu mehreren bis vielen in formlosen Lagern vereinigt.
a) Zellen $\pm$ kugelig, nach der Teilung oft halbkugelig; Zellteilung nach 2 oder 3 Richtungen des Raumes.
α) Zellen mit deutlichen, nicht zerfließenden, oft ineinander geschachtelten Hüllen.
I. Hüllen eng, nicht blasenartig erweitert. **1. Chroococcus.**
II. Hüllen blasenartig erweitert. **2. Gloeocapsa.**
β) Zellen mit gemeinsamer Gallerthülle, ohne deutliche Spezialhüllen. **3. Aphanocapsa.**
b) Zellen länglich, elliptisch oder spindelförmig, gerade oder gebogen; Zellteilung nur senkrecht zur Längsrichtung der Zellen, jedoch oft die Zellen durch nachträgliche Verschiebungen unregelmäßig oder sogar parallel gelagert.
α) Zellen in mehrere deutliche, gemeinsame, blasige Hüllen eingeschachtelt. **4. Gloeothece.**
β) Zellen nicht in mehrere Hüllen eingeschachtelt.
I. Zellen länglich oder elliptisch.
1. Zellen zu vielen und meist locker gelagert in gemeinsamer Gallerte. **5. Aphanothece.**
2. Zellen zu wenigen in gemeinsamer, oft schwer sichtbarer Gallerthülle. **6. Rhabdoderma.**
3. Zellen einzeln oder in kurzen Fäden, ohne gemeinsame Gallerthülle. **7. Synechococcus.**

II. Zellen spindelförmig, an den Enden zugespitzt in schwer sichtbarer Gallerte. **8. Dactylococcopsis.**

B. Zellen zu bestimmt geformten, freischwimmenden, selten festsitzenden Kolonien vereinigt.

a) Zellteilung nach allen Richtungen des Raumes: Kolonien kugelig, ellipsoidisch, oft zerrissen oder durchbrochen, freischwimmend oder seltener festsitzend. **9. Microcystis.**

b) Zellteilung nach zwei Richtungen: Kolonien kugelig, frei.

α) Kolonien hohlkugelig, Zellen ellipsoidisch oder verkehrteiförmig.

I. Zellen ohne Gallertstiele, an der Oberfläche von Hohlkugeln sich radial od. tangential teilend. **10. Coelosphaerium.**

II. Zellen auf deutlichen, vom Zentrum ausstrahlenden Gallertstielen. **11. Gomphosphaeria.**

β) Zellen birnenförmig, zu 4—16 in strahlig büscheligen Kolonien, am stumpfen Ende durch Gallerte verbunden. **12. Marssoniella.**

c) Zellteilungen nach zwei Richtungen: Kolonien einschichtig. tafelförmig, nicht durchbrochen.

α) Zellen kugelig. **13. Merismopedia.**

β) Zellen länglich, Längsachse senkrecht zur Oberfläche der Kolonie. **14. Holopedia.**

γ) Zellen flach scheibenförmig, einzeln od. in wenigzelligen, tafelförmigen Kolonien. **15. Tetrapedia.**

d) Zellteilungen nach einer Richtung: Kolonien netzförmig. **16. Cyanodictyon.**

1. Gattung: **Chroococcus** Naeg.

Zellen einzeln od. zu 2 od. 4, kugelig, in der Kolonie oft etwas unregelmäßig, länglich oder eckig, nach der Teilung halbkugelig. Hülle eng, nicht blasig erweitert. Inhalt sehr verschieden gefärbt. Zellteilung nach 2 oder 3 Richtungen des Raumes erfolgend.

1. Keine Gallertlager bildend, sondern gewöhnlich einzeln oder nach der Teilung zu wenigen beisammenliegend, zwischen anderen Algen. 2.
   Freischwimmende Gallertlager bildend, Hüllen ungeschichtet, farblos, nicht ineinander geschachtelt. 4.
   Festsitzende Gallertlager bildend. 6.
2. Hülle deutlich geschichtet, ineinander geschachtelt. 3.
   Hülle dünn, ungeschichtet, nicht ineinander geschachtelt, farblos. Zellen einzeln oder meist zu zwei genähert, mit Hülle 10—13 μ lg., 6—9 μ br., Inhalt blaßspangrün. Unter Algen in stehenden Gewässern, auch im salzhaltigen Wasser, nicht selten. **C. minutus** (Kütz.) Naeg.
3. Hülle farblos. Zellen einzeln od. zu 2—4, seltener zu 8 vereinigt, lebhaft blaugrün, selten bräunlich, 8—32 μ im Durchm., mit Hülle

13—40 μ. Zwischen anderen Algen in Sümpfen, Teichen, Gräben, Gewässern der Hochmoore, häufig. (Fig. 8.)
C. turgidus (Kütz.) Naeg.

Hülle gelblich bis bräunlich. Zellen einzeln od. zu 2—4, blaugrün od. olivenfarben, 16—21 μ im Durchm., mit Hülle 20—26 μ. An feuchten Felsen und in stehenden Gewässern. In Schlesien u. Böhmen. **C. tenax** Hieron.

4. Lager tafelförmig, von rundem Umriß, gallertig. 5.

Lager ± kugelig od. ellipsoidisch, mit vielen, meist zu 2 genäherten, blaßblaugrünen Zellen, die 2—3 μ, mit Hülle 4—5 μ groß sind. Im Plankton stehender Gewässer, zerstreut.
C. minimus (v. Keissl.) Lemm.

5. Zellen od. Zellgruppen einander genähert, zu 4—32 in tafelförmigen Gallertlagern vereinigt, 6—12 μ, mit Hülle 8—13 μ groß, meist freudig blaugrün. Im Plankton stehender Gewässer, verbreitet. (Fig. 9.) **C. limneticus** Lemm.

Zellen od. Zellgruppen voneinander entfernt, zu 4—16 oder mehr in tafelförmigen Gallertlagern, blaß- oder lebhaft blaugrün, 3—4 μ, mit Hülle 5—6 μ groß. Im Plankton stehender Gewässer, sehr zerstreut. **C. dispersus** (v. Keissl.) Lemm.

6. Hülle geschichtet. 7.

Hülle ungeschichtet. 8.

7. Zellen gelb, gelbbraun od. rotgelb, einzeln oder zu 2—4, 25—80 μ groß, mit Hülle 30—90 μ. Hülle farblos, dick, deutlich geschichtet. Lager schleimig, gelb od. gelbbraun. Auf feuchtem Torf- und Waldboden, an nassen Felsen und an Sumpfrändern, verbreitet.
C. macrococcus (Kütz.) Rabenh.

Zellen blaß blaugrün bis blaß olivengrün, seltener gelblich, einzeln od. zu 2—4, 2—4 μ groß, mit Hülle 4—8 μ. Hülle farblos bis gelblich, undeutlich geschichtet. Lager gallertig, schmutzig olivengrün bis schwärzlich. An feuchten Mauern, in Warmhäusern, seltener an Felsen, nicht häufig. **C. varius** A. Br.

Zellen violett, mit schweren schwarzen Körnchen, zu 4—16 in kugeligen Kolonien, 14 μ lg., 8—10 μ br., mit Hülle 16 μ lg., 10—12 μ br. Hülle dick, geschichtet, farblos. An feuchten Felsen im südlichen Schwarzwald. **C. insignis** Schmidle

8. Zellinhalt blaß bläulichgrün od. gelblichgrün. 9.

Zellinhalt kräftig blaugrün. 11.

Zellinhalt orangegelb, bräunlich, braungelb bis dunkelbraun od. violett. 15.

9. Lager orangegelb od. ± gelbbraun. 10.

Lager schmutzig span- od. olivengrün, schleimig. Zellen meist einzeln, blaß spangrün, 3—4 μ groß. Hülle schwer sichtbar, sehr dünn, farblos. An Steinen, Holz im Wasser, verbreitet.
C. minor (Kütz.) Naeg.

10. Lager orangegelb od. gelb- bis rostbräunlich, oft schleimig. Zellen zu 1—8, blaß spangrün, 4—7,5 μ groß. Hülle sehr dünn, farblos.

Ändert mit mehr gelbbräunlichem od. goldgelbem Inhalt ab. An feuchten Felsen, in Torfmooren, bes. im Gebirge, zerstreut.
C. helveticus Naeg.

Lager fast farblos od. gelb bis orangegelb, schleimig. Zellen gelblich- od. bläulichgrün, 6—11 μ groß, mit Hülle 7,5—13 μ. Hülle farblos. An feuchten Felsen und Steinen, durch das Gebiet zerstreut. **C. pallidus** Naeg.

11. Lager mit grünem Farbton. 12.

Lager rotbraun, schleimig. Zellen zu 1—4, 2—3 μ groß, mit Hülle 4—5 μ. Hülle farblos od. rötlich. An feuchten Felsen u. Steinen (bes. Sandstein), zerstreut.
C. sabulosus (Menegh.) Hansg.

12. Hülle der Einzelzelle dünn, höchstens die gemeinsame Hüllmembran dick; nicht in Thermen vorkommend. 13.

Hülle der Einzelzelle dick, farblos. Lager stahlblaugrün bis schwärzlich grün, schleimig oder häutig. Zellen zu 1—4, 3—8 μ groß, mit feinkörnigem Inhalt. In Thermalwässern meist auf Schlamm, sehr zerstreut in Süddeutschland, Böhmen, Alpen.
C. membranius (Menegh.) Naeg.

13. Zellen mit Hülle 2,5—7 μ groß. 14.

Zellen mit Hülle 7—11 μ groß, ohne Hülle 6—10 μ, zu 1—2, dicht gedrängt, olivengrün, Hülle dünn, farblos. Lager blaß blaugrün od. farblos, schleimig. In Sümpfen.
C. obliteratus Richt.

14. Lager bläulich- bis schwärzlichgrün, schleimig bis zäh gallertig. Zellen einzeln od. zu 2—8, 2—5 μ groß, mit Hülle 2,5—7 μ. Hülle farblos. An feuchten Mauern u. Felsen, bes. in Warmhäusern, verbreitet. **C. cohaerens** (Breb.) Naeg.

Lager schwarzgrün, gallertig. Zellen einzeln od. zu 2—8, 3—7 μ groß. Hüllen zart, aber die gemeinsame Hülle dick, farblos. An Wänden von Warmhäusern, selten.
C. crassus (Kütz.) Naeg.

15. Lager schleimig od. gallertig. 16.

Lager krustenförmig od. staubig. 19.

16. Hülle dick. 17.

Hülle sehr dünn. 18.

17. Zellen orangegelb, zu 1—4, mit Hülle 19—34 μ groß. Hüllen farblos. Lager blaßorange. An feuchten Felsen, in den Alpen.
C. turicensis (Naeg.) Hansg.

Zellen bräunlich, einzeln od. zu mehreren beisammen, 15 μ lg., 12 μ br. Hülle 2—6 μ dick, farblos, bei jungen Zellen 2—4 μ dick. Lager meist schmutzig bräunlich, dünn. An Pflanzen in Warmhäusern, selten. **C. Zopfii** Hansg.

18. Zellen mit Hülle 2—4 μ groß, zu 1—4, bräunlich-spangrün bis fast violett. Lager braun bis schwarz, mattglänzend, klebrig. An feuchten Mauern in Warmhäusern, zerstreut.
C. bituminosus (Bory) Hansg.

Zellen mit Hülle 4—12 μ groß, zu 1—4, bräunlich od. orangebraun. Lager schmutzigbraun, schleimig, dünn. An feuchten Felsen u. Mauern, in Gewächshäusern, selten.

C. aurantiofuscus (Kütz.) Rabenh.

19. Lager dünn, pulverig, schmutzigbraun. Zellen zu 1—2, bräunlich-blaugrün, mit Hülle 7,5—12 μ, auch bis 20 μ groß. Hülle dünn, farblos. An feuchten Steinen und Felsen, zwischen Moos, z. B. in Böhmen u. Ungarn.

C. fuligineus (Lenorm.) Rabenh.

Lager krustenförmig, schmutzigviolett. Zellen zu 1—4, 3—6 μ groß, mit Hülle 5—15 μ, violett od. purpurrot. Hülle ± dick, farblos. An feuchten Mauern der Warmhäuser.

C. caldariorum Hansg.

2. Gattung: **Gloeocapsa** Kütz.

Zellen kugelig, seltener etwas länglich, einzeln od. in Kolonien, Hüllmembranen dick, blasig, geschichtet od. ungeschichtet, meist bleibend, so daß mehrere ineinandergeschachtelt sind. Dauerzellen mit dicker körniger Membran bei einigen Arten bekannt. Zellteilung nach 3 Richtungen des Raumes.

1. Hüllmembranen farblos. 2.
Hüllmembranen, zum mindesten die inneren, gefärbt. 12.

2. Hüllmembranen deutlich geschichtet. 3.
Hüllmembranen nicht od. undeutlich geschichtet. 7.

3. Zellinhalt blaugrün. 4.
Zellinhalt blaßgoldgelb. Zellen kugelig, einzeln od. zu 2—8, mit Hülle 6—10 μ, ohne Hülle 3—6 μ groß. Lager schleimig-gallertig, ockergelb, seltener orange- od. bränlichgelb. Auf feuchtem, salzhaltigem Boden in Böhmen. **G. salina** Hansg.

4. Lager gelblich bis grün bis olivenbraun, gallertig bis schleimig. 5.
Lager schwarz, krustig. Kolonien aus ein bis vielen Zellen bestehend. Zellen 3,5—4,5 μ br., mit Hüllen 6,5—14 μ br. An feuchten Felsen, Steinen, Erde, auch zwischen Moos, durch das Gebiet zerstreut. **G. coracina** Kütz.

5. Kolonien aus höchstens 8 Zellen bestehend. 6.
Kolonien aus meist vielen Zellen bestehend, dünn, ausgebreitet, grün. Zellen 2,3—3,7 μ groß, mit Hülle 7—15 μ, blaßblaugrün. Hüllen sehr dick. An Fensterscheiben in Gewächshäusern.
G. fenestralis Kütz.

6. Lager gelblich bis grünlich. Zellen einzeln od. zu 2—4, blaßblaugrün, 2—5 μ groß, mit Hülle 4—10 μ. An feuchten Felsen, Mauern, auf feuchter Erde, zwischen Moosen, an Blumentöpfen, verbreitet. **G. montana** Kütz.
Lager schmutziggrün bis olivenbraun. Zellen einzeln od. zu 2, blaugrün, 2,8—4,5 μ groß, mit Hülle bis 23 μ. Hüllen sehr dick, vielfach geschichtet. An feuchten Felsen und feuchter Erde.
G. polydermatica Kütz.

Lager blaßgelb. Zellen meist einzeln, blaugrün, 3—8 μ br., mit Hülle 19—39 μ br. Hülle sehr dick. In Warmhäusern auf der Erde, an Blumentöpfen u. Mauern, nicht selten.
G. caldariorum Rabenh.

7. Zellen ohne Hülle unter 3 μ br. 8.
Zellen ohne Hülle über 3 μ br. 9.

8. Lager schleimig, schmutzig grauschwarz od. graugrün. Zellen kugelig, zu 2—16 in der Kolonie, 0,75—2,8 μ groß. Hülle dick, im Innern leicht zerfließend. An feuchten Felsen in der Schweiz.
G. punctata Naeg.

Lager krustig, blaugrün, krumig bis schleimig. Zellen kugelig od. etwas eckig, zu vielen dicht gedrängt, 2—3 μ groß, mit Hülle 4—9 μ br. An feuchten Felsen im Gebiet zerstreut.
G. aeruginosa (Carm.) Kütz.

9. Kolonien aus 2 bis vielen Zellen bestehend. Zellen kugelig. 8.
Kolonien aus 1—2 Zellen bestehend. Lager gallertig, dünn, grün, ausgebreitet. Zellen gewöhnlich länglich, 6—8 μ lg., mit Hülle 20—24 μ lg. An feuchten Mauern, Erde, sehr zerstreut.
G. muralis Kütz.

10. Lager schmutzig grün bis olivbräunlich. 11.
Lager schwarz, krustig od. schleimig. Zellen einzeln od. zu vielen in der Kolonie, 3,5—5 μ groß, mit Hülle 9—15 μ. An feuchten Felsen im Gebirge. **G. atrata** (Turp.) Kütz.

11. Lager rundlich lappig, schleimig, ausgebreitet. Zellen 3,5 μ groß, mit Hülle 6—8 μ. Auf feuchter Erde, zwischen Moosen, an feuchten Felsen im Gebirge. **G. livida** (Carm.) Kütz.
Lager gallertig, ausgebreitet. Zellen zu 2—8 u. mehr $\pm$ dicht gedrängt, zuletzt bräunlich, 3—6 μ groß, mit Hülle 7—11 μ Auf feuchter Erde, zwischen Moosen, sehr zerstreut.
G. conglomerata Kütz.

12. Hüllen gelb, gelbbraun bis bräunlich gefärbt, selten fast farblos. 13.
Hüllen rot gefärbt, selten fast farblos. 17.
Hüllen violett gefärbt. 23.
Hüllen bläulich gefärbt, ungeschichtet. Zellen kugelig, 2—4 in der Kolonie, mit Hülle 4—7 μ br. Lager dünn, schleimig, bläulich. Zwischen anderen Algen in Thermen, bes. im Alpengebiet, zerstreut. **G. Juliana** Kütz.

13. Hüllen nicht od. undeutlich geschichtet. 14.
Hüllen dick, deutlich geschichtet, gelb bis gelbbraun, die äußeren oft farblos. Lager krustenförmig, od. krumig u. schleimig, schwarzbraun. Zellen blaugrün, einzeln bis viele in der Kolonie, 4—9 μ groß. An feuchten Felsen und Mauern, zerstreut.
G. rupestris Kütz.

14. Nicht auf salzhaltigem Substrat. 15.
Lager gallertig, olivenbraun, trocken schwärzlich. Zellen 1—4 in der Kolonie, bläulichgrün, 4—7 μ groß, mit Hülle 5—8 μ.

Hüllen bräunlichgelb. An Steinen in Salzwassersümpfen, auch am Meeresgestade zu finden.
G. crepidinum (Rabenh.) Thuret

15. Hüllen gelb bis gelbbraun. 16.
Hüllen gold- od. rotgelb. Lager krumig od. krustig, schwärzlichbraun. Zellen kugelig, zu 4—32 in der Kolonie, blaugrün, 3—3,5 μ groß, mit Hülle 4,5—8 μ br. Dauerzellen glatt, dunkelrot. Auf alten Stroh- u. Schindeldächern, zwischen Moos, selten.
G. stegophila (Itzigs.) Rabenh.

16. Zellen 1,5—3 μ groß, mit Hülle 4,5—6 μ, zu 4—16 u. mehr in der Kolonie, dicht gedrängt, blaß blaugrün. Lager krustenförmig od. schleimig-gallertig, schwarzbraun bis schwärzlich. An feuchten Felsen u. Steinen, durch das Gebiet zerstreut, besonders in den Alpen. **G. dermochroa** Naeg.
Zellen 3—5 μ groß, mit Hülle 4—7,5 μ, kugelig, oft etwas eckig, blaß blaugrün. Lager krustenförmig bis krumig, weich, schwärzlich bis bräunlich. An feuchten Felsen, Holz, in den Gebirgen zerstreut. **G. Kuetzingiana** Naeg.

17. Hüllen ungeschichtet. 18.
Lager krustenförmig, kupferrot od. purpurbraun, trocken schwarzbraun. Zellen einzeln od. zu mehreren in der Kolonie, lebhaft blaugrün, 4,5—7 μ br., mit Hülle 6—12 μ br. Hüllen deutlich geschichtet, kupfer- bis braunrot, nach außen oft fast farblos. An feuchten Felsen, nicht selten. (Fig. 6.)
G. magma (Bréb.) Kütz.

18. Hüllen blutrot od. rostrot, Zellen blaugrün. 19.
Hüllen anders gefärbt, Zellen rötlich od. blaugrün. 20.

19. Hüllen blutrot, äußere farblos, weit abstehend. Zellen einzeln od. mehrere in der Kolonie, mit Hülle 7,5—13 μ br. Lager gallertig od. krustig, blutrot bis bräunlich. An feuchten Felsen, bes. im Alpengebiet. (Fig. 7.) **G. sanguinea** (Ag.) Kütz.
Hülle eng, blut- od. rostrot. Zellen 1—4 in der Kolonie, mit Hülle 2—6 μ br. Lager blutrot. Auf der Erde u. zwischen Moosen in Sphagnumsümpfen, im Alpengebiet, selten.
G. haematodes Kütz.

20. Hüllen sehr dick, ungeschichtet. 21.
Hüllen dünn. 22.

21. Zellen ziegelrot, zu 2—4 in der Kolonie, mit Hülle 11—24 μ br. Hüllen rötlich. Lager gallertig, krumig, orangerot, trocken schmutziggrün. An feuchten Felsen u. Mauern im Alpengebiet.
G. dubia Wartm.
Zellen blaßblaugrün, zu 1—8 in der Kolonie, mit Hülle 7,5—13 μ br. Hüllen orangerot, äußere orangegelb bis farblos. Lager gallertig, rotbraun. An feuchten Felsen, in Schlesien u. Böhmen.
G. Shuttleworthiana Kütz.

22. Lager krumig od. krustig, bräunlich- od. rötlichschwarz. Zellen zu 2—4 in der Kolonie, 4—6 μ br. Inhalt meist blaß blaugrün,

bisweilen rötlich. Hüllen rötlichbraun. An feuchtem Kalkgestein u. Mauern, zerstreut, in den Alpen häufiger.

G. rupicola Kütz.

Lager dünn, schleimig, blutrot od. rosenrot. Zellen zu 2—4 in der Kolonie, 1,5—2,5 μ br. Inhalt purpurrot. Hüllen meist rosenrot. An feuchten Felsen im Gebirge. **G. purpurea** Kütz.

23. Lager schwärzlich. Zellen spangrün. 4—5 μ groß, zu großen, meist über 100 Zellen enthaltenden Kolonien vereinigt. Hüllen matt- od. schwärzlichviolett, schleimig zerfließend. An feuchten Felsen des Rheinfalls und in der Schweiz.

G. scopulorum Naeg.

Lager schleimig, schwarz bis grauviolett, trocken zähe, dunkelgrau. Zellen kugelig, blaugrün, einzeln od. zu mehreren, ohne Hülle 2,5—8 μ groß. Hüllen nicht od. undeutlich geschichtet, ± violett, seltener mehr rötlich od. hyalin. Dauerzellen glatt, 11—16 μ dick. An feuchten Felsen u. Mauern im Gebirge, bes. in den Alpen.

G. alpina (Naeg.) Brand

3. Gattung: **Aphanocapsa** Naegeli.

Zellen kugelig oder fast kugelig, einzeln od. zu zweien beieinander liegend; nach allen Richtungen sich teilend. Hüllmembran zerfließend, eine strukturlose Gallerte bildend. Lager formlos. Inhalt meist blaugrün.

1. Lager hyalin, selten blaßviolett. 2.
Lager gelblich, gelbbräunlich bis braun. 3.
Lager blaugrün, schmutziggrün bis fast schwarzgrün. 6.

2. Lager gallertig, farblos. Zellen kugelig bis etwas länglich, dicht, blaugrün, 2,5—4,2 μ groß. An warmen Quellen, Abwässern; im Alpengebiet u. Böhmen. **A. thermalis** Brügg.
Lager gallertig, farblos, blaßviolett od. blaß oliven- bis graugelb. Zellen kugelig, blaß blaugrün, 2,5—5 μ im Durchm. An feuchten Felsen, zwischen Moos; im Alpengebiet, Riesengebirge, Böhmen, Sachsen. **A. montana** Cramer

3. Zellen 1—3,5 μ groß. 4.
Zellen 4,5—7 μ groß. 5.
Zellen 7,5—9,5 μ groß, kugelig oder etwas länglich, gelb, gelbbraun od. bräunlichgrün. Lager gallertig-häutig, gelbbraun, seltener schmutzig rötlich. An nassen Steinen u. Felsen, auf feuchter Erde, zerstreut. (Fig. 10.) **A. testacea** Naeg.

4. Zellen 1—1,5 μ groß, ± kugelig, gelblich, selten blaugrün. Lager gallertig, schmutzig gelb bis gelbbräunlich. An feuchten Wänden u. Fensterscheiben in Warmhäusern (Schlesien, Böhmen).

A. fusco-lutea Hansg.

Zellen 2,5—3,5 μ groß, olivengelblich, gelblichgrün, seltener rötlich. Lager gallertig-schleimig od. häutig, schmutzig olivenfarben bis gelbbraun, seltener rotbraun. An feuchten Mauern u. auf feuchtem Holz. **A. rufescens** Hansg.

5. Zellen 4,5—5,5 μ groß, kugelig, vor der Teilung länglich. Lager gallertig-häutig, gelbbraun od. grünlichbraun. An nassen Felsen, feuchter Erde, auch an Steinen in Seen, nicht häufig.
A. brunnea Naeg.
Zellen 5,2—7 μ groß, kugelig, olivenfarbig. Lager gallertig, häutig, olivenfarben. An feuchten Steinen, alten Stümpfen in Waldsümpfen, in Sachsen u. Österreich.
A. paludosa Rabenh.
6. Im Wasser schwimmend od. im Wasser ansitzend. 8.
An feuchten Steinen u. auf feuchter Erde. 7.
In Warmhäusern an Wänden. 9.
7. Lager rundlich, schmutziggrün. Zellen ± kugelig, blaugrün, dicht gelagert, 3,5—6 μ groß. In Sümpfen schwimmend od. am Rand ansitzend, zerstreut. (Fig. 11.)
A. Grevillei (Hass.) Rabenh.
Lager schleimig, blaugrün. Zellen kugelig od. etwas eckig, blaß blaugrün, locker gelagert, 3,5—4,5 μ groß. In Sümpfen, Gräben, schwimmend od. festsitzend, auch in salzhaltigem Wasser, zerstreut. **A. pulchra** (Kütz.) Rabenh.
[Man vergleiche auch **A. rivularis** (Carmich.) Rabenh.]
8. Lager gallertig-schleimig, formlos, ausgebreitet, schmutzig blaugrün, seltener etwas blasser od. olivbräunlich. Zellen kugelig, blaß spangrün, ca. 6 μ groß. An feuchten Felsen, zerstreut im Gebiet. **A. virescens** (Hass.) Rabenh.
Lager gallertig, halbkugelig, höckerig, oft zusammenfließend, bläulichgrün, trocken bräunlich. Zellen blaugrün, 5—7 μ groß. An nassen Felsen u. Steinen; auch in Sümpfen u. Bächen an Steinen festsitzend, seltener freischwimmend; in den Alpen.
A. rivularis (Carm.) Rabenh.
9. Lager gallertig, trocken staubig, dunkel blaugrün, ausgebreitet. Zellen kugelig, vor der Teilung länglich, blaugrün bis etwas violett, 2,5—4 μ groß. An feuchten Mauern und Wänden von Warmhäusern. **A. Naegelii** Richt.
Lager schleimig, schmutzig olivengrün. Zellen ± kugelig, blaß blaugrün, 4—7 μ groß. An feuchten Mauern in Warmhäusern, zerstreut. **A. biformis** A. Br.

4. Gattung: **Gloeothece** Naeg.

Zellen länglich bis zylindrisch, einzeln od. zu kleinen Kolonien vereinigt, die in mehrere Hüllen eingeschachtelt sind u. Lager bilden. Zellinhalt blaugrün.
1. Hüllen alle od. die inneren gefärbt. 2.
Hüllen gewöhnlich alle farblos. 3.
2. Lager gallertig, bläulichgrün. Zellen länglich, abgerundet, bis doppelt so lg. wie br., 4—6 μ br., mit Hülle 11—12,5 μ br. Hülle dick, geschichtet, amethystfarben. Auf feuchter Erde, an Felsen u. Mauern, verbreitet. **G. monococca** (Kütz.) Rabenh.

Lager schleimig, bläulich-grünlich bis braun, ausgebreitet. Zellen länglich 1 ½—2 ½ mal so lg. wie br., ca. 4,5 μ dick, meist zu 4—8zelligen Kolonien vereinigt. Hüllen dick, geschichtet, innere gelbbraun, äußere meist farblos. An nassen Felsen in den Alpen. **G. fuscolutea** Naeg.

3. Kolonien fetsitzend. 4.

Kolonien freischwimmend, farblos bis olivengrün. Zellen einzeln od. zu 2—4 vereinigt, 2,5—4 μ br., mit Hülle 7—9,5 μ br. Hülle ungeschichtet. In Sümpfen, selten (bei Konstanz). **G. distans** Stizenb.

4. Lager fleischfarben, bisweilen schmutzig olivengrün. 5.

Lager blaugrün od. schmutzig grün, nie rötlich. 6.

Lager dunkel olivgrün. Zellen ellipsoidisch, lebhaft blaugrün, 4,5—5,5 μ br. u. 7,5—8,8 μ lg. Hülle farblos. Auf feuchter Erde. **G. membranacea** (Rabenh.) Born.

5. Lager selten schmutzig olivengrün. Zellen meist einzeln, schmal zylindrisch, oft gekrümmt, abgerundet, blaßblaugrün, 10—18 μ lg. u. 0,8—1,4 μ br. Hüllen 12 μ lg., 5 μ br. An feuchten Felsen u. Wänden, auch in Torfsümpfen, zerstreut. **G. linearis** Naeg.

Lager nur selten etwas grünlich. Zellen kurz zylindrisch, abgerundet, blaß blaugrün, einzeln od. zu zweien, ohne Hülle 5,5—7,5 μ lg., 1,6—3 μ br., mit Hülle 12—16 × 9—10 μ. An feuchten Felsen, auf Erde, zwischen Moosen, zerstreut. **G. confluens** Naeg.

6. Zellen einzeln od. zu 2—4, blaugrün, länglich, 1¹/₃—3mal so lg. wie br., 2,5—4,5 μ br., mit Hülle 8—12 μ br. Hülle bisweilen teilweise gelbbräunlich, ungeschichtet. (Bei der var. cavernarum (Hansg.) Lemm. sind die Zellen fast farblos.) Auf feuchter Erde, an Mauern u. Steinen, zwischen Moosen, in Höhlen, zerstreut durch das Gebiet. **G. palea** (Kütz.) Rabenh.

Zellen länglich, nach der Teilung fast kugelig, einzeln od. zu 2—4, blaugrün, 4—6 μ br., mit Hülle 5—7 μ br. Hülle farblos, geschichtet oder ungeschichtet. An feuchten Felsen u. auf feuchter Erde; die var. tepidariorum (A. Br.) Hansg. nicht selten an den Wänden von Warmhäusern. (Fig. 1.) **G. rupestris** (Lyngb.) Born.

5. Gattung: **Aphanothece** Naeg.

Zellen länglich, nur senkrecht zur Längsachse sich teilend. Hüllmembranen dick, zusammenfließend u. eine strukturlose Gallertmasse bildend.

I. Sektion: Coccochloris (Spreng.) Kirchn.

Lager kugelig, halbkugelig, krümelig od. gallertig.

1. Lager blaugrün. 2.

Lager gelbbraun od. olivenfarbig. Zellen ziemlich dicht gelagert, 4—4,5 μ br., 6,5—8 μ lg., blaßblaugrün. An feuchten Felsen, zwischen Moosen, an sumpfigen Stellen, zerstreut. **A. Naegelii** Wartm.

2. Zellen schmaler als 5 μ, Lager blaß blaugrün. 3.
Zellen 5—6,5 μ breit, 7—11 μ lg. Lager lebhaft blaugrün, kugelig bis zylindrisch, bis 4 cm groß, ohne Kalkkristalle. In stehenden Gewässern, häufig auf Schlamm.
A. prasina A. Br.
3. Zellen locker od. nur an der Oberfläche der Lager dichter gelagert, 3—5 μ br., 5—8 μ lg. Lager kugelig bis zylindrisch, bis 2 cm groß, im Innern mit Kalkkristallen. In stehenden Gewässern, anfangs festsitzend, dann freischwimmend, häufig. (Fig. 12.)
A. stagnina (Spreng.) A. Br.
Zellen dicht gelagert, 4,5—5 μ br., bis $1^1/_2$mal so lang. Lager kugelig oder ausgebreitet, bis 2 cm groß. In Gräben (Riesengebirge, Schlesien). **A. Trentepohlii** (Mohr) Grun.

II. Sektion: Eu-Aphanothece (Naeg.) Kirchn.
Lager formlos, schleimig.

1. Zellen unter 2 μ br. 2.
Zellen über 2 μ br. 4.
2. Hüllen farblos. 3.
Hüllen gelb bis bräunlichgelb, ziemlich weit. Zellen 2—3 μ lg., ca. 1 μ dick, blaß blaugrün. Lager klein, formlos. An feuchtem Holz in Warmhäusern, oft zwischen anderen Algen, in Böhmen.
A. subachroa Hansg.
3. Zellen 1—1,5 μ br., 2,5—3 μ lg., blaugrün, dicht gelagert. Lager klein, zwischen anderen Algen eingesprengt. In Warmhäusern, manchmal auch im Plankton von Seen. **A. nidulans** Richt.
Zellen 1,5—1,8 μ br., 2—3mal so lg., blaß blaugrün, ziemlich locker gelagert. Lager fast hyalin od. gelblich. An feuchten Felsen, auch in stehenden Gewässern, zerstreut.
A. saxicola Naeg.
4. In Warmhäusern an feuchten Wänden. 5.
Im Freien. 6.
5. Lager schmutziggrün od. olivenbraun, schleimig, häutig. Zellen blaß blaugrün od. olivengrün, 4,5—5,5 μ lg., 2,5—3 μ br., zu 1—2 dicht liegend. Hüllen hyalin. **A. conferta** Richt.
Lager blaß blaugrün, schleimig, formlos bis höckerig. Zellen 4—7 μ lg., 2 μ br., zu 1—2, selten 4—8. Hüllen hyalin.
A. caldariorum Richt.
Lager ± violett, oft höckrig. Zellen gerade od. halbkreisförmig gekrümmt, fast farblos, 1,8—2,5 μ br., 4—6mal so lg. Hüllen geschichtet, leicht zerfließend. **A. muralis** (Tomasch.) Lemm.
6. Zellen schmaler als 9 μ. 7.
Zellen 9—10,5 μ br., $1^1/_2$—2mal so lang, blaugrün, sehr dicht gelagert. Lager olivenfarben, zerfließend. Im Plankton stehender Gewässer, in Schleswig. **A. heterospora** Rabenh.
7. Lager hyalin od. nur schwach grünlich. 8.
Lager deutlich blaugrün. 9.

8. Lager hyalin, zuerst kugelig, dann formlos, bis 2 mm groß, Zellen blaugrün, zu 1—2, ziemlich dicht gelagert, 4—4,5 μ br., $1^1/_2$—2 mal so lg. Freischwimmend in stehenden Gewässern, auch auf feuchter Erde, zerstreut im Gebiet. **A. microscopica** Naeg.

Lager fast hyalin bis bleichgrün, gallertig, in Häufchen od. ausgebreitet. Zellen 4,5—5 μ br., 2—3 mal so lg., zu 1—2, meist entfernt liegend, bleich blaugrün. Auf altem Nadelholz in feuchten Wäldern, in Sachsen. **A. laxa** (Kütz.) Rabenh.

Lager blaß blaugrün, weich. Zellen blaß blaugrün, 3—8 μ br., $1\,^1/_2$—3 mal so lg., locker gelagert. An feuchten Steinen, zwischen Moos, auch in Sümpfen, zerstreut.
A. pallida (Kütz.) Rabenh.

9. Lager blaugrün bis gelblichbraun. Zellen länglich, oft etwas eckig, 2—3,5 μ br., $1^1/_2$—2 mal so lg., blaß blaugrün, dicht gedrängt. In stehenden Gewässern zwischen Pflanzen, auf feuchter Erde, zwischen Moosen. In Schlesien, Böhmen, Schweiz.
A. Castagnei (Bréb.) Rabenh.

Lager blaß olivenfarben od. gelblichgrün. Zellen blaugrün, zu 1—2 liegend, locker gelagert, 2—3 μ br., 2—3 mal so lg. Am Rande von Gewässern, zwischen Moosen, auf Erde, Holz, auch an Fensterrahmen nicht selten. **A. microspora** (Menegh.) Rabenh.

6. Gattung: Rhabdoderma Schmidle et Lauterb.

Zellen stäbchenförmig, gerade oder gekrümmt zu mehreren in einem einschichtigen, häutigen Gallertlager liegend, selten auch zu kurzen Fäden vereinigt, ohne Spezialhüllen. Teilung senkrecht zur Längsachse.

Zellen 8—12 μ lg., 2 μ br., blaugrün. Im Plankton des Rheins. (Fig. 2.) **R. lineare** Schm. et Lauterb.

7. Gattung: Synechococcus Naeg.

Zellen ellipsoidisch bis zylindrisch, gerade, an den Enden abgerundet, einzeln od. zu 2—4 reihenweise, mit dünner, hyaliner Membran u. blaugrünem Inhalt, ohne gemeinsame Gallerthülle. Zellteilung senkrecht zur Längsachse.

1. Zellen über 5 μ br. 2.

Zellen 1,4—2 μ br., $1^1/_2$—3 mal so lg., zylindrisch, abgerundet, blaßblaugrün, einzeln od. zu 2—4 in Ketten. Auf feuchter Erde, Schlamm, auch in Saftflüssen der Bäume, zerstreut.
S. elongatus Naeg.

2. Zellen bräunlich-blaugrün, länglich zylindrisch, abgerundet, 5—11 μ br., bis 3 mal so lg., einzeln od. zu 2—4 in Ketten. An feuchten Felsen und feuchtem Waldboden Mitteldeutschlands.
S. brunneolus Rabenh.

Zellen freudig blaugrün, ellipsoidisch, 7,5—20 μ br., auch breiter $1^1/_2$—2 mal so lg., einzeln od. zu zweien zusammenhängend (var. maximus Lemm. hat 39—42 μ br. u. 48—56 μ lg. Zellen). In

Hochmooren, an feuchten Felsen, auf nassem Heideboden, durch das Gebiet zerstreut. (Fig. 3.) **S. aeruginosus** Naeg.

8. Gattung: **Dactylococcopsis** Hansgirg.

Zellen spindelförmig od. S-förmig, seltener ± eiförmig-lanzettlich, an den Enden kurz oder lang zugespitzt, gerade, gekrümmt od. ± spiralig gebogen, einzeln od. zu 2—8 gehäuft. Inhalt blaßblau- od. olivengrün mit mehreren stark lichtbrechenden Körnchen, Membran dünn, farblos. Zellteilung senkrecht zur Längsachse.

1. Enden der Zellen lg. u. scharf zugespitzt. 2.
   Enden der Zellen kurz zugespitzt. 3.
2. Zellen zu mehreren in vielfach gedrehten, tauförmigen, freischwimmenden Bündeln vereinigt, linear, 55 μ lg., 1 μ br. Im Plankton stehender Gewässer Norddeutschlands, (Fig. 4.) **D. fascicularis** Lemm.
   Zellen gerade od. fast gerade, meist einzeln, linear, blaßblaugrün, 55—80 μ lg., 2—2,5 μ br. Im Plankton stehender Gewässer, z. B. bei Berlin u. in Holstein. **D. acicularis** Lemm.
3. Zellen fast gerade od. halbmondförmig od. S-förmig gekrümmt, blaßblaugrün, 5—25 μ lg., 1—3 μ br. Auf feuchter Erde, an nassen Mauern, in stehenden Gewässern, auch im Plankton, in Norddeutschland u. Böhmen. (Fig. 5.) **D. rhaphidioides** Hansg.
   Zellen kurz spindelförmig, schwach gekrümmt, oliven- bis blaßblaugrün, 9—15 μ lg., 1,5—2,5 μ br. An feuchten Kalkfelsen in Böhmen. **D. rupestris** Hansg.

9. Gattung: **Microcystis** Kütz.

Zellen kugelig od. etwas eckig, nach allen Richtungen sich teilend, meist blaugrün oft mit Pseudovakuolen, zu vielen in mikroskopisch kleinen, kugeligen bis traubigen Kolonien vereinigt, die von einer gemeinsamen Gallerthülle umgeben werden.

1. Zellen kugelig. 2.
   Zellen länglich, 1—1,5 μ br., 3—5 μ lg., mit Pseudovakuolen. Lager kugelig od. etwas länglich, oft häutig, mit gemeinsamer Hülle, aus mehreren, mit besonderen Hüllen versehenen Teilkolonien zusammengesetzt. Im Plankton stehender Gewässer, zuerst festsitzend, oft Wasserblüte bildend, nicht selten. **M. elabens** (Menegh.) Kütz.
2. Kolonien einfach. 3.
   Kolonien aus mehreren Teilkolonien zusammengesetzt. Zellen mit Pseudovakuolen. 10.
3. Zellen mit Pseudovakuolen. 4.
   Zellen ohne Pseudovakuolen. 7.
4. Zellen 3—7 μ groß. 5.
   Zellen 0,8—2,5 μ groß, dicht gedrängt. Kolonien flach, hautartig, mit undeutlicher Gallerthülle, oft mehrere dicht neben-

einanderliegend. Im Plankton stehender Gewässer, Wasserblüte hervorrufend, in Thüringen, Schlesien, Steiermark.

M. firma (Bréb. et Len.) Rabenh.

5. Kolonien mit undeutlich-begrenzter und ungeschichteter Gallerthülle. 6.

Kolonien mit deutlicher, oft dicker und geschichteter Gallerthülle, kugelig od. linsenförmig. Zellen kugelig bis eckig, 3—4 μ im Durchm., blaugrün, dicht gedrängt. Im Plankton stehender Gewässer, selten. **M. marginata** (Menegh.) Kütz.

6. Kolonien ± kugelig bis länglich, nicht netzförmig durchbrochen, oft zu mehreren dicht nebeneinander liegend. Zellen dicht gedrängt, 3—7 μ groß. Im Plankton stehender Gewässer, oft Wasserblüte verursachend, häufig. (Fig. 13.) **M. flos aquae** (Wittr.) Kirchn.

Kolonien keilschriftförmig, ± langgestreckt, manchmal durchbrochen. Zellen 5—7 μ groß. Zuerst festsitzend, dann im Plankton stehender Gewässer, Wasserblüte hervorrufend, zerstreut in Norddeutschland, Oberbayern u. Böhmen. (inkl. M. ochracea [Brand] Lemm.) **M. scripta** (Richt.) Lemm.

Kolonien anfangs kugelig bis länglich, später vielfach netzförmig zerrissen. Zellen kugelig, 3—4 μ groß. Im Plankton stehender Gewässer, sehr häufig, Wasserblüte erzeugend.

M. aeruginosa Kütz.

7. Kolonien mit deutlicher Gallerthülle. 8.

Kolonien mit undeutlicher Gallerthülle. 9.

8. Kolonien kugelig od. ellipsoidisch, nicht durchbrochen, einzeln od. zu vielen nebeneinander liegend. Zellen 2—3 μ groß, blaugrün, dicht gedrängt (bei der var. incerta [Lemm.] Crow kleiner, nur 1—1,5 μ groß). Im Plankton od. zwischen anderen Algen in stehenden Gewässern od. an feuchten Mauern, Brunneneinfassungen usw., häufig. (Fig. 14.) **M. pulverea** (Wood.) Mig.

Kolonien kugelig od. länglich, vielfach netzförmig durchbrochen. Zellen blaß blaugrün, 1 μ groß. Im Plankton od. zwischen anderen Algen in stehenden Gewässern, in Holstein.

M. holsatica Lemm.

9. Kolonien sehr lg. u. schmal, stellenweise verbreitert u. durchbrochen od. netzförmig zerrissen. Zellen blaß blaugrün, dicht gedrängt, 1—2 μ groß. Im Plankton stehender Gewässer, in Norddeutschland, nicht selten. **M. stagnalis** Lemm.

Kolonien unregelmäßig gestaltet, aber nicht durchbrochen, lebhaft blaugrün. Zellen blaugrün, dicht gedrängt, ca. 2 μ groß. In stehenden Gewässern an Wasserpflanzen festsitzend, selten.

M. parasitica Kütz.

10. Zellen 3—7 μ groß. Kolonien rundlich, eckig bis fast quadratisch, von gemeinsamer Hülle umgeben, aus zahlreichen, viereckigen, mit dicker Sonderhülle umgebenen Teilkolonien zusammengesetzt. Im Plankton stehender Gewässer, Wasserblüte bildend, in Norddeutschland. **M. viridis** (A. Br.) Lemm.

Zellen 2—3 μ groß. Kolonien ± rundlich, fast hautartig, mit gemeinsamer Gallerthülle, aus mehreren, mit besonderer Gallerthülle umgebenen Teilkolonien zusammengesetzt. Im Plankton stehender Gewässer, bisweilen Wasserblüte bildend, in Norddeutschland, Böhmen, Alpen. **M. ichthyoblabe** Kütz.

10. Gattung: **Coelosphaerium** Naeg.

Zellen kugelig od. ellipsoidisch od. verkehrt-eiförmig, blaugrün, in einschichtiger Lage an der Oberfläche winziger Gallertkugeln gelagert, Teilung in radialer od. tangentialer Richtung. Kolonien sich durch Teilung vermehrend.

1. Zellen 2—3mal so lg. als br. 2.
   Zellen kugelig od. br. ellipsoidisch. 3.
2. Zellen locker gelagert, ohne Pseudovakuolen, unregelmäßig verteilt, 2—3 μ lg., 1 μ br., blaß blaugrün. Kolonien kugelig, 60—180 μ im Durchm., mit 7 μ dicker, farbloser, geschichteter, fester Gallerthülle. Im Plankton stehender Gewässer, selten. (Fig. 20.) **C. pallidum** Lemm.
   Zellen dicht gedrängt, mit Pseudovakuolen, 3,5—7 μ lg., 1,5—5 μ br. Kolonien kugelig, ellipsoidisch od. unregelmäßig, 50—180 μ groß, von einer gemeinsamen, öfters radiär gestreiften Gallerthülle umgeben. Im Plankton stehender Gewässer, oft Wasserblüte verursachend, zerstreut. (Gomphosphaeria Naegeliana Lemm.) (Fig. 18.) **C. Naegelianum** Ung.
3. Pseudovakuolen vorhanden. 4.
   Pseudovakuolen fehlend. 5.
4. Kolonien unregelmäßig, selten kugelig, bis 150 μ groß, einfach od. zusammengesetzt, mit 2—3 μ dicker, fester, farbloser Gallerthülle. Zellen kugelig, 5—7 μ groß. Im Plankton stehender, süßer od. salziger Gewässer, zerstreut. **C. dubium** Grun.
   Kolonien kugelig, mit dünner Gallerthülle. Zellen. kugelig, 1,3—1,5 μ groß. Im Plankton stehender Gewässer bei Greifswald. **C. natans** Lemm.
5. Zellen über 2 μ br. 6.
   Zellen kugelig, ca. 1 μ im Durchm., blaß blaugrün. Kolonien kugelig od. eiförmig, mit dünner Gallerthülle, 20—30 μ br. Im Plankton süßer u. salzhaltiger Gewässer, zerstreut in Norddeutschland. **C. minutissimum** Lemm.
6. Kolonien kugelig, mit dünner Gallerthülle, 20—90 μ im Durchm. Zellen kugelig, lebhaft blaugrün, 2,3—4 μ groß. Im Plankton stehender Gewässer, zerstreut. (Fig. 21.) **C. Kuetzingianum** Naeg.
   Kolonien kugelig od. länglich, mit undeutlich geschichteter, fester, farbloser, 4—5 μ dicker Gallerthülle, ca. 150 μ im Durchm. Zellen unregelmäßig gelagert, kugelig, blaßblaugrün, 3—4 μ groß. Im Plankton stehender Gewässer in Nordwestdeutschland. **C. aerugineum** Lemm.

11. Gattung: **Gomphosphaeria** Kütz.

Zellen zu kleinen hohlen, kugeligen od. ellipsoidischen Kolonien durch Gallerte vereinigt, innere ± kugelig, äußere verkehrt eiförmig od. keilförmig, im Teilungsstadium herzförmig, auf Gallertstielen sitzend, die von der Mitte der Kolonie ausgehen. Inhalt blaugrün, seltener mit gelbem od. rötlichem Ton.

Zellen 4—7 μ br., 8—15 μ lg., blaugrün, blaß blaugrün, gelblich bis bräunlich od. orange, auf verzweigten Gallertstielen sitzend. Zwischen anderen Algen, im Plankton von stehenden Gewässern, sowohl Süß-, Brack- wie Salzwasser, zerstreut. **G. aponina** Kütz.

Zellen 1,5—2,5 μ br., 2—4 μ lg., je 2 genähert u. auf dünnen Gallertstielen sitzend, blaß blaugrün od. rosenrot. Die var. compacta Lemm. hat dicht gelagerte blaugrüne, 1,5—2 μ br., 4—6 μ lg. Zellen. Zwischen anderen Algen, im Plankton von stehenden Gewässern, zerstreut. **G. lacustris** Chod.

12. Gattung: **Marssoniella** Lemm.

Zellen länglich birnförmig, mit dem spitzen Ende radiär nach außen liegend, stumpfe Enden durch Gallerte verbunden, sich durch Längsteilung vermehrend. Kolonien freischwimmend.

Zellen zu 4—16 in strahlig-büscheligen Kolonien vereinigt, 5—6 μ lg., 1,3—5 μ br., blaß blaugrün. Im Plankton stehender Gewässer, Brandenburg. (Fig. 22.) **M. elegans** Lemm.

13. Gattung: **Merismopedia** Meyen.

Zellen kugelig, od. elliptisch, nach der Teilung oft halbkugelig, durch gemeinsame Gallerte in einschichtigen Täfelchen angeordnet, in denen die Zellen zu 4 genähert liegen; Inhalt blaugrün, gelblich od. violett. Teilung nach zwei Richtungen.

1. Kolonien unregelmäßig, nicht regelmäßig viereckig. 2.
   Kolonien regelmäßig viereckig, klein. 3.
2. Kolonien 1—4 mm groß, blattartig, oft faltig zusammengeschlagen. Zellen kugelig od. länglich, gelblich bis lebhaft blaugrün, 4—8,5 μ lg. 4—5 μ br. In stehenden Gewässern, in Sachsen u. Franken. **M. convoluta** Bréb.

   Kolonien ansitzend, bis 17 μ lg. u. 9 μ br., aus 4—32 reihenweise angeordneten, aber gewöhnlich unregelmäßig in einzelne Komplexe zerfallenden Zellen bestehend. Zellen kugelig od. eckig, blaß blaugrün, gedrängt, 1,5—2 μ im Durchm. Im Salzwasser bei Kiel. **M. affixa** Richt.
3. Zellen dicht gedrängt in der Kolonie. 4.
   Zellen voneinander entfernt, blaß bläulich, kugelig, 2,5—3,5 μ groß, zu 4—64 in 60 μ breiten Kolonien. In stehenden Gewässern, selten im Plankton, sehr zerstreut. **M. punctata** Meyen
4. Zellen über 3 μ br. 5.
   Zellen höchstens bis 3 μ br. 6.

5. Zellen kugelig bis etwas länglich, 3—6 μ im Durchm., blaß blaugrün, zu 4—64 in regelmäßig viereckigen, bis 45 μ br. Kolonien. Zwischen anderen Algen u. im Plankton stehender Gewässer, nicht selten. (Fig. 15.) **M. glauca** Naeg.

Zellen kugelig od. länglich, 5—9 μ lg., 5—7 μ br., lebhaft blaugrün, meist zu 8 × 16 od. 16 × 32 in regelmäßig vier eckigen, später unregelmäßigen Kolonien angeordnet. Zwischen anderen Algen u. im Plankton stehender Gewässer, zerstreut durch das Gebiet (einschl. M. aeruginea Bréb.). **M. elegans** A. Br.

6. Zellen kugelig od. länglich, 2,5—3 μ groß, lebhaft blaugrün, in viereckigen, öfters am Rand eingebuchteten, 30—104 μ br. Kolonien. In warmen Quellen, auch in stehenden Gewässern zwischen anderen Algen, selten. **M. thermalis** Kütz.

Zellen kugelig, 1,3—2 μ groß, blaß blaugrün, mit deutlichen od. zerfließenden Spezialhüllen, zu 16—96 in rechteckigen Kolonien. Zwischen anderen Algen, sowie auch im Plankton stehender Gewässer, in Norddeutschland, selten (Fig. 16.) **M. tenuissima** Lemm.

Kolonien u. Zellen wie bei vor., aber mit Pseudovakuolen. Brandenburg im Plankton stehender Gewässer. **M. Marssonii** Lemm.

14. Gattung: Holopedia Lagerh.

Zellen ellipsoidisch bis zylindrisch, mit der Längsachse aufrecht stehend u. sich dieser parallel teilend, blaugrün, zu einschichtigen Familien sich vereinigend. Membran gallertig.

Zellen zylindrisch, in der Mitte leicht eingeschnürt, 6—7 μ br., 14 μ lg., grünbläulich. Lager 1—3 mm groß, flach od. faltig od. gerollt, trocken violett. In stehenden Gewässern freischwimmend, bei Leipzig. (Fig. 17.) **H. Dietelii** (Richt.) Mig.

Zellen länglich, 2—3 μ br., blaßblaugrün. Lager groß, blattförmig, gefaltet. In Aquarien. **H. irregularis** Lagerh.

15. Gattung: Tetrapedia Reinsch.

Zellen flach, quadratisch, blaugrün, einzeln od. zu 2—16 in tafelförmigen Kolonien. Membran dünn.

Zellen in der Mitte jeder Seite mit einem spitzwinkligen Einschnitt, an den Ecken abgerundet, kurz vor denselben leicht ausgerundet, zu 4—16zelligen, quadratischen, 13—30 μ br. Kolonien vereinigt. Zwischen anderen Algen in Gräben u. Sümpfen, in Franken. **T. gothica** Reinsch.

Zellen mit von den Ecken ausgehenden spitzen Einschnürungen, durch die die Zelle in vier dreieckige Teilstücke zerlegt wird, 8—12 μ br.; die Mitte der Seiten etwas vorgezogen. In Tümpeln, Franken. **T. Crux-Michaelii** Reinsch

16. Gattung **Cyanodictyon** Pascher.

Zellen kugelig zu netzförmig durchbrochenen, kugeligen od. länglichen, bisweilen etwas eckigen Kolonien vereinigt. Teilung nur nach einer Richtung des Raumes.

Zellen 1—1,5 μ groß, blaß blaugrün, ohne Pseudovakuolen. Maschen 7—34 μ weit. Im Plankton stehender Gewässer, selten. (Coelosphaerium reticulatum Lemm.)

C. reticulatum (Lemm.) Geitl.

II. Reihe **Entophysalidales.**

Einzige Familie: **Chlorogloeaceae.**

Zellen kugelig bis länglich, in gemeinsamer Gallerthülle, ohne od. mit Spezialhüllen, zu einem festsitzenden, aus aufrechten Zellreihen bestehenden Lager vereinigt.

1. Gattung: **Pseudoncobyrsa** Geitl.

Lager ± halbkugelig, Zellen in regelmäßigen radiären Reihen locker gelagert, mit deutlichen, dicken Spezialhüllen.

Lager gallertig, bis 2 mm groß, grün od. blaugrün. Zellen blau- od. olivengrün, länglich, 15—25 μ lg., 11—13 μ br., mit farblosen, 3—5 μ dicken Gallerthüllen. An altem Holz im Bodensee. (Oncobyrsa lacustris Kirchn.). (Fig. 19.) **P. lacustris** (Kirchn.) Geitl.

2. Gattung: **Chlorogloea** Wille.

Lager ± ausgebreitet, oft aus Teilkolonien zusammengesetzt. Zellen in undeutlichen, aufrechten od. radiären, oft verzweigten Reihen dicht gelagert, ohne deutliche Spezialhüllen.

Lager schleimig, dunkelolivgrün bis blaugrün. Zellen olivgrün, blaugrün od. gelblich, 2—3,8 μ groß. Bei rasch aufeinander folgender Zellteilung werden etwas kleinere, 1,5—2 μ große Zellen (sog. Nannocyten) gebildet. Auf Brunneneinfassungen, im Spritzwasser.

C. microcystoides Geitl.

III. Reihe **Pleurocapsales.**

Einzige Familie: **Pleurocapsaceae.**

Zellen einreihige od. seltener mehrreihige, unverzweigte od. verzweigte u. mit Spitzenwachstum versehene Fäden bildend, die oft zu scheinbaren Parenchymen vereinigt sind. Thallus meist in eine festsitzende Sohle und aufrechte Fäden gegliedert. Endosporenbildung in ± terminal stehenden Sporangien.

Bestimmungstabelle der Gattungen.

A. Thallus nicht od. nur zum kleinen Teil kalkbohrend.
  a) Thallus im erwachsenen Zustand aus aufrechten, parallelen, seitlich miteinander verwachsenen Fäden bestehend.
  1. Pleurocapsa.

b) Thallus im erwachsenen Zustand aus radiär gestellten, seitlich miteinander verwachsenen Fäden bestehend.

α) Aufrechte Fäden vielzellig, Membranen in den inneren Teilen des Lagers verschleimend. **2. Oncobyrsa.**

β) Aufrechte Fäden wenigzellig, Membranen fest. **3. Xenococcus.**

B. Thallus zum größten Teil aus in Kalksubstrate eindringenden Fäden bestehend. **4. Hyella.**

1. Gattung: **Pleurocapsa** Thur.

Lager flach, krustenförmig, im erwachsenen Zustand aus ± parallel stehenden Zellfäden dicht zusammenschließend. Membran fest, seltener etwas verschleimend. Sporangien terminal od. interkalar stehend.

1. Im Süßwasser. 2.

Im Meerwasser. Lager schwärzlich, dünn, krustenförmig. Zellen 2—4 μ dick od. dicker, gold- od. rotbräunlich bis schmutzig violett. Kolonien 50—100 μ dick. Auf Steinen besonders an der Flutgrenze, Nord- u. Ostsee. **P. fuliginosa** Hauck

2. Lager dunkelblau-grün bis schwärzlich-braun, dünn, anfangs punktförmig, dann krustenförmig. Zellen 3—9 μ breit, kürzer oder bis 2½ mal so lang, blau- bis olivengrün mit dicker, ungeschichteter Membran. Fäden meist 20—50 μ lg., selten länger. Sehr polymorphe Art. Im fließenden, seltener stehenden Wasser, an Steinen, Schnecken- und Muschelschalen, besonders in Gebirgsbächen, verbreitet (inkl. P. concharum Hansg.). **P. minor** Hansg.

Lager kupfer- od. ziegelrot, dünn, fast krustig. Fäden stellenweise zweischichtig. Zellen kupferrot od. bläunlichrot, 3—6 μ br., ½—1½ mal so lg. Membran dick. An Steinen in schnellfließenden Bächen. **P. cuprea** Hansg.

2. Gattung: **Oncobyrsa** Ag.

Lager groß warzig, polsterförmig, aus vielzelligen, radialen Zellfäden bestehend. Zellen blaugrün, seltener violett. Membran zart, schleimig, z. T. zusammenfließend. Sporangien fehlend.

Kolonien fast kugelig, meist höckerig, 1—2,5 mm im Durchm., braungrün bis violett, trocken schwarzbraun. Zellen kugelig bis länglich, eckig, 1,3—3,5 μ br., 1—2 mal so lg., mit fast farblosen, leicht zerfließbaren Gallerthüllen. An Steinen, Holz, Wassermoosen festsitzend, in stehenden Gewässern und schnellfließenden Gebirgsbächen. **O. rivularis** (Kütz.) Menegh.

3. Gattung **Xenococcus** Thur.

Zellen ein einschichtiges Lager bildend od. später durch Bildung kurzer, aufrechter Fäden ± halbkugelig, blaugrün bis violett. Membran dick, meist farblos. Endosporen kugelig, durch sukzedane Teilung meist zu 32 in randständigen Sporangien gebildet.

1. Zellen über 3 μ br. 2.
   Zellen 1,5—3 μ br., 3—5,5 μ lg., blaugrün, kugelig, od. eiförmig, Lager scheibenförmig, ± rundlich. An Fadenalgen in Gräben, im nordwestlichen Gebiet. **X. gracilis** Lemm.
2. Lager dauernd einschichtig, dünn, blaugrün. Zellen dicht, ± kugelig, 3—6 μ groß, hellblau od. olivengrün. An Steinen in Gebirgsbächen. **X. rivularis** (Hansg.) Geitl.
   Lager knollen-, warzen- od. höckerförmig, unregelmäßig, 9—30 μ dick, anfangs einschichtig, später kurze, aufrechte Fäden bildend. Zellen dicht, birn- od. keilförmig, 4—9 μ lg., 4—6 μ br., blaugrün bis dunkelviolett. Endosporen kugelig, ca. 3 μ groß. An Fadenalgen und untergetauchten Gegenständen in Bergbächen, im südöstlichen Gebiet. (Fig. 24.) **X. Kerneri** Hansg.
   Lager ± kugelig aus kurzen aufrechten, radial angeordneten Reihen bestehend, bläulichschwarz bis dunkelbraun, oft hohl. Zellen 4—10 μ, seltener 26 μ br., dunkel blaugrün od. violett. An Steinen, Moosen in Gebirgsbächen. (Fig. 25.) **X. fluviatilis** (Lagerh.) Geitl.

4. Gattung: **Hyella** Born. et Flah.

Zellen zu verzweigten, bescheideten Fäden vereinigt, blaugrün bis rot. Fäden zweierlei: horizontal auf dem Substrat verlaufende, einen dichten Filz bildende u. in das Substrat eindringende, untereinander freie, oft unregelmäßig gekrümmte. Sporangien aus oberflächlichen, sich vergrößernden Zellen entstehend.

1. Lager blaugrün bis gelbbraun. 2.
   Lager purpurrot. Zellen rosarot, unregelmäßig. Scheiden sehr zart. In Kalkstein, im Genfer See. **H. jurana** Chod.
2. Lager blaugrün od. graubraun. Zellen 5—10 μ br., kürzer bis länger als breit. In kalkreichen Gebirgsbächen auf Kalksteinen, Schnecken- und Muschelschalen, wohl weit verbreitet. **H. fontana** Hub. et Jard.
   Lager gelblich-olivfarben bis gelbbraun. Zellen 5—6, seltener bis 9 μ br., ± kugelig od. regelmäßig stäbchenförmig, Scheide ziemlich dick. Auf alten Muschelschalen an den Küsten der Nord- u. Ostsee. (Fig. 23.) **H. caespitosa** Born. et Flah.

IV. Reihe **Dermocarpales.**

Bestimmungstabelle der Familien.

A. Fortpflanzung durch Exosporen. **1. Dermocarpaceae** (S. 61)
B. Fortpflanzung durch Endosporen. **2. Chamaesiphonaceae** (S. 62)

1. Familie: **Dermocarpaceae.**

Einzellig, festsitzend, einzeln od. zu Kolonien vereint, mit Differenzierung in Basis und Spitze. Vermehrung nur durch Endosporen, die durch sukzedane oder simultane Teilung aus alten Zellen entstehen; Sporangien am Scheitel sich öffnend. Vegetative Zellteilung fehlt.

1. Gattung: **Dermocarpa** Crouan.

Zellen kugelig od. etwas länglich, festsitzend, am freien Ende ohne Borste. Endosporen durch Teilung nach 3 Richtungen des Raumes gebildet.

1. Im Süßwasser. 2.
   Im Meerwasser. Sporangien länglich od. keulenförmig, bis 24 μ br. und 30 μ lg., grünblau, olivgrün od. bräunlich, Membran dünn. **D. prasina** (Reinsch) Bornet
2. Sporangien kugelig oder eiförmig, bis 16 μ groß, blau bis violett oder purpurn, Membran dünn. In Gräben und Bächen an Fadenalgen festsitzend. (Cyanocystis versicolor Borzi.) **D. versicolor** (Borzi) Geitl.
   Sporangien birnförmig, gegenseitig abgeplattet, 6,5 μ br., 13—17 μ lg., blaugrün, Membran dick. In fließendem Wasser auf Wassermoosen usw. festsitzend. (Sphaenosiphon aquae dulcis Reinsch) **D. aquae dulcis** (Reinsch) Geitl.

2. Gattung **Clastidium** Kirchn.

Zellen eiförmig bis kurz zylindrisch od. birnförmig, am Grunde angewachsen, an der Spitze in eine Schleimborste ausgehend. Endosporen nur durch Querteilung gebildet.

Zellen od. Sporangien einzeln od. zu mehreren, kein Lager bildend. Zellen zylindrisch, an beiden Enden verjüngt, 2—4 μ br., 9—15 od. mehr μ lg., hell blaugrün bis gelblich. Borste ca. 50 μ lg. An Fadenalgen und Wasserpflanzen in stehenden und langsam fließenden Gewässern, in Süddeutschland u. Böhmen. (Fig. 26.) **C. setigerum** Kirchn.

Zellen od. Sporangien ein dünnes, gelbes bis bräunliches Lager bildend. Zellen kegelig od. birnförmig, 2—6 μ br., bis 45 μ lg., blaß olivgrün od. gelblich, seltener bläulichgrün. Borste 1—6mal so lg. Auf Steinen in schnellfließenden Gebirgsbächen. **C. rivulare** Hansg.

2. Familie: **Chamaesiphonaceae.**

Einzellig, einzeln od. gesellig lebend, mit Differenzierung in Basis und Spitze, an der Basis festsitzend. Vermehrung nur durch Exosporen, die am freien Ende in basipetaler Reihenfolge durch Querteilung od. auch durch Längsteilung abgeschnürt werden. Vegetative Zellteilung fehlt.

Einzige Gattung: **Chamaesiphon** A. Br. et Grun.

Zellen keulig, eiförmig od. zylindrisch, am Grunde angewachsen, einzeln od. gesellig, blaugrün, violett od. gelblich. Exosporen zahlreich od. nur zu wenigen gebildet. Scheiden zart od. dick, fest od. verschleimend.

1. Scheiden rötlich od. braun gefärbt. 2.
   Scheiden farblos. 3.

2. Scheiden schmutzig braun bis dunkel braun. Lager braun bis fast schwarz. Sporangien einzeln od. haufenweise, zuletzt zylindrisch, 5—20 μ lg., 2,5—6 μ br., olivgrün od. rötlich. An Steinen od. Pflanzen in Gebirgsbächen, Alpengebiet.
C. fuscus (Rost.) Hansg.

Scheiden u. Lager rotgelb bis kupferrot. Sporangien ellipsoidisch od. fast kugelig od. kurzzylindrisch, 3—6 (—9) μ br., 4—10 (—15) μ lg., graugrün, olivgrün od. gelblich. An Steinen in schnellfließenden Gebirgsbächen, Alpengebiet, Böhmen usw.
C. polonicus (Rost.) Hansg.

3. Sporangien keulig od. länglich zylindrisch, an der Spitze verbreitert. 4.

Sporangien gestielt, nach der Spitze zu allmählich verjüngt, gerade od. schwach gekrümmt, 25—30 μ lg., in der Mitte 1,5—2,5 μ br. Exosporen ± quadratisch od. länglich, blaß blaugrün od. olivgrün. An Fadenalgen in Gräben u. Teichen, in Sachsen, Holstein, Böhmen usw. **C. gracilis** Rabenh.

4. Sporangien mit kurzem Fuß, einzeln od. gehäuft, länglich zylindrisch bis keulenförmig, gerade od. gekrümmt, blaugrün, olivgrün od. schmutzig violett, 15—38 μ lg., unten 1—2 μ, oben 3—9 μ br. Exosporen zu vielen aus dem größten Teil des Sporangiums entstehend, 2—4 μ br. An Fadenalgen in stehenden u. fließenden Gewässern, in Hessen, Böhmen, Alpengebiet. (Fig. 27.)
C. confervicola A. Br.

Sporangien ohne Fuß, gerade od. gekrümmt, keulenförmig od. fast zylindrisch, einzeln od. gehäuft, blaugrün od. olivgrün, bisweilen ± karminrot, 7—30 μ lg., unten 1—3 μ, oben 7—8,5 μ br. Exosporen meist zu 2—3, selten zu mehreren am Scheitel des Sporangiums gebildet. An Fadenalgen in stehenden u. fließenden Gewässern, in Schlesien, Württemberg, Böhmen, Alpengebiet.
C. incrustans Grun.

Sporangien ohne Fuß, gesellig, später koloniebildend, ellipsoidisch bis zylindrisch, meist blaugrün, olivengrün, braun od. violett, 3—6 μ br. u. 7—9 μ lg. Exosporen zu 1—4, meist durch Querteilungen gebildet. Sehr vielgestaltige Art. In Gebirgsbächen. **C. polymorphus** Geitl.

V. Reihe Stigonematales.

Bestimmungstabelle der Familien.

A. Seitenzweige gleichartig ausgebildet, weder mit terminalen Grenzzellen abschließend, noch in Haare ausgehend.
1. Stigonemataceae (S. 64).

B. Seitenzweige teils lang und bisweilen in ein Haar ausgehend, teils kurz (1—4zellig) u. mit einer terminalen Grenzzelle abschließend.
2. Nostochopsaceae (S. 66).

1. Familie: **Stigonemataceae.**

Fäden mit echter Verzweigung, ein- od. mehrreihig; untereinander frei, nicht mit den Scheiden verklebt, ausgebreitet od. polsterförmige Lager bildend. Seitenzweige gleichgestaltet, niemals in Haare ausgehend. Grenzzellen meist interkalar. Hormogonien vorhanden. Dauerzellen selten.

Bestimmungstabelle der Gattungen.

A. Fäden nur aus einer Zellreihe bestehend, selten auf eine kurze Strecke einmal mehrere Zellen nebeneinander.
1. Hapalosiphon.

B. Fäden aus 2—4 nebeneinanderliegenden Zellreihen bestehend, selten auf kurze Strecken einreihig.

a) Fäden kriechend, nur an der Oberfläche mit Zweigen besetzt; Seitenzweige sich später fast ganz in Hormogonien umbildend.
2. Fischerella.

b) Fäden niederliegend od. aufsteigend, allseitig verzweigt; Hormogonien am Ende der jüngeren Zweige gebildet.
3. Stigonema.

1. Gattung: **Hapalosiphon** Naeg.

Fäden zylindrisch, durchweg einreihig od. nur auf kurze Strecken hin durch wenige längsgeteilte Zellen mehrreihig, nur einseitig verzweigt. Seitenzweige von den Hauptzweigen nur wenig verschieden. Grenzzellen interkalar. Hormogonien aus fast den ganzen Seitenzweigen entstehend.

Fäden zu einem flockigen, büscheligen, blaugrünen od. brauen Lager verflochten, 18—24 μ br., kriechend, reichlich verzweigt, oft torulös. Seitenzweige aufrecht, nur 5—12 μ br., selten verzweigt. Scheiden ziemlich dick, hyalin bis gelbbraun. Zellen $\pm$ quadratisch, an den Ästen oft zylindrisch. Grenzzellen quadratisch od. zylindrisch, gelbbraun. Hormogonien aus 14—50 Zellen bestehend, 6 μ br., 100—300 μ lg. An Wasserpflanzen in stehenden Gewässern, nicht selten. (Fig. 79.)
H. fontinalis (Ag.) Born.

Fäden zu einem kleinen, büscheligen, blaugrünen Lager dicht verflochten, 4—7 μ breit. Seitenzweige so dick wie die Hauptfäden. Scheiden eng, farblos. Zellen kugelig bis zylindrisch. Grenzzellen fast quadratisch bis zylindrisch. In stehenden Gewässern an Wasserpflanzen, zwischen Moosen, selten.
H. intricatus W. et G. S. West.

2. Gattung: **Fischerella** Born. et Flah.

Fäden kriechend, am Grunde 2reihig, oben meist nur 1reihig. Seitenzweige aufrecht, nur an der Oberseite der Hauptfäden und von dieser deutlich verschieden gestaltet: dünn, einreihig, später sich fast ganz in Hormogonien umbildend. Scheiden der jungen Seitenzweige dünn, die der alten Fäden dick.

Lager schwarzbraun, krustig od. filzig. Kriechende Fäden vielfach gebogen, 6—9 μ br., mit ± kugeligen, 3—4 μ br. Zellen und gelbbraunen Scheiden. Zweige aufrecht, gebogen, mit zylindrischen, 2—3 μ br. Zellen. Grenzzellen zylindrisch. Auf feuchter Erde, zwischen Moosen, in Brandenburg, Mitteldeutschland selten, in den Alpenländern u. Böhmen häufiger. (Fig. 80.)

F. ambigua (Kütz.) Gom.

Lager kissenförmig bis polsterförmig, ausgedehnt, schwarzgrün od. blaugrün, bis 1 mm hoch. Kriechende Fäden, meist 10—13 μ br., torulös, oberseitig dicht verzweigt, 2—4reihig, mit kugeligen Zellen u. gelbbraunen Scheiden. Zweige aufrecht, 6—9 μ br., mit fast quadratischen, entfernt stehenden Zellen. Grenzzellen lateral u. interkalar. An Wänden in Thermen, auf feuchten Felsen, sehr zerstreut.

F. thermalis (Schwabe) Gom.

3. Gattung: **Stigonema** Ag.

Lager rasig od. polsterförmig. Fäden niederliegend u. aufsteigend, die älteren Teile aus 2 bis mehreren Zellreihen bestehend. Seitenzweige allseitig entstehend u. meist wenigerreihig als die Hauptzweige. Scheiden meist gelb od. braun, im Alter weit. Hormogonien an der Spitze der Zweige od. meist an den Enden jüngerer, kurzer Seitenzweige gebildet. Kugelige bis eiförmige Dauerzellen gelegentlich beobachtet.

1. Fäden zum größten Teil nur einreihig, ältere zweireihig. 2.
   Fäden zum größten Teil mehrreihig. 3.
2. Lager dünn, fast filzig, schwarzbraun. Fäden niederliegend, 7—15 μ br., dicht verflochten, unregelmäßig u. spärlich verzweigt. Zweige aufrecht, verbogen, 7—15 μ br. Scheiden dick, farblos bis gelbbraun. Zellen ± kugelig. Grenzzellen spärlich. Auf Moorboden, feuchten Felsen, sehr zerstreut.

   S. hormoides (Kütz.) Born. et Flah.

   Lager polsterförmig, 3 mm hoch od. darüber, olivenfarbig. Fäden niederliegend od. aufsteigend, spärlich bis reichlich verzweigt, 14—50 μ br. Zweige abstehend, fast ebenso br., hormogonienbildend. Scheiden farblos, gelbbraun bis braun. Zellen kürzer als br., oft fast kugelig. Hormogonien 20—200 μ lg., 8—25 μ br. — Fäden 20—40 μ br., Zweige dünner als die Fäden var. Braunii (Kütz.) Hieron. Auf feuchtem Torf- od. Heideboden, in Torfsümpfen, an feuchten Felsen, Holz usw., auch im Gebirge, verbreitet. [Einschl. S. panniforme (Ag.) Kirchn. u. S. tomentosum (Kütz.) Hieron.] (Fig. 82.)

   S. ocellatum (Dillw.) Thur.
3. Grenzzellen nur lateral. 4.

   Grenzzellen lateral u. interkalar. Fäden an der Basis niederliegend, dann aufsteigend, 15—28 μ br., reichlich verzweigt. Zweige wie die Fäden od. kurz u. hormogonienbildend. Scheiden geschichtet, gelb bis gelbbraun. Zellen an der Basis der Fäden einreihig, nach oben zu 2—4reihig, kugelig od. zusammengedrückt. Hormogonien 25—35 μ lg. u. 12—15 μ br. Lager krusten- od. polsterförmig, zerbrechlich, braun bis schwarzbraun, ca. 1 mm hoch. An feuchten Mauern, Felsen, selten Holz, zerstreut im Gebiet.

S. minutum (Ag.) Hass.

4. Fäden 40—75 μ br. 5.

Fäden 27—36 μ breit, aufsteigend, meist 2—4reihig, reichlich verzweigt. Zweige ebenso br., aufrecht, an der Spitze mit Hormogonien. Scheiden dick, geschichtet, gelbbraun. Hormogonien 45 μ lg., 12 μ br. Lager polsterförmig, 1 mm hoch, schwarz. Auf Torf- u. Heideboden, feuchten Felsen im Gebirge. (Fig. 81.)

S. turfaceum (Berk.) Cooke

5. Lager büschelig od. krustenförmig, 1—2 mm hoch, braun bis schwarzbraun. Fäden niederliegend, an der Spitze aufrecht, unregelmäßig verzweigt, 40—70 μ br. Zweige gerade od. gebogen, bis 45 μ br., hormogonienbildend. Scheiden dick, geschichtet, gelbbraun. Zellen meist 2—8reihig, kugelig bis ± eckig, 15—18 μ br. Hormogonien 45 μ lg., 18 μ br. Auf feuchten Felsen, zwischen Moosen, an modernden Baumstümpfen, sehr zerstreut.

S. informe Kütz.

Lager polsterförmig, bis 12 mm hoch, dunkelbraun. Fäden aufrecht, starr, verflochten, bis 75 μ br., am Grunde reichlich verzweigt. Zweige 45—50 μ br., beidendig verjüngt, mit kurzen, 24 μ br., zitzenförmigen, hormogonienbildenden Seitenästchen. Scheiden dick, geschichtet, gelbbraun. Zellen mehrreihig. Hormogonien 45—50 μ lg., 15 μ br. An feuchten Felsen u. unter Wasser befindlichen Steinen, sehr selten.

S. mamillosum (Lyngb.) Ag.

2. Familie: **Nostochopsaceae.**

Fäden mit echter Verzweigung, stets einreihig; frei od. durch Verklebung der Scheiden zu einem gallertigen Lager vereint. Seitenzweige verschieden gestaltet: die einen lang u. manchmal in Haare ausgehend, die anderen kurz, auf 1—4 Zellen reduziert u. mit einer Grenzzelle endigend od. nur aus solcher bestehend. Hormogonien vorhanden. Dauerzellen vorhanden od. noch unbekannt.

Bestimmungstabelle der Gattungen.

A. Fäden untereinander frei, in Schnecken- od. Muschelschalen lebend. **1. Mastigocoleus.**

B. Fäden nicht kalkbohrend, miteinander zu Gallertlagern vereinigt.
   a) Scheiden der Zellfäden dünn, zu einem ± halbkugeligen Gallertlager vereinigt. **2. Capsosira.**
   b) Scheiden der Zellfäden dick, zu einem blasenförmigen, formlosen Gallertlager zusammenfließend. **3. Nostochopsis.**

1. Gattung: **Mastigocoleus** Lagerh.

Fäden unregelmäßig verzweigt. In Kalkschalen kriechend, mit dünnen Scheiden. Zweige entweder zylindrisch od. in ein Haar ausgehend. Grenzzellen einzeln, selten zu 2, terminal od. lateral, selten interkalar. Hormogonien vorhanden.

Fäden verschieden gekrümmt, 6—10 μ br. Zellen 3,5—6 μ br., ± zylindrisch, graublau. Grenzzellen 6—18 μ im Durchm. Marin: auf Schalen von Mya arenaria bei Kiel (die var. aquae dulcis Nadson in schwach salzigem od. Süßwasser in Flüssen in Rußland gefunden) (Fig. 78.) **M. testarum** Lagerh.

2. Gattung: **Capsosira** Kütz.

Aufrechte Fäden lang, dicht gedrängt, wiederholt verzweigt, mit zarten farblosen od. gelblichen Scheiden, die seitlich miteinander zu halbkugeligen od. polsterförmigen, gallertigen Lagern verwachsen sind. Grenzzellen lateral. Hormogonien 10—20zellig.

Lager schwarzgrün od. braunschwarz, ca. 1—3 mm hoch. Fäden 7—13 μ br. Zweige den Fäden angedrückt. Zellen kugelig bis tonnenförmig, 4—6 μ lg., 4—5 μ br. An untergetauchten Steinen, Wasserpflanzen u. altem Holz mit kurzen, gewundenen Fäden festsitzend. (Fig. 83.) **C. Brebissonii** Kütz.

3. Gattung: **Nostochopsis** Wood.

Fäden aufrecht, verzweigt. Scheiden verschleimend, dick, gallertig zusammenfließend, zu einem unregelmäßig rundlichen, gelappten od. blasigen Lager vereinigt. Grenzzellen lateral od. terminal od. interkalar. Hormogonien nicht bekannt.

Lager innen hohl, 1—2 mm br., blaugrün od. gelbgrün. Fäden 2—9 μ br., einseitig verzweigt. Zellen bis 2mal so lg. wie br. Freischwimmend od. anfangs festsitzend in stehenden od. langsam fließenden Gewässern. (Fig. 84.) **N. lobatus** Wood

Lager fest, 2—5 mm groß, blau-, oliven- od. gelbgrün. Fäden allseitig verzweigt. Zellen der Hauptfäden 4—6 μ br., 1—2mal so lg., die der Zweige 2,5—4 μ br. In stehenden Gewässern.
N. stagnalis (Hansg.) Lemm.

VI. Reihe **Nostocales.**

Bestimmungstabelle der Familien.

A. Fäden am Ende nicht in ein peitschenförmiges Haar ausgehend, bisweilen an der Spitze verjüngt.
  a) Fäden unverzweigt.
    α) Grenzzellen fehlen. **1. Oscillatoriaceae** (S. 68).
    β) Grenzzellen vorhanden.
      I. Scheiden fest, nicht verschleimend.
        2. Microchaetaceae (S. 92).
      II. Scheiden weich, ± verschleimend.
        3. Nostocaceae (S. 93).

b) Fäden mit unechter Verzweigung, Grenzzellen vorhanden (außer bei Plectonema).

α) Fäden V-förmig verzweigt, Dauerzellen fehlen. **4. Mastigocladaceae** (S. 105).

β) Fäden nicht V-förmig verzweigt, Dauerzellen vorhanden od. fehlend. **5. Scytonemataceae** (S. 105).

B. Fäden am Ende in ein peitschenförmiges Haar verjüngt. **6. Rivulariaceae** (S. 111).

1. Familie: Oscillatoriaceae.

Fäden einreihig, unverzweigt, am Ende nicht haarförmig verjüngt, jedoch oft mit ± abweichend gestalteter Spitzenzelle, einzeln od. ein Lager bildend. Scheiden fehlend od. vorhanden, dann schleimig od. häutig u. ein od. mehrere Fäden einschließend. Vermehrung außer durch Zellteilung durch Homogonienbildung. Dauerzellen sehr selten vorkommend (nur bei Isocystis). Grenzzellen fehlen. Fäden häufig Kriechbewegung zeigend.

Bestimmungstabelle der Gattungen.

A. Fäden ohne Scheiden.

a) Fäden gerade od. gekrümmt, nicht spiralig.

α) Fäden kurz, wenigzellig.

I. Fäden an den Enden ± verjüngt, meist mit Dauerzellen. **1. Isocystis.**

II. Fäden an den Enden nicht verjüngt, stets ohne Dauerzellen. **2. Borzia.**

β) Fäden lang, vielzellig.

I. Zellen deutlich voneinander abgesetzt. **3. Pseudanabaena.**

II. Zellen nicht deutlich voneinander abgesetzt. **4. Oscillatoria.**

b) Fäden regelmäßig spiralig od. S-förmig gewunden. **5. Spirulina.**

B. Fäden einzeln in einer deutlichen Scheide.

a) Scheiden schleimig u. deshalb undeutlich. **6. Phormidium.**

b) Scheiden fest, häutig u. deshalb deutlich.

α) Fäden einzeln od. zu verschieden gestalteten Lagern vereinigt, nicht in Büscheln.

I. Fäden einzeln od. lockere polsterförmige od. flockige Rasen bildend. **7. Lyngbya.**

II. Fäden dicht miteinander zu hautartigen Lagern vereinigt, nie einzeln. **8. Schizothrix.**

β) Fäden anfangs niederliegende dann aufrechte Bündel bildend. **9. Symploca.**

C. Fäden meist zu mehreren in einer Scheide.

a) Fäden am Ende nicht haubenartig verdickt.

α) Scheiden fest, nur wenige Fäden enthaltend. **10. Schizothrix.**

β) Scheiden schleimig, viele Fäden enthaltend. **11. Microcoleus.**

b) Fäden am Ende mit haubenartig verdickter Endzelle, Scheiden schleimig. **12. Hydrocoleus.**

1. Gattung: **Isocystis** Borzi.

Fäden kurz, wenigzellig, einzeln od. zu formlosen kleinen Lagern vereinigt, sehr dünn, beidendig ± deutlich verjüngt, mit ± zerfließenden, schleimigen Scheiden. Zellen ± kugelig, oft eckig. Dauerzellen vorhanden, in Reihen liegend.

Fäden 1—1,5 μ br. Zellen hell blaugrün. Dauerzellen ± kugelig, etwas dickwandiger als die übrigen Zellen, glatt. An untergetauchten Wasserpflanzen in stehenden Gewässern, in West- u. Südwestdeutschland, Böhmen. (Fig. 53.) **I. infusionum** (Kütz.) Borzi

2. Gattung: **Borzia** Cohn.

Fäden sehr kurz, wenigzellig, lebhaft kriechend, blaugrün, ohne Scheide.

Fäden 3—8zellig, an den Querwänden eingeschnürt, 9—18 μ lg., 6—7 μ br. Zellen nicht punktiert, 2,2—6 μ lg. In Seen bei Kufstein. (Fig. 35.) **B. trilocularis** Cohn

3. Gattung: **Pseudanabaena** Lauterb.

Fäden einzeln, vielzellig mit deutlich voneinander abgesetzten Zellen, ohne Scheide.

Zellen meist blaugrün, zylindrisch, an den Enden abgestutzt, 2 μ br. u. 3 μ lg. Auf Faulschlamm. **P. catenata** Lauterb.

Zellen blaßblau, langzylindrisch bis oval, an den Enden abgerundet, 1—1,5 μ br. u. 6—8 μ lg. **P. tenuis** Koppe

4. Gattung: **Oscillatoria** Vaucher.

Fäden unbescheidet, frei od. zu einem häutigen Lager vereinigt, gerade od. gebogen, aus vielen, flach scheibigen od. zylindrischen u. nicht deutlich voneinander abgesetzten Zellen bestehend, mit häufig in verschiedener Weise differenzierten Enden, ohne Dauerzellen, mit drehender, pendelnder u. vorwärtsgerichteter Bewegung. Festsitzend od. schwimmend.

Bestimmungstabelle der Sektionen.

A. Zellen sehr niedrig, $^1/_{10}$—$^1/_2$mal so lg. wie br.

a) Zellen an den Querwänden nicht oder schwach eingeschnürt; Fadenende nicht od. nur auf eine kurze Strecke verjüngt. Meist Süßwasserarten. II. Principes.

b) Zellen torulös, an den Querwänden eingeschnürt; Fäden am Ende kaum verjüngt. Meist marine Arten. III. Margaritiferae.

B. Zellen höher, ($^1/_3$—) ½—2mal so lg. wie br.

a) Fäden an den Enden nicht od. seltener nur undeutlich verjüngt. IV. Aequales.

b) Fäden an den Enden deutlich verjüngt.

α) Fäden am Ende gerade od. nur ganz kurz gekrümmt, an den Querwänden nicht eingeschnürt. Zellen ½—1mal so lg. wie dick, mit Pseudovakuolen. I. Prolificae.

β) Fäden am Ende lang gebogen, $^1/_3$—4mal so lg. wie dick, ohne Pseudovakuolen. V. Attenuatae.

γ) Fäden am Ende spiralig od. wurmförmig gebogen. Zellen ½—1½mal so lg. wie dick. VI. Terebriformes.

I. Sektion: Prolificae Gom.

1. Fäden rot, trocken violett, meist zu Bündeln vereint. 2.

Fäden blaugrün, einzeln od. bisweilen in Bündeln, gerade od. etwas gebogen, 4—6 μ br., Zellen 2,5—4 μ lg., fast quadratisch od. etwas kürzer als br., an den Querwänden granuliert. Endzelle gewölbt, mit Haube. Im Plankton stehender Gewässer, in Norddeutschland; Wasserblüte bildend. **O. Agardhii** Gom.

2. Fäden gerade, 6—8 μ br., bisweilen zu purpurroten, trocken violetten Bündeln vereinigt. Zellen 2—4 μ lg., ½—$^1/_3$ so lg. wie br., oft an den Querwänden granuliert. Endzelle kopfig, mit Haube. Im Plankton stehender Gewässer, rote Wasserblüte bildend, in der Schweiz, Bayern. **O. rubescens** DC.

Fäden gerade od. gebogen, 2,2—5 μ br., bisweilen zu ebensolchen Bündeln vereinigt. Zellen 4—6 μ lg., fast quadratisch od. länger als br., oft an den Querwänden granuliert. Endzelle kopfig, mit Haube. Im Plankton stehender Gewässer, oft im Winter unter dem Eise das Wasser rotfärbend, in der Schweiz, selten in Norddeutschland. **O. prolifica** (Grev.) Gom.

II. Sektion: Principes Gom.

1. Fäden an den Querwänden schwach eingeschnürt. 2.

Fäden an den Querwänden nicht eingeschnürt. 3.

2. Lager schwärzlich stahlblau, trocken schwarzviolett. Fäden dunkelblaugrün, gerade od. gebogen, 10—20 μ br. Zellen 2,5—6 μ lg., $^1/_3$—$^1/_6$mal so lg. wie br., an den Querwänden mit Körnchen. Endzelle halbkugelig, verdickt. Die var. caldariorum Lagerh. hat 10—18 μ br., ± violette Fäden. An feuchten Mauern, Blumentöpfen, Erde, in stehenden Gewässern od. in Warmhäusern, durch das Gebiet zerstreut. (Fig. 28.) **O. sancta** Kütz.

Lager schwarzblaugrün. Fäden dunkelblaugrün, 9—11 μ br., an den Enden spiralig gewunden. Zellen 2—5 μ lg., ½—$^1/_6$mal so lg. wie br., meist an den Querwänden körnig. Endzelle abgerundet. In stehenden Gewässern, nicht häufig. **O. ornata** Kütz.

3. Fäden am Ende deutlich verjüngt. 4.

Fäden am Ende nicht od. nur wenig verjüngt. 5.

4. Lager schwarz-blaugrün. Fäden gerade od. schwach gekrümmt, freudig blaugrün, 12—15 μ br. Zellen 2—4 μ lg., $^1/_3$—$^1/_6$ mal so lg. wie br. Endzelle kopfig, leicht verdickt. Auf Schlamm od. zwischen anderen Arten von O., in stehenden Gewässern, ziemlich selten. **O. proboscidea** Gom.

Lager schwärzlich-blaugrün, trocken etwas stahlblau. Fäden gerade, 6—8 μ br., leicht zerbrechlich, an den Enden spiralig gewunden. Zellen 1,5—2,5 μ lg., $^1/_3$—$^1/_6$ mal so lg. wie br. Endzelle kopfig, verdickt. In stehenden Gewässern, warmen Quellen, verschmutztem Wasser, selten, im Süden des Gebietes häufiger. **O. anguina** (Bory) Gom.

5. Fäden lang. 6.

Fäden kurz, nur etwa 60—80 μ lg., brüchig, ca. 10 μ br. Zellen $^1/_4$—$^1/_3$ mal so lg. wie br., lebhaft blaugrün, Querwände zart. Endzellen abgerundet. An feuchten Felsen in Schlesien u. Böhmen. **O. Schroeteri** (Hansg.) Forti

6. Fäden am Ende gerade od. leicht gekrümmt. 7.

Fäden an den Enden hakig od. spiralig. 8.

7. Lager schwärzlich blaugrün bis braun. Fäden $\pm$ gerade, dunkel blaugrün, 10—20 μ br. Zellen 2—5 μ lg., $^1/_3$—$^1/_6$ mal so lg. wie br., an den Querwänden meist gekörnelt. Endzelle gewölbt, verdickt. Die Farbe des Lagers variiert etwas, auch dünnere Fäden, 6—8 μ br., kommen vor. Auf Schlamm, in stehenden Gewässern, Gräben, auch in verschmutztem Wasser, oft auch freischwimmend, sehr häufig, hierher gehörend O. Froelichii Kütz. und wohl auch O. major Vauch. (Fig. 29.) **O. limosa** (Roth) Ag.

Lager schwarzgrün. Fäden gerade od. leicht gekrümmt, 9—12 μ br., am Ende abgerundet. Zellen $^1/_3$—$^1/_2$ mal so lg. wie br. In brackigem Wasser der Nord- u. Ostsee. **O. subsalsa** Ag.

8. Lager schwarzblaugrün. Fäden freudig blaugrün bis stahlblau, 16—60 μ br., an den Enden wenig verjüngt u. leicht hakig gebogen. Zellen 3,5—7 μ lg., $^1/_{11}$—$^1/_4$ mal so lg. wie br., nicht gekörnelt. Endzelle fast kopfig. Auf Schlamm, Holz in stehenden Gewässern, Gräben, später freischwimmend, häufig. (Fig. 30.) **O. princeps** Vauch.

Lager freudig od. schwärzlich blaugrün, trocken oft stahlblau. Fäden an den Enden hakig gebogen od. spiralig gewunden u. fast nicht verjüngt, blaugrün, 10—17 μ br. Zellen 2—5 μ lg., $^1/_3$—$^1/_6$ mal so lg. wie br., an den Querwänden oft mit 2 Reihen Punkten. Endzelle br. abgerundet, bisweilen leicht verdickt. Auf Pflanzenresten, Steinen, in stehenden Gewässern, Gräben, in Nord u. Mitteldeutschland, Böhmen, Alpen. **O. curviceps** Ag.

III. Sektion: Margaritiferae Gom.

Lager schwarz. Fäden gerade, brüchig, an den Scheidewänden eingeschnürt, schön olivgrün, 17—29 μ br., an den Enden lg. u. allmählich gebogen, mit leicht verdünnter, stumpfer Spitze.

Zellen $^1/_7$—$^1/_3$ mal so lg. wie br., an den Querwänden mit Körnchen. Endzelle kopfig, mit konvexer Haube. In der Ostsee.

O. margaritifera Kütz.

IV. Sektion: Aequales Gom.

1. Zellen mit deutlich gelbgrünem Ton, nicht eingeschnürt. 2.
   Zellen nie mit gelbgrünem Ton, sondern ± blaugrün od. stahlblau. 5.
2. Zellen in der Mitte ohne Pseudovakuole. 3.
   Fäden gebogen, 2—2,5 μ br. Zellen 2—4 mal so lg. als br., in der Mitte mit 1 od. 2 großen, glänzenden Pseudovakuolen. Scheidewände fast unsichtbar. Endzelle abgerundet. Auf schwefelwasserstoffhaltigem Schlamm, auch im Plankton stehender Gewässer, bei Berlin u. Ludwigshafen. **O. Lauterbornii** Schmidle
3. Fäden nur bis 2 μ br. 4.
   Lager sehr dünn, gelbgrün. Fäden gerade od. gebogen, 3,5 bis 4 μ br. Zellen kürzer od. länger als br., 3,7—8 μ lg., nicht gekörnelt. Endzelle abgerundet. In verschmutzten stehenden Gewässern auf faulen Pflanzenteilen (Laub usw.), nicht selten.
   O. chlorina Kütz.
4. Fäden gebogen, 2 μ br. Zellen 4—7 mal so br. wie lg., mit 1—3 glänzenden Körnchen an den zarten Querwänden. Auf schwefelwasserstoffhaltigem Schlamm in stehenden Gewässern in Südwestdeutschland. **O. putrida** Schmidle
   Fäden meist einzeln, seltener in gelblichgrünen Lagern, oft kreisförmig gerollt, 1—1,5 μ br. Auf Schlamm od. zwischen anderen Oscillatorien, durch das Gebiet zerstreut.
   O. subtilissima Kütz.
5. Zellen kürzer als br. 6.
   Zellen länger als br. 11.
6. Zellen mit Pseudovakuolen. 7.
   Zellen ohne Pseudovakuolen. 8.
7. Zellen kurz tonnenförmig, 3—6 μ lg., 5—6 μ br. Fäden gerade, parallel, zu hellbräunlich-gelben Bündeln vereinigt. Endzelle fast zylindrisch, bis 12 μ lg., etwas verjüngt. Im Plankton stehender Gewässer in Holstein. (Trichodesmium lacustre Kleb.).
   O. lacustris (Kleb.) Geitl.
   Zellen nicht eingeschnürt, 2—3 μ lg., 5,5—7,5 μ breit. Lager dunkel blaugrün, zuerst festsitzend, dann freischwimmend. Fäden gerade od. wenig gebogen, brüchig, nicht verjüngt, 5,5—7,5 μ br, 2—3 μ lg. Endzelle br. abgerundet. Auf Schlamm, dann im Plankton stehender Gewässer, zerstreut.
   O. Mougeotii Kütz.
8. Zellen an den Querwänden mit 2 deutlichen Punktreihen. 9.
   Zellen an den Querwänden undeutlich granuliert, 4—11 μ lg. Lager dunkel stahlblau. Fäden gerade, nicht eingeschnürt, rötlich stahlblau, trocken fast hyalin, 6—11 μ br. Endzellen gerundet

mit verdickter Membran. An feuchten Felsen, auch in Gräben u. stehenden Gewässern, durch das Gebiet zerstreut. **O. irrigua** Kütz.

9. Fäden 4—10 μ br., Lager häutig. 10.

Fäden 12—16 μ br., gerade od. leicht gekrümmt zu schleimigen, rotbraunen bis braunvioletten, seltener grünlichen Lagern vereinigt. Zellen $^1/_3$—$^2/_3$mal so lg. wie br., selten etwas länger als br., an den Querwänden nicht eingeschnürt. Endzelle abgerundet, schwach köpfig mit leicht verdickter Membran. In Alpenseen. **O. Borneti** Zukal

10. Lager blaugrün od. olivgrün. Fäden gerade, meist leicht eingeschnürt, blaugrün, 4—10 μ br. Zellen 2,5—5 μ lg. Endzelle ± halbkugelig. Anfangs festsitzend, dann im Plankton stehender Gewässer, häufig. (Fig. 32.) **O. tenuis** Ag.

Lager oliven- bis schwarzbraun od. schwärzlich-stahlblau. Fäden gerade od. leicht gebogen, an den Querwänden nicht eingeschnürt, 8,5—10 μ br. Zellen $^1/_3$—1mal so lg. wie br., Endzelle stumpf. In stehenden od. langsam fließenden Gewässern. **O. nigra** Vauch.

11. Fäden einzeln, freischwimmend od. zwischen anderen Algen. 12.

Fäden ein Lager bildend. 13.

12. Fäden gerade od. wenig gekrümmt, deutlich eingeschnürt, blaß blaugrün, 1,5 μ br. Zellen 4—12 μ lg. Endzelle abgerundet. Im Plankton stehender Gewässer, auch zwischen anderen Algen, in Brandenburg u. Holstein. (Fig. 33.) **O. limnetica** Lemm.

Fäden wellig gebogen, einzeln, nicht eingeschnürt, 2 μ br. Zellen 1—2mal so lg. wie br. Endzelle br. abgerundet. Auf Schlamm in tiefen Seen, Bodensee. **O. profunda** Kirchn.

13. Lager schmutzig gelbgrün. Fäden gekrümmt, deutlich (?) eingeschnürt, hell blaugrün, 2,3—4 μ br. Zellen ohne Körnchen, 2,3—16 μ lg. Endzelle abgerundet. In Torfsümpfen, Warmhäusern, warmen Quellen, in Norddeutschland, wahrscheinlich meist übersehen. **O. geminata** Menegh.

Lager schön blaugrün. Fäden gerade od. gekrümmt, nicht eingeschnürt, blaugrün,2—4,3 μ br. Zellen an den Querwänden meist mit 2 glänzenden Körnchen, 4—8,5 μ lg. Endzelle abgerundet. In stehenden Gewässern, im Brackwasser, auch in heißen Quellen, im Gebiet zerstreut. (Fig. 34.) **O. amphibia** Ag.

V. Sektion: Attenuatae Gom.

1. Endzelle kopfig. 2.

Endzelle nicht kopfig. 3.

2. Lager blaugrün. Fäden gerade, allmählich am Ende verjüngt, 2,5—5 μ br., dunkel blaugrün. Zellen so lg. wie br., 2,5—4,2 μ lg., nach den Fadenenden zu länger, an den Querwänden mit 2 Punktreihen u. leicht eingeschnürt. Endzelle kopfig, kegelförmig, mit

Haube. In stehenden Gewässern, auf Schlamm, Pflanzen, auch in warmem Wasser, zerstreut. **O. amoena** (Kütz.) Gom.

Lager lebhaft blaugrün od. olivgrün. Zellen 2—4mal so lg. wie br., 3—9 μ lg., mit glänzenden Körnchen an den Querwänden, nicht eingeschnürt. Fäden gerade od. gebogen, 2—3 μ br., blaß blaugrün. Endzelle fast kugelig. In stehenden Gewässern, an Pfählen, Pflanzen, auch im verschmutzten Wasser, nicht selten. (Fig. 31.) **O. splendida** Grev.

3. Fäden an den Scheidewänden eingeschnürt. 4.

Fäden an den Scheidewänden nicht eingeschnürt. 5.

4. Lager schwarzgrün. Fäden gerade od. schwach spiralig gekrümmt, leicht eingeschnürt, an den Enden verjüngt u. umgebogen, 8 bis 13 μ br., dunkel blaugrün. Zellen ½—⅔mal so lg. wie br., kaum granuliert. Endzelle br. abgerundet. An Steinen, Pfählen in reinem od. verschmutztem, selbst salzhaltigem Wasser, nicht selten. **O. chalybaea** Mert.

Lager dunkel blaugrün. Fäden gerade, leicht eingeschnürt, an den Enden verjüngt u. umgebogen, 4-6 μ br., freudig blaugrün. Zellen bis ½mal so lg. wie br., 2,5—5 μ lg., bisweilen zart gekörnelt. Endzelle stumpf kegelförmig. Wie vor., aber nur in süßem Wasser, häufig. **O. formosa** Bory

5. Lager ± blaugrün. Enden der Fäden ± verjüngt, aber nicht in eine lange Spitze ausgezogen. 6.

Lager grauviolett, häutig, langstrahlig. Fäden violett-blaugrün am Ende in eine lange dünne Spitze ausgezogen, 4—4,5 μ br. Zellen blaßbläulich, etwas kürzer als breit, ohne Körnchen. An Glasscheiben in Gewächshäusern vorkommend, zerstreut. **O. violacea** (Wallr.) Hass.

6. Fäden über 4 μ br. 7.

Lager dunkel blaugrün. Fäden gerade, 3—4 μ br., blaugrün. Zellen meist kürzer, selten länger als br., 1,6—5 μ lg., ohne Körnchen. Endzelle spitz kegelförmig. In stehenden, auch warmen Gewässern an Pfählen, Steinen, an Mauern von Gewächshäusern, nicht selten. **O. animalis** Ag.

7. Lager dunkel blaugrün. Fäden gerade, 4—6,5 μ br., blaugrün. Zellen ½—⅓mal so br. wie lg., 1,5—3 μ lg., an den Querwänden mit Körnchen. Endzelle abgerundet kegelförmig. In stehenden Gewässern an Pfählen, Steinen, über Schlamm, bisweilen auch in salzhaltigem Wasser, zerstreut. **O. brevis** Kütz.

Fäden einzeln od. in Bündeln, gerade od. leicht gekrümmt, 4—6 μ br., olivgrün bis blaugrün. Zellen 1—½mal so lg. wie br. Endzelle br. abgerundet. An feuchten Felsen, in den Schleimlagern anderer Algen; Böhmen, Alpengebiet. **O. rupicola** Hansg.

VI. Sektion: Terebriformes Gom.

Lager schwärzlich stahlblau. Fäden gerade, an den Enden leicht verjüngt u. spiralförmig gekrümmt, 4—6,5 μ br. Zellen halb so lg.

od. ebenso lg. wie br., an den undeutlichen Querwänden nicht eingeschnürt. Inhalt körnig. Endzelle abgerundet od. fast abgestutzt, nicht kopfig. In Thermen u. Schwefelquellen (Karlsbad).
O. terebriformis Ag.

5. Gattung: **Spirulina** Turpin.

Fäden einzeln od. in hautartigen, formlosen Lagern, mehr- bis vielzellig od. scheinbar einzellig, spiralig, S-förmig od. seltener halbkreisförmig gewunden. Windungen lose od. einander ± genähert. Bewegung der Fäden lebhaft, schraubig.

I. Sektion: Arthrospira (Stizenb.)

Querwände der Zellen im Leben sichtbar. Formen groß.

Fäden meist tief blaugrün, einzeln od. ein lockeres, blaugrünes Lager bildend, nicht verjüngt, 5—8 μ br., Windungen 9—15 μ br. u. 21—31 μ voneinander entfernt. Zellen so lg. od. kürzer als br., 4—5 μ lg., bisweilen mit Körnchen. Endzelle br. abgerundet. Im Plankton od. festsitzend od. zwischen anderen Algen in stehenden Gewässern, häufig. (Fig. 36.) **Sp. Jenneri** (Hass.) Geitl.

II. Sektion: Euspirulina Forti.

Querwände der Zellen im Leben unsichtbar, erst nach Färbung mit Neutralrot hervortretend. Formen klein.

1. Fäden 2—5 μ br. 2.
Fäden bis höchstens 2 μ br., ± regelmäßig spiralig gewunden. 3.
2. Fäden sehr kurz, 20—60 μ lg., 2,5—4 μ br., beidendig zugespitzt, mit 1 bis 3 Windungen od. halbkreisförmig od. S-förmig gebogen, blaß blaugrün. Windungen 7—13 μ br. In stehenden Gewässern, oft mit andern Oscillatorien zusammen, in Norddeutschland. (Fig. 37.) **S. abbreviata** Lemm.
Fäden länger, 3 μ br., mit lockeren, 2,5—3 μ br. u. 18 μ voneinander entfernten Windungen, blaugrün. Zellen 4—5 μ lg., mit großen Pseudovakuolen. Im Plankton u. Bodenschlamm stehender Gewässer, Holstein. **S. pseudovacuolata** Utermöhl
3. Windungen einander nicht berührend. 4.
Fäden blaß blaugrün, 1—2 μ br., fast regelmäßig spiralig gewunden, mit sich berührenden engen Windungen, bisweilen zu einem lebhaft blaugrünen od. gelblich blaugrünen Lager vereinigt. Windungen 3—5 μ br. In stehenden salzhaltigen u. süßen Gewässern, zerstreut. **S. tenuissima** Kütz.
4. Fäden 0,4—1 μ br. 5.
Fäden 1,2—2,0 μ br. 6.
5. Fäden lebhaft blaugrün, 0,4 μ br., regelmäßig spiralig gewunden. Windungen 1 μ voneinander entfernt, ca. 1,5 μ br. Auf feuchter Erde unter anderen Oscillatorien, zerstreut.
S. tenerrima Kütz.
Lager schmutziggrün. Fäden lebhaft grün od. gelblich, 0,6 bis 0,9 μ br., regelmäßig spiralig gewunden. Windungen 1,5—2,5 μ br.,

1,2—2 μ voneinander entfernt. Meist zwischen anderen Algen in stehenden reinen od. verschmutzten Gewässern, Thermen, zerstreut. **S. subtilissima** Kütz.

6. In süßen od. salzhaltigen Binnenwässern. 7.
   Lager zart, schwärzlich purpurn, schleimig. Fäden purpurnviolett, trocken blaugrün, 1,2—1,8 μ br., eng spiralig gedreht in Umgängen von 3—4,4 μ Durchm. Auf anderen, größeren Algen in der Ostsee u. im Adriatischen Meer. **S. versicolor** Cohn
7. Lager dick, blaugrün. Fäden unregelmäßig spiralig gewunden, 1,2—1,8 μ br. Windungen 3,2—5 μ br., 3—5 μ voneinander entfernt. In salzhaltigem Wasser, z. B. bei Eisleben. **S. Meneghiniana** Zanard.
   Fäden regelmäßig spiralig gewunden, 1,2—2 μ br. Windungen 2,5—4 μ br., 2,7—5 μ voneinander entfernt. In stehenden süßen u. salzhaltigen Gewässern, Thermen, meist einzeln zwischen anderen Algen, zerstreut. (Fig. 38.) **S. major** Kütz.

6. Gattung: Phormidium Kütz.

Fäden gerade od. gebogen, vielzellig, einzeln in einer dünnen u. ± schleimigen, oft zerfließenden Scheide, zu ± schleimigen od. häutigen, dem Substrat aufsitzenden od. im Wasser flutenden Lagern vereinigt, unbeweglich.

I. Sektion: Moniliformia Gom.

Fäden an den Querwänden deutlich eingeschnürt, am Ende nicht hakig gebogen u. nicht kopfig. Zellen an den Querwänden fast stets gekörnelt.

1. Fäden 1,2—2,6 μ br. 2.
   Fäden 6—8,5 μ br., gelbrot, fast gerade, zu schwarzgrünen, flutenden, pinselförmigen, gelbroten Büscheln vereinigt. Zellen solg. od. länger als br., 5—11 μ lg. Endzelle kegelförmig zugespitzt. In fließenden Gewässern in Süddeutschland. **P. tinctorium** Kütz.
2. Fäden blaugrün bis bräunlich-blaugrün. 3.
   Fäden hellrosa, am Ende verjüngt, 1,7—2 μ br. Zellen länger als br. Endzelle spitz kegelförmig. Lager zart, rosenrot, schleierartig die Schalen von Meermuscheln überziehend. In der Kieler Bucht. **P. persicinum** (Reinke) Gom.
3. Fäden am Ende nicht verjüngt; Endzelle abgerundet. 4.
   Fäden ± gewunden, verflochten od. fast parallel, am Ende verjüngt, 1,2—2,3 μ br., lebhaft blaugrün. Zellen fast quadratisch. Endzelle spitz-kegelig. Lager schleimig, gelblich od. bräunlichblaugrün. Ostsee bei Kiel, Thermen von Karlsbad. **P. fragile** (Menegh.) Gom.
4. Lager dünn, schwarzgrün. Fäden gekrümmt, ca. 1,5 μ br., blaß blaugrün. Zellen so lg. wie br. od. etwas kürzer, 0,8—2,0 μ lg., Scheiden weich, meist zerfließend. Auf feuchter Erde, an Kalkstein, in verschmutztem Wasser, in Schlesien, Böhmen, Alpen. **P. foveolarum** (Mont.) Gom.

Lager schleimig, schmutzig-braunschwarz. Fäden gewunden, 2—2,6 μ br., bräunlich blaugrün. Zellen ½—⅓ mal so lg. wie br., 0,6—1,3 μ lg. Scheiden zart. Auf feuchter, verschmutzter Erde, Thüringen. **P. Jenkelianum** Schmid

II. Sektion: Euphormidia Gom.

Fäden an den Querwänden nicht od. wenig eingeschnürt, am Ende gewöhnlich hakig gebogen od. kopfig.

1. Fäden unter 3 μ br. 2.
   Fäden über 3 μ br. 6.
2. Lager mit ± violettem Ton, Scheiden nicht durch Chlorzinkjod gebläut. 3.
   Lager nicht violett, sondern blaugrün od. rot, Scheiden durch Chlorzinkjod blau gefärbt. 4.
3. Lager braunviolett, lederig. Fäden stark gekrümmt, nicht verjüngt, blaß braunviolett, 1,5—2,5 μ br. Zellen 1—2mal so lg. wie br., 2—4,5 μ lg., an den Querwänden mit je 2 glänzenden Körnchen. Endzelle abgerundet. An Steinen in warmen u. kalten Gewässern, in Baden, Böhmen, Tirol. **P. purpurascens** (Kütz.) Gom.
   Lager häutig, oberflächlich purpurn od. schwarzviolett, innen grau-blaugrün. Fäden gekrümmt, leicht eingeschnürt, nicht verjüngt, blaß amethystfarben, 1,7—2 μ br. Zellen so lg. od. länger als br., 1,8—4,7 μ lg., nicht gekörnelt. Endzelle abgerundet. In stehenden Gewässern, in Württemberg, Böhmen, Österreich. **P. luridum** (Kütz.) Gom.
4. Fäden nicht eingeschnürt. 5.
   Lager hautartig, lebhaft blaugrün. Fäden gerade, leicht eingeschnürt, an den Enden verjüngt, 1—2 μ br., blaugrün. Zellen bis 3mal so lg. wie br., 2,5—5 μ lg., nicht gekörnelt. Endzelle lang kegelförmig. Im Meer, Süßwasser u. Thermen, selten auch auf feuchter Erde, zerstreut. **P. tenue** (Menegh.) Gom.
5. Lager schmutziggrün. Fäden gekrümmt, nicht verjüngt, 2—2,5 μ br., blaugrün. Zellen länger als br., 3,3—6,7 μ lg., mit 2 glänzenden Körnchen an den Querwänden. Endzelle abgerundet. An Steinen, Pflanzenteilen in stehenden u. fließenden Gewässern, Thermen, bei Berlin, Wien u. sächsische Schweiz. **P. valderiae** (Delp.) Schmidle
   Lager lebhaft blaugrün, gelblich od. ziegelrot, häutig. Fäden gekrümmt, am Ende verjüngt, 1—1,5 μ br., lebhaft blaugrün. Zellen länger als br., an den Querwänden mit einem glänzenden Körnchen. Endzelle spitz kegelförmig. An Steinen u. Pflanzenteilen in stehenden Gewässern, auch Thermen, in Böhmen, Österreich, Ungarn. **P. laminosum** (Ag.) Gom.
6. Fäden nicht od. nur am Ende spiralig gewunden. 7.
   Fäden ± regelmäßig spiralig gewunden, deutlich verjüngt, schmutzig blaugrün bis gelbgrün, 7 μ br. Scheiden durch Chlor-

zinkjod nicht gebläut. Zellen 1,5—2 μ lg., mit Körnchen od. nicht. Endzelle abgerundet, seltener etwas kopfig. Lager schmutzig olivengrün. An feuchten Felsen mit andern Algen, in Schlesien. **P. Hieronymusii** Lemm.

7. Fäden an den Enden verjüngt; Endzelle kopfig, mit Haube. 8.
Fäden an den Enden nicht kopfig. 12.

8. Fäden am Ende gerade oder bisweilen spiralig gekrümmt. 9.
Fäden am Ende ± hakig gebogen, seltener fast gerade. 11.

9. In kaltem Wasser. Fäden an den Querwänden nicht eingeschnürt. 10.
In den Thermen von Karlsbad u. Baden bei Wien. Lager fest, oberflächlich schwarzgrün, im Innern ± farblos. Fäden leicht gekrümmt, olivgrün, 7—8 μ dick. Zellen ½—¼ mal so lg. wie br., an den Querwänden mit 2 Körnchenreihen u. leicht eingeschnürt. Endzelle abgerundet od. kegelförmig. **P. lucidum** (Ag.) Kütz.

10. Lager dünn, schwarz- od. schwarzolivengrün. Fäden gerade, parallel liegend, dunkel blaugrün, 8—11,5 μ br. Zellen ½—¼ mal so lg. wie br., 2—4 μ lg., oft mit 2 Körnchenreihen an den Querwänden. Endzelle spitz kegelförmig. Ändert mit schmaleren (5,5—7 μ) Fäden ab: var. J o a n n i a n u m (Kütz.) Gom. An Steinen, Pfählen in fließenden u. stehenden Gewässern, nicht selten. **P. subfuscum** (Ag.) Kütz.
Lager schwarzblaugrün, trocken dunkel stahlblau, ganz aufsitzend od. flutend. Fäden ± gebogen, am Ende gerade od. bisweilen spiralig gewunden, blaugrün, 4,5—9 μ br. Zellen ebenso lg. od. ½ mal so lg. wie br., mit 2 Körnchenreihen an den Querwänden. Endzelle stumpf kegelförmig od. fast halbkugelig, Auf Steinen, Holz, Pflanzen in fließenden Gewässern, in Böhmen u. den Alpenländern, in Norddeutschland sehr selten. **P. favosum** (Bory) Gom.

11. Fäden ± gerade, am Ende verjüngt u. hakig umgebogen od. schwach spiralig gedreht, blaugrün, 6—9 μ br., zu schwarzgrünen od. braunschwarzen, völlig ansitzenden od. flutenden Rasen vereinigt. Zellen meist ½—⅓ mal so lg. wie br., an den Querwänden oft mit Körnchen. Endzelle meist stumpf kegelförmig, seltener abgerundet. An Steinen, Holz in fließenden od. stehenden Gewässern, auch im warmen od. verschmutzten Wasser, seltener auf feuchter Erde; zerstreut, häufiger in den Alpenländern. **P. uncinatum** (Ag.) Gom.
Lager schwarzblaugrün, auch gelbbraun. Fäden meist gerade, am Ende kurz verjüngt, u. schwach hakig gebogen od. fast gerade, blaugrün, 4—7 μ br. Zellen ½—1 mal so lg. wie br., mit Körnchen an den Querwänden. Endzelle abgerundet od. flach kegelförmig. An feuchter Erde, Stämmen, Mauern u. in Bächen, häufig. (Fig. 39.) **P. autumnale** (Ag.) Gom.

12. Fäden an den Enden nicht verjüngt. 13.
Fäden an den Enden verjüngt. 16.

13. Endzelle nicht abgestutzt. 14.
Endzelle abgestutzt. Lager blaugrün bis dunkel stahlblau, festsitzend od. flutend u. vielfach büschelig. Fäden ± gerade, 4,5—12 μ br., dunkel blaugrün. Zellen an den Querwänden nicht od. schwach eingeschnürt u. nicht gekörnelt, kürzer od. länger als br., 4—9 μ lg. Scheiden durch Chlorzinkjod nicht blau gefärbt. An Steinen u. Holz in fließenden Gewässern, durch das Gebiet zerstreut. **P. Retzii** (Ag.) Gom.

14. Zellen kürzer als br. 15.
Lager schwarzgrün, ± lamellös, dicht, nicht strahlig. Fäden gerade, bläulichgrün, 3—3,5 μ br. Zellen so lg. wie br. Endzelle stumpf od. spitz kegelförmig. In Bächen der Gebirge, im Riesengebirge u. Alpen. **P. Boryanum** Kütz.

15. Lager blau-, schwarz- od. gelbgrün. Fäden gekrümmt, leicht eingeschnürt, blaugrün, 4—6 μ br. Scheiden durch Chlorzinkjod gebläut. Zellen 1,5—2,7 μ lg., meist mit Körnchen, bisweilen mit Gasvakuolen. Endzelle abgerundet. An Pflanzen in stehenden, auch warmen od. salzhaltigen Gewässern, zerstreut durch das Gebiet. **P. ambiguum** Gom.
Lager häutig, blaugrün bis grün, dicht an der Unterlage entfärbt. Fäden hin- u. hergebogen, gelbgrün, 4,5—6,8 μ br., unterbrochen, an den Enden gerade, stumpf. Zellen ½ so lg. wie br., bisweilen mit feinen Körnchen. An überrieselten Felsen im Gebirge, zerstreut. **P. interruptum** Kütz.

16. Lager grau, braunrot od. violett, mit Kalk inkrustiert. Fäden an den Querwänden nicht eingeschnürt. 17.
Lager blaugrün bis schwärzlich blaugrün, nicht verkalkt. 18.

17. Lager steinartig, lamellös, grau. Fäden blaugrün, gerade, kurz zugespitzt, 3—4 μ br. Scheiden ziemlich dick, mit Chlorzinkjod blau. Zellen so lg. wie br., an den Querwänden mit groben Körnchen. Endzelle stumpf kegelförmig, ohne Haube. In Bächen der Schweiz. **P. umbilicatum** (Naeg.) Gom.
Lager braunrot od. violett, sehr hart. Fäden verflochten, mit geraden, kurz verjüngten Enden, 4—5 μ br. Scheiden dünn, schleimig, durch Chlorzinkjod nicht gebläut. Zellen fast quadratisch, 3,5—5,2 μ lg., an den Querwänden manchmal granuliert. Endzelle stumpf-kegelig. In fließenden u. stehenden Gewässern an Felsen, Muschelschalen.
P. incrustatum (Naeg.) Gom.

18. Zellen an den Querwänden mit Körnchen. 19.
Zellen an den Querwänden ohne Körnchen u. nicht eingeschnürt. 21.

19. Fäden 3—5 μ br., an den Querwänden nicht eingeschnürt. 20.
Fäden 8—11 μ br., gerade od. gebogen, an den Querwänden leicht eingeschnürt, blaugrün. Scheiden dünn, durch Chlorzinkjod nicht blau gefärbt. Zellen viel kürzer als br., 2,7—4 μ lg. Endzelle stumpf-kegelig. Lager dünn, schwärzlich-blaugrün. In

stehenden Gewässern an Wasserpflanzen, zerstreut (einschl. P. Rotheanum Itzigs.). **P. solitare** (Kütz.) Rabenh.

20. Lager lederig, häutig, dicht, lamellös, tief blaugrün, langstrahlig. Fäden ± gerade, Enden gerade, ± lg. pfriemlich ausgezogen. Scheiden dick. Zellen ½—1 mal so lg. wie br., 4,5—5 μ br. Endzelle stumpf. In Quellen u. Bächen, selten. **P. fonticola** Kütz.

Lager häutig, schwärzlich-blaugrün. Fäden fast gerade, blaugrün, 3—5 μ br. Scheiden dünn, verschleimend. Zellen so lg. wie br. od. länger, 4—8 μ lg. Endzelle stumpf kegelförmig. An Steinen, Holz in stehenden u. fließenden Gewässern, in Württemberg, Alpenländern. **P. inundatum** Kütz.

21. Lager dünn, lederig, schwarzgrün. Fäden gebogen, am Ende kurz verjüngt, blaugrün, 3—5 μ br. Scheiden durch Chlorzinkjod gebläut. Zellen kürzer als br., 2—4 μ lg. Endzelle stumpf kegelförmig. An Steinen in stehenden od. fließenden Gewässern, zerstreut durch das Gebiet. **P. papyraceum** (Ag.) Gom.

Lager lederig, schwarz- bis braunblaugrün. Fäden ± gebogen, kurz verjüngt, blaugrün, 3—4,5 μ br. Scheiden dünn, durch Chlorzinkjod blau gefärbt. Zellen 1—2 mal so lg. wie br., 3,4—8 μ lg. Endzelle stumpf kegelförmig. An Steinen u. Holz in stehenden u. fließenden Gewässern, am Grunde von Stämmen, auf Strohdächern, an feuchten Mauern usw.; durch das Gebiet zerstreut. **P. corium** (Ag.) Gom.

7. Gattung: Lyngbya Ag.

Fäden gerade od. verschiedenartig gebogen, vielzellig, einzeln in einer meist dünnen, festen Scheide, einzeln lebend od. zu Lagern, Rasen od. Flocken vereinigt.

I. Sektion: Gyrosiphon Hieron.

Fäden epiphytisch auf anderen Fadenalgen lebend u. diese in ± dichten Spiralen umwindend. Endzelle abgerundet, nicht verjüngt.

Fäden 1,5—2 μ br. Zellen 1—2 μ lg., 1—1,5 μ br. Scheiden dünn, farblos. Auf Oedogonien, Lyngbyen usw., Berlin (Kulturgefäß). **L. epiphytica** Hieron.

II. Sektion: Spirocoleus Möb.

Fäden teilweise od. im ganzen Verlauf ± regelmäßig spiralig gewunden, freischwimmend od. festsitzend, einzeln, selten zu einem freischwimmenden Lager vereinigt. Scheiden eng, farblos. Endzelle abgerundet, nicht verjüngt.

1. Fäden einzeln, 1—4 μ br. 2.

Fäden zu einem schwimmenden, olivgrünen Lager vereinigt, ganz od. teilweise regelmäßig spiralig gewunden, 16 μ br. Spiralen lose. Zellen ½—1/5 mal so lg. wie br., 3,5—6,5 μ lg., 14—16 μ br., lebhaft blaugrün, an den Querwänden bisweilen gekörnelt. Scheiden leicht schleimig. In stehenden Gewässern, meist freischwimmend, selten. **L. spirulinoides** Gom.

2. Zellen an den Querwänden gekörnelt, nicht eingeschnürt, länger als br. 3.

Zellen an den Querwänden nicht gekörnelt u. nicht eingeschnürt, ½ so lg. wie br., 3 μ br., blaugrün. Scheide eng, farblos. Fäden einzeln, regelmäßig spiralig gewunden, mit sehr niedrigen, weiten Windungen, 3,5 μ br. Im Plankton stehender Gewässer, in Holstein. **L. holsatica** Lemm.

3. Fäden regelmäßig spiralig gewunden. 4.

Fäden unregelmäßig spiralig gewunden, seltener nur schwach gekrümmt, 2 μ br. Zellen 1,2—3 μ lg., 1,5 μ br, blaß blaugrün. An Wasserpflanzen festsitzend od. im Plankton stehender Gewässer, in Holstein. **L. Lagerheimii** (Möb.) Gom.

4. Fäden mit lockeren Spiralwindungen, 1,5—2 μ br. Zellen 3,5—5,5 μ lg., 1—1,5 μ br., lebhaft blaugrün. Im Plankton stehender Gewässer, in Sachsen. (Fig. 41.) **L. bipunctata** Lemm.

Fäden mit dichten, fast kreisförmigen Spiralwindungen, 1,5—2 μ br. Zellen 3—5 μ lg., 1—1,5 μ br., blaß blaugrün. Im Plankton stehender Gewässer in Nord- u. Süddeutschland, Holstein. **L. contorta** Lemm.

III. Sektion: Eulyngbya Gom.

Fäden gerade od. verschiedenartig gebogen, nicht spiralig, vereinzelt od. zu Rasen od. hautartigen Lagern vereinigt. Scheiden im Alter oft dick u. geschichtet.

1. Fäden einzeln, freischwimmend. 2.

Fäden einzeln im Gallertlager anderer Algen lebend. 5.

Fäden regellos zu Lagern vereinigt. 6.

Fäden mit dem einen Ende auf Fadenalgen und anderen Wasserpflanzen festgeheftet, aufrecht, ± gerade, einzeln od. zu mehreren dicht nebeneinander. 2—3,5 μ br. Zellen 0,5—1 μ lg., 1,5—2 μ br., ohne Einschnürung u. glänzende Körnchen an den Querwänden, blaß blaugrün. Scheiden eng, farblos. Endzelle abgerundet, nicht verjüngt. In stehenden Gewässern, seltener im Plankton, zerstreut in Deutschland, häufiger in den Alpen. **L. Kuetzingii** Schmidle

2. Fäden 1—3,5 μ br. 3.

Fäden über 4 μ br. 4.

3. Fäden gerade, einzeln, 1—2 μ br. Zellen 1—1,5 μ br., 1—3 μ lg., meist mit einem glänzenden Körnchen an den Querwänden, blaß blaugrün. Scheiden eng, farblos. Endzelle abgerundet, nicht verjüngt. Zwischen anderen Algen od. im Plankton stehender Gewässer in Norddeutschland. (Fig. 40.) **L. limnetica** Lemm.

Fäden 2—3,5 μ br. Zellen ohne Körnchen. vgl. **L. Kützingii** Schmidle

4. Fäden gerade od. wenig gebogen, einzeln, 4—5 μ br. Scheiden weit. Zellen mit je einem Körnchen an jeder Querwand, 1,5—5 μ lg., 1,5 μ br., blaß blaugrün. Endzelle abgerundet, nicht verjüngt. Im Plankton stehender Gewässer in Nordwestdeutschland. **L. lacustris** Lemm.

Fäden gerade od. wenig gebogen, 12—14 μ br. Zellen mit Gasvakuolen, ohne Körnchen, 2,5—4 μ lg., 11—13 μ br. Scheiden fest, farblos. Endzelle br. abgerundet, nicht verjüngt. Im Plankton stehender Gewässer, Brandenburg, Wasserblüte bildend. (Fig. 42.) **L. Hieronymusii** Lemm.

5. Fäden verschiedenartig gebogen, 1,5 μ br. Zellen 1,5 μ lg., 0,5 μ br. blaß blaugrün, an den Querwänden nicht eingeschnürt, mit je einem Körnchen. Scheiden eng, farblos. Endzelle abgerundet, nicht verjüngt. In der Gallerte von Coccochloris, Aphanothece, in Brandenburg. **L. mucicola** Lemm.

Fäden vielfach gekrümmt. Zellen 2,3—3,2 μ lg., 0,75—0,8 μ br., blaß blaugrün, an den Querwänden nicht eingeschnürt, ohne Körnchen. Scheiden eng, farblos. Endzelle wie bei vor. Im Gallertlager von Rivularia und anderen Algen, in Brandenburg, selten. **L. rivulariarum** Gom.

6. Zellen 2,5—6 μ br. 7.

Zellen 6—24 μ br. 10.

Zellen 0,9 μ br., 0,6—0,8 μ lg., an den Querwänden deutlich eingeschnürt, jedoch ohne Körnchen, blaugrün. Fäden dicht verflochten. Scheiden zuletzt dick u. durch Eiseneinlagerung ockergelb gefärbt, durch Chlorzinkjod nicht blau. Endzelle abgerundet. In eisenhaltigen, stehenden od. schwach fließenden Gewässern, häufig. **L. ochracea** (Kütz.) Gom.

7. Scheiden dünn, nicht geschichtet. 8.

Scheiden bis 2 od. 3 μ dick. 9.

8. Lager dunkel blaugrün. Fäden gebogen. Zellen 4—6 μ br., 1—½mal so lg. wie br., blaß blaugrün, an den Querwänden nicht eingeschnürt, manchmal gekörnelt. Endzelle kegelförmig od. abgerundet mit leicht verdickter Membran. An modernden Blättern in stehenden u. fließenden Gewässern, sehr zerstreut. **L. aerugineocoerulea** (Kütz.) Gom.

Lager tief blaugrün od. olivgrün, im Innern schmutzig weiß, aus leeren Scheiden bestehend. Fäden gebogen, blaugrün, Zellen etwa so lg. wie br., 3,5—4 μ br., nach den Enden der Fäden hin an den Querwänden etwas eingeschnürt, mit Körnchen. Endzelle kegelförmig. An Strohdächern, Baumstümpfen, Mauern und auf feuchter Erde; zerstreut. **L. Kuetzingiana** Kirchn.

9. Nur in salzigem Wasser. Lager etwas gallertig, gelbbraun od. olivenfarben, trocken oft schwarzviolett. Fäden gedreht, eng verschlungen. Scheiden farblos, bis 3 μ dick u. lamellös. Zellen 1—⅓mal so lg. wie br., olivengrün, 2,5—6 μ br., mit körnigem, die Wände fast verdeckendem Plasma, an den Querwänden nicht

eingeschnürt. Endzelle mit abgerundeter Haube. Ostsee, z. B. bei Kiel; auch in Thermen. **L. lutea** (Ag.) Gom.

Im Süßwasser. Lager außen rostgelb, innen schmutzig olivengrün, schleimig. Fäden verschiedenartig gekrümmt, dicht verflochten. Scheiden farblos od. gelblich, bis 2 μ br.. Zellen 2 bis 6,5 μ lg., 2,8—3,2 μ br., blaugrün, an den Querwänden nicht eingeschnürt u. nicht gekörnelt. In stehenden Gewässern, festsitzend, später freischwimmend, in der Schweiz. **L. versicolor** (Wartm.) Gom.

10. Fäden zu Büscheln vereinigt. 11.
Fäden nicht zu Büscheln vereinigt. 13.

11. Fäden unregelmäßig gebogen. 12.
Fäden lg., gerade, zu schwarzgrünen Büscheln vereinigt. Scheiden geschichtet, dick, farblos, durch Chlorzinkjod nicht blau. Zellen 2—3,4 μ lg., 11—17 μ br., dunkel blaugrün, an den Querwänden gekörnelt u. nicht od. leicht eingeschnürt. Endzelle wenig verjüngt, abgerundet, mit verdickter Haube. An Pfählen, auf Schlamm in stehenden Gewässern, auch in Thermen, sehr zerstreut. **L. major** Menegh.

12. Fäden etwas gebogen, blaßgrün, nicht verjüngt, zu blaugrünen Bündeln vereinigt, an den Querwänden nicht eingeschnürt. Scheiden zuletzt dick u. runzlig. Zellen ½—¼ mal so lg. wie br., 6—10 μ br. Querwände kaum erkennbar od. durch Körnchen bezeichnet. Endzelle abgerundet, ohne Haube. In Thermen, selten. **L. Martensiana** Menegh.
Fäden hin- u. hergebogen, zu dunkelgrauen bis schwärzlichstahlblauen Bündeln vereinigt. Scheiden farblos od. gelblich, bisweilen mit Kalk inkrustiert, zuerst homogen, dann meist geschichtet. Zellen 6,5—14 μ br., $^1/_3$—$^1/_6$ so lg. wie br., an den Querwänden nicht oder nur schwach eingeschnürt. In Thermen, selten. (Fig. 44.) **L. thermalis** Rabenh.

13. Scheiden durch Chlorzinkjod nicht blau gefärbt. 14.
Scheiden dreischichtig, durch Chlorzinkjod blaugefärbt. Lager dunkelgrün. Fäden verschieden gekrümmt, 11—16 μ br. Zellen 2—4 μ lg., 8—12 μ br., an den Querwänden deutlich gekörnelt, nicht eingeschnürt. Endzelle br. abgerundet, nicht verjüngt. In stehenden Gewässern, ziemlich selten. **L. stagnina** Kütz.

14. Lager braun- od. dunkelblaugrün. Fäden $\pm$ gerade od. gekrümmt, bisweilen mit Kalk inkrustiert. Scheiden dünn, farblos, später gelbbraun, dick, geschichtet. Zellen 2,7—5,6 μ lg., 8—24 μ br., bisweilen mit Körnchen od. Pseudovakuolen. Endzelle wenig verjüngt, mit verdickter Haube. In stehenden süßen od. salzhaltigen Gewässern im Plankton od. festsitzend an Pflanzen u. Steinen, zerstreut, bisweilen auch in Thermen. **L. aestuarii** (Mert.) Lieberm.
Lager schwärzlich-blaugrün. Fäden gerade, nur an den Enden spiralig gebogen, 22—24 μ br. Scheiden eng, farblos, nicht ge-

schichtet. Zellen 4—5 μ lg., 20—22 μ br., an den Querwänden mit Körnchen, aber nicht eingeschnürt. Endzelle abgerundet, kaum verjüngt, mit verdickter Haube. In eisenhaltigen Sumpflöchern bei Berlin. (Fig. 43.) **L. Lindavii** Lemm.

8. Gattung: **Symploca** Kütz.

Fäden vielzellig, einzeln in einer festen Scheide, zu vielen in anfangs niederliegenden, später aufsteigenden bis aufrechten Bündeln verwachsen.

1. Fäden bis 3 μ br. 2.
   Fäden über 3 μ br. 5.
2. Scheiden dick, mit Chlorzinkjod blau werdend. 3.
   Scheiden sehr zart, manchmal schleimig, durch Chlorzinkjod nicht blau werdend. Bündel rasig, weit ausgebreitet, satt blaugrün, aufrecht, genähert, ca. 1 mm hoch, ziemlich dick. Fäden unten in Bündel gedreht u. verschlungen, oben parallel, blaß blaugrün, kaum verjüngt, 1,2—2 μ br. Zellen 2—3mal so lg. wie br., oft mit 2 Körnchen an der schwer sichtbaren Scheidewand. Endzelle abgerundet, ohne Haube. In Thermen, an Dampfauslässen, Dampfröhren usw., ziemlich zerstreut.
   S. thermalis (Kütz.) Rabenh.
3. Bündel nicht anastomosierend. An kalten Standorten wachsend. 4.
   Fäden gebogen, zu kleinen aufrechten od. niederliegenden, gelbgrauen, anastomosierenden Bündeln vereinigt. Scheiden außen uneben. Zellen 1,8—3 μ br., länger als br., blaß gelbgrün, Scheidewände undeutlich. Endzelle abgerundet. An feuchten Wänden in Warmhäusern, selten. **S. parietina** (A. Br.) Gom.
4. Fäden parallel zu aufrechten, bis 1 cm hohen, dunkelblaugrünen Büscheln vereinigt. Zellen 2—3 μ br., meist länger als br., blaß blaugrün. Endzelle abgerundet kegelförmig. Auf altem Holz, feuchter Erde, selten, z. B. in Böhmen.
   S. cartilaginea (Mont.) Gom.
   Lager dicht faserig, weit ausgebreitet, außen gelbgrau bis graublaugrün, oft rötlich, innen entfärbt, an der Oberfläche mit angedrückten, oft aufrechten, gedrehten Bündeln. Fäden in den Bündeln parallel, sonst kraus, blaß blaugrün, 1,5—2,5 μ br. Scheiden außen uneben. Zellen bis 4mal so lg. wie br., mit wenigen Körnchen u. oft kaum sichtbaren Querwänden. Endzelle abgerundet, ohne Haube. In Wasserfällen, auf nassem Moos im Gebirge, in Südbaden, Schlesien, Böhmen, Alpen. **S. dubia** (Naeg.) Gom.
5. Im Binnenland. 6.
   Bündel rasig, meist schmutzig stahlblau, bis 3 cm hoch, aufrecht, dornförmig, am Grunde oft entfärbt. Fäden sehr dicht verworren, blaugrün, 6—14 μ br. Scheiden zart, sich kaum mit Chlorzinkjod bläuend. Zellen etwas länger als br. od. bis halb so lg. Endzelle leicht aufgeblasen. An größeren Algen od. Felsen am Meeresstrand. **S. hydnoides** Kütz.

6. Fäden über 4,2 μ br. 7.

Lager schwarz stahlblau, weit ausgebreitet, rauh durch dicke, dornförmige, bis 2 mm hohe, aufrechte Bündel. Fäden unregelmäßig verflochten, in den Bündeln fast parallel, dicht, 3,5—4 μ br., bläulichgrün, an der Spitze leicht verjüngt. Scheiden dünn, durch Chlorzinkjod gebläut. Zellen so lg. od. kürzer als br., mit kaum erkennbaren Querwänden. Endzelle stumpf kegelförmig, haubenlos. An Stümpfen, feuchten Mauern, seltener auf feuchter Erde, zerstreut. **S. muralis** Kütz.

7. Zellen so lg. od. länger als br. 8.

Zellen etwas kürzer als breit, mit körnigem Inhalt. Lager lebhaft blaugrün, aus 2—4 mm langen, am Ende oft aufgelösten u. zerteilten Bündeln gebildet. Fäden blaß-graublaugrün, hin- u. hergebogen, verflochten, 4,2—5,7 μ br., mit den weiten, farblosen Scheiden 8,7—10 μ br. Auf feuchter Erde, besonders im Gebirge. **S. Flotowiana** Kütz.

8. Fäden gekrümmt, dicht gedrängt, niederliegende, selten aufrechte, schwarzbraune bis blaugrüne Bündel bildend. Scheiden bis 2 μ br., durch Chlorzinkjod gebläut. Zellen 5—8 μ br., 1—2 mal so lg. wie br., blaugrün. Endzelle br. abgerundet od. abgerundet-kegelförmig. In Warmhäusern findet sich var. caldariorum Lemm. mit grauweißem, fast violettem, häutigem Lager u. etwas schmaleren u. kürzeren, blaß stahlblauen Zellen. In stehenden Gewässern an Pflanzen, auf feuchter Erde, verbreitet. (Fig. 45.) **S. muscorum** (Ag.) Gom.

Lager schwärzlich braun bis dunkel stahlblau, meist ausgebreitet, aus dünnen, 2—6 mm hohen Bündeln bestehend. Fäden leicht verflochten, 4,5—6 μ br. Scheiden 6—9 μ br., glatt, oft zu 2—3 verwachsen. Zellen so lg. od. länger als br., schmutzig blaugrün od. bräunlich. Auf feuchter schattiger Walderde im Gebirge. **S. melanocephala** Kütz.

9. Gattung: **Schizothrix** Kütz.

Fäden verzweigt, vielzellig, einzeln od. meist zu mehreren in einer ziemlich engen Scheide eingeschlossen, entweder ein häutiges Lager bildend od. zu aufrechten Büscheln od. Polstern u. Bündeln zusammentretend, seltener auch einzeln zwischen anderen Algen. Scheiden fest, gefärbt od. farblos, nicht verschleimend.

Bestimmungstabelle der Sektionen.

A. Fäden von einer niederliegenden gebogenen Basis aus aufsteigend u. aufrechte Bündel bildend. Scheiden farblos. Nur auf dem Lande. I. Symplocastrum.

B. Fäden nicht zu aufrechten Bündeln vereinigt.
 a) Scheiden hyalin, bis zum Alter so bleibend od. höchstens ganz schwach gelblich.

α) Fäden zu einem hautartigen, festen Lager verbunden, meist einzeln, seltener zu mehreren in einer Scheide eingeschlossen. Scheiden nicht miteinander verklebt. II. Hypheothrix.

β) Fäden zu rasigen Flocken od. Büscheln vereinigt, die oft seitlich miteinander verfließen u. geschichtete, oft mit kohlensaurem Kalk inkrustierte Polster bilden, gewöhnlich zu mehreren in einer Scheide. Wasserbewohner. III. Inactis.

b) Scheiden von Anfang an gefärbt od. erst später sich färbend, aber dann sehr deutlich gelb, braun, rot od. blau gefärbt. Fäden zu aufrechten Büscheln vereinigt od. ein verfilztes Lager bildend, seltener einzeln. IV. Chromosiphon.

I. Sektion: Symplocastrum Gom.

1. Lager mit blaugrünem od. stahlblauem Ton. 2.
   Lager fleischrot od. rotbraun. Fäden unten vielfach gewunden, oben parallel, kurze, zugespitzte, aufrechte Büschel bildend, blaßrot. Scheiden weit, undeutlich geschichtet, lang zugespitzt, wenige Fäden enthaltend. Zellen eingeschnürt, oft gekörnelt, 1,5—2 μ br., 2—3,5 μ lg. Endzelle abgerundet. Auf feuchter Erde, selten. **S. rubra** (Menegh.) Gom.
2. Lager oliven- od. blaugrün. Fäden gebogen, parallel gelagert, zu kurzen, aufrechten Büscheln vereinigt. Scheiden hyalin, außen uneben, meist zahlreiche Fäden einschließend. Zellen eingeschnürt, 1,5—2 μ br., 1—2 μ lg. An feuchten Mauern, Balken, am Rand von Sümpfen, zerstreut. **S. fragilis** (Kütz.) Gom.
   Lager schwärzlich- od. grünlich-stahlblau. Fäden unten gewunden, oben fast gerade, parallele, aufrechte, spitze, ca. 3 cm hohe Büschel bildend. Scheiden geschichtet, zugespitzt, wenige Fäden enthaltend. Zellen eingeschnürt, 3—6 μ br., 1—2mal so lg. wie br., blaß blaugrün. Endzelle abgerundet bis stumpf kegelförmig. Auf schattiger Walderde, Felsen, Moosen, zerstreut. (Fig. 49.) **S. Friesii** (Ag.) Gom.

II. Sektion: Hypheothrix (Kütz.) Gom.

1. Lager ± krustig, mit Kalk inkrustiert. 2.
   Lager hautartig od. lederartig, nicht mit Kalk inkrustiert. 3.
2. Lager bräunlich grün od. blaß rötlich, weit ausgebreitet. Fäden dicht verflochten, kaum verzweigt. Scheiden eng, ungeschichtet, zugespitzt, wenige Fäden enthaltend. Zellen eingeschnürt, 3—6 μ lg., 1—1,7 μ br., blaß blaugrün. Endzelle spitz kegelförmig. An feuchten Felsen, Mauern, Uferrändern stehenden Gewässern, bei Berlin, in Franken, Böhmen, Mähren, Alpen. (Fig. 50.) **S. coriacea** (Kütz.) Gom.
   Lager groß od. blaß ziegelrot, weit ausgebreitet od. polsterförmig. Fäden dicht verflochten, ± verzweigt. Scheiden weit,

außen uneben, zugespitzt od. tutenförmig, zahlreiche Fäden enthaltend. Zellen 2—9 μ lg., 1,3—1,6 μ br. Endzelle abgerundet. An feuchten Steinen, Kalkfelsen, Holzbalken, am Rande von stehenden Gewässern, in Schlesien, Süddeutschland, Alpen.
S. lateritia (Kütz.) Gom.

3. Fäden 1—3 μ br. 4.
Fäden 5,6—8,3 μ br., gerade od. leicht gebogen, fast parallel od. $\pm$ verflochten, meist farblos od. gelblich-bräunlich. Scheiden sehr weit, zuletzt geschichtet. Zellen etwas kürzer od. so lg. wie br. Lager fest, fast glatt, bleich rötlich. An nassen Felsen in der Schweiz u. Sachsen. **S. pallida** (Naeg.) Kütz.

4. Im Süßwasser od. auf festem Substrat. 5.
In Thermen. Lager ausgebreitet, zart, schwarzrot bis fast schwarz, unten $\pm$ blaugrün. Fäden $\pm$ gebogen, verflochten, 1,5—2,1 μ br., blaß blaugrünlich, undeutlich eingeschnürt. Scheiden sehr eng. Baden-Baden, Schweiz.
S. subcontinua (Naeg.)

5. Lager verschiedenartig gefärbt, aber nicht blutrot od. purpurrot. 6.
Lager blutrot od. purpurrot, innen oft farblos od. blaugrün, Fäden 2—3 μ br. Scheiden eng, farblos od. gelblich. Zellen 1,7—2,2 μ br. u. ebenso lg. An feuchten Felsen, Alpen, Böhmen.
S. Regeliana Naeg.

6. Fäden nicht eingeschnürt. 7.
Lager dünn, blaugrün. Fäden dicht verflochten, am Ende in vielfach gewundene Äste aufgelöst, an den Wänden deutlich eingeschnürt. Scheiden außen uneben, zugespitzt, unten dick u. geschichtet, wenige Fäden enthaltend. Zellen 1,5—3 μ br., bis 5 μ lg. Endzelle spitz kegelförmig. An feuchten Felsen und auf Sandboden, Südalpen. **S. arenaria** (Berk.) Gom.

7. Zellen blaß blaugrün, an den Querwänden meist mit 2 Körnchen. 8.
Zellen gelbgrün bis braun, bisweilen rosa. 9.

8. Lager dünnhäutig, schwarz, gelbgrau od. blaugrün, etwas schleimig. Fäden dicht verflochten, selten verzweigt, mit abgerundeter Endzelle. Scheiden zugespitzt od. tutenförmig, nur einen Faden enthaltend, später aber dicker werdend, uneben, mit mehreren Trichomen, durch Chlorzinkjod nicht gebläut. Zellen 1—1,7 μ br., 2—6 μ lg. An Mauern, Kalksteinfelsen, Gewächshauswänden, nicht selten. **S. calcicola** (Ag.) Gom.
Lager ausgebreitet, bis 3 cm dick, geschichtet, schmutzig- od. olivengrün od. rötlich. Fäden gewunden, kaum verzweigt, mit abgerundeter Endzelle. Scheiden zugespitzt, zuletzt dick u. uneben, wenige Fäden enthaltend, durch Chlorzinkjod gebläut. Zellen 1,5—2 μ br., 2—3 μ lg. An nassen Felsen u. Mauern, in Brandenburg, Böhmen, Tirol. **S. lardacea** (Ces.) Gom.

9. Scheiden dünn. 10.
Scheiden weit od. sehr weit. 11.

10. Lager dünn, olivbraun. Fäden gekrümmt, locker verflochten, 1—1,8 μ br., oft undeutlich gegliedert. Zellen ebenso lg. wie br., oliv- od. gelblichbraun. In stehenden Gewässern, selten. Schlesien, Böhmen, Österreich. **S. olivacea** (Kütz.) Rabenh.

Lager kompakt, runzelig, braun- bis fuchsrot od. schmutzig olivbraun. Fäden leicht gekrümmt, locker verflochten, 2,4—2,8 μ br. Zellen etwas kürzer als br., blaß-bräunlich. Im Wasser an hölzernen Wasserrinnen, Pfählen. Schlesien, Sachsen, Baden. **S. vulpina** Kütz.

11. Lager uneben, oft weit ausgebreitet, zuerst schmutzig blaugrün, bald fleischrot, rotbraun od. fuchsrot. Fäden gekrümmt, fast parallel, entweder fein gekörnelt u. an den Querwänden nicht eingeschnürt od. fast perlschnurartig u. ungekörnelt. Zellen 1,8 bis 2,5 μ br., ungefähr ebenso lg. An Felsen in der Schweiz. **S. rufescens** (Kütz.) Rabenh.

Lager zuerst rosagrünlich, später blaß fleischfarben, unterwärts farblos, an der Oberseite netzig-grubig. Fäden bogig gekrümmt, sehr dicht verflochten, 1,4—2,5 μ br., bleichgrün, später rosig od. entfärbt, ± deutlich gegliedert, an den Querwänden etwas eingeschnürt. Zellen so lg. od. etwas länger als br. An feuchten Kalkfelsen. Thüringen, Franken, Österreich. **S. Zenkeri** Kütz.

III. Sektion: Inactis (Kütz) Gom.

1. Fäden zu festen Polstern od. Krusten vereinigt. 2.

Fäden zu flutenden, pinselförmigen, weichen, ± violetten Büscheln vereinigt. Scheiden eng, an der Basis zahlreiche, spiralig gewundene, oben nur wenige Fäden enthaltend. Zellen an den Querwänden deutlich eingeschnürt, 1,4—2,4 μ br. u. fast ebenso lg. Endzelle abgerundet. In Bergbächen im Gebirge. **S. tinctoria** (Ag.) Gom.

2. Lager nicht od. nur sehr wenig mit Kalk inkrustiert. 3.

Lager mit Kalk inkrustiert. 4.

3. Lager krustenförmig, weit ausgebreitet, außen warzig, mit Kalk inkrustiert od. ohne Kalk, graubraun bis schwarzgrün. Fäden gerade u. parallel gelagert od. gekrümmt u. verflochten, an der Spitze verzweigt. Scheiden dick, bisweilen geschichtet, wenige Fäden einschließend, zugespitzt od. selten tutenförmig. Zellen blaugrün 2—4 μ br., meist kürzer als br., an den Querwänden gekörnelt, nicht eingeschnürt. Endzelle abgerundet. In stehenden Gewässern, Bergbächen, Quellen, an Steinen, oft zwischen den Lagern von Rivularia, im Gebirge, Alpen. (einschl. S. tornata [Kütz.]). **S. vaginata** (Naeg.) Gom.

Lager polster- od. krustenförmig, warzig, nicht od. nur sehr wenig mit Kalk inkrustiert, schmutzig gelbgrün. Fäden stark hin- u. hergebogen verflochten, an der Spitze reich verzweigt. Scheiden dick, farblos, am Grunde viele, weiter oben wenige bis einen Faden einschließend. Zellen 1—1,5 μ br., bis 4 μ lg., an den Querwänden eingeschnürt. An Steinen in Seen, kalkbohrend, Süddeutschland, Tirol. **S. lacustris** A. Br.

4. Fäden spärlich verzweigt. 5.

Fäden gekrümmt, verflochten, sehr reichlich verzweigt. Lager zuerst klein, steinhart, dann krustenförmig zusammenfließend, warzig, stark inkrustiert, innen gezont, blaugrün, fleischrot od. braun. Scheiden am Ende zugespitzt, am Grunde mehrere, an der Spitze nur einen Faden enthaltend. Zellen eingeschnürt, 1,5—3 μ br., ebenso lg. od. wenig länger als br., blaß blaugrün. Endzelle kegelförmig. An Holz od. Steinen in rasch fließenden Gewässern, besonders im Gebirge. **S. fasciculata** (Naeg.) Gom.

5. Lager polster- od. krustenförmig, warzig, stark inkrustiert, steinhart, blaugrün, innen gezont. Fäden fast aufrecht, parallel, dicht, fast gerade. Scheiden zugespitzt, mehrere Fäden enthaltend. Zellen eingeschnürt, 1—2 μ br., so lg. od. länger als br., blaß blaugrün. Endzelle abgerundet. An Holz u. Steinen in fließenden u. stehenden Gewässern, zerstreut im Gebirge.
S. pulvinata (Kütz.) Gom.

Lager ausgedehnt krustig. Zellen 2—4 μ br., mit Körnchen.
cfr. **S. vaginata** (Naeg.) Gom.

IV. Sektion: Chromosiphon Gom.

1. Scheiden blaugrün, stahlblau (selten ± violett). 2.

Scheiden goldgelb bis ± gelbbraun. 3.

Scheiden purpurn od. rosenrot, am Ende hyalin u. zugespitzt, geschichtet, dick, uneben, zahlreiche Fäden einschließend. Lager ausgebreitet, schwarzviolett. Fäden ± parallel, gewundene kriechende Bündel bildend, verzweigt. Zellen meist eingeschnürt, 3—8 μ lg., 6—8 μ br., blaß blaugrün. Endzelle kegelförmig, abgerundet od. zugespitzt. Auf Sandboden, zwischen Moosen, in Schlesien. **S. purpurascens** (Kütz.) Gom.

2. Lager schwarz, krustenförmig-flockig. Fäden verflochten, verzweigt, Verzweigungen tauartig aufgewickelt. Scheiden dunkel stahlblau, uneben, lg. zugespitzt, wenige Fäden enthaltend. Zellen eingeschnürt u. gekörnelt, blaß blaugrün, 2—5 μ lg., 1,7 μ br. Endzelle verjüngt, abgerundet. An untergetauchten Steinen in Schwarzwaldseen. **S. Braunii** Gom.

Lager bräunlich-stahlblau bis schwarzviolett, häutig. Fäden ± gewunden, oft büschelig u. verzweigt. Scheiden stahlblau od. schwarzblaugrün, geschichtet, dick, uneben, am Ende zugespitzt, wenige Fäden enthaltend. Zellen nicht eingeschnürt, blaugrün. 4—8 μ lg., 1,7—4 μ br. Endzellen abgerundet, wenig verjüngt. An feuchten Felsen, zwischen Moosen; in Böhmen, Tirol, Kärnten.
S. Heufleri Grun.

3. Endzelle deutlich kegelförmig-zugespitzt. 4.

Endzelle abgerundet od. stumpf kegelförmig. Scheiden mit Chlorzinkjod blau werdend. 5.

4. Lager zart, ausgedehnt, zäh, schwarzbräunlich. Fäden gebogen, innere bleich blaugrün, oft zu 2 parallel, deutlich eingeschnürt. Scheiden dick, goldbraun, geschichtet, am Scheitel offen, gestutzt. Zellen 4,5 μ br., 1—½mal so lg. wie br., gekörnelt. Endzelle stumpf zugespitzt. In Gebirgssümpfen, in Sachsen u. Böhmen. **S. aurantiaca** Kütz.

Lager schwarzbraun, trocken lederartig. Fäden verflochten, reichlich verzweigt. Scheiden gelbbraun, geschichtet, zugespitzt, mehrere Fäden enthaltend, durch Chlorzinkjod nicht gebläut. Zellen nicht od. sehr schwach eingeschnürt, 3—5,5 μ lg., 2—2,7 μ br., blaß blaugrün. Endzelle deutlich kegelförmig-zugespitzt. Auf feuchtem Heideboden, Norddeutschland. (Fig. 51.) **S. ericetorum** Lemm.

5. Lager ausgebreitet, braun od. schwarzgrün. Fäden niederliegende, festsitzende od. verzweigte, freischwimmende Büschel bildend. Scheiden goldgelb, geschichtet, uneben, zugespitzt, wenige Fäden enthaltend. Zellen leicht eingeschnürt, 7—13 μ br., kürzer od. länger als br., 4—9 μ lg., blaugrün. Endzelle stumpf-kegelförmig. Auf Sandboden, zwischen Moosen, in Schlesien, Schweiz. **S. Muelleri** Naeg.

Lager dunkelbraun od. grünlich, dünn. Fäden gewunden, verzweigt. Scheiden geschichtet, gelbbraun od. innere Schichten goldgelb, äußere hyalin, lang zugespitzt, meist nur 2 Fäden enthaltend. Zellen eingeschnürt. 2—3 μ br., viel länger als br., 8—13 μ lg., blaugrün. Endzelle abgerundet. Auf sumpfigem Boden, in Südbaden, Tirol. (Fig. 52.) **S. fuscescens** Kütz.

10. Gattung: **Microcoleus** Desm.

Fäden vielzellig, zu vielen in einer gemeinsamen schleimigen Scheide eingeschlossen. Scheiden einzeln od. miteinander verklebt, oft erst durch Färbung sichtbar.

1. Zellen an den Querwänden nicht eingeschnürt. 2.

Zellen an den Querwänden deutlich eingeschnürt. 3.

2. Scheiden einzeln od. ein schwarzes Lager bildend. Scheiden farblos, zahlreiche, oft tauartig gewundene, am Ende verjüngte Fäden enthaltend. Zellen blaugrün od. schmutziggrün, 3—7 μ lg. u. br., blaugrün, an den Querwänden oft gekörnelt. Endzelle kopfig, flachkegelförmig, mit Haube. Auf feuchter Erde, sehr häufig. (Fig. 46.) **M. vaginatus** (Vauch.) Gom.

Scheiden einzeln od. ein schwarzblaugrünes Lager bildend. Scheiden farblos, sehr schleimig, zahlreiche gerade od. tauartig gewundene Fäden enthaltend. Zellen lebhaft blaugrün, nicht eingeschnürt, an den Querwänden nicht gekörnelt, 4—13 μ lg., 5—7 μ br., lebhaft blaugrün. Endzelle kegelförmig-zugespitzt, nicht kopfig. In Sümpfen, aber auch auf feuchter Erde, Felsen, bei Freiburg in Kärnten. **M. paludosus** (Kütz.) Gom.

4. Lager schwarz-blaugrün. Fäden vielfach gebogen. Scheiden farblos schleimig, zahlreiche Fäden enthaltend. Zellen lebhaft blaugrün, an den Querwänden nicht gekörnelt, 6—12 μ lg., 4—5 μ br., blaugrün. Endzelle meist stumpf kegelförmig, nicht kopfig. In stehenden Gewässern auf Schlamm, in Sachsen.
M. lacustris (Rabenh.) Farlow

Lager schmutzig- od. schwarzgrünlich, ausgebreitet, lappig, geschichtet. Scheiden außen ungleich und zerfressen, am Scheitel meist offen, oft völlig zerfließend, mit zahlreichen, ein am Ende zugespitztes, seltener tauartig gedrehtes Bündel bildenden Fäden. Zellen blaugrün, 2,5—6 μ br., 1—2 mal so lg. wie br., an den Querwänden nicht gekörnelt. Endzellen nicht kopfig, spitz kegelförmig. In salzhaltigen Binnengewässern u. im Meerwasser.
M. chthonoplastes (Hofmann-Bang) Thur.

11. Gattung: **Hydrocoleus** Kütz.

Fäden vielzellig, am Ende mit haubenartig verdickter Endzelle, nur wenige von einer gemeinsamen Scheide umschlossen, zu Bündeln od. häutigen Lagern vereinigt. Scheiden schleimig, meist erst durch Färben deutlich erkennbar.

1. Im Süßwasser. 2.

Im Meerwasser. Rasen schwarzgrün od. ein schleimiges, ausgebreitetes Lager bildend. Fäden gelbgrau, spiralig gedreht u. verschlungen, verwachsen, unten einfach, oben reich verzweigt. Scheiden weit, am Ende zugespitzt od. offen, mitunter ganz zerfließend. Zellen 8—12 μ dick od. dicker, 3—6 mal so lg., an den Querwänden gekörnelt aber nicht eingeschnürt. Auf Schlamm, Felsen u. Algen, Nordsee. **H. lyngbyaceus** Kütz.

2. Fäden 6—10 μ br. 3.

Fäden 3—4 od. 16—19 μ br. 4.

3. Fäden wenig verzweigt, gekrümmt, zu flutenden, schwärzlich stahlblauen od. braunschwarzen Büscheln vereinigt. Scheiden geschichtet, außen uneben, am Ende zugespitzt od. offen, mehrere Fäden enthaltend. Zellen oft körnig an den Querwänden, 4—5,5 μ lg., 6—8 μ br. Endzelle kurz kegelförmig. In schnellfließenden Gewässern, in den Alpen. (Fig. 47.) **H. homoeotrichus** Kütz.

Rasen ± ausgebreitet. Fäden etwas gedreht od. gerade, blaugrün, zu 1—3 in dicken, hyalinen od. gelblichen, deutlich geschichteten, im Alter oft längsstreifigen Scheiden eingeschlossen, 8—10 μ br. Scheiden 1—5 μ br. Auf Moos zwischen Weiden; in Ausstichen bei Breslau. **H. Hieronymi** Richt.

4. Lager krustig, 1—3 mm dick, oft mit Kalk inkrustiert, rotbraun, glatt od. höckerig, im Innern blaugrün. Scheiden am Ende verbreitert, 2—10 Fäden enthaltend, Zellen 3—4 μ br., ± quadratisch, blaugrün bis rötlich. In Bergbächen, Alpengebiet.
H. subcrustaceus Hansg.

Fäden zu schwarzen, etwa 5 mm hohen Büscheln vereinigt. Scheiden mehrere Fäden enthaltend, etwas schleimig, außen uneben, am Ende zugespitzt, offen od. geschlossen. Zellen 16—19 μ br., 3,5—4,5 μ lg., bräunlich grün. Endzelle schwach kopfig, fast abgestutzt. Zwischen Moosen in stehenden Gewässern; in Schlesien, Württemberg, Dalmatien. (Fig. 48.)

H. heterotrichus Kütz.

2. Familie: **Microchaetaceae.**

Fäden einreihig, unverzweigt, am Ende nicht haarartig verjüngt, aber öfters an der Spitze verschmälert od. verbreitert, einzeln od. zu mehreren in feste Scheiden eingeschlossen, einzeln od. zu Büscheln vereinigt. Grenzzellen interkalar od. terminal. Vermehrung außer durch Zellteilung durch Hormogonien. Dauerzellen vorhanden.

Bestimmungstabelle der Gattungen.

A. Scheiden nur einen Faden enthaltend.
  - a) Fäden nicht in Basis u. Spitze differenziert. Grenzzellen nur im Verlauf der Fäden. **1. Aulosira.**
  - b) Fäden in Basis u. Spitze differenziert. Grenzzellen am Grunde der Fäden, seltener auch einmal im Verlauf. **2. Microchaete.**

B. Scheiden mehrere Fäden enthaltend. **3. Desmonema.**

1. Gattung: **Aulosira** Kirchn.

Fäden einzeln in einer Scheide, gleich br., nicht in Basis u. Spitze differenziert, einzeln od. in Bündeln vereinigt. Grenzzellen zwischen den vegetativen Zellen, nicht basal. Dauerzellen zylindrisch, unbestimmt gelagert, einzeln od. zu mehreren nebeneinander liegend. Hormogonien vorhanden.

Fäden gerade od. schwach gekrümmt, 5—8 μ br. Zellen zusammengedrückt od. zylindrisch, 5—7 μ br. Grenzzellen ± kugelig bis ± zylindrisch, gelblich, 5—8 μ br. Dauerzellen einzeln, 20—24 μ lg., 5—7 μ br. Zwischen anderen Algen in stehenden Gewässern; in Schlesien, Böhmen, Tirol. (Fig. 68.) **A. laxa** Kirchn.

2. Gattung: **Microchaete** Thur.

Fäden einzeln in einer Scheide, in eine festsitzende Basis u. ± deutlich verjüngte Spitze differenziert. Grenzzellen am Grunde, seltener im Verlauf der Fäden. Dauerzellen in der Nähe der Grenzzellen gelegen. Fäden meist büschelig od. polsterförmig zu Rasen vereinigt, die meist deutlich zugespitzt sind. Hormogonien vorhanden.

Fäden einzeln, leicht gekrümmt, 6—8,5 μ br. Zellen 4—6 μ br., doppelt so lg., nach oben zu mehr quadratisch, blaugrün. Grenzzellen kugelig bis länglich, 6—8,5 μ lg., 6 μ br. Dauerzellen zylindrisch, zu 1—2, bräunlich, 13—17 μ lg., 6—7,5 μ br. In stehenden

Gewässern zwischen anderen Algen, in Preußen, Schlesien, Brandenburg, Böhmen, Österreich (inkl. M. Goeppertiana Kirchn.). (Fig. 67.)

M. tenera Thur.

Lager kreisrund, schmutzig grün, rasig filzig, trocken violett werdend. Fäden 1 mm lg., 5—6 μ br. (ohne Scheide), am Grunde gekrümmt, zwiebelförmig, dann aufrecht, dicht. Zellen 2—3mal breiter als lg. Grenzzellen basal, halbkugelig. An Steinen u. Wasserpflanzen am Ufer bei Kiel. **M. grisea** Thur.

3. Gattung: **Desmonema** Berk. et Thwaites.

Fäden zu mehreren in einer Scheide eingeschlossen, beidendig leicht verjüngt, zu pinselförmigen Büscheln vereinigt. Grenzzellen am Grunde der Fäden einzeln od. zu zweien. Dauerzellen länglich, einzeln od. reihenförmig, von unbestimmter Lage.

Bündel schwarzgrün, 5—6 mm hoch. Fäden verzweigt. Scheiden dünn, farblos od. gelb. Zellen 9—10 μ br., ca. $^1/_3$ so lg. wie br., blaugrün, an den Querwänden eingeschnürt. An Felsen in fließenden Gewässern im Gebirge, in Böhmen, Ostalpen. (Fig. 69.)

D. Wrangelii (Ag.) Born. et Flah.

3. Familie: **Nostocaceae.**

Fäden einreihig, unverzweigt, einzeln in einer schleimigen, oft ziemlich dicken Gallerthülle eingeschlossen, zu einem bestimmt geformten Lager zusammentretend od. einzeln, am Ende bisweilen verschmälert aber nicht haarartig verjüngt. Grenzzellen interkalar od. terminal. Vermehrung außer durch Zellteilung mittels Hormogonien u. Dauerzellen.

Bestimmungstabelle der Gattungen.

A. Grenz- u. Dauerzellen im Verlauf der Fäden.
  a) Vegetative u. Grenzzellen scheibig (wie bei Oscillatoria). **1. Nodularia.**
  b) Vegetative u. Grenzzellen $\pm$ kugelig.
    α) Alle vegetativen Zellen der Fäden gleichgestaltet, die an den Enden nicht verlängert.
      I. Fäden stets zu bestimmt gestalteten Gallertlagern vereinigt. Fäden im Lager vielfach gewunden u. verflochten. **2. Nostoc.**
      II. Fäden einzeln od. zu formlosen, hautartigen od. schleimig-flockigen Gallertlagern vereinigt. Fäden gerade od. verschiedenartig gekrümmt. **3. Anabaena.**
    β) Zellen an den Enden der Fäden stark verlängert. Fäden einzeln od. freischwimmende kleine Flöckchen bildend. **4. Aphanizomenon.**

B. Grenz- u. Dauerzellen am Ende der Fäden. **5. Cylindrospermum.**

1. Gattung: **Nodularia** Mertens.

Fäden vielzellig, frei od. formlose Lager bildend, mit enger, dünner, undeutlicher u. oft zerfließender Scheide. Zellen scheibenförmig, Grenzzellen scheibenförmig, zwischen den vegetativen. Dauerzellen von den Grenzzellen entfernt, zu mehreren in Reihen liegend, fast kugelig, glatt.

Fäden gerade od. wenig gekrümmt, an beiden Enden verjüngt u. von einer stumpf kegelförmigen Zelle begrenzt. Scheiden dünn, farblos. Zellen 4—6 μ br., ½—1mal so lg. Grenzzellen kaum größer, ebenso. Dauerzellen reihenweise, $\pm$ kugelig, 6—8 μ im Durchm., gelbbraun. Im Meer- u. Süßwasser (die var. turicensis (Cram.) Hansg. im Saftflusse von Baumstämmen in der Schweiz). (Fig. 54.) **N. Harveyana** Thur.

Fäden ein schleimiges Lager bildend od. seltener einzeln, freischwimmend, gerade, gebogen od. spiralig gedreht, 8—12 μ br. Scheiden dünn od. dick, farblos. Zellen kurz scheibenförmig. Grenzzellen etwas breiter. Dauerzellen 8—9 μ lg., 12 μ br., gelbbraun. — Fäden 12—16 μ br., Dauerzellen 10 μ lg., 14 μ br., var. litorea. — Fäden 12—18 μ br., Dauerzellen 6—7 μ lg., 14—15 μ br., var. major. In stehenden süßen od. salzhaltigen Gewässern u. im Meer, festsitzend od. im Plankton, nicht selten. **N. spumigena** Mert.

2. Gattung: **Nostoc** Vaucher.

Lager schleimig, gallertig, außen meist von einer festeren u. meist dunkleren, hautartigen Hülle umgeben, zuerst stets kugelig, od. länglich, später dann unregelmäßig werdend od. zerfließend, hohl od. voll, freischwimmend od. festsitzend. Fäden gekrümmt, wirr durcheinanderlaufend, seltener $\pm$ radial ausstrahlend, mit dicker schleimiger, meist nur an der Peripherie des Lagers erhaltenbleibender Scheide umgeben. Zellen $\pm$ kugelig bis tonnenförmig. Grenzzellen zwischen den vegetativen Zellen. Dauerzellen kugelig od. länglich, meist mehrere in Fäden nebeneinander.

1. Wasserbewohner. 2.
   Landbewohner. 14.
   Endophytisch od. symbiotisch in anderen Pflanzen. 27.
2. Lager von einer festen, hyalinen, pergamentartigen Hülle umgeben. 3.
   Lager ohne solche Hülle. 8.
3. Fäden von der Mitte des Lagers strahlig verlaufend, an der Oberfläche $\pm$ dicht verflochten. 4.
   Fäden im ganzen Lager unregelmäßig verflochten. 5.
4. Lager scheiben- od. zungenförmig, seltener fast kugelig. Fäden an der Oberfläche dicht verflochten. Scheiden nur nach der Oberfläche hin deutlich, gelb. Zellen kugelig od. etwas zusammengedrückt, 4—4,5 μ br. Grenzzellen fast kugelig, 6 μ groß. Dauerzellen eiförmig, 7—8 μ lg., 4—5 μ br., Membran glatt, gelb. An Steinen, Holz in fließenden Gewässern, im Gebiet zerstreut. **N. parmelioides** Kütz.

Lager kugelig, olivenfarben, blaugrün bis schwärzlich braun, bis hühnereigroß. Fäden an der Oberfläche locker verflochten. Scheiden meist deutlich, hyalin, seltener gelblich. Zellen ± tonnenförmig, 4—6 μ br. Grenzzellen fast kugelig, 6—7 μ groß. Dauerzellen unbekannt. In stehenden Gewässern freischwimmend, nicht selten. **N. pruniforme** Ag.

5. Grenzzellen ± kugelig, 6—8 μ groß. 6.

Grenzzellen ± kugelig, 8—10 μ groß. Lager kugelig, glatt, bis 1 cm groß, blaugrün, seltener braun. Fäden dicht verflochten. Scheiden meist undeutlich. Zellen ± kugelig, tonnenförmig od. scheibenförmig, 5—7 μ br. Dauerzellen unbekannt. An Wasserpflanzen od. im Plankton stehender Gewässer, im Gebiet zerstreut. **N. coeruleum** Lyngb.

6. Festsitzend, wenn freischwimmend, dann das Lager hohl u. höckerig u. groß. Zellen ohne Pseudovakuolen. 7.

Lager länglich, glatt, 0,14—0,6 mm lg., 0,1—0,45 mm br., freischwimmend, im Wasser farblos erscheinend. Fäden vielfach gewunden. Scheiden fehlen. Zellen fast kugelig, 4—7 μ groß, mit Pseudovakuolen. Grenzzellen 6—8 μ im Durchm. Dauerzellen unbekannt. Im Plankton stehender Gewässer, im südlichen Brandenburg. **N. Kihlmanni** Lemm.

7. Lager kugelig, bis kirschengroß, später unregelmäßig lappig u. viel größer, glatt, olivenfarben, gelb bis violettbraun. Fäden dicht verflochten. Zellen ± kugelig bis kurz tonnenförmig, 4—5 μ br. Scheiden meist fehlend. Grenzzellen 6 μ groß. Dauerzellen eiförmig, 7 μ lg., 5 μ br., Membran glatt, bräunlich. Auf Wasserpflanzen in stehenden Gewässern festsitzend, auch auf feuchter Erde, zwischen Moosen, in Regenlachen und in den Atemhöhlen von Lebermoosen (Blasia, Pellia); häufig. **N. sphaericum** Vauch.

Lager kugelig, mit höckeriger Oberfläche, zuerst voll, später hohl, bis 10 cm groß, oliven- bis dunkelbraun. Fäden an der Oberfläche dicht verflochten. Scheiden dick, hyalin od. gelbbraun. Zellen kurz tonnenförmig, 3—3,5 μ br. Grenzzellen 6 μ im Durchm. Dauerzellen eiförmig., 7 μ lg., 5 μ br., Membran glatt, gelb. An Steinen festsitzend, dann freischwimmend, in stehenden u. fließenden Gewässern, besonders im Gebirge. (Fig. 55.) **N. verrucosum** Vauch.

8. Lager mikroskopisch klein, punktförmig: kugelig od. formlos. 9.

Lager makroskopisch, zuerst kugelig od. länglich, später unregelmäßig lappig, od. auch scheibenförmig od. hautartig. 10.

9. Scheiden eng, hyalin. Lager kugelig. Fäden dicht verflochten. Zellen kurz tonnenförmig od. ellipsoidisch, 3—4 μ br., blaugrün. Grenzzellen schwach gelbrot, 4—6,5 μ groß. Dauerzellen ± kugelig od. länglich, 5—8 μ lg., 5—6 μ br., dickwandig, glatt. An Wasserpflanzen in stehenden Gewässern, endophytisch in Gunnera, als Gonidien in Flechten lebend; sehr verbreitet. **N. punctiforme** (Kütz.) Hariot

Scheiden eng, hyalin, später braun. Lager blaugrün od. gelblich. Fäden dicht verflochten. Zellen kurz tonnenförmig, 2,5—3 μ br. Grenzzellen etwas größer. Dauerzellen ± kugelig, 5—8 μ lg., 5—6 μ br., Membran braun, glatt. An od. in Wasserpflanzen stehender Gewässer, auch in salzhaltigen Gewässern, in Schlesien, Böhmen, Elsaß. **N. entophytum** Born. et Flah.

Scheiden weit, hylin od. gelblich. Lager gallertig. Fäden locker verflochten. Zellen tonnenförmig, 3—3,5 μ br., blaß blaugrün. Grenzzellen etwas größer. Dauerzellen eiförmig, 6—8 μ lg., 4—4,5 μ br., blaugrün, Membran glatt, hyalin. An Wasserplfanzen in stehenden Gewässern, oft in Aquaren. **N. paludosum** Kütz.

10. Scheiden ganz undeutlich od. gegen die Oberfläche des Lagers deutlich, hyalin. 11.

Scheiden nur gegen die Oberfläche des Lagers deutlich, gelbbraun. Fäden locker verflochten. 13.

11. Lager kugelig u. festsitzend, später unregelmäßig ausgebreitet u. freischwimmend. 12.

Lager scheibenförmig, dünn, kreisförmig, zusammenfließende, blaugrüne Flecken bildend. Fäden dicht verflochten, Zellen tonnenförmig, 3—5 μ br., ebenso lg. od. länger. Grenzzellen ebenso, meist etwas größer. Dauerzellen kugelig, reihenweise, 8—12 μ groß, glatt, hyalin. An Wasserpflanzen in stehenden Gewässern, in Brandenburg, Böhmen, Alpenländern. **N. cuticulare** (Bréb.) Born. et Flah.

12. Lager kugelig, festsitzend, später unregelmäßig ausgebreitet, freischwimmend, gallertig, blaugrün, auch schwach violett od. bräunlich. Fäden dicht verflochten. Zellen kurz tonnenförmig, 3,5—4 μ br., oft kürzer als br., blaß blaugrün. Grenzzellen 5—6 μ groß. Dauerzellen fast kugelig, 7—8 μ lg., 6—7 μ br., Membran braun, glatt. (Eiförmige, 9—10 × 6—6,5 μ große Dauerzellen besitzt die var. crispulum Born. et Flah.). In stehenden Gewässern, auch in warmen Bassins, nicht selten (Fig. 56.) **N. Linckia** (Roth) Born.

Lager kugelig, dann unregelmäßig ausgebreitet, schleimig, rötlich, rotbräunlich, violett od. blaugrün. Fäden locker verflochten. Zellen ± kugelig bis zylindrisch, 3—4 μ br. u. fast doppelt so lg. Grenzzellen länglich, 6 μ br. Dauerzellen ellipsoidisch, 8—10 μ lg., 6 μ br., Membran hyalin, glatt. In stehenden Gewässern festsitzend u. dann freischwimmend, im Gebiet ziemlich verbreitet. (Fig. 57.) **N. carneum** Ag.

13. Lager kugelig, blaugrün, später unregelmäßig höckerförmig, bräunlich, Zellen kurz tonnenförmig od. länglich, 3,7—4 μ br., blaß blaugrün. Grenzzellen kugelig od. länglich, 4,5—6 μ br. Dauerzellen reihenweise, 6—8 μ br., Membran glatt, hyalin. In stehenden Gewässern, zuerst festsitzend, dann im Plankton, durch das Gebiet zerstreut. **N. piscinale** Kütz.

Lager kugelig, dann ausgebreitet, höckerig, blaß blaugrün, violett bis bräunlich. Zellen 4 μ br., zylindrisch bis 7 μ lg. od. kurz tonnenförmig, blaugrün od. violett. Grenzzellen 7—8 μ br., so lg. od. länger als br. Dauerzellen länglich, 10—12 μ lg. u. 6—7 μ br., Membran glatt, hyalin bis gelb. An Wasserpflanzen u. im Plankton stehender Gewässer, durch das Gebiet zerstreut. **N. spongiiforme** Ag.

14. Lager mit einer festeren, pergamentartigen Außenhülle. 15.
Lager ohne solche Hülle. 21.

15. Scheiden undeutlich od. ganz fehlend. Fäden stets dicht verflochten. 16.
Scheiden deutlich, wenigstens an der Oberfläche des Lagers, gelb od. braun. 19.

16. Zellen 1—3 μ br. 17.
Zellen 4—7 μ br. 18.

17. Lager sehr klein, kugelig. Zellen 1—1,2 μ br., fast kugelig, lebhaft blaugrün. Dauerzellen doppelt so breit wie die vegetativen Zellen. Auf feuchter Erde, Schlesien, Thüringen, Alpengebiet. **N. minutissimum** Kütz.
Lager bis 10 mm im Durchm., kugelig, später ausgebreitet. Zellen tonnenförmig, 2,5—3 μ br. Grenzzellen 4—5 μ groß. Dauerzellen unbekannt. Auf feuchter Erde, auch auf Blumentöpfen, in Brandenburg, Böhmen, Österreich. **N. minutum** Desm.

18. Lager zitterig-gallertig, kugelig, dann ausgebreitet, ausgehöhlt od. netzförmig durchbrochen, oliven- od. gelbbraun. Scheiden nur an der Oberfläche des Lagers deutlich gelbbraun. Zellen kugelig bis kurz tonnenförmig, 4 μ br. Grenzzellen 7 μ groß. Dauerzellen ± eiförmig, 7—10 μ lg., 7 μ br., Membran glatt hyalin. Auf feuchter Erde, zwischen Moos, an nassen od. schattigen Stellen, in Tirol. **N. foliaceum** Moug.
Lager kugelig, bis erbsengroß, ganz, nicht netzförmig durchbrochen, schmutzig blaugrün. Fäden an den Enden verjüngt. Scheiden meist fehlend. Zellen kugelig od. kurz tonnenförmig, 4—7 μ br., an den Enden länger u. nur 2,5 μ br. Grenzzellen 6—7 μ groß. Dauerzellen kugelig, goldbraun, Membran dick, rauh. An feuchten Steinen, Grund von Bäumen, Erde, Strohdächern, in Deutschland selten, in den Alpen häufiger. **N. sphaeroides** Kütz.
Lager größer als bei vor. Dauerzellen eiförmig. Fäden 4 bis 5 μ br. cfr. **N. sphaericum** Vauch.

19. Lager klein, höchstens bis 1 cm groß. Fäden locker verflochten. 20.
Lager kugelig, später flach ausgebreitet, unregelmäßig zerrissen u. lappig, mehrere cm groß, blaugrün bis braun. Fäden dicht verflochten. Zellen kurz tonnenförmig od. ± kugelig, 5 μ lg., 4,5 bis 6 μ br. Grenzzellen ca. 7 μ groß. Dauerzellen unbekannt. Var. flagelliforme Born. et Flah. hat faden- od. zungenförmige,

mehrere cm lg. u. oft nur 3—4 mm br. Lager. (Fig. 58.) Auf feuchter Erde in Wäldern, Heiden, auf Wiesen zwischen Gras u. Moos, häufig. **N. commune** Vauch.

20. Lager kugelig od. länglich, blaugrün bis bräunlich. Zellen fast kugelig bis scheibenförmig, 8—9 μ br., blaß blaugrün. Grenzzellen fast kugelig, 8—10 μ groß. Dauerzellen kugelig od. etwas eckig, Membran dünn, glatt. Auf feuchter Erde, zwischen Moosen, an nassen Felsen, besonders im Gebirge, zerstreut im Gebiet. **N. macrosporum** Menegh.

Lager kugelig bis länglich, olivengrün bis braun. Zellen fast kugelig, 5—8 μ br., blaugrün, seltener violett. Grenzzellen fast kugelig. 7 μ groß. Dauerzellen eiförmig, 9—15 μ lg., 6—7 μ br., olivenbraun, glatt. Standort wie vor., seltener. **N. microscopicum** Carm.

21. Zellen zylindrisch, über doppelt so lg. wie br. Fäden stets locker verflochten. 22.

Zellen ± kugelig, tonnenförmig, ellipsoidisch; selten (N. muscorum) bis höchstens doppelt so lg. 23.

22. Lager kugelig, dann flach ausgebreitet, gelblich, blaugrünlich bis rotbräunlich. Scheiden undeutlich. Zellen 3—4,5 μ lg., 2 ½—3 ½-mal so lg. wie br., blaß blaugrün. Grenzzellen ± kugelig od. länglich, 5—6 μ br. Dauerzellen kugelig od. ellipsoidisch, 8—14 μ lg., 7—8 μ br., Membran glatt, gelbbraun. An feuchten Mauern von Warmhäusern in Böhmen. **N. Wollnyanum** Richt.

Lager unregelmäßig ausgebreitet, höckerig, rötlichbraun. Zellen 6—14 μ lg., 4 μ br. Grenzzellen fast kugelig od. länglich, 6—14 μ lg., 6—7 μ br. Dauerzellen ellipsoidisch bis zylindrisch, 14—19 μ lg., 6—8 μ br., Membran glatt, hyalin bis gelblich. Auf feuchter Erde, Felsen, zwischen Moos, in Brandenburg, Hannover, Österreich. **N. ellipsosporum** (Desm.) Rabh.

23. Fäden im Lager ± parallel verlaufend. 24.

Fäden im Lager verflochten. Dauerzellen mit glatter, gelber Außenschicht. 25.

Fäden im Lager verflochten. Dauerzellen mit rauher, gelbbrauner Außenschicht. Lager rundlich, dann zerfließend u. formlos, braun. Scheiden an der Oberfläche der Lager deutlich, gelbbraun. Zellen tonnenförmig od. ellipsoidisch, 3—4 μ br., 1—2mal so lg., blaß blaugrün bis gelblich. Grenzzellen 4 μ groß. Dauerzellen kugelig bis länglich, 6—10 μ lg., 5—7 μ br. Auf salzhaltigem, feuchtem Boden am Rande von Salzsümpfen in Böhmen. (Fig. 59 mit Dauerzellen.) **N. halophilum** Hansg.

24. Lager krustig ausgedehnt, kreisrund, schmutzig olivenfarben od. braun. Fäden dicht gedrängt, meist parallel. Zellen kurz tonnenförmig bis ellipsoidisch, 5—7 μ lg., 4 μ br. Grenzzellen ± kugelig, 5 μ groß. Dauerzellen eiförmig, 8 μ lg., 6 μ br. Auf feuchter Erde, in Hannover, Böhmen. **N. Passerinianum** Born. et Thur.

Lager formlos, gelbbräunlich. Fäden leicht gebogen, fast

parallel, ungleich dick. Zellen länglich, beidendig fast spitz, locker verbunden, 2,7—3,7 μ br., blaß blaugrün. Grenzzellen länglich-elliptisch, etwas größer. Auf Sand- u. Heideboden zwischen Moosen, besonders im Gebirge, in Sachsen, Schweiz.

N. margaritaceum (Kütz.) Rabenh.

25. Fäden dicht verflochten. 26.

Fäden locker verflochten. Lager ausgebreitet, schleimig, schwarzgrün, schmutzig blaugrün od. gelbbraun. Scheiden meist nur an der Oberfläche der Lager deutlich, hyalin, bis gelbbräunlich. Zellen ± kugelig, 2,5—4 μ groß, blaß blaugrün. Grenzzellen ca. 4 μ groß. Dauerzellen 4—5 μ lg., 3—4 μ br. An feuchten Mauern, bes. in Warmhäusern, in Schlesien, Böhmen, Ungarn.

N. calcicola Bréb.

26. Lager unregelmäßig ausgebreitet, höckerig, schmutzig olivenfarben od. braun. Scheiden an der Oberfläche des Lagers deutlich, gelbbraun. Zellen kurz tonnenförmig od. zylindrisch, 3—4 μ br. u. bis doppelt so lg. Grenzzellen ± kugelig, 6—7 μ groß. Dauerzellen länglich, 8—12 μ lg., 4—8 μ br., reihenweise. Zwischen Moosen auf feuchter Erde, durch das Gebiet zerstreut.

N. muscorum Kütz.

Lager unregelmäßig, gallertig bis schleimig, olivenfarben bis braun. Scheiden deutlich, gelb. Zellen ± kugelig bis länglich, 2,2—3 μ br., bis doppelt so lg. Grenzzellen 3—4 μ groß. Dauerzellen ± kugelig od. eiförmig, 4—6 μ lg., 4 μ br. Zwischen Moosen, auf feuchter Erde, auch in Gewächshäusern, zerstreut.

N. humifusum Carm.

27. In den Atemhöhlen von Lebermoosen vorkommend.

cfr. **N. sphaericum** Vauch.

In den Schleimgängen von Gunnera lebend.

cfr. **N. punctiforme** (Kütz.) Hariot

3. Gattung: **Anabaena** Bory.

Fäden gerade od. verschiedenartig gekrümmt, mit zarten, ± zerfließenden Scheiden, einzeln od. durch Gallerte zu Lagern von unbestimmter Form vereinigt. Zellen ± kugelig od. etwas länger als br., Grenzzellen dazwischenliegend. Endzellen nicht besonders verlängert. Dauerzellen ± kugelig od länglich, einzeln od. reihenförmig.— Schwierig zu unterscheidende Arten, die vielleicht teilweise nur Entwicklungszustände anderer Nostocaceen darstellen.

I. Sektion: Pseudanabaena.

Dauerzellen fehlen. Zellen deutlich voneinander abgesetzt.

Zellen abgerundet zylindrisch, in der Mitte ± eingeschnürt, 6—10 μ lg. u. 5—7 μ br., blaugrün. Chromatoplasma mantelförmig. Grenzzellen sehr selten vorhanden, kugelig, 5 μ groß. Auf Faulschlamm weit verbreitet. (Pseudanabaena constricta [Szaf.] Lauterb.) **A. constricta** (Szaf.) Geitl.

II. Sektion: Trichormus Ralfs.

Dauerzellen eiförmig, ellipsoidisch od. kugelig u. fast sechseckig erscheinend.

1. Freilebend, Dauerzellen meist von den Grenzzellen entfernt. 2.
In den Wurzelknöllchen von Cycas lebend. Zellen kugelig bis tonnenförmig, bis 4 μ br. Grenzzellen bis 6 μ groß, fast kugelig. Dauerzellen tonnenförmig bis ellipsoidisch mit glatter, farbloser Außenschicht. **A. cycadeae** Reinke
2. Fäden gerade od. verschieden gekrümmt. 3.
Fäden regelmäßig spiralig gewunden, einzeln, freischwimmend, mit dicker Gallerthülle. Windungen 45—54 μ weit u. 40—50 μ hoch. Zellen fast kugelig, mit Pseudovakuolen, 6,5—8 μ br., meist etwas kürzer. Grenzzellen ca. 7 μ im Durchm. Dauerzellen kugelig, dann schwach gekrümmt, im optischen Längsschnitt fast sechseckig. Mit engeren u. niedrigen Windungen var. contracta Kleb. Mit viel größeren Dauerzellen u. fast doppelt so br. Zellen var. crassa Lemm. Im Plankton stehender Gewässer in Norddeutschland. **A. spiroides** Kleb.
3. Fäden einzeln, freischwimmend, mit Pseudovakuolen. 4.
Fäden zu einem schwarzgrünen Gallertlager vereinigt, ohne Pseudovakuolen, meist ohne Gallerthülle, verschieden gekrümmt. Zellen tonnenförmig, 2,5—6 μ lg., 4—6 μ br., an den Querwänden eingeschnürt. Grenzzellen kugelig od. eiförmig, 8 μ lg., 6 μ br. Dauerzellen eiförmig, reihenweise, 8—14 μ lg., 7—9 μ br, mit glatter, gelbbrauner Membran. In stehenden, süßen od. brackigen Gewässern, festsitzend od. im Plankton, auch auf feuchter Erde, nicht selten. (Fig. 63.) **A. variabilis** Kütz.
4. Fäden gerade od. schwach gebogen, mit dicker Gallerthülle. Zellen ellipsoidisch, 14 μ lg., 7 μ br. Grenzzellen kugelig bis ellipsoidisch, 7—8 μ lg., 7 μ br. Dauerzellen einzeln, 25 μ lg., 15—16 μ br., glatt, hyalin. Im Plankton stehender Gewässer in Norddeutschland. (Fig. 62.) **A. elliptica** Lemm.
Fäden gerade, selten schwach gebogen, mit dicker Gallerthülle. Zellen kugelig od. ellipsoidisch, 5—9 μ lg., 5—6,5 μ br. Grenzzellen ± kugelig, 6—6,5 μ im Durchm. Dauerzellen zu 1—2, zuerst ± kugelig, dann fast 6eckig, 26 μ lg., 17 μ br., glatt, hyalin. Variiert in der Größe der Dauerzellen u. vegetativen Zellen. Im Plankton stehender Gewässer, in Norddeutschland. **A. macrospora** Kleb.

III. Sektion: Dolichospermum (Ralfs) Born. et Flah.

Dauerzellen ± zylindrisch, nicht konstant gelagert, neben den Grenzzellen od. von ihnen entfernt.

1. Nicht im Innern von Pflanzen lebend. 2.
In den Höhlungen von Azolla lebend. Fäden gekrümmt od. fast gerade, blaugrün. Zellen zylindrisch, abgerundet, 5—9,5 μ lg., 4—5,5 μ br. Endzelle abgerundet kegelförmig, 4 μ lg., 2,7 μ br.

Dauerzellen breiter als die anderen Zellen, sonst ähnlich gestaltet. **A. azollae** Straßb.

2. Fäden verschiedenartig gekrümmt u. gebogen od. spiralig, niemals gerade. 3.
   Fäden gerade od. wenig verbogen. 6.
3. Dauerzellen einzeln. 4.
   Dauerzellen zu vielen nebeneinander, meist neben den Grenzzellen liegend, schwach halbmondförmig gebogen, abgerundet, 19—31 μ lg., 8—11 μ br., meist fast alle vegetativen Zellen Dauerzellen werdend. Fäden vielfach verschlungen, von einem Mittelpunkt ausstrahlend u. im Bogen wieder dahin zurückkehrend, ca. 150 μ große Gallertlager bildend. Zellen ± kugelig, länger od. seltener kürzer als br., 5—8 μ lg., 5,5—7 μ br., mit Pseudovakuolen. Grenzzellen fast kugelig 5,5—7 μ br. Im Plankton stehender Gewässer, Wasserblüte erzeugend, in Norddeutschland. **A. Lemmermanni** Richt.
4. Dauerzellen 6—15 μ br. 5.
   Dauerzellen von den Grenzzellen meist entfernt, schwach gekrümmt, nach außen gebogen, innen fast gerade, bisweilen auch zylindrisch, abgerundet, 30—34 μ lg., 16—18 μ br, mit glatter, hyaliner Membran. Fäden vielfach gekrümmt, mit od. ohne Gallerthülle. Zellen kugelig od. etwas zusammengedrückt, mit Pseudovakuolen, 8—14 μ br. Im Plankton stehender Gewässer, zerstreut. **A. Hassallii** (Kütz.) Wittr.
5. Fäden ein freischwimmendes Gallertlager bildend. Zellen mit Pseudovakuolen, länglich, seltener kugelig, meist etwas gekrümmt, 6—8 μ lg., 4—8 μ br. Grenzzellen länglich, 6—10 μ lg., 4—9 μ br. Dauerzellen gekrümmt, nach außen gebogen, nach innen fast gerade, 20—50 μ lg., 6—13 μ br., einzeln neben od. entfernt von den Grenzzellen, Membran glatt, farblos od. gelblich. Im Plankton stehender Gewässer, oft Wasserblüte verursachend, häufig. **A. flos aquae** (Lyngb.) Bréb.
   Fäden meist einzeln, freischwimmend, selten ein Gallertlager bildend, halbkreisförmig, od. S-förmig gekrümmt. Zellen länglich, mit Pseudovakuolen, 2,5—5 μ br., $1^1/_2$—3 mal so lg. Grenzzellen 5—8 μ lg., 4—5 μ br. Dauerzellen einzeln, von den Grenzzellen entfernt, abgerundet zylindrisch, schwach gekrümmt, 24—30 μ lg., 6 μ br., Membran glatt, bräunlich. Im Plankton stehender Gewässer, festsitzend, oft frei u. Wasserblüte verursachend, im Gebiet zerstreut. (Fig. 61.) **A. circinalis** (Kütz.) Hansg.
6. Zellen 3—8 μ br. 7.
   Fäden einzeln od. zu mehreren beisammen, ohne Gallerthülle, gerade od. etwas gebogen. Zellen fast kugelig, 2 μ im Durchm. Grenzzellen fast kugelig, 2—3 μ im Durchm. Dauerzellen von den Grenzzellen entfernt, zylindrisch, abgerundet, 23 μ lg., 5 μ br. In Moortümpeln zwischen anderen Algen in Holstein. **A. minutissima** Lemm.

7. Fäden zu Lagern vereinigt, ohne Pseudovakuolen. 8.
Fäden einzeln, freischwimmend, mit Pseudovakuolen. Grenzzellen ± kugelig. 12.
Fäden einzeln, freischwimmend, ± gekrümmt, mit schwer sichtbarer Gallerthülle, ohne Pseudovakuolen. Grenzzellen zylindrisch, 6 μ br. Zellen zylindrisch bis tonnenförmig, leicht eingeschnürt, 4 μ br., 4—6 μ lg. Dauerzellen von den Grenzzellen entfernt, 25—26 μ lg., 6 μ br. — Zellen 5—7 μ br., Grenzzellen u. Dauerzellen größer var. marchica Lemm. In Moor- u. Heidesümpfen in Norddeutschland, selten. **A. augstumalis** Schmidle
8. Zellen ± kugelig od. kurz tonnenförmig. 9.
Lager blaßgrün. Fäden gerade od. gekrümmt, ohne Gallerthülle. Zellen ellipsoidisch, 5—6 μ lg., 3—4 μ br. Grenzzellen länglich, abgestutzt, 9—10 μ lg., 2,5—4,5 μ br. Dauerzellen zu 2—4 nebeneinander, von den Grenzzellen entfernt, 20—36 μ lg., 5—8 μ br. In stehenden Gewässern, im Riesengebirge.
A. Hieronymusii Lemm.
9. Membran der Dauerzellen hyalin, glatt. 10.
Membran der Dauerzellen gelblich bis bräunlich, glatt. 11.
10. Fäden einzeln od. zu mehreren nebeneinander, ± gerade, Gallerthülle undeutlich. Zellen tonnenförmig od. fast kugelig, 4—6 μ br. Dauerzellen zylindrisch, abgerundet, gerade od. gekrümmt, 14—20 μ lg., 6 μ br. In stehenden Gewässern, selten.
A. laxa (Rabenh.) A. Br.
Zellen ± kugelig, ca. 7—11 μ br. Dauerzellen 20—26 × 9,5 bis 12 μ groß. cfr. **A. affinis** Lemm.
11. Lager blaugrün, Fäden gerade, parallel, mit od. ohne Gallerthülle. Zellen kurz tonnenförmig, 4—5 μ br. Grenzzellen kugelig, 6 μ groß. Dauerzellen zu 1—3 nebeneinander, zylindrisch, 14—17 μ lg., 6—8 μ br., Membran gelblich. Festsitzend od. im Plankton stehender Gewässer, selten.
A. inaequalis (Kütz.) Born. et Flah.
Lager blaugrün. Fäden gekrümmt, Gallerthülle zuletzt zerfließend. Zellen tonnenförmig, 5—8 μ br. Grenzzellen ± kugelig od. länglich, 9—13 μ lg., 6—9 μ br. Dauerzellen reihenweise, neben od. entfernt von den Grenzzellen, zylindrisch, in der Mitte schwach eingeschnürt, 16—30 μ lg., 7—10 μ br., Membran blaßbraun. Festsitzend od. im Plankton stehender Gewässer, in Schlesien, Böhmen. **A. catenula** (Kütz.) Born. et Flah.
12. Zellen ± kugelig, 7—8 μ br. 13.
Fäden einzeln, gerade od. etwas gebogen. Zellen länglich, 4 μ br., 5—7 μ lg. Grenzzellen 4—5 μ groß. Dauerzellen von den Grenzzellen entfernt, fast zylindrisch, 17—19 μ lg., 8 μ br. Im Plankton stehender Gewässer, in Norddeutschland, selten.
A. delicatula Lemm.
13. Fäden einzeln, gerade. Zellen fast kugelig, 8 μ groß. Grenzzellen 9—10 μ lg., 8—9 μ br. Dauerzellen neben den Grenzzellen od.

von ihnen entfernt, zylindrisch, abgerundet, 28—35 μ lg., 9—10 μ br., glatt, farblos. Im Plankton stehender Gewässer in Holstein. **A. solitaria** Kleb.

Fäden einzeln od. zu einem blaugrünen Lager vereinigt, gerade od. ± gebogen, Gallerthülle 21 μ br. Zellen ± kugelig, ca. 7 μ br. Grenzzellen 7,5—8 μ br. Dauerzellen von den Grenzzellen entfernt, ± länglich bis fast zylindrisch, abgerundet, 20—26 μ lg., 9,5—12 μ br., glatt, hyalin, dickwandig. — Zellen 9—11 μ br., Grenzzellen u. Dauerzellen größer var. holsatica Lemm. Im Plankton stehender Gewässer, oft als Wasserblüte, sehr zerstreut in Norddeutschland. **A. affinis** Lemm.

IV. Sektion: Sphaerozyga (Ag.) Born. et Flah.

Dauerzellen ± zylindrisch, konstant zu beiden Seiten der Grenzzellen liegend, einzeln od. reihenförmig.

1. Dauerzellen nicht in der Mitte eingeschnürt. 2.

Lager dünn, blaugrün. Zellen tonnenförmig, 4,2—5 μ br., so lg. od. etwas kürzer. Endzelle kegelförmig zugespitzt. Grenzzellen kugelig od. oval, 6—10 μ lg., 6 μ br. Dauerzellen abgerundet zylindrisch, einzeln od. zu mehreren, in der Mitte etwas eingeschnürt, 12 bis 24 μ lg., 7—12 μ br., Membran hyalin od. blaßbraun. In Salzsümpfen, Brack- u. Meerwasser, meist an Pflanzen ansitzend, seltener im Plankton, nicht selten. **A. torulosa** (Carm.) Lagerh.

2. Lager schleimig, schwarzgrün. Zellen tonnenförmig, 4—6 μ br. u. ungefähr ebenso lg. Endzelle abgerundet. Grenzzellen kugelig od. eiförmig., 6—10 μ lg., 6—8 μ br. Dauerzellen zu 1—3 nebeneinander, eiförmig, dann abgerundet zylindrisch, 20—40 μ lg., 8—10 μ br., Membran glatt, blaßbraun. (Bei der var. tenuis Lemm. ist die Endzelle kegelförmig; Dauerzellen 13—14 μ lg. u. 5,5—6 μ br., Grenzzellen 4—4,7 μ br.). An Wasserpflanzen in stehenden Gewässern, verbreitet. (Fig. 60.) **A. oscillarioides** Bory

Lager dünn, lebhaft blaugrün. Fäden ohne deutliche Gallerthülle, meist gerade, parallel gelagert. Zellen fast quadratisch od. zylindrisch mit abgerundeten Ecken, 3—5 μ lg., 3—4 μ br. Endzelle kegelförmig, abgerundet. Grenzzellen ± kugelig bis fast zylindrisch, 6—8 μ lg., 5 μ br., innerhalb einer farblosen Hülle liegend. Dauerzellen zu 1—4 nebeneinander, 16—30 μ lg., 5 μ br., glatt, farblos. — (var. marchica Lemm. Fäden mit deutlicher, 6—8 μ dicker Gallerthülle. Grenzzellen 8—11 μ lg., 5,5 μ br. Dauerzellen 21—28 μ lg., 7—8 μ br.) In stehenden Gewässern im Plankton od. an Wasserpflanzen, in Norddeutschland. **A. cylindrica** Lemm.

4. Gattung: **Aphanizomenon** Morren.

Fäden gerade od. leicht gekrümmt, beidendig etwas verjüngt, mit zerfließenden, unsichtbaren Scheiden, freischwimmende kleine

Flocken bildend od. einzeln. Endzellen stark verlängert. Grenzzellen zwischen den vegetativen Zellen. Dauerzellen einzeln, zwischen den vegetativen Zellen. Die Arten sind typische Planktonorganismen.

Fäden zu Bündeln vereinigt, selten einzeln. Zellen 5—15 μ lg., 4—6 μ br., abgerundet, quadratisch bis zylindrisch, mit Pseudovakuolen. Grenzzellen 7—20 μ lg., 5—7 μ br. Dauerzellen zylindrisch, 60—80 μ lg., 6—8 μ br. Im Plankton stehender Gewässer, Wasserblüte bildend, häufig. (Fig. 64.) **A. flos aquae** (L.) Ralfs

Fäden meist einzeln. Zellen 2—6 μ lg., 2—3 μ br. Grenzzellen 5,5—7 μ lg., 3 μ br. Dauerzellen zylindrisch, in der Mitte leicht eingeschnürt, 22—30 μ lg., 4,5—5,5 μ br. Wie vor., aber seltener.
A. gracile Lemm.

5. Gattung: **Cylindrospermum** Kütz.

Fäden meist kurz u. gerade, mit zarten zerfließenden Scheiden, zu einem formlosen, schleimigen Lager vereinigt. Zellen quadratisch bis zylindrisch, an den Querwänden meist eingeschnürt. Grenzzellen am Ende der Fäden, daneben eine, seltener 2 bis mehrere Dauerzellen.

1. Dauerzellen mit papillöser od. granulierter Membran. 2.
 Dauerzellen ganz glatt. 3.
2. Lager schwarzgrün, schleimig, ± ausgebreitet. Zellen 3—6 μ lg., 3—5 μ br., blaß blaugrün. Grenzzellen länglich, bis 10 μ lg., etwas breiter als die vegetativen Zellen, Dauerzellen einzeln, ellipsoidisch, 20—38 μ lg., 10—15 μ br., Membran braun, papillös. Auf feuchter Erde, auch in stehenden Gewässern, häufig. **C. majus** Kütz.
 Lager schwarz- od. blaugrün, dick gallertig. Fäden stark gekrümmt od. eingerollt. Zellen 1—2mal so lg. wie br., 4—5 μ br. Grenzzellen kugelig bis länglich, 6—10 μ lg., 6—7 μ br., von einem dichten, basalen Haarkranz umgeben, Inhalt gelblich. Dauerzellen länglich, 23—29 μ lg., 9—14 μ br., Membran dick, gekörnelt. Auf feuchter Erde an Gewässern, in Hannover, Schlesien.
 C. comatum Wood
4. Dauerzellen einzeln liegend, selten zu zweien. 5.
 Dauerzellen in Reihen liegend. 7.
5. Grenzzellen 5—7 μ br. 6.
 Lager ausgebreitet, schwarzgrün. Zellen 4—5 μ lg., 3—4,7 μ br. Grenzzellen 4 μ br., 5—7 μ lg. Dauerzellen, eiförmig, 10—20 μ lg., 9—12 μ br., Membran goldbraun. Auf feuchter Erde, im Gebiet sehr zerstreut. **C. muscicola** Kütz.
6. Lager ± ausgebreitet, blaugrün bis schwarzgrün. Zellen 4—5 μ lg., 2,5—4,2 μ br., lebhaft blaugrün. Grenzzellen 7—12 μ lg., 5—6 μ br. Dauerzellen länglich, beidendig abgestutzt, 20—38 μ lg., 11—14 μ br., Membran rotbraun. Auf feuchter Erde am Rand stehender Gewässer, auf Kübeln, im Gebiet zerstreut.
 C. licheniforme (Bory) Kütz.
 Lager blaugrün, ± ausgebreitet od. flockenförmig. Zellen 3,8 bis 4,5 μ br., blaß blaugrün. Grenzzellen ± kugelig od. länglich,

7—16 μ lg., 6—7 μ br. Dauerzellen zylindrisch, abgerundet, 32—40 μ lg., 10—16 μ br. Membran gelbbraun. Auf Wasserpflanzen od. im Plankton von Torfsümpfen, auch auf feuchter Erde, häufig. (Fig. 66.) **C. stagnale** (Kütz.) Born. et Flah.

7. Lager lebhaft blaugrün. Zellen 2,7—5,5 μ lg., 2,7 μ br. Grenzzellen länglich, 5,5 μ lg., 2,7 μ br. Dauerzellen länglich, 12—16 μ lg., 4,5—5,5 μ br., Membran farblos. Auf feuchten Sandboden in Norddeutschland. (Fig. 65.) **C. marchicum** Lemm.

Lager schwarzgrün. Zellen 4—5 μ lg., 4 μ br. Grenzzellen 6—7 μ lg. Dauerzellen 13—18 μ lg., 7—10 μ br., Membran goldbraun. Auf feuchter Erde, Schlamm von stehenden u. fließenden Gewässern. **C. catenatum** Ralfs

4. Familie: Mastigocladaceae.

Fäden mit unechter V-förmiger Verzweigung, einreihig od. nur an der Basis der Verzweigungen oft scheinbar zweireihig. Grenzzellen interkalar. Hormogonien vorhanden. Dauerzellen fehlen.

Einzige Gattung: Mastigocladus Cohn.

Fäden mit dünneren u. deutlich verschiedenen Seitenzweigen, zu einem hautartigen, oft mit Kalk inkrustierten, ziemlich rauhen Lager vereinigt. Scheiden eng, fest od. verschleimend.

Lager schmutzig blau- od. olivgrün, 2—4 mm dick. Fäden dicht verflochten, 4—8 μ br. mit kugeligen bis tonnenförmigen Zellen; die Seitenzweige gegen 3 μ br. mit lang zylindrischen Zellen, meist nach oben deutlich verjüngt. Grenzzellen ± kugelig, bis 6,5 μ br., einzeln od. zu zweien. In Thermen, zerstreut. (Hapalosiphon laminosus [Kütz.] Hansg.) **M. laminosus** (Kütz.) Cohn

5. Familie: Scytonemataceae.

Fäden einreihig, öfters am Ende schwach verjüngt od. verdickt, aber nicht haarförmig, mit unechten, durch seitliches Auswachsen entstehenden Verzweigungen, meist zu büschelförmigen od. polsterförmigen Lagern vereinigt. Scheiden fest od. verschleimend, oft geschichtet. Grenzzellen interkalar (nur bei Plectonema fehlend). Vermehrung außer durch quere Zellteilung durch Hormogonien u. Dauerzellen.

Bestimmungstabelle der Gattungen.

A. Grenzzellen fehlen. **1. Plectonema.**
B. Grenzzellen vorhanden.
  a) Scheiden nur einen Faden umschließend.
    α) Verzweigungen zwischen 2 Grenzzellen entstehend, oft paarig.
      I. Scheiden ungeschichtet od. mit parallelen od. divergierenden Schichten, ohne feste Außenschicht. **2. Scytonema.**

II. Scheiden aus tutenförmig ineinandersteckenden Schichten gebildet, mit fester Außenschicht. **3. Petalonema.**

β) Verzweigungen meist unterhalb einer Grenzzelle entstehend, stets einzeln. **4. Tolypothrix.**

b) Scheiden mehrere Fäden einschließend.

α) Fäden ± gerade, parallel liegend, formlose Lager bildend. **5. Hydrocoryne.**

β) Fäden wirr verflochten, ein keulenförmiges Lager bildend. **6. Diplocolon.**

1. Gattung: **Plectonema** Thur.

Fäden zylindrisch, einzeln in einer dünnen, festen Scheide eingeschlossen, verzweigt. Verzweigungen einzeln od. paarweise. Grenzzellen fehlen. Hormogonien vorhanden.

1. Fäden ± blaugrün gefärbt. 2.

Fäden rötlich gefärbt, dicht verflochten, ein rosenrotes, dünnes Gallertlager bildend. Verzweigungen reichlich, zu 1—2. Scheiden dick, farblos. Zellen 1,7—5 μ lg., 1,2—1,8 μ br., an den Querwänden mit je 2 Körnchen, nicht eingeschnürt. Endzelle abgerundet. Zwischen anderen Blaualgen an Wänden u. Scheiben von Warmhäusern, zerstreut (P. roseolum [Richt.] Gom.). (Fig. 70.) **P. carneum** (Kütz.) Lemm.

2. Fäden ohne Scheide 0,7—4 μ br. 4.

Fäden ohne Scheide 4,5—7 μ br. 3.

Fäden ohne Scheide 11—22 μ br., hin- u. hergebogen, verflochten, braungrüne od. dunkel blaugrüne Bündel bildend. Verzweigungen meist zu 2, reichlich. Scheiden dünn, farblos, später dick, geschichtet, gelbbraun. Zellen an den Querwänden eingeschnürt u. bisweilen granuliert, 3—9 μ lg. Endzelle abgerundet. An Wasserpflanzen od. freischwimmend in stehenden u. fließenden Gewässern in Schlesien, Württemberg u. den Alpenländern. **P. Tomasinianum** (Kütz.) Born.

3. Lager dünnhäutig, etwas schlüpfrig, wenig ausgebreitet, dunkel- bis schwärzlich blaugrün. Fäden mit den dünnen, farblosen Scheiden 6—9 μ br. Endzelle abgerundet, nicht verjüngt. Verzweigungen aufrecht. Zellen ½—⅓ mal so lg. wie br., eingeschnürt, blaugrün bis ± violett, Inhalt fein gekörnelt. An Steinen in Bächen des Riesengebirges. **P. phormidioides** Hansg.

Lager filzig, ausgebreitet, grün. Fäden gerade od. gebogen, oft parallel; Endzelle verjüngt, stumpf kegelförmig. Scheiden dünn, farblos. Verzweigungen spärlich, einzeln. Zellen 1,3—3 μ lg., 6—9 μ br., blaugrün, an den Querwänden granuliert, nicht eingeschnürt. Auf trockenem Flußsand, an untergetauchten Steinen des Rheins. **P. rhenanum** Schmidle

4. Fäden nicht in der Gallerte anderer Algen lebend. 5.

Fäden in den Gallertlagern anderer Algen lebend, meist vielfach gebogen, Verzweigungen selten, meist einzeln. Scheiden dünn, farblos. Zellen zylindrisch, an den Querwänden nicht granuliert u. nicht eingeschnürt, 2—3 μ lg., 0,7—1,5 μ br. Endzelle abgerundet. Im Gallertlager anderer Algen in Böhmen, Österreich, Ungarn. **P. nostocorum** Born.

5. Fäden zu blaß bläulichen, gelblich bräunlichen, selten fast weißlichen Flöckchen vereinigt, spärlich verzweigt, mit Scheide 3—5 (—8) μ br. Zellen 2—4 μ br., 1—4mal so lg. wie br., hell bläulichgrün od. fast hyalin. Scheiden farblos bis gelblich. In fließendem Wasser in Brunnentrögen, Bächen, in Schlesien, Württemberg, Böhmen, Österreich. **P. puteale** (Kirchn.) Hansg.

Lager dünnhäutig, ausgebreitet, schleimig, blaß bläulich, gelblich, graugrünlich od. gelblich grau. Fäden mit den meist farblosen, dünnen Scheiden 2—4 μ br., Verzweigungen einfach od. doppelt. Zellen 1—3mal so lg. wie br., hell bläulichgrün od. fast farblos. An Mauern u. Scheiben von Gewächshäusern, in Schlesien, Böhmen, Österreich. **P. gracillimum** (Zopf) Hansg.

2. Gattung: **Scytonema Ag.**

Fäden einzeln in der Scheide, verzweigt, mit Grenzzellen. Verzweigungen meist zu zweien zwischen zwei Grenzzellen entstehend. Scheiden fest, ungeschichtet od. mit parallelen od. divergierenden Schichten, ohne feste Außenschicht. Lager od. aufrechte Bündel bildend. Grenzzellen einzeln od. zu mehreren hintereinander. Hormogonien vorhanden. Dauerzellen zum Teil bekannt.

I. Sektion: Euscytonema Born. et Flah.

Scheiden ungeschichtet od. mit parallelen Schichten. Scheidewände deutlich sichtbar.

1. Im Wasser untergetaucht lebend. 2.
   Aerophytisch an Felsen, Mauern, auf Holz, Erde usw. lebend. 3.
2. Lager flockig-büschelig, olivenfarben od. bräunlich. Fäden kraus, 1—3 cm lg., 16—36 μ br. Verzweigungen zu 1—2. Scheiden hyalin, seltener bräunlich, ohne Kalkeinlagerungen. Zellen 14—30 μ br., $^1/_3$ mal so lg., blaugrün od. bräunlich-violett. Grenzzellen einzeln od. mehrere hintereinander, quadratisch od. ± ellipsoidisch. In stehenden od. fließenden Gewässern an Wasserpflanzen festsitzend, dann freischwimmend, zerstreut. **S. crispum** (Ag.) Born.

   Lager flockig, stahlblau bis schwärzlich-blaugrün. Fäden verflochten, 9—18 μ br. mit paarweisen Verzweigungen. Scheiden gelb bis bräunlich, meist mit Kalk inkrustiert. Zellen $^1/_3$—$^1/_5$ mal so lg. als br., blau- bis olivgrün. Grenzzellen 12—14 μ br. Freischwimmend in stehenden Gewässern, selten, Tirol, Böhmen. **S. obscurum** (Kütz.) Borzi
3. Fäden zu aufrechten Bündeln vereinigt. 4.
   Fäden keine aufrechten Bündel bildend. 7.

4. Lager nicht netzförmig durchbrochen. 5.

Lager rostgelb od. dunkelbraun, netzförmig durchbrochen. Fäden 8—9 μ br. Scheiden goldgelb od. braun, ungeschichtet. Zellen 5—7,5 μ br., quadratisch od. fast kugelig. An Blättern in Warmhäusern. **S. Hansgirgianum** Richt.

5. Lager blaugrün bis schwärzlich, nicht mit kohlensaurem Kalk inkrustiert, polsterförmig. 6.

Lager graugrün, stark inkrustiert, polster- bis rasenförmig, weit ausgebreitet. Fäden 7,5—12 μ br. Verzweigungen spärlich. Scheiden eng, farblos bis gelb. Zellen 7—9,5 μ br., 2,5—4 μ lg. Grenzzellen quadratisch bis zylindrisch. An Wänden, Holz in Warmhäusern. **S. Julianum** (Kütz.) Menegh.

6. Lager schwärzlich blaugrün, 1—2 mm hoch, Fäden 7—8 μ br., spärlich verzweigt. Scheiden farblos bis gelbbraun. Zellen 5,5—6 μ br., 4—6 μ lg., blaugrün. Grenzzellen zu 1—2, länglich zylindrisch, gelblich. An feuchten Mauern, Steinen, Holz, Erde, auch in Warmhäusern, nicht selten. (Fig. 72.) **S. Hofmanni** Ag.

Lager blaugrün od. schwärzlich violett, 2—4 mm hoch. Fäden 12—15 μ br. Verzweigungen lg., gebogen, anliegend. Scheiden farblos, dann gelb. Zellen 9—12 μ br., so lg. od. kürzer als br., bräunlichgrün od. violett. Grenzzellen fast quadratisch. Auf Erde, an Holz in Warmhäusern, in Österreich u. Böhmen. **S. javanicum** (Kütz.) Born.

7. Lager polsterförmig, schwärzlich od. graublau. Fäden verflochten, bis 3 mm hoch, 10—18 μ br. Verzweigungen spärlich, kurz. Scheiden braun. Zellen 6—14 μ br., so lg. od. kürzer als br., olivengelb. Grenzzellen fast quadratisch, gelblich. Auf feuchter Erde, Mauern, Steinen, zerstreut. **S. ocellatum** Lyngbye

Lager wollig-filzig, 2—3 mm hoch, blaugrün od. braun. Fäden verflochten, 9—15 μ br. Scheiden schleimig, unten farblos, oben gelblich. Zellen 5—7 μ br., ± quadratisch, blaugrün od. gelb. Grenzzellen farblos, quadratisch od. länger als br. Auf feuchter Erde, zwischen Moosen, in den Alpenländern. **S. varium** Kütz.

II. Sektion: Myochrotes Born. et Flah.

Scheiden lamellös mit divergierenden Schichten. Zweige meist paarweise in einem fast rechten Winkel hervorbrechend.

1. Lager festsitzend, Fäden über 15 μ br. 2.

Lager flockig-büschelig, kugelig, braun. Fäden 5—6 mm lg., 10—15 μ br. Zweige gerade, reichlich. Scheiden farblos, später gelbbraun, Eisen speichernd. Zellen 8—12 μ br., quadratisch od. länger als br., blaugrün bis olivengrün. Grenzzellen blaß rosa, länger od. kürzer als br. Freischwimmend in Torfsümpfen, sehr zerstreut. **S. tolypotrichoides** Kütz.

2. Lager schwammig, filzig, schwarzbraun od. schwarzgrün. Fäden reichlich verzweigt, 2—12 mm lg., 15—21 μ br. Scheiden mit wenig divergierenden Schichten, gelbbraun, oben verjüngt. Zellen

zylindrisch, am Ende der Fäden scheibenförmig, 6—12 μ br., gelb bis blaugrün. Grenzzellen braun, ± quadratisch od. etwas länger als br. An Wassermoosen in stehenden Gewässern, an nassen Felsen, nicht selten. **S. mirabile** (Dillw.) Born.

Lager polsterförmig bis hautartig, braunschwarz od. schwärzlich grün. Fäden 2—15 mm lg., 18—26 μ br. Verzweigungen reichlich, meist zu 2, meist dünner als die Hauptfäden. Scheiden mit deutlich divergierenden Schichten, gelbbraun. Zellen ± zylindrisch, am Ende der Fäden scheibenförmig, 6—12 μ br., blaugrün od. olivengelb. Grenzzellen gelbbraun, kugelig. An feuchter Erde, Mauern u. Steinen, auch im Gebirge, verbreitet. (Fig. 71.)
S. myochrous (Dillw.) Ag.

3. Gattung: **Petalonema** Berk.

Fäden einzeln in der Scheide. Verzweigungen meist paarweise, seltener einzeln, zwischen zwei Grenzzellen. Scheiden fest, sehr dick aus tutenförmig ineinandersteckenden Schichten bestehend, mit fester Außenschicht. Hormogonien vorhanden. Dauerzellen z. T. bekannt.

1. Scheiden gleichmäßig gelbbraun. 2.
   Scheiden mit innen gelbbraunen, außen hylinen Schichten. 4.
2. Lager polsterförmig. 3.
   Lager ausgebreitet, krustenförmig, kurzfilzig, schwarzbraun bis schwarz, 0,5—2 mm hoch. Fäden dicht gedrängt, aufrecht, kurz, 15—30 μ br., reichlich verzweigt. Verzweigungen zu zweien, nur am Grunde verbunden. Zellen 6—8 μ br., blaugrün, fast quadratisch. Grenzzellen länglich. An feuchten Felsen, zerstreut. (Bei der var. incrustans [Kütz.] Mig. sind die Verzweigungen der ganzen Länge nach bis zur Spitze miteinander verbunden).
   P. crustaceum (Ag.) Kirch.
3. Lager ausgebreitet, schwarzbraun, 3—5 mm hoch. Fäden in aufrechte, bis zur Mitte dicht vereinigte Bündel zusammengedrängt, 12—30 μ br., an der Spitze wenig verdickt. Zellen blaugrün, 9—15 μ br., kürzer als br. Grenzzellen zusammengedrückt. Auf feuchter Erde, besonders an Thermen, selten.
   P. velutinum (Rabenh.) Mig.
   Lager schwarzbraun. Fäden verflochten, 24—40 μ br. Zellen grün, 6—12 μ br., quadratisch od. länger als br. Grenzzellen fast quadratisch. An feuchten Felsen in den Alpenländern.
   P. densum (A. Br.) Mig.
4. Scheiden innen gelbbraun, außen hyalin. Grenzzellen ± kugelig. 5.
   Innere Schichten der Scheiden gelb, mittlere braun, äußere heller. Lager polsterförmig, ausgedehnt, schwammig-filzig, schwarzgrünlich. Fäden am Grunde gedreht, gebogen, 1 mm lg., 27—45 μ br. Zweige aufrecht anliegend. Zellen 9—15 μ br., so lg. od. länger als br. Grenzzellen fast quadratisch od. zylindrisch, braun. Auf Erde, an Felsen u. Moosen in der Schweiz u. Tirol.
   P. crassum (Naeg.) Mig.

5. Lager dick, schwammig-gallertig, schmutzig blaugrün bis braun. Fäden dicht verflochten, 15—30 μ br. Scheiden nicht mit quergestreiften Schichten. Zellen fast quadratisch, 6—12 μ br., gleichlg. od. kürzer od. länger. Grenzzellen gelblich-rötlich. An Wasserpflanzen in Torfsümpfen u. anderen stehenden Gewässern, zerstreut. **P. involvens** (A. Br.) Mig.

Lager schleimig-rasig, schwarzbraun. Fäden 24—66 μ br. Scheiden mit quergestreiften Schichten. Zellen tonnenförmig, 9—15 μ br., kürzer als br. Grenzzellen braun. An triefenden u. überrieselten Felsen, in stehenden u. fließenden Gewässern, in den Gebirgen, bes. den Alpen. (Fig. 73.)
P. alatum (Carm.) Berk.

4. Gattung: **Tolypothrix** Kütz.

Fäden einzeln in den engen Scheiden, büschelige, krustenförmige od. polsterförmige Lager bildend. Verzweigungen einzeln, sehr selten paarweise, meist unterhalb einer Grenzzelle entstehend. Grenzzellen einzeln od. zu mehreren hintereinanderliegend. Hormogonien vorhanden. Dauerzellen z. T. bekannt.

1. Im Wasser, Zellen ± quadratisch, an den Querwänden leicht eingeschnürt. 2.

Lager polsterförmig, braun. Fäden unregelmäßig verzweigt, 10—18 μ br. Scheiden goldgelb od. braun. Zellen tonnenförmig 9—12 μ br., ½—⅓ mal so lg. wie br. Grenzzellen einzeln od. zu 2. Dauerzellen ellipsoidisch, meist in Reihen, gelblichgrün. An altem Holz, feuchten Baumstämmen, Felsen, auf Erde, in den Alpen.
T. byssoidea (Berk.) Kirchn.

2. Scheiden fest. 3.

Scheiden schleimig, außen uneben, farblos. Fäden zu kleinen festsitzenden Rasen vereinigt, reichlich verzweigt, 7—11 μ br. Zellen 4—5 μ br., ± quadratisch. Grenzzellen einzeln zylindrisch bis quadratisch, farblos. In stehenden Gewässern, an Schneckenschalen u. Wasserpflanzen, in Norddeutschland.
T. helicophila Lemm.

3. Lager anfangs festsitzend, später freischwimmend, Grenzzellen einzeln od. zu mehreren. 4.

Lager freischwimmend, blaugrün od. braun, polsterförmig, Fäden 15—17 μ br. Scheiden fest, aus einer sehr zarten äußeren u. einer derberen inneren Schicht bestehend. Zellen 12—13 μ br., so lg. od. kürzer als br., seltener länger. Grenzzellen zu 4—7, selten zu 3 nebeneinander, hyalin, quadratisch, rundlich od. länglich. In stehenden Gewässern in Holstein. **T. polymorpha** Lemm.

4. Lager büschelig od. polsterförmig, blaugrün od. braun. Fäden vielfach verzweigt, 4—10 μ br. Scheiden dünn, farblos od. gelb. Zellen 5—8 μ br., so lg. od. länger als br., ± blaugrün. Grenzzellen ± kugelig, einzeln od. zu 2—5, farblos bis gelblich. In

stehenden od. langsam fließenden Gewässern an Wasserpflanzen, Steinen od. freischwimmend, verbreitet. (Fig. 74.) **T. tenuis** Kütz.

Lager büschelig bis polsterförmig, blaugrün bis braun. Fäden reichlich verzweigt, 9—18 μ br. Scheiden dünn, farblos od. gelb. Zellen meist 10 μ br., ± quadratisch, blaugrün. Grenzzellen zu 1—4, meist zylindrisch. In stehenden, seltener langsam fließenden Gewässern, verbreitet. **T. lanata** Wartm.

Lager büschelig, polsterförmig od. rasenförmig, blaugrün od. braun. Fäden vielfach verzweigt, 10—17 μ br. Scheiden dünn, farblos, später gelbbraun. Zellen 9—12 μ br., so lg. od. kürzer als br. Grenzzellen gelblich, meist einzeln, selten zu 2—3, kugelig bis zylindrisch. — Die var. penicillata (Ag.) Lemm. (Fig. 75) bildet mehrere Zentimeter lange, flutende Büschel mit ± anliegenden, parallelen Verzweigungen. In stehenden od. fließenden Gewässern an Holz, Steinen, Wasserpflanzen, selten freischwimmend, verbreitet, auch in den Alpen. **T. distorta** Kütz.

5. Gattung: **Hydrocoryne** Schwabe.

Fäden zu mehreren in einer Scheide, unregelmäßig verzweigt, formlose Lager bildend. Verzweigungen dem Hauptfaden ± parallel gerichtet, sehr lg., ziemlich gerade. Zellen kugelig od. elllpsoidisch. Grenzzellen einzeln, regellos gelagert. Dauerzellen vorhanden, einzeln.

Lager hautartig, weich, zerschlitzt, schmutzig blaugrün. Fäden oft verflochten, 4—6,5 μ br. Scheiden dünn, farblos. Zellen 3—4 μ br., blaß blaugrün, ellipsoidisch bis kurz tonnenförmig. Grenzzellen tonnenförmig, 4 μ br., 1—2 mal so lg. An Wasserpflanzen in stehenden Gewässern, selten. (Fig. 76.) **H. spongiosa** Schwabe

6. Gattung: **Diplocolon** Naeg.

Fäden zu mehreren in einer Scheide, gebogen u. durcheinander verflochten, ein unregelmäßig keulenförmiges Lager bildend. Verzweigungen zwischen, seltener unterhalb der Grenzzellen entstehend. Grenzzellen einzeln, regellos gelagert.

Lager gelbbraun, gallertig. Fäden 20—28 μ br. Scheiden geschichtet, gelbbraun. Zellen torulös, 6—10 μ br. Grenzzellen einzeln, fast kugelig. An feuchten Kalkfelsen zwischen Moosen, in den Alpen (Schweiz). (Fig. 77.) **D. Heppii** Naeg.

6. Familie: **Rivulariaceae.**

Fäden einreihig, am Ende haarförmig verjüngt, meist mit unechten Verzweigungen, an der Basis meist mit Grenzzellen, die auch fehlen od. seltener interkalar stehen können, einzeln od. zu geformten Gallertlagern vereinigt. Scheiden fest od. ± verschleimend, oft geschichtet. Vermehrung außer durch Zellteilung durch Hormogonien u. Dauerzellen, selten durch Gonidien.

Bestimmungstabelle der Gattungen.

A. Grenzzellen und Dauerzellen fehlen, Fäden unverzweigt.
 a) Fäden am Grunde in einzelne Zellen isoliert, Gonidien bildend. **1. Leptochaete.**
 b) Gonidien-Bildung fehlt.
  α) Fäden unverzweigt, am Grunde in eine mehrzellige, flache, scheibenförmige Schicht übergehend. **2. Amphithrix.**
  β) Fäden einfach od. verzweigt, am Grunde ohne mehrzellige, flache Scheibe. **3. Homoeothrix.**

B. Grenzzellen vorhanden. Dauerzellen vorhanden oder fehlend.
 a) Fäden mit zu zwei bis vielen gehäuften Verzweigungen, oft scheinbar dichotomisch verzweigt. Scheiden mehrere Fäden enthaltend. **4. Dichothrix.**
 b) Fäden unverzweigt od. mit einzelnen, voneinander entfernten Verzweigungen. Scheiden nur einen Faden enthaltend.
  α) Fäden einzeln od. zu büscheligen od. krustenförmigen Lagern vereinigt, keine Gallertlager bildend. Grenzzellen basal u. interkalar.
   I. Fäden nicht in einer gemeinsamen Schleimmasse. **5. Calothrix.**
   II. Fäden in einer gemeinsamen Schleimmasse. **6. Isactis.**
  β) Fäden zu halbkugeligen od. kugeligen, im Alter zu flachen Polstern zusammenfließenden Gallertlagern verwachsen. Grenzzellen nur basal.
   I. Dauerzellen vorhanden. **7. Gloeotrichia.**
   II. Dauerzellen fehlen. **8. Rivularia.**

1. Gattung: **Leptochaete** Borzi.

Fäden dünn, unverzweigt, aufrecht, parallel, ein dünnes, haut- od. krustenförmiges Lager bildend, Grenzzellen u. Dauerzellen fehlen. Vermehrung durch Hormogonien od. durch einzellige, kugelige, am Grunde der Fäden entstehende Gonidien.

1. Scheiden farblos od. blaßgelblich. 2.
 Scheiden goldgelb bis gelbbraun gefärbt. 4.
2. Fäden eigene Lager oder Überzüge bildend. 3.
 Fäden einzeln oder in kleinen Bündeln in den Gallertlagern anderer Algen (Rivularia) lebend. Fäden an der Basis 2—3 μ breit, deutlich gegliedert. Zellen an den Querwänden leicht eingeschnürt. Scheiden farblos. In Gebirgsbächen. **L. rivulariarum** (Hansg.) Lemm.
3. Lager schwarzbraun, unregelmäßig. Fäden undeutlich gegliedert, bis 8 μ br. Scheiden sehr eng. An Steinen in Bächen; in Südtirol, Italien. (Fig. 85.) **L. crustacea** Borzi
 Lager spangrün, rundlich od. scheibenförmig. Fäden aufrecht, parallel, dicht gedrängt, an der Basis, 3—4,5 μ br., gegen die Spitze

zu schmäler werdend., 30—50 μ lg. An untergetauchten Steinen, oft mit Chaetophora, in stehenden Gewässern, in Böhmen.
L. stagnalis Hansg.

4. Fäden an der Basis 3—4 μ br., 12—18 μ lg., dicht gedrängt. Scheiden goldgelb bis bräunlichgelb. Lager sehr klein, krustenförmig, bräunlichgelb, trocken schwärzlichbraun. In schnellfließenden Gewässern mit Hydrurus u. Chantransia, im Böhmerwald u. den Alpen.
L. rivularis Hansg.

Fäden an der Basis 4—5 μ br., bis 300 μ lg., dicht gedrängt, $\pm$ parallel angeordnet. Scheiden goldgelb od. gelb. Lager krustenförmig mit etwas höckeriger Oberfläche. An feuchten Kalksteinfelsen in Tirol. **L. gracilis** (Hansg.) Geitl.

2. Gattung: **Amphithrix** Kütz.

Fäden dünn, unverzweigt, in ein Haar auslaufend, von einer zelligen, dem Substrat aufgewachsenen Scheibe sich erhebend u. rasige od. krustige Lager bildend. Grenzzellen u. Dauerzellen fehlen.

Lager dünn, krustenförmig, purpurrötlich. Fäden aufrecht, 1,5 bis 2,3 μ br. u. 300—500 μ lg. Zellen so lg. wie br. Hormogonien 20 μ lg. Im Süßwasser; an Steinen in fließenden u. stehenden Gewässern in Österreich, Mähren. (Fig. 86.) **A. janthina** (Mont.) Born.

Lager flecken- od. punktförmig, tiefrot. Fäden aufrecht, 2 μ br. u. 50—60 μ lg. Zellen so lg. bis doppelt so lg. als br. Marin; auf Laminaria bei Helgoland. **A. Laminariae** Kuckuck

3. Gattung: **Homoeothrix** Thur.

Fäden meist unverzweigt, ohne zellige Scheibe, einzeln od. zu einem rasen- od. polsterförmigen Lager vereinigt. Grenzzellen u. Dauerzellen fehlen. Scheiden farblos.

Fäden nicht in Gallertlagern anderer Algen, einzeln od. ein olivenfarbiges, trocken amethystfarbenes Lager bildend, 10—15 μ br., in ein langes zerbrechliches Haar ausgezogen. Zellen $^1/_3$ mal so lg. wie br., 9—12,5 μ br. Scheiden dünn. An Steinen u. Wasserpflanzen in stehenden Gewässern, sehr selten. (Fig. 87.)
H. Juliana (Menegh.) Kirchn.

Fäden einzeln in Gallertlagern anderer Algen, ca. 15 μ br., allmählich in ein Haar verjüngt. Zellen an der Basis scheibenförmig, 6—9 μ br. u. 1,5 μ lg., nach der Spitze zu so lg. wie br. Scheiden $\pm$ weit. In stehenden Gewässern im Lager von Batrachospermum.
H. endophytica Lemm.

4. Gattung: **Dichothrix** Zanardini.

Fäden fast regelmäßig dichotom verzweigt, meist 2—6 in gemeinsamer Scheide, pinsel- od. polsterförmige Lager bildend. Grenzzellen basal od. interkalar, meist $\pm$ kugelig od. halbkugelig. Dauerzellen fehlen.

1. Scheiden ungeschichtet. 2.
   Scheiden geschichtet. 3.

2. Lager pinselförmig od. ausgebreitet, grün od. braun. Fäden vielfach gebogen, 15—21 μ br., bis 1 cm lg. Scheiden eng, farblos bis gelblich. Zellen 5—9 μ br., an den Scheidewänden eingeschnürt, 1—½mal so lg. wie br. An Steinen u. Wasserpflanzen in stehenden Gewässern, an feuchten Felsen; in Holstein, Brandenburg, Böhmen, Alpen. **D. Baueriana** (Grun.) Born. et Flah.

Lager pinselförmig, grünbraun. Fäden vielfach gebogen, 10—12 μ br., 2—3 mm lg. Scheiden eng, gelb bis braun. Zellen 6—7,5 μ br., kürzer als br. An Felsen in schnell fließenden Gewässern; in Schlesien, Süddeutschland, Böhmen, Alpen.
D. Orsiniana (Kütz.) Born. et Flah.

3. Lager flockenförmig, blaugrün. Fäden ca. 13 μ br., kurz; anfangs unverzweigt, später büschelig verzweigt. Scheiden an der Basis gelb od. braun, gegen das Ende zu farblos, am Ende zerfasert. Zellen 6,5—7,5 μ br., 1—½mal so lg. wie br. In stehenden Gewässern an Wasserpflanzen u. Holz; auch an feuchten Felsen; selten. Schlesien, Tirol. **D. Meneghiana** (Kütz.) Forti

Lager ausgebreitet, selten büschelig, oft mit Kalk inkrustiert, häufig zwischen Schizothrix. Fäden 15—18 μ br., ca. 2 mm lg. Scheiden dick, gelbbraun, am Ende zerschlitzt u. erweitert. Zellen 6—8 μ br., so lg. od. etwas länger als br. Auf feuchter Erde, Steinen u. Mauern, auch an von Meerwasser bespritzten Kalkfelsen, im Gebiet zerstreut. (Fig. 90.)
D. gypsophila (Kütz.) Born. et Flah.

5. Gattung: Calothrix Ag.

Fäden einfach od. nur wenig verzweigt, einzeln od. büschelige od. polsterförmige, flach ausgebreitete Lager bildend. Scheiden nur einen Faden enthaltend. Grenzzellen interkalar od. basal. Dauerzellen an der Basis der Fäden, einzeln od. zu mehreren. Hormogonien meist zu vielen hintereinander.

1. Im Meere. 2.
   Im Süßwasser. 7.
2. Scheiden ungeschichtet. 3.
   Scheiden geschichtet, auffällig tutenförmig. 5.
3. Fäden in ein Haar endigend. 4.
   Fäden sternförmig-bündelig, schwarzgrün od. stahlblau, trocken ins Violette übergehend, 2—3 mm lg., 12—25 μ br., ohne Scheide 10—18 μ br. Scheiden eng, ungeschichtet, farblos, weich, oben gallertig. Zellen 4—5mal breiter als lg. Grenzzellen zu 1—2 basal. Hormogonien zahlreich in einer Scheide, 4—6mal länger als br. An größeren Algen in der westl. Ostsee.
   C. confervicola (Roth) Ag.
4. Fäden gesellig im Thallus von Nemalion, blaugrün, kaum ½ mm lg., in der Mitte 4—10 (—15) μ br., am Grunde gekrümmt, bis auf 24 μ verdickt. Scheide zart, hyalin, am Ende oft trichterförmig. Fäden ohne Scheide 7—8 μ br., in ein lg. gewundenes

Haar auslaufend. Grenzzellen basal. Hormogonien zu mehreren in der Scheide, 4—5mal länger als br. An Nemalion-Arten in der westl. Ostsee. **C. parasitica** (Chauv.) Thur.

Fäden gesellig, schleierartige Überzüge bildend, ½ mm lg., 9—10 (—12) μ br., am Grunde etwas verdickt, ohne Scheide 7—9 μ br., in ein lg. Haar auslaufend. Scheiden ziemlich dick, hyalin, seltener unten gelblich, an der Spitze gallertig. Grenzzellen basal u. interkalar, zu 1—2. Hormogonien zahlreich in der Scheide, 4—6mal länger als br. An verschiedenen Algen bei Helgoland u. in der westl. Ostsee. **C. aeruginea** (Kütz.) Thur.

5. Fäden in ein ziemlich lg. Haar auslaufend. 6.

Lager schwammig, porös-bündelig, weit ausgebreitet, dunkelgrün. Fäden aufrecht, gewunden, 2—3 mm hoch, 15—18 μ br., am Grund kaum verdickt, zu unregelmäßigen Bündeln verklebt, spärlich verzweigt, ohne Scheide 8—12 μ br., olivgrün, in ein sehr kurzes Haar auslaufend. Scheide dick, hyalin od. bräunlich, tutenförmig. Zellen 2—3mal kürzer als br. Hormogonien oft innerhalb der Scheide, 4—6mal länger als br. An Steinen, Mauern, Holz, Algen in der Nordsee u. Kieler Bucht. **C. pulvinata** (Mert.) Ag.

6. Lager rasig, weit ausgebreitet, schwarz- od. olivgrün. Fäden gedreht od. kraus, bis 1 mm lg., 10—18 μ br., am Grunde wenig verdickt, olivgrün, ohne Scheide 8—15 μ br., in ein Haar auslaufend. Scheiden ziemlich dick, hyalin bis gelbbraun, schichtweise streifig, tutenförmig, oft oben stark erweitert. Grenzzellen zu 1—3 basal. Hormogonien zu mehreren in der Scheide, 4—5mal so lg. wie br. An Felsen, Mauern in der Nordsee u. westl. Ostsee. **C. scopulorum** (Web. et Mohr) Ag.

Lager krustig, fest, rundlich, schwarzgrün, glänzend. Fäden dicht, parallel aufrecht, kaum gebogen, ca. 1 mm lg., 9—15 μ br., am Grunde niederlegend, verdickt, ohne Scheide 6—8 μ br., in ein langes zierliches Haar auslaufend. Scheiden ziemlich dick, hyalin bis bräunlichgelb, meist in zahlreiche, trichterförmige Tuten erweitert. Zellen so lg. od. kürzer als br. Grenzzellen zu 1—2, basal. An Erde, Pfählen, Felsen an der oberen Wassergrenze bei Kiel. **C. Contarenii** (Zanard.) Born. et Flah.

7. Lager an der Basis zwiebelförmig angeschwollen. 8.

Fäden nicht angeschwollen, nach oben allmählich verjüngt. 10.

8. Fäden ein Lager bildend. 9.

Fäden einzeln od. in Gruppen, 10—12 μ br., am Grunde zwiebelförmig auf 15 μ angeschwollen. Scheiden ziemlich dick, geschichtet, zerschlitzt, offen, hyalin. Zellen 7—8 μ br., sehr kurz. Grenzzellen zu 1—2, basal, halbkugelig, so br. wie die Zellen. In der Gallerte verschiedener Algen, im Gebiet verbreitet. **C. fusca** (Kütz.) Born. et Flah.

9. Lager blaugrün od. bräunlich. Fäden gerade, parallel, 9—10 μ br. Scheiden dünn, eng, hyalin. Zellen eingeschnürt, 6—7 μ br.,

etwas kürzer. Grenzzellen basal, halbkugelig. An Wasserpflanzen u. Holz zerstreut. (Fig. 88.)

C. Braunii Born. et Flah.

Lager glatt, schleimig, satt olivengrün, trocken blaugrün. Fäden gewunden, 8—10 μ br., bis 3 mm lg., am Grunde verdickt, in ein langes Haar auslaufend, z. T. torulös. Zellen 5—8 μ br., 1—3mal kürzer als br. Grenzzellen basal od. vereinzelt interkalar. In Thermen in Österreich u. Ungarn, selten.

C. thermalis (Schwabe) Hansg.

10. Fäden einzeln od. gruppenweise. 11.

Lager krusten- od. scheibenförmig, braun od. schwärzlich, ¼—1 mm hoch. Fäden aufrecht od. niederliegend, 9—18 μ br., nach der Spitze hin allmählich verjüngt. Scheiden eng, ziemlich dick, oft geschichtet u. oben erweitert u. zerschlitzt, gelbbraun. Zellen 5—14 μ br., 1—3mal so lg. Grenzzellen meist basal, halbkugelig, etwas breiter als die Zellen. Hormogonien zu mehreren hintereinander, ca. 3mal so lg. wie br. An Holz, Steinen, Wasserpflanzen in süßen u. salzhaltigen stehenden Gewässern, auf feuchter Erde u. Mauern, nicht selten. (Fig. 89.)

C. parietina (Naeg.) Born. et Flah.

11. Scheiden nicht geschichtet, dünn. 12.

Scheiden geschichtet, dick, hyalin, oft zerschlitzt. Fäden 18—24 μ br., 1 mm lg., nach der Spitze allmählich verjüngt. Zellen in der Mitte der Fäden 12 μ br., so lg. od. halb so lg. wie br. Grenzzellen basal. An Moosen in stehenden Gewässern in Brandenburg, Schlesien, Böhmen u. den Alpenländern, zerstreut.

C. adscendens (Naeg.) Born. et Flah.

12. Fäden gerade od. leicht gekrümmt, an der Basis 5—6 μ br., gegen das Ende zu allmählich verjüngt, nicht in ein Haar ausgehend. Scheide farblos. Zellen 1—¼mal so lg. wie br. Grenzzellen basal, halbkugelig bis $\pm$ kugelig. Im Schleim von Nostoc Linckia vorkommend. **C. marchica** Lemm.

Fäden vielfach gekrümmt, oft spiralig gedreht, ca. 8 μ br., zuerst wenig, dann schnell verjüngt u. lg. haarförmig ausgezogen. Scheiden farblos, oben offen. Zellen zylindrisch, etwas länger als br. Grenzzellen basal, $\pm$ kugelig. Im Plankton freischwimmend od. an Sphagnum festsitzend, in Torfsümpfen in Ostpreußen.

C. Weberi Schmidle

6. Gattung: **Isactis** Thuret.

Lager dünn, schleimig, ausgebreitet, krustenförmig, aufgewachsen. Fäden einfach od. nur spärlich verzweigt, aufrecht u. parallel, in einer gemeinsamen Schleimmasse liegend. Scheiden nur einen Faden enthaltend. Grenzzellen basal. Dauerzellen nicht bekannt.

Lager graubräunlich od. schwärzlich, trocken fast schwarzpurpurn. Fäden bis ½ mm lg., gedrängt, aufsteigend, in ein sehr lg. zartes Haar auslaufend. Scheiden eng, farblos bis gelblich. Zellen

7—9 μ br., kürzer als br. An Steinen, Muscheln, größeren Algen an den deutschen Küsten. (Fig. 91.) **I. plana** (Harv.) Thur.

7. Gattung: **Gloeotrichia** Ag.

Gallertlager kugelig od. hohlkugelig, innen oft hohl, festsitzend od. später sich loslösend. Fäden radial verlaufend, häufig mit unechter Verzweigung, in Haare auslaufend. Scheiden nur einen Faden enthaltend. Grenzzellen basal od. an der Basis der Verzweigungen. Dauerzellen zylindrisch, einzeln od. zu mehreren hintereinander, an der Basis der Fäden unmittelbar hinter der basalen Grenzzelle liegend. Hormogonien einzeln od. zu mehreren.

1. Lager weich. Fäden wenig dicht gedrängt, durch Druck leicht voneinander trennbar. 2.
   Lager hart, kugelig, bis 10 mm im Durchm., schwärzlich grün od. dunkelbraun. Fäden dicht gedrängt, durch Druck schwer trennbar, 4—7 μ br., oliven- bis blaugrün, in lg. Haarspitzen ausgezogen. Scheiden eng, farblos. Zellen 1—2mal so lg. wie br. Grenzzellen ± kugelig, 11—15 μ br. Dauerzellen 60—400 μ lg., 9—15 μ br. An Wasserpflanzen, selten freischwimmend, in stehenden Gewässern od. seltener fließenden Gewässern, nicht selten. **G. pisum** (Ag.) Thur.
2. Scheiden am Grunde der Fäden nicht erweitert, eng. 3.
   Scheiden am Grunde der Fäden ± sackartig erweitert, oben eng. 5.
3. Zellen ohne Pseudovakuolen, Lager festsitzend. 4.
   Zellen mit Pseudovakuolen. Lager freischwimmend, bis 1½ mm groß, blaugrün, im Wasser weißlich, kugelig bis linsenförmig od. zylindrisch. Fäden radial verlaufend, weit aus dem Lager vorragend, an der Basis 8—10 μ br., in sehr lg., hyaline Haarspitzen ausgezogen. Scheiden undeutlich, sehr zart, hyalin. Zellen unten fast kugelig, in der Mitte quadratisch, oben lg. zylindrisch. Grenzzellen kugelig, 9—10 μ im Durchm. Dauerzellen 44—50 μ lg., 8—18 μ br. Im Plankton stehender, seltener fließender Gewässer, Wasserblüte bildend, in Norddeutschland (einschl. G. fluitans [Cohn] Richt.). (Fig. 93.) **G. echinulata** (Smith) Richt.
4. Lager kugelig, 3—7 mm groß. Fäden in lange, vielfach gewundene Haarspitzen auslaufend. Scheiden eng. Zellen meist länger als br., 5,5—8 μ br. Grenzzellen kugelig bis länglich, 9,5—14 μ breit, einzeln od. paarig. Dauerzellen 55—135 μ lg., ohne Scheide 11 bis 13,5, mit Scheide 14—15 μ br. In stehenden Gewässern, Brandenburg. **G. intermedia** (Lemm.) Geitl.
   Lager kugelig, ca. 1 mm groß, blaugrün. Fäden 7—9 μ lg., in kurze Haarspitzen ausgezogen. Scheiden ziemlich dick, farblos. Zellen scheibenförmig, sehr kurz. Grenzzellen ± kugelig, 12—16 μ br. Dauerzellen gelblich, 68—96 μ lg., ohne Scheide 12—14, mit Scheide 18—21 μ br. An Moosen in Torfsümpfen in Brandenburg **G. Rabenhorstii** Born.

5. Lager kugelig, bis 2 cm groß, olivenbraun, später innen hohl. Fäden 7—9 μ br., olivfarben, in kurze Haarspitzen auslaufend. Scheiden eng, an der Basis etwas erweitert, hyalin. Untere Zellen zusammengedrückt, kugelig od. länglich. Grenzzellen kugelig od. länglich, 12—15 μ br. Dauerzellen 40—100 μ lg. od. länger, ohne Scheide 12—15, mit Scheide 18—21 μ br. In stehenden salzhaltigen Gewässern, bei Mansfeld, in Österreich. **G. salina** Kütz.

Lager kugelig, später hohl, bis kopfgroß, olivgrün bis braun. Fäden 7—9 μ br., oliven- bis blaugrün, in lg. farblose Haarspitzen ausgehend. Scheiden eng, gelblich, an der Basis sackartig erweitert u. meist quer eingeschnürt. Untere Zellen quadratisch od. etwas kürzer, obere bis 4 mal so lg. wie br. Grenzzellen ± kugelig, 6—12 μ br. Dauerzellen farblos od. bräunlich, 40—250 μ lg., ohne Scheide 10—18, mit Scheide bis 40 μ br. In stehenden Gewässern an Wasserpflanzen, später im Plankton, im Gebiet zerstreut. (Fig. 94.) **G. natans** (Hedw.) Rabenh.

8 Gattung: **Rivularia** Roth.

Gallertlager kugelig od. halbkugelig, innen oft hohl, im Alter oft ausgebreitet u. polsterförmig, festsitzend, oft mit Kalkeinlagerungen od. ganz inkrustiert. Fäden ± radial verlaufend, verzweigt od. unverzweigt, in Haare ausgehend. Scheiden nur einen Faden enthaltend. Grenzzellen basal, oft an der Basis der Verzweigungen. Dauerzellen fehlen. Hormogonien einzeln od. zu mehreren.

1. Im Meere. 2.

Im Binnenland. 3.

2. Lager kugelig, einzeln od. zusammenfließend, bis 4 mm dick, schwarzgrün. Fäden gedrängt, blaugrün, in ein lg. zartes Haar endigend. Scheiden eng, kaum unterscheidbar, aufwärts erweitert, hyalin bis gelb. Zellen 2,5—5 μ br., untere kaum länger als br., obere kürzer. An Steinen, Muscheln, Erde, Holz, Algen an der Wassergrenze in der Nord- u. Ostsee. **R. atra** Roth

Lager kugelig, faltig runzlig, olivengrün, weich, bis 3 cm br., hohl. Fäden gedrängt, olivengrün, in ein feines, sehr lg. Haar auslaufend. Scheiden wie bei vor. Zellen 2—5 μ br., untere 3—4 mal länger als br., obere kürzer. Auf dem Boden u. an Felsen am Meeresstrand, Nord- u. Ostsee. **R. nitida** Ag.

3. Lager innen gezont, steinhart, ganz mit Kalk inkrustiert. 4.

Lager innen nicht gezont, mit eingelagerten Kalkteilchen. 5.

Lager innen nicht gezont u. ohne Kalkeinlagerungen, ca. 1 mm hoch, olivengrün, hart, Fäden 3—7 μ br., olivengrün, in lg., vielfach gebogene Haarspitzen auslaufend. Scheiden eng, nach oben erweitert, undeutlich geschichtet, hyalin od. gelbbraun. Untere Zellen länger als br., obere so lg. wie br. An Steinen, Schneckengehäusen in stehenden Gewässern. Brandenburg.
R. Beccariana (de Not.) Born. et Flah.

4. Lager halbkugelig, später ausgebreitet, bis 1 cm hoch, olivengrün, trocken oft blaugrün. Fäden dicht gedrängt, in lg. u. dünne Haare auslaufend. Scheiden eng, zerbrechlich, hyalin, seltener gelblich, geschichtet, nach oben trichterförmig erweitert u. zerschlitzt. Zellen 4—11 μ br., untere doppelt so lg. wie br., mittlere quadratisch, obere ½ mal so lg. wie br. Grenzzellen ± kugelig. An Steinen in raschfließenden, seltener in stehenden Gewässern, in der Ebene selten, im Gebirge bis in die Alpen häufiger.
R. haematites (DC.) Ag.

Lager halbkugelig, dann ausgebreitet, bis 1 cm hoch, olivenfarben bis braun. Fäden weniger dicht, in kurze, dicke Haarspitzen ausgehend. Scheiden weit, geschichtet, meist braun, nach oben erweitert u. zerschlitzt. Zellen 8—12 μ br., so lg. wie br. od. kürzer. Grenzzellen länglich. An Steinen in kalkhaltigen fließenden Gewässern in den Alpenländern. **R. rufescens** Naeg.

5. Lager weich, halbkugelig od. später ausgebreitet, 2—8 mm hoch, blaugrün, schwärzlich olivenfarben od. bräunlich. Fäden durch Druck leicht trennbar, blaugrün, 5—12,5 μ br., in lg. hyaline, oft vielfach gebogene Haarspitzen ausgehend. Scheiden trichterförmig, geschichtet, farblos, gelbbraun od. abwechselnd hyalin u. gelbbraun, 15—30 μ weit. Zellen fast quadratisch od. etwas kürzer, obere nur ½—⅓ mal so lg. wie br. Grenzzellen kugelig od. länglich. An Wasserpflanzen, Steinen, Holz in stehenden u. fließenden, auch salzhaltigen Gewässern, seltener auf feuchter Erde, im Gebiet zerstreut. (einschl. R. minutula [Kütz.] Born. et Flah. u. R. coadunct a [Sommerf.] Foslie). (Fig. 92.)
R. Biasolettiana Menegh.

Lager hart, ca. ½ mm hoch, schwärzlich blaugrün. Fäden durch Druck schwer voneinander trennbar, 4—9 μ br., blaugrün od. violett, in lg. Haarspitzen auslaufend. Scheiden eng, hyalin. Untere Zellen so lg. wie br., obere nur ⅓ so lg. An Wasserpflanzen in stehenden Gewässern in Norddeutschland, Böhmen.
R. dura Roth

II. Klasse: Flagellatae.

Bestimmungstabelle der Reihen.

A. Aufnahme fester Nahrung an allen Stellen des Körpers durch Pseudovakuolen erfolgend. Zellen nackt, stets ohne Chromatophoren mit 1—2, nicht zu einem System vereinigten kontraktilen Vakuolen. Stoffwechselprodukt fettes Öl. Längsteilung od. Durchschnürung. I. Reihe: **Pantostomatales.**
(Bestimmungstabelle der Familien S. 121.)

B. Aufnahme fester Nahrung nur an bestimmten Teilen des Körpers.
a) Vakuolen nicht zu einem System vereinigt.
α) Zellen stets ohne Chromatophoren.
I. Zellen nackt od. mit zarter Hautschicht, häufig amöboid, mit 1—2 kontraktilen Vakuolen und 1—4 (—6) einander nahestehenden Geißeln. Aufnahme fester Nahrung nur an einer Stelle. Längs- od. Querteilung. Stoffwechselprodukt fettes Öl.
II. Reihe: **Protomastigales.**
(Bestimmungstabelle der Familien S. 124.)
II. Zellen nie amöboid, gewöhnlich deutlich zweiseitig symmetretisch u. auf jeder Seite mit einer als Mund fungierenden Furche, Mulde od. Tasche. 1 bis mehrere kontraktile Vakuolen. Geißeln 4 od. mehr, in 2 Gruppen am Rand od. in den Mundstellen entspringend. Längsteilung. Stoffwechselprodukt fettes Öl od. ein glykogenartiger Körper. III. Reihe: **Distomatales.**
(Einzige Familie: Distomataceae S. 140.)
β) Zellen mit Chromatophoren (wenn ohne, dann das Stoffwechselprodukt Stärke; nur bei Cyathomonas fettes Öl.)
I. Zellen ohne Längsfurche u. Schlundöffnung, mit 1—2 gelbbraunen Chromatophoren, oft amöboid, bisweilen mit eng anliegenden gallert- od. hornartigen Hüllen od. in besonderen Gehäusen befestigt, einzeln od. zu Kolonien vereinigt. 1—3 kontraktile Vakuolen u. 1—2 vorn od. etwas seitlich entspringende Geißeln. Längs- u. Querteilung. Stoffwechselprodukt fettes Öl od. Leukosin. IV. Reihe: **Chrysomonadales.**
(Bestimmungstabelle der Familien S. 143.)
II. Zellen mit Längsfurche u. meist auch Schlundöffnung, farblos od. meist mit 1—2 Chromatophoren von verschiedener Farbe, mit 1—2 kontraktilen Vakuolen u. 2 ungleichlg. Geißeln, die unterhalb des Vorderendes in

der Furche od. am Schlundeingang entspringen. Längsteilung. Stoffwechselprodukt Stärke (bei Cyathomonas fettes Öl). V. Reihe: **Chryptomonadales.**
(Bestimmungstabelle der Familien S. 154.)

b) Kontraktile Vakuolen am Vorderende gelegen, stets ein System bildend.

α) Zellen mit hautartiger Oberfläche, ± formveränderlich, mit 2 Geißeln am Vorderende u. zahlreichen grünen Chromatophoren. Vakuolensystem aus mehreren kontraktilen Vakuolen bestehend, die miteinander verschmelzen u. sich durch eine kleine Öffnung nach außen entleeren. Zweiteilung in ruhendem Zustand. Stoffwechselprodukt fettes Öl.
VI. Reihe: **Chloromonadales.**
(Einzige Familie: Chloromonadaceae S. 156.)

β) Zellen mit einer festen, oft gestreiften Membran, starr od. formveränderlich, mit 1—2 Geißeln am Vorderende u. meist mit grünen Chromatophoren. Vakuolensystem aus einer ± kontraktilen, im Körper eingesenkten Hauptvakuole u. 1 bis mehreren damit verbundenen Nebenvakuolen bestehend. Teilung im beweglichen od. ruhenden Zustand. Stoffwechselprodukt Paramylon od. seltener fettes Öl.
VII. Reihe: **Euglenales.**
(Bestimmungstabelle der Familien S. 157.)

I. Reihe: **Pantostomatales.**

Bestimmungstabelle der Familien.

A. Zellen vielachsig, mit vielen Geißeln. **1. Holomastigaceae.**
B. Zellen einachsig, mit 1—2 Geißeln. **2. Rhizomastigaceae.**

1. Familie: **Holomastigaceae.**

Zellen nackt, freischwimmend, vielachsig, schwach amöboid, mit zahlreichen, gleichmäßig über die Oberfläche verteilten Geißeln.

Einzige Gattung: **Multicilia** Cienkowsky.

Zellen kugelig od. fast eiförmig. Plasma durch eine Alveolarschicht begrenzt, mit vielen Nahrungsvakuolen, körnig. Kontraktile Vakuolen dicht unter der Oberfläche, zahlreich. Kerne zu 1 bis mehreren. Teilung während der langsam rotierenden Bewegung.

Zellen 30—40 μ im Durchm. Geißeln 1 ½—2mal so lg. wie der Durchm. Oft mit grünen Chlamydomonaden erfüllt. Im Schlamm stehender Gewässer zwischen mikroskopischen Algen. (Fig. 95.)
M. lacustris Lauterb.

2. Familie: **Rhizomastigaceae.**

Zellen nackt od. mit deutlicher Hautschicht, freischwimmend od. zeitweilig amöboid kriechend, einachsig, mit 1—2 Geißeln.

Bestimmungstabelle der Gattungen.

A. Pseudopodien ohne Achsenfäden.
  a) Zellen mit 1 Geißel.
    α) Geißel vom Kern entspringend. **1. Mastigamoeba.**
    β) Geißel unabhängig vom Kern. **2. Mastigella.**
  b) Zellen mit 2 Geißeln (1 Schwimm- und 1 Schleppgeißel).
    α) Vorderende ohne muldenförmige Vertiefung. **3. Cercobodo.**
    β) Vorderende mit muldenförmiger Vertiefung. **4. Bodopsis.**
B. Pseudopodien mit nach der Mitte hin strahlenden Achsenfäden; Zellen mit 2 gleichlangen Geißeln. **5. Dimorpha.**

1. Gattung: **Mastigamoeba** Schulze.

Zellen nackt od. mit deutlicher Hautschicht, freischwimmend od. amöboid kriechend, mit 1, vom Kern entspringenden Geißel u. 1, vorn od. hinten liegenden kontraktilen Vakuole. Pseudopodien ziemlich grob, oft verästelt.

1. Zelloberfläche glatt. 2.
   · Zelloberfläche mit Klebkörnern od. Borsten besetzt. 4.
2. Pseudopodien deutlich entwickelt, überall entstehend. Kontraktile Vakuolen stets hinten liegend. 3.
   Pseudopodien kurz u. wenige, nur am Hinterende. Zellen lg. eiförmig bis fast zylindrisch, 8—12 μ lg. Geißel ca. doppelt so lg. wie die Zelle. In stehenden, auch schwach verschmutzten Gewässern zwischen Detritus. (Fig. 96.) **M. invertens** Klebs
3. Zellen fast eiförmig, 20 μ lg. Geißel 6—10mal so lg. wie die Zelle. Pseudopodien fein zugespitzt, einfach od. verzweigt. In reinen u. verschmutzten Gewässern zwischen Detritus. **M. Buetschlii** Klebs
   Zellen oval, 60 μ groß. Geißel doppelt so lg. wie die Zelle. Pseudopodien kurz, verzweigt. In stehenden Gewässern, zwischen Detritus. **M. ramulosa** Kent
4. Zellenoberfläche mit kurzen Klebkörnern besetzt. Pseudopodien fingerförmig, zahlreich. Zellen ca. 100 μ lg., eiförmig, vorn zugespitzt, hinten gelappt u. bewimpert. Geißel kürzer als die Zelle. Kontraktile Vakuole am Hinterende. Zwischen Algen u. Detritus in stehenden Gewässern. **M. aspera** Schulze
   Zelloberfläche mit feinen, längeren Borsten besetzt. Zellen gestreckt, ca. 100 μ lg., 30—45 μ br. Geißel kürzer als die Zelle. Kontraktile Vakuolen fehlen. In verschmutzten Gewässern mit Oscillatorien. **M. trichophora** Lauterb.

2. Gattung: **Mastigella** Frenzel.

Zellen nackt od. mit deutlicher Hautschicht, freischwimmend od. amöboid kriechend, mit 1 vom Kern unabhängigen Geißel u. 1 bis mehreren Vakuolen. Pseudopodien meist vorhanden.

1. Pseudopodien vorhanden, an allen Teilen der Oberfläche. Geißel so lg. bis doppelt so lg. wie die Zelle. 2.
Pseudopodien fehlen. Zellen eiförmig, ca. 20 μ lg., hinten körnig u. mit kontraktiler Vakuole, schwach veränderlich, Geißel etwa 5mal so lg. wie die Zelle. In stehenden Gewässern, zwischen Detrius. **M. commutans** (H. Meyer) Goldschm.
2. Zellen länglich, bis 150 μ lg., mit 1 kontraktilen Vakuole u. zahlreichen, kurz fingerförmigen Pseudopodien. Hautschicht mit stäbchenförmigen Klebkörnern. Auf Schlamm, in stehenden Gewässern. **M. vitrea** Goldschm.
Zellen langgestreckt u. vorn zugespitzt, 40—55 μ lg. mit 2 kontraktilen Vakuolen u. wenigen, kurzen Pseudopodien. Hautschicht glatt. In verschmutzten Gewässern.
M. radicula (Moroff) Goldschm.

3. Gattung: **Cercobodo** Krassilstschick.

Zellen nackt, amöboid od. freischwimmend, in letzterem Zustand eiförmig bis sehr lg., mit 1 Schwimm- u. 1 Schleppgeißel. Pseudopodien mannigfach gestaltet, ohne Achsenfäden.
1. Geißeln ungleich lang. 2.
Geißeln gleich lang. 4.
2. Schwimmgeißel doppelt so lg. wie die Zelle. 3.
Schwimmgeißel ungefähr so lg. wie die Zelle, Schleppgeißel doppelt so lg. Zellen meist länglich eiförmig, 10—14 μ lg., 5—9 μ br. Pseudopodien lg. strahlenförmig, fein, etwas körnig. In verschmutzten Gewässern u. Kulturen. **C. radiatus** (Klebs) Lemm.
3. Zellen eiförmig bis spindelförmig, vorn zugespitzt, 6—10 μ lg., 3—5 μ br. Schleppgeißel etwas länger als die Zelle. Pseudopodien fehlen. In stehenden Gewässern zwischen Detritus.
C. bodo (H. Meyer) Lemm.
Zellen zylindrisch, vorn abgestutzt, hinten verbreitert u. abgerundet, 17—21 μ lg., 11—15 μ lg. Schleppgeißel 3mal so lg. als die Zelle. Pseudopodien fingerförmig. In stehenden Gewässern, zwischen Detritus. **C. digitalis** (H. Meyer) Lemm.
4. Zellen länglich eiförmig, 18—36 μ lg., 9—14 μ br., hinten lg. ausgezogen, sehr beweglich, bisweilen verästelt. Geißeln von Zellenlänge. Pseudopodien dünn od. dicker, einfach od. verästelt. In stehenden u. fließenden, auch verschmutzten Gewässern. (Fig. 98.)
C. longicauda (Dujardin) Senn
Zellen br. eiförmig od. kugelig, vorn bisweilen etwas ausgerandet, hinten wenig verjüngt, 18—21 μ lg., 15—19 μ br. Geißeln doppelt so lg. wie die Zelle. Pseudopodien br., stumpf. In stehenden Gewässern, zwischen Detritus. **C. ovatus** (Klebs) Lemm.

4. Gattung: **Bodopsis** Lemm.

Zellen nackt, freischwimmend, mit 1 Schwimm- u. 1 Schleppgeißel, beide in einer muldenförmigen Vertiefung entspringend. Pseudopodien nur seitlich entstehend, br., ohne Achsenfäden.

Zellen länglich zylindrisch, abgerundet, etwas abgeplattet, 14—20 μ lg., 6—10 μ br., unterseits oft gefurcht. Geißeln doppelt so lg. wie die Zelle; Schleppgeißel bei der Bewegung spiralig um die Zelle geschlungen. Amöboid nur während der Nahrungsaufnahme. In stehenden Gewässern zwischen pflanzlichem Detritus.

B. alternans (Klebs) Lemm.

5. Gattung: **Dimorpha** Gruber.

Zellen mit deutlicher Hautschicht u. 2 gleichlangen Geißeln. Pseudopodien zahlreich, gekörnt, fein, mit Achsenfäden, die nach der Zellmitte hinstrahlen. Bewegung durch Geißelschlagen od. Kriechen. Unter der Oberfläche 1—2 kontraktile Vakuolen.

Zellen im beweglichen Zustand eiförmig, 15—20 μ lg., im amöboiden Zustand kugelig, mit lg. Pseudopodien. Geißeln so lg. wie die Zelle. In langsamfließenden od. stehenden Gewässern auf dem Schlamm u. Detritus. (Fig. 97.) **D. mutans** Gruber

II. Reihe: **Protomastigales.**

Bestimmungstabelle der Familien.

A. Zellen mit einer Geißel.
  a) Plasmakragen fehlt.
    α) Zellen ohne rüsselartigen Fortsatz, sehr selten mit Gehäuse.
      I. Zellen ohne Geißelkern u. undulierender Membran. 1. **Oicomonadaceae** (S. 125).
      II. Zellen mit Geißelkern u. meist mit undulierender Membran. 2. **Trypanosomaceae** (S. 126).
    β) Zellen mit rüsselartigem Fortsatz, mit Gehäuse. 3. **Bicoecaceae** (S. 128).
  b) Plasmakragen vorhanden.
    α) Plasmakragen stets frei, nicht von Gallerte eingeschlossen. 4. **Craspedomonadaceae** (S. 129).
    β) Zellen mit dem Plasmakragen von verzweigten Gallertmassen umschlossen. 5. **Phalansteriaceae** (S. 132).

B. Zellen mit 2 (selten 3) Geißeln[1]).
  a) Zellen mit undulierender Membran. 6. **Cryptobiaceae** (S. 132).
  b) Zellen ohne undulierende Membran.
    α) Zellen mit zarter Hautschicht, nur mit verschieden lg. Schwimmgeißeln versehen. 7. **Monadaceae** (S. 132).
    β) Zellen nackt, mit 2 ungleich lg. Geißeln, diese in Schwimm- u. Schleppgeißel differenziert. 8. **Bodonaceae** (S. 134).

---

[1]) Bei der Gattung Monas wird die Nebengeißel zuweilen verdoppelt oder nicht ausgebildet!

γ) Zellen nackt, mit 2 gleichlangen Schwimmgeißeln.
9. Amphimonadaceae (S. 137).

c) Zellen mit 4 gleich- od. ungleich lg. Geißeln.
10. Tetramitaceae (S. 139).

1. Familie: Oicomonadaceae.

Zellen mit zarter Hautschicht, frei od. in einem Gehäuse, vorn manchmal ausgerandet od. kurz lippenförmig vorgezogen, aber ohne rüsselförmigen Fortsatz od. Plasmakragen, mit 1 Geißel, freischwimmend od. festsitzend. Kern meist bläschenförmig. Amöbenstadium fehlt, dagegen verändert das Hinterende lebhaft die Gestalt. Ernährung animalisch od. saprophytisch.

Bestimmungstabelle der Gattungen.

A. Zellen ohne Gehäuse, meist freischwimmend.
  a) Zellen mit vorwärtsgestreckter Schwimmgeißel.
1. Oicomonas.
  b) Zellen mit Schleppgeißel. **2. Ancyromonas.**

B. Zellen in ein Gehäuse eingeschlossen, festsitzend.
  a) Gehäuse mit einem Stiel angeheftet.
3. Codonoeca.
  b) Gehäuse ungestielt, dem Substrat aufliegend.
4. Platytheca.

1. Gattung: Oicomonas Kent.

Zellen frei od. festsitzend, vorn häufig schwach ausgerandet od. lippenförmig vorgezogen, hinten amöboid, mit vorwärtsgerichteter Schwimmgeißel u. einer od. mehreren kontraktilen Vakuolen, ohne Gehäuse. Nahrungsaufnahme vorn durch Vakuolen. Dauerzellen aus einem Teil der Zelle gebildet.

1. Zellen vorn ausgerandet od. lippenförmig vorgezogen. 2.
   Zellen vorn nicht so. 3.
2. Zellen eiförmig bis kugelig, 5—9 μ lg., vorn lippenförmig vorgezogen. Geißel an der Basis der Lippe entspringend, ca. doppelt so lg. wie die Zelle. Kern im Vorderende, daneben eine kontraktile Vakuole. In verschmutzten Gewässern, faulenden Kulturen, auch in salzhaltigem Wasser; sehr häufig (Fig. 99).
O. termo (Ehrenb.) Kent

Zellen freischwimmend, von verschiedener Gestalt, festsitzend br. birnenförmig, mit dem zugespitzten Hinterende angeheftet, 16—17 μ lg., vorn ausgerandet. Geißel etwa von Zellenlänge. Kern am Hinterende. Kontraktile Vakuole vor der Mitte. In fauligem Wasser, oft kolonieweise auf faulenden Stoffen.
O. Steinii Kent

3. Zellen freischwimmend, verschieden geformt, festsitzend fast kugelig, eiförmig bis birnförmig, vorn abgerundet, hinten in einen Stiel ausgezogen, 16—17 μ lg. Geißel etwa doppelt so lg. wie die Zelle. Kern kurz vor der Zellmitte. Kontraktile Vakuolen 2 im Hinterende. Vorkommen wie vor; sehr häufig. **O. mutabilis** Kent

Zellen freischwimmend eiförmig od. birnförmig, festsitzend br. spindelförmig, vorn zugespitzt u. schnabelförmig gekrümmt, hinten ± lg. stielartig ausgezogen, 16—17 μ lg. Geißel etwa von Zellenlänge. Kern im Hinterende. Kontraktile Vakuolen 2 in der Mitte. In Heuaufgüssen. **O. rostrata** Kent

2. Gattung: **Ancyromonas** Kent (= Phyllomonas Klebs).

Zellen freischwimmend, am hinteren Ende mit 1 Schleppgeißel u. 1 kontraktilen Vakuole; ohne Gehäuse.

Zellen fast dreieckig, blattartig u. etwas verbogen, am hinteren Ende zugespitzt, 6—7 μ lg., 5—6 μ br. In stehenden Gewässern, vereinzelt (Phyllomonas contorta Klebs).

A. contorta (Klebs) Lemm.

3. Gattung: **Codonoeca** Clark.

Zellen in einem, mit langem, dünnem Stiel festsitzenden Gehäuse eingeschlossen. Geißel am Vorderende. Kontraktile Vakuole 1, im hinteren Ende gelegen.

Gehäuse oval, vorn abgestutzt, 16—23 μ lg. Zellen oval, ca. 17 μ lg., mit etwas längerer Geißel. In stehenden Gewässern.

C. inclinata Kent

4. Gattung: **Platytheca** Stein.

Zellen in einem mit der flachen Seite festsitzenden Gehäuse lebend, im Vorderende mit einer od. mehreren kontraktilen Vakuolen.

Gehäuse gelbbraun häutig, vorn halsförmig verschmälert, an der engen Mündung gerade abgestutzt, 12—18 μ lg. Zellen eiförmig, vorn zugespitzt, flach. Geißel halb so lg. wie die Zelle. An Wurzeln von Wasserlinsen in stehenden Gewässern. (Fig. 100).

P. micropora Stein

2. Familie: **Trypanosomaceae.**

Zellen mit zarter Hautschicht u. einer Schwimmgeißel, freischwimmend. Außer dem Zellkern ein Geißelkern vorhanden. Undulierende Membran häufig ausgebildet. Parasiten im Blut od. Darm.

Bestimmungstabelle der Gattungen.

A. Zellen ohne undulierende Membran. **1. Leptomonas.**
B. Zellen mit undulierender Membran.

a) Geißelkern stäbchenförmig, vor dem Zellkern liegend. **2. Crithidia.**

b) Geißelkern hinter dem Zellkern liegend. **3. Trypanosoma.**

1. Gattung: **Leptomonas** Kent.

Zellen meist spindelförmig, ohne undulierende Membran, mit einer kontraktilen Vakuole, Geißelkern vor dem Zellkern liegend, zuweilen doppelt. Darmbewohner.

Zellen ± spindelförmig, 30—50 μ lg. Im Darm von Musca domestica. (Fig. 101.) **L. muscae domesticae** (Stein) Senn

Zellen länglich, 3—8 μ lg. Im Darm von Anopheles maculipennis. **L. fasciculata** (Léger) Lemm.

Zellen schmal spindelförmig, 6—33 μ lg. Im Darm von Nepa cinerea. **L. jaculum** (Léger) Lemm.

2. Gattung: **Crithidia** (Léger) Patton.

Zellen meist langgestreckt, vorn zugespitzt. Schwimmgeißel den verdickten Rand einer schmalen u. nur schwach gefalteten, undulierenden Membran bildend. Geißelkern meist stäbchenförmig, querliegend, vor dem Kern. Darmbewohner.

Zellen lanzettlich, vorn spitz, hinten angeschwollen, 5—6 μ lg. Festsitzende Zellen glockenförmig. Im Darm der Larven von Chironomus plumosus u. von Trichopteren. **C. campanulata** Léger

3. Gattung: **Trypanosoma** Gruby.

Zellen spindelförmig. Undulierende Membran hinter dem Vorderende beginnend u. bis zum Hinterende reichend, stark gefaltet u. mehr od. weniger br. Geißel vorn beginnend, den verdickten Saum der Membran bildend u. am Hinterende frei austretend. Geißelkern im hinteren Ende liegend. Vermehrung durch Längsteilung od. geschlechtlich durch Verschmelzung männlicher u. weiblicher Individuen. Im Blute, seltener im Darm von Tieren lebend (Erreger der Schlafkrankheit).

1. Im Blute von Säugetieren lebend. 2.
   Im Blute von Vögeln lebend. 3.
   Im Blute von Amphibien lebend. 4.
   Im Blute von Fischen lebend. 5.
2. In Ratten. **T. Lewisi** (Kent) Lav. et Mesnil
   In der Hausmaus. **T. Duttoni** Thiroux
   Im Pferde. **T. equiperdum** Dofl.
3. In der Schleiereule. **T. Ziemanni** (Lav.) Woodc.
   Im Waldkauz. **T. avium** Danil.
4. In Wasserfrosch u. Kröte. **T. rotatorium** (Mayer) Lav. et Mesnil
   Im Laubfrosch. **T. hylae** Lemm.
5. Im Hecht. **T. Remaki** Lav. et Mesnil
   Im Karpfen. **T. Danilewskyi** Lav. et Mesnil
   Im Aal. (Fig. 102.) **T. granulosum** Lav. et Mesnil

3. Familie: **Bicoecaceae.**

Zellen mit zarter Hautschicht, einzeln od. in Kolonien, mit rüsselartigem Fortsatz (Peristom), der das Geißelende umschließt. Geißel vorn, spiralig aufrollbar. Am Geißelfuß entspringt der feine kontraktile Faden, der in einer seitlichen Furche verläuft u. die Zelle am Grunde des durchsichtigen vasenförmigen, oft gestielten Gehäuses befestigt. Eine kontraktile Vakuole im Hinterende.

Bestimmungstabelle der Familien.

A. Peristomfortsatz dünn, lippenartig.
  a) Zellen mit kontraktilem Stiel im Gehäuse befestigt. **1. Bicoeca.**
  b) Zellen ohne kontraktilen Stiel. **2. Histiona.**
B. Peristomfortsatz dick, rüsselartig. **3. Poteriodendron.**

1. Gattung: **Bicoeca** Stein (= Bicosoeca J. Clark.)

Zellen am Vorderende mit dünnem, lippenförmigem, kontraktilem Peristomfortsatz, im Grunde des Gehäuses mit einem kontraktilen Stiel befestigt. Geißel an der Basis des Peristoms befestigt.

1. Zellen einzeln, festsitzend. 2.
   Die am Grunde bauchig erweiterten, stiellosen Gehäuse zu sternförmigen, schwimmenden Kolonien vereinigt. Zellen eiförmig. Geißel 1½—2½mal so lg. wie die Zelle. Im Plankton stehender Gewässer. **B. socialis** Lauterb.
2. Zellen birnförmig. Geißel 1½—2mal so lg. wie die Zelle. Gehäuse eiförmig, 14—25 μ lg. In stehenden Gewässern an Pflanzen u. Tieren im Plankton festsitzend. (Fig. 103.) **B. lacustris** J. Clark
   Zellen vorn mit einem schwarzen Punkt. Gehäuse spindelförmig, 10—15 μ lg., 5—6 μ br. Geißel kaum von Zellenlänge. In stehenden Gewässern an Planktonorganismen. **B. oculata** Zacharias

2. Gattung: **Histiona** Voigt.

Zellen am Vorderende mit dünnem, lippenartigem Peristomfortsatz, der durch eine segelartige Membran mit der Zelle verbunden ist; an der Basis ohne kontraktilen Stiel in der Mündung des Gehäuses befestigt.

Gehäuse kegelförmig, ungestielt, 13 μ lang. Zellen eiförmig, 13 μ lang, mit doppelt so langer Geißel. In stehenden Gewässern, an Algen (Closterium) festsitzend. **H. Zachariasi** Voigt

3. Gattung: **Poteriodendron** Stein.

Zellen mit seitlichem, dickem, br.-rüsselförmigem Peristomfortsatz, der auf der abgestutzten Fläche die Mundstelle trägt; an der Basis mit kontraktilem Faden.

Gehäuse becherförmig, 25—50 μ lg., Stiel 1—2mal so lg. Zellen ei- bis birnförmig, 21—35 μ lg. Tochterzellen mit ihrem Stiel im

Innern des Muttergehäuses befestigt u. dadurch baumförmige, verzweigte Kolonien entstehend. In Sümpfen an Wasserpflanzen. (Fig. 104.)

P. petiolatum Stein

4. Familie: Craspedomonadaceae.

Zellen mit zarter Hautschicht, ohne od. mit Gehäuse, zuweilen in Gallerte eingeschlossen, am Vorderende ein od. zwei frei nach außen abstehende, trichterförmige, plasmatische Kragen tragend, mit einer Geißel. 1, seltener 2 kontraktile Vakuolen. Koloniebildung häufig.

Bestimmungstabelle der Gattungen.

A. Zellen mit einem Kragen.
  a) Zellen ohne Gehäuse.
    α) Zellen nicht in Gallerte geschlossen.
      I. Zellen festsitzend.
        1. Zellen ungestielt od. kurzgestielt, einzeln. **1. Monosiga.**
        2. Zellen langgestielt, meist Kolonien bildend.
          * Zellen einzeln od. zu mehreren am Stielende. **2. Codonosiga.**
          ** Zellen cymöse, corymböse od. doldig verzweigte Kolonien bildend. **3. Codonocladium.**
      II. Zellen freischwimmend.
        1. Zellen gestielt, zu strahlenförmigen Kolonien verbunden. **4. Astrosiga.**
        2. Zellen ungestielt, seitlich zu einschichtigen, bandförmigen Kolonien vereinigt. **5. Desmarella.**
    β) Zellen in Gallerte eingeschlossen.
      I. Zellen ungestielt, unregelmäßig angeordnet. **6. Protospongia.**
      II. Zellen gestielt, radial angeordnet. **7. Sphaeroeca.**
  b) Zellen mit Gehäuse, **8. Salpingoeca.**

B. Zellen mit 2 Kragen.
  a) Zellen ohne Gehäuse. **9. Diplosiga.**
  b) Zellen mit Gehäuse. **10. Diplosigopsis.**

1. Gattung: Monosiga Kent.

Zellen festsitzend, ohne Stiel od. seltener sehr kurz gestielt, einzeln lebend, ohne Gehäuse u. Gallerte, mit einem Kragen versehen.

Zellen kugelig od. eiförmig, 5—16 μ im Durchm., sitzend od. kurz gestielt. Im Plankton an Bacillariaceen u. Crustaceen, häufig. (Fig. 105.) **M. ovata** Kent

Zellen spindelförmig, 10 μ lg., mit dem zugespitzten Hinterende festsitzend. Auf Cyclops-Arten. **M. fusiformis** Kent

Zellen langgestreckt, ± keulenförmig, nur hinten zugespitzt, 10 μ lg. Auf Crustaceen. **M. angustata** Kent

2. Gattung: **Codonosiga** Clark.

Zellen festsitzend, zu 1 bis mehreren auf lg. Stiel, ohne Gehäuse u. Gallerte, mit einem Kragen.

Zellen eiförmig, 8—30 μ lg. Var. piriformis (Kent) Francé hat verkehrt eiförmige, hinten verjüngte, 6—25 μ lg. Zellen. In stehenden u. fließenden Gewässern an Pflanzen u. Tieren, im Süß- u. Salzwasser, in allen Höhenlagen; häufig. (Fig. 106.)

C. botrytis (Ehrenb.) Kent

3. Gattung: **Codonocladium** Stein.

Zellen festsitzend, auf lg. gemeinsamen, Stiel, der sich cymös od. corymbös od. doldig verzweigt, ohne Gallerte u. Gehäuse, mit einem Kragen.

Verzweigung doldig. Zellen kugelig, eiförmig bis birnförmig, 12—15 μ lg. In stehenden Gewässern, auch im Plankton, auf Crustaceen. (Fig. 107.) **C. umbellatum** (Tatem) Stein

4. Gattung: **Astrosiga** Kent.

Zellen auf langen, radial ausstrahlenden Stielen sitzend, ohne Gehäuse u. Gallerte, eiförmig, mit einem Kragen, zu sternförmigen, rotierend freischwimmenden Kolonien vereinigt.

Zellen eiförmig, 16 μ lg., zu 1—3 auf gemeinsamem Stiel sitzend. Kolonien aus zahlreichen Zellen bestehend, 60—90 μ groß. Im Plankton stehender Gewässer. (Fig. 108.)

A. radiata Zacharias

5. Gattung: **Desmarella** Kent.

Zellen zu mehreren seitlich zu einer freischwimmenden Kolonie vereinigt, ohne Stiel, Gehäuse u. Gallerte, mit einem Kragen.

Zellen eiförmig 6 μ lg., zu 2—12 zu einer bandförmigen Kolonie vereinigt. Im Plankton des Süßwassers u. marin. (Fig. 109.)

D. moniliformis Kent

6 Gattung: **Protospongia** Kent.

Zellen ungestielt, zu mehreren in gemeinsamer Gallerthülle, mit einfachem Kragen u. sehr lg. Geißel.

Kolonien unregelmäßig geformt, 6—60zellig. Zellen eiförmig bis verkehrt eiförmig, 8 μ groß. In stehenden Gewässern, an Wasserpflanzen. **P. Haeckelii** Kent

7. Gattung: **Sphaeroeca** Lauterborn.

Zellen gestielt, in der Oberfläche einer Gallertkugel radiär eingelagert (volvoxähnlich), mit einfachem Kragen u. sehr lg. Geißel.

Kolonien kugelig, 120—200 μ im Durchm., langsam rotierend. Zellen kugelig bis birnförmig, ohne Kragen 8—12 μ lang. Im Plankton stehender Gewässer. (Fig. 110.) **S. volvox** Lauterb.

8. Gattung: **Salpingoeca** Clark.

Zellen einzeln, kugelig, eiförmig bis flaschenförmig, mit einfachem Kragen, in einem verschieden gestalteten, festsitzenden, meist ungestielten Gehäuse eingeschlossen.

1. Gehäuse ungestielt, höchstens an der Basis zugespitzt. 2.
   Gehäuse gestielt. 5.
2. Gehäuse ohne Gallerthülle. 3.
   Gehäuse halbkugelig, ca. 8 μ br. u. 6 μ hoch, von einer 2—3 μ dicken, hyalinen bis gelbbraunen Gallerthülle umgeben. Kragen 4—5 μ hoch, deutlich erweitert. Geißel 5—7 μ lg. An Coelosphaerium dubium im Plankton. **S. Marssonii** Lemm.
3. Gehäuse an der Basis zugespitzt. 4.
   Gehäuse kochflaschenförmig, an der Basis fast stets abgerundet od. abgeflacht, an der Mündung oft stark erweitert, 7—10 μ lg. In stehenden Gewässern an Fadenalgen, auch im Plankton an Melosiren. **S. amphoridium** Clark
4. Gehäuse lg. zylindrisch, Mündung gerade abgestutzt, unterhalb leicht eingeschnürt, 27 μ lg. Zellen nicht das ganze Gehäuse ausfüllend. An Beggiatoa, faulenden Fadenalgen in fauligen Gewässern. **S. vaginicola** Stein
   Gehäuse spindelförmig bis rasenförmig, an der Mündung meist etwas erweitert, 15—16 μ lg. Zellen das Gehäuse nicht ganz ausfüllend. Auf Fadenalgen u. Flagellaten in stehenden Gewässern. **S. fusiformis** Kent
5. Stiel derb, ziemlich dick. 6.
   Stiel sehr fein, mit winzigen Haftscheiben ansitzend. Gehäuse kurz vasenförmig, hinten kurz zugespitzt, vorn gerade, etwas eingeschnürt. Zellen das Gehäuse fast ausfüllend. In stehenden Gewässern, im Plankton an Crustaceen. (Fig. 111.) **S. convallaria** Stein
6. Gehäuse fast zylindrisch, hinten zugespitzt, vorn abgestutzt u. leicht eingeschnürt, 21—27 μ lg. Zelle das Gehäuse nicht ganz ausfüllend. An Wasserpflanzen in stehenden Gewässern. **S. oblonga** Stein
   Gehäuse lg. flaschenförmig, hinten zugespitzt, vorn etwas erweitert u. eingeschnürt, 21 μ lg. Zellen das Gehäuse meist ganz ausfüllend. An Rädertieren meist gruppenweise, in stehenden Gewässern. **S. Clarkii** Stein

9. Gattung: **Diplosiga** Frenzel.

Zellen festsitzend, mit 2 Kragen, gestielt od. nicht, ohne Gehäuse.

Äußerer Kragen etwas tiefer inseriert. Zellen kochflaschenförmig, 8—12 μ lg. In stehenden Gewässern an Wasserpflanzen, auch im Plankton. **D. socialis** Frenzel

10. Gattung: **Diplosigopsis** Francé.

Zellen einzeln in festsitzendem Gehäuse. Die beiden Kragen etwas ungleich hoch angeheftet.

Zellen kugelig od. eiförmig, vorn halsförmig verjüngt, ca. 6 μ lg., 4,5 μ br. Gehäuse eiförmig, am Grunde in einen Stiel ausgezogen u. mit feinen kurzen Rhizoiden versehen. An fadenförmigen Algen in stehenden Gewässern, im Plankton bes. an Bacillariaceen u. anderen Algen. (Fig. 112.) **D. frequentissima** (Zachar.) Lemm.

5. Familie: Phalansteriaceae.

Zellen vorn mit engem, einfachem, die Geißelbasis umhüllenden Kragen, in den Enden verzweigter, dicker, körniger Gallertstöcke lebend. Eine Geißel. 1—2 kontraktile Vakuolen. Ernährung saprophytisch.

Einzige Gattung: **Phalansterium** Cienkowsky.

(Merkmale der Familie.)

Kolonien scheibenförmig bis kugelig, später unregelmäßig mit radial verlaufenden Schleimscheiden. Zellen eiförmig, ca. 10 μ lg. In Pfützen, die mit Moos u. Oscillatorien bewachsen sind.

P. consociatum (Fres.) Cienk.

Kolonien aufrecht, baumförmig verzweigt. Zellen oval bis verkehrt eiförmig ca. 17 μ lg., zu 1—2 an den Enden der Zweige. Vorkommen wie bei vor. (Fig. 113.) **P. digitatum** Stein

6. Familie: Crytobiaceae.

Zellen einzeln, freischwimmend, mit zarter Hautschicht u. stark undulierender Membran. Schwimm- u. Schleppgeißel, letztere den verdickten Rand der Membran bildend und frei endigend. Keine kontraktilen Vakuolen. Blut- od. Darmbewohner.

Einzige Gattung: **Cryptobia** Leidy (= Trypanoplasma Lav. et Mesnil).

(Merkmale der Familie.)

Im Blut des Karpfens; Vorderende verjüngt, zugespitzt.

C. cyprini (Plehn) Lemm.

Im Blut verschiedener Fische; Vorderende breit abgerundet.

C. Borreli (Lav. et Mesnil) Lemm.

Im Blut der Schmerle (Cobitis barbatula).

C. varium (Léger) Lemm.

7. Familie: Monadaceae.

Zellen mit zarter Hautschicht, einzeln od. zu Kolonien vereinigt, mit einer lg. Haupt- u. 1, bisweilen 2 kurzen Nebengeißeln, die am Vorderende entspringen. Nahrungsaufnahme am Vorderende durch Vakuolen, oft hier auch ein kurzer lippenartiger Mundfortsatz. Ernährung animalisch od. saprophytisch.

Bestimmungstabelle der Gattungen.

A. Zellen einzeln lebend.
  a) Haupt- u. Nebengeißeln beweglich. **1. Monas.**
  b) Hauptgeißel starr nach vorn gerichtet, Nebengeißeln beweglich **2. Sterromonas.**

B. Zellen kolonienbildend.
  a) Zellen einzeln an den Enden dichotom verzweigter Stiele sitzend. **3. Dendromonas.**
  b) Zellen gruppenweise an den Enden verzweigter Stiele sitzend.
    α) Stiele farblos, starr. **4. Cephalothamnion.**
    β) Stiele gelb od. braun, biegsam. **5. Anthophysa.**

1. Gattung: **Monas** Ehrenb.

Zellen kugelig bis länglich eiförmig, schwach amöboid, besonders das Hinterende. Vorderende ausgerandet u. hier die etwa zellenlange Haupt- u. die viel kürzeren Nebengeißeln entspringend. An der Geißelbasis oft eine verdickte Stelle. Im Vorderende der Kern u. eine kontraktile Vakuole. Freischwimmend, einzeln.

1. Mundsaum vorhanden. 2.
   Mundsaum fehlt. Zellen kugelig bis br. eiförmig, ca. 15 μ im Durchm. Hauptgeißel wenig länger als die Zelle, Nebengeißel halb so lg. Vermehrung durch Längsteilung. Dauerzellen 1—3 in der Mutterzelle. In verschmutzten Gewässern.
   M. arhabdomonas (Fisch.) Meyer
2. Zelle kugelig od. keilförmig, 20—40 μ lg., mit einer Haupt- u. 2 Nebengeißeln. Kern vorn. Kontraktile Vakuole seitlich von der Mitte. Festsitzende Zellen verkehrt eiförmig, am Hinterende in einen kurzen Plasmafaden ausgezogen. Vermehrung durch Längsteilung. Dauerzellen durch Kopulation zweier Zellen entstehend. In stehenden Gewässern, Heuinfusionen. (Fig. 114.)
   M. vivipara Ehrenb.
   Zelle kugelig, auch eiförmig u. abgeplattet, jung auch amöboid, 14 bis 16 μ lg., mit 1 Haupt- u. 1—2 Nebengeißeln. Kern u. kontraktile Vakuole im Vorderende. Festsitzende Zellen kugelig od. eiförmig, hinten mit zartem Plasmafaden. Dauerzellen in der Mutterzelle entstehend, kugelig. In verschmutzten Gewässern.
   M. vulgaris (Cienk.) Senn

2. Gattung: **Sterromonas** Kent.

Zellen länglich, hinten abgerundet, vorn zugespitzt, in der Mitte leicht eingeschnürt, eine Geißel starr nach vorn gerichtet, zellenlg., die andere rasch schwingend, halb so lg. Kontraktile Vakuole am Hinterende. Kern in der Mitte.

Zellen 13,5—21,5 μ lg. In Infusionen, auch marin. (Fig. 115).
S. formicina Kent

3. Gattung: **Dendromonas** Stein.

Zellen birnförmig bis abgerundet dreieckig, seitlich ± zusammengedrückt, vorn schief abgestutzt, Hauptgeißel zellenlg., Nebengeißel halb so lg. Kontraktile Vakuole in der stumpfen Ecke des Vorderendes. Kern im Vorderende. Zellen am Ende der Stielchen sitzend, Verzweigungen rispenförmig od. bäumchenförmig.

Kolonien trugdoldenartig verzweigt, ca. 200 μ hoch, mit starren Stielen; Zellen daher in fast gleicher Höhe angeordnet. In stehenden pflanzenreichen Gewässern. (Fig. 116). **D. virgaria** (Weiße) Stein

Kolonien mehr bäumchenförmig, mit biegsamen Stielen; Zellen nicht in gleicher Höhe angeordnet. Vorkommen wie vor.
D. laxa (Kent) Blochm.

4. Gattung: **Cephalothamnion** Stein.

Zellen ähnlich wie bei vor. Gatt., nicht seitlich zusammengedrückt. Geißeln ebenso. Kern u. kontraktile Vakuole am Vorderende. Hinterende zugespitzt u. hier mehrere Zellen zu Köpfchen vereinigt, die auf kurzen, wenig verzweigten Stielen sitzen.

Zellen 5—10 μ lg. In reinen stehenden Gewässern an Cyclopskrebsen festsitzend. (Fig. 117.) **C. cyclopum** Stein

5. Gattung: **Anthophysa** Bory.

Zellen birnförmig, vorn schief abgestutzt, hinten spitz, öfter mit einem schnabelförmigen Plasmafortsatz, seitlich schwach zusammengedrückt. Hauptgeißel $1\frac{1}{2}$mal so lg. wie die Zelle, Nebengeißel kaum $^1/_3$ so lg. Kontraktile Vakuole in der stumpfen Ecke des Vorderendes, Kern ebenfalls vorn. Zellen meist zu kopfförmigen Kolonien vereinigt, jede mit chitinartigem, gelbem od. braunem Stiel, die sich wieder zu einem gemeinsamen Stamm verflechten. Kolonien sich oft ablösend u. freischwimmend. In den Stielen Eisen speichernd.

Zellen mit Augenfleck. In stehenden, seltener fließenden Gewässern. **A. Steinii** Senn

Zellen ohne Augenfleck. Vorkommen wie vor. (Fig. 118.)
A. vegetans (O. F. Müll.) Stein

8. Familie **Bodonaceae.**

Zellen nackt, einzeln, freischwimmend od. zeitweilig festsitzend, meist etwas amöboid, mit 2 ungleich lg. Geißeln, fast stets in 1 Schwimm- in 1 Schleppgeißel differenziert u. in einer seitlichen Mulde des Vorderendes entspringend. Nahrungsaufnahme durch Aussaugen mit dem Vorderende od. Verschlucken.

Bestimmungstabelle der Gattungen.

A. Zellen mit 2 Schwimmgeißeln. **1. Dinomonas.**
B. Zellen mit 1 Schwimm- u. 1 Schleppgeißel.

a) Zellen ganz ohne Bauchfurche od. nur am Vorderende mit seitlicher, tiefer Ausbuchtung.

α) Ohne jede Furche.

I. Beide Geißeln am od. in der Nähe des Vorderendes entspringend. **2. Bodo.**

II. Schwimmgeißel am Vorderende, Schleppgeißel in der Mitte der Bauchseite entspringend. **3. Pleuromonas.**

β) Am Vorderende mit tiefer, seitlich offener Ausbuchtung, in der beide Geißeln befestigt sind. **4. Phyllomitus.**

b) Zellen mit durchgehender ventraler Furche mit wulstigen Rändern. **5. Colponema.**

B. Zellen mit 1 Geißel, statt der anderen ein beweglicher plasmatischer Rüssel. **6. Rhynchomonas.**

1. Gattung: **Dinomonas** Kent.

Zellen mit 2, nur wenig verschieden lg. Schwimmgeißeln. Kontraktile Vakuole 1, nur im Hinterende. Bei der Bewegung werden beide Geißeln nach vorn gestreckt.

Zellen eiförmig, vorn leicht verjüngt, formbeständig, 15—16 μ lg. In verschmutztem Wasser, Heuinfusionen. (Fig. 120.)
D. vorax Kent

Zellen formveränderlich, höckerig, hinten meist stark verjüngt, ca. 10 μ lg. In Heuinfusionen. **D. tuberculata** Kent

2. Gattung: **Bodo** Ehrenb.

Zellen kugelig, eiförmig bis spindelförmig, vorn meist zugespitzt, fast stets etwas amöboid. Schwimmgeißel kürzer, Schleppgeißel in der Nähe des Vorderendes entspringend, länger. Kontraktile Vakuolen 1—3, meist im Vorderende. Kern meist in der Mitte. Bewegung nach der Art verschieden.

1. Zellen frei im Wasser lebend. 2.
Zellen lanzettlich od. eiförmig, vorne abgerundet, hinten lg. zugespitzt, oft 2—3spitzig. In der Kloake von Lacerta-Arten.
B. lacertae (Grassi) Seligo

2. Zellen nicht stark abgeplattet. 3.
Zellen stark zusammengedrückt, hinten meist verjüngt, vorn stumpf geschnäbelt, 11—19 μ lg., 5—8 μ br. Schleppgeißel in einer schraubig verlaufenden Furche liegend, die oft flügelartige Ränder besitzt. Bewegung zitternd, meist ohne Rotation. In verschmutztem Wasser. **B. caudatus** (Duj.) Stein

3. Zellen oval. 4.
Zellen eiförmig. 5.
Zellen verkehrt eiförmig od. zylindrisch. 7.
Zellen kugelig, ohne Schnabel, aber mit seichter Geißelgrube, 9—13 μ lg., 8—12 μ br. Bewegung ohne Rotation hin- u. herzitternd. In Sümpfen, älteren Wasserproben.
B. globosus Stein

4. Zellen dick bohnenförmig mit deutlicher Geißelgrube, vorn stumpf schnabelförmig, hinten schwach zugespitzt, 4—5 μ lg., 2—2,5 μ br. Bewegung langsam kriechend. In verschmutztem Wasser. (Fig. 119). **B. minimus** Klebs
Zellen oval, Rücken stark gewölbt, Bauchseite gefurcht, vorn spitz schnabelförmig, hinten abgerundet, 11—14 μ lg., 5—7 μ br. Bei der Bewegung liegt die Zelle auf dem Rücken u. pendelt hin u. her. In verschmutztem Wasser. **B. edax** Klebs
5. Zellen mit einer Vakuole. 6.
Zellen mit 3 Vakuolen, eiförmig, vorn verjüngt u. spitz, hinten br. abgerundet, selten gerade umgekehrt gestaltet, 27—35 μ lg. In verschmutztem Wasser. **B. ovatus** Duj.
6. Zellen schmal eiförmig, oft gekrümmt, hinten br. abgerundet, vorn verjüngt, 8—10 μ lg., 4—5,5 μ br., mit undeutlicher Geißelgrube. Bewegung durch plötzliches Hin- u. Herschießen, wobei die Zelle rotiert. In verschmutztem Wasser. **B. celer** Klebs
Zellen eiförmig, etwas zusammengedrückt, hinten abgerundet, vorn zugespitzt u. gekrümmt, 17—21 μ lg., mit einer Grube am Vorderende, die sich an der Bauchseite zu einer etwas schraubig verlaufenden Furche verlängert. Bei der Bewegung liegt die Zelle auf dem Rücken u. wackelt hin u. her, setzt sich bisweilen fest u. führt mit der Schleppgeißel heftige Bewegungen aus. In verschmutztem u. fauligem Wasser. **B. saltans** Ehrenb.
7. Kern in der Mitte der Zelle. 8.
Zellen oft verkehrt eiförmig od. zylindrisch. Kern im Vorderende. cfr. **B. ovatus** (Duj.) Stein
8. Zellen fast zylindrisch, etwas abgeplattet, schwach gekrümmt, beidendig abgerundet, vorn mit stumpfem Schnäbelchen, 8—14 μ lg., 3—5 μ br. Schleppgeißel in einer seichten, schraubig verlaufenden Furche liegend. Zelle stoßweise schwimmend, durch das stark amöboide Ende am Substrat befestigt. In verschmutztem Wasser. **B. mutabilis** Klebs
Zellen verkehrt eiförmig, nicht gekrümmt, 12—16 μ lg., 6—8 μ br. Schwimmgeißel $^2/_3$ so lg. wie die Zelle, Schleppgeißel doppelt so lg. In verschmutztem Wasser. **B. obovatus** Lemm.

3. Gattung: **Pleuromonas** Perty.

Zellen bohnenförmig bis kugelig, etwas amöboid. Geißeln 2—3mal die Zellenlänge übertreffend, die Schwimmgeißel vorn, die Schleppgeißel in der Mitte an einer Einbuchtung der Bauchseite befestigt. Nahrung im Plasma liegend. Kontraktile Vakuole vorn, Kern hinten. Meist mit der Schleppgeißel festsitzend u. mit der Schwimmgeißel sich heftig ruckweise bewegend. Längsteilung.

Zellen 6—10 μ lg., 5 μ br. In verschmutztem Wasser. (Fig. 121.) **P. jaculans** Perty

4. Gattung: **Phyllomitus** Stein.

Zellen eiförmig bis länglich, vorn mit großem, auch oben u. seitlich offenem Mundausschnitt. Im Grunde desselben die Schwimm- u. die körperlange Schleppgeißel entspringend. Kontraktile Vakuole u. Kern vorn. Bewegung rasch schwimmend unter beständigem Zittern.

Zellen fast zylindrisch, vorn abgeschrägt, 19—25 μ lg., 7—13 μ br. Schleppgeißel wenig länger als die Schwimmgeißel. In stärkehaltigen Aufgüssen. (Fig. 122.) **P. amylophagus** Klebs

Zellen lg. oval od. verkehrt eiförmig, ca. 21—27 μ lg. Schleppgeißel bedeutend länger als die Schwimmgeißel. In verschmutztem Wasser. **P. undulans** Stein

5. Gattung: **Colponema** Stein.

Zellen br. eiförmig, etwas abgeplattet, vorn schief abgestutzt, auf der Bauchseite mit einer an der Abstutzung br., nach hinten sich verschmälernden Furche, deren Ränder wulstartig hervortreten. Geißeln vorn entspringend, Schwimmgeißel körperlg., Schleppgeißel in der Furche, doppelt so lg.

Zellen 18—30 μ lg., 14 μ br. In stehenden Gewässern. (Fig. 123.) **C. loxodes** Stein

6. Gattung: **Rhynchomonas** Klebs.

Zellen eiförmig, etwas zusammengedrückt, seitlich vorn eine Grube, neben der ein plasmatischer, beweglicher Rüssel steht. Im unteren Teil der Grube die doppelt körperlg. Geißel befestigt, die nachgeschleppt wird. Kontraktile Vakuole vorn. Kern fast in der Mitte. Langsam kriechend u. sich dabei hin- u. herwendend.

Zellen 5—6 μ lg., 2—3 μ br. In verschmutztem Wasser. (Fig. 124.) **R. nasuta** (Stokes) Klebs

9. Familie: **Amphimonadaceae.**

Zellen nackt, meist in Gehäusen lebend od. in Gallerte eingeschlossen u. zu Kolonien vereinigt, mit 2 gleichlg., gleich funktionierenden Geißeln. Ernährung saprophytisch oder animalisch vermittels Vakuolen am Vorderende.

Bestimmungstabelle der Gattungen.

A. Zellen ohne Gehäuse u. ohne Gallerte.
  a) Zellen kugelig bis birnförmig. **1. Amphimonas.**
  b) Zellen herzförmig, mit 2 kielartigen Flügeln. **2. Streptomonas.**
B. Zellen mit einem kontraktilen Faden in einem Gehäuse sitzend. **3. Diplomita.**

C. Zellen durch Gallerte zu Kolonien vereinigt.
  a) Zellen in kurz gestielten, ovalen Gallerthüllen, die ± kompakte, kugelförmige, stabförmige od. sackförmige Kolonien bilden. **4. Spongomonas.**
  b) Zellen in den Enden langer, schlauchförmiger Gallertröhren.
    α) Äste der Kolonien sparrig abstehend. **5. Cladomonas.**
    β) Äste der Kolonien fast parallel verlaufend u. z. T. flach fächerförmig vereinigt. **6. Rhipidodendron.**

1. Gattung: **Amphimonas** Duj.

Zellen eiförmig, kugelig, birnförmig bis unregelmäßig 3eckig, mit dem zugespitzten Hinterende od. mit einem feinen, daraus entspringenden Faden befestigt. Geißeln etwas voneinander entfernt entspringend, 2—3mal so lg. wie die Zelle. 1—2 kontraktile Vakuolen u. der Kern in der Mitte. Festsitzend od. freischwimmend.

Zellen kugelig, auf dünnem lg. Stiel sitzend, ca. 12,5 μ im Durchm. 2 kontraktile Vakuolen hinten. In stehenden, auch in verschmutzten Gewässern. (Fig. 125.) **A. globosa** Kent

Zellen meist keulenförmig, mit dem zugespitzten Hinterende festsitzend, ca. 8 μ lg. Eine kontraktile Vakuole etwa in der Mitte. In stehenden Gewässern an Wasserpflanzen.
A. cyclopum (Kent) Blochm.

Zellen spindelförmig, 7—10 μ lg., etwa halb so br., freischwimmend. In Abwässern von Zuckerfabriken. **A. fusiformis** Mez

2. Gattung: **Streptomonas** Klebs.

Zellen herzförmig, bilateral, zur Medianebene etwas unsymmetrisch, beiderseits mit einem hohen, am Vorderende etwas übergewölbten Kiel, vom Einschnitt bis zum Hinterende mit 2 seitlichen Flügeln versehen. Geißeln an der Ausrandung entspringend, zellenlg. Kontraktile Vakuole hinten. Kern an der Geißelbasis.

Zellen 15 μ lg., 13 μ br. In stehenden Gewässern. (Fig. 126.)
S. cordata (Perty) Klebs

3. Gattung: **Diplomita** Kent.

Zellen eiförmig, mit einem dünnen, kontraktilen Faden in einem eiförmigen Gehäuse befestigt. Zwei Geißeln am Vorderende, die 2—3mal so lg. sind wie die Zelle. Gehäuse braun, hinten etwas zugespitzt u. festgeheftet. An der Geißelbasis ein roter Augenfleck. Kontraktile Vakuole hinten, Kern fast zentral.

Gehäuse ca. 15 μ lg. Zellen halb so lg. u. br. wie das Gehäuse. In stehenden Gewässern an Wasserpflanzen. (Fig. 127.)
D. socialis Kent

4. Gattung: **Spongomonas** Stein.

Zellen eiförmig bis kugelig, am Vorderende mit 2 doppelt zellenlangen Geißeln, von einer dicken körnigen Gallerthülle umgeben.

Gallerthüllen vereinigt u. große, kugelige, trauben- od. sackförmige, festsitzende Stöcke bildend. Kontraktile Vakuole seitlich der Zellmitte. Kern in der Mitte.

Kolonie wurmförmig, vielfach gewunden, bis 3 cm lg. werdend, Zellen kugelig, 8 μ gr. In stehendem, auch verschmutztem Wasser.
S. intestinum (Cienk.) Kent

Kolonie anfangs polsterförmig, später vielfach gelappt u. aufrecht, in jedem Endlappen eine ovale, 8—12 μ lg. Zelle. In stehenden Gewässern. (Fig. 128.) **S. uvella** Stein

5. Gattung: **Cladomonas** Stein.

Zellen eiförmig bis länglich, im Ende von dichotom verzweigten, hohlen Gallertröhren steckend, die frei voneinander sind, am Vorderende mit 2, etwa doppelt körperlg. Geißeln. Gallertröhren sparrig verzweigt, außen körnig. Kontraktile Vakuole in der Mitte.

Kolonie vielfach verzweigt, bis 85 μ hoch. Zellen 8,5 μ lg. An Wasserpflanzen in stehenden Gewässern. (Fig. 129.)
C. fruticulosa Stein

6. Gattung: **Rhipidodendron** Stein.

Zellen eiförmig bis länglich, am Ende von dichotom verzweigten, in einer Ebene ausgebreiteten, hohlen Gallertröhren lebend, die miteinander verwachsen u. fächerförmige Kolonien bilden. Am Vorderende 2 Geißeln, die 2—3mal so lg. sind wie die Zellen. Kontraktile Vakuole u. Kern in der Mitte.

Kolonie bis 400 μ groß. Zellen ca. 12 μ lg. Zwischen pflanzlichem Detritus, Moosen in stehenden Gewässern. (Fig. 130.)
R. splendidum Stein

10. Familie: **Tetramitaceae.**

Zellen mit zarter Hautschicht, einzeln, freischwimmend, od. mittels der Geißeln festsitzend, meist birnförmig, hinten lg. zugespitzt, mit 4 Geißeln. 1 kontraktile Vakuole. Achsenstab fehlend od. vorhanden. Ernährung animalisch od. saprophytisch, selten parasitisch.

Bestimmungstabelle der Gattungen.

A. Zellen ohne undulierende Membran.
   a) Zellen mit mehreren bis zum Hinterende verlaufenden Längsfurchen, hinten in ein od. mehrere Zipfel auslaufend.
   1. Collodictyon.
   b) Zellen vorn mit einer kurzen, muldenförmigen od. spaltenförmigen Mundstelle.
      α) Achsenstab fehlt, Wasserbewohner. **2. Tetramitus.**
      β) Achsenstab vorhanden, Darmbewohner.
      3. Trichomastix.

B. Zellen mit undulierender Membran. Achsenstab vorhanden.
   4. Trichomonas.

1. Gattung: **Collodictyon** Carter.

Zellen eiförmig bis birnförmig, vorn meist br. u. etwas eingebuchtet, mit mehreren Längsfurchen, von denen mindestens eine tief ist u. bis zum Hinterrand verläuft, hinten in 1 od. mehrere Zipfel auslaufend, stark formveränderlich. Geißeln 4, etwa zellenlang. Kontraktile Vakuole u. Kern vorn.

Zellen 27—60 μ lg., 18—39 μ br. In stehenden Gewässern. (Fig. 133.)
C. triciliatum Carter

2. Gattung: **Tetramitus** Perty.

Zellen schmal od. br. eiförmig, vorn abgestutzt od. abgerundet, hinten meist zugespitzt, etwas formveränderlich. 4 Geißeln von ½ bis 2maliger Zellenlänge, alle vorgestreckt od. z. T. zurückgeschlagen. An der Geißelbasis eine kurze Mundfurche. Kontraktile Vakuole meist hinten. Kern vorn. Schwimmend u. dabei rotierend.

Zellen 13—28 μ lg., 7—15 μ br. Kontraktile Vakuole im Hinterende. In verschmutzten Gewässern. (Fig. 132.)
T. descissus Perty

Zellen 18—30 μ lg., 8—11 μ br. Kontraktile Vakuole im Vorderende. In verschmutzten Gewässern. **T. rostratus** Perty

3. Gattung: **Trichomastix** Blochmann.

Zellen birnförmig, vorn abgerundet, über den ganzen Körper ein Kiel laufend, der hinten in den Schwanzstachel übergeht. 4 Geißeln am Vorderende, davon 3 halb so lg. wie die Zelle, eine zurückgeschlagen u. 1½mal so lg. wie die Zelle. Keine kontraktile Vakuole. Kern vorn

Zellen 8—15 μ lg. In der Kloake von Lacerta-Arten. (Fig. 134.)
T. lacertae Blochmann

4. Gattung: **Trichomonas** Donné.

Zellen eiförmig, länglich bis birnförmig, vorn abgerundet, hinten abgesetzt spitz, formveränderlich, mit einer von vorn nach hinten gehenden undulierenden Membran. 4 Geißeln von ½—⅔ Länge der Zelle. Keine kontraktile Vakuole. Bewegung rotierend, lebhaft od. träge. In Menschen u. Tieren lebend.

In der Kloake von Fröschen. **T. batrachorum** Perty
In der Kloake von Eidechsen. **T. lacertae** Prowazek
In hohlen Zähnen der Menschen. **T. denticola** Lemm.
In der Vagina von Frauen. (Fig. 135.) **T. vaginalis** Donné
Im menschlichen Darm, auch in Magen u. Lunge.
T. hominis (Dav.) Braun

III. Reihe: **Distomatales.**

Einzige Familie: **Distomataceae.**

Zellen freischwimmend, mit zarter Hautschicht meist deutlich zweiseitig asymmetrisch; auf jeder Seite, dem entgegengesetzten Rand genähert, je eine Furche, Mulde od. Tasche als Mundstelle.

Deshalb meist 2 Mundstellen. 4 od. viele Geißeln, die in 2 gleiche Gruppen verteilt am Rande od. im Grunde der Mundstellen entspringen. Vermehrung durch Längsteilung.

Bestimmungstabelle der Gattungen.

A. Zellen mit vielen wimperförmigen, in zwei Längsreihen angeordneten Geißeln. **1. Spironema.**

B. Zellen mit 4—8 Schwimmgeißeln; Schleppgeißeln fehlen.
  a) Zellen ohne Mundstellen. Geißeln 4 gleichlg. **2. Gyromonas.**
  b) Zellen mit 2 Mundstellen. Geißeln ungleich lg.
    α) Zellen mit 6 Geißeln. **3. Trigonomonas.**
    β) Zellen mit 8 Geißeln. **4. Trepomonas.**

C. Zellen mit 8 Geißeln, in 6 Schwimm- u. 2 Schleppgeißeln differenziert.
  a) Zellen ohne Mundspalten od. Klappen, die beiden Schleppgeißeln am Hinterende. **5. Actomitus.**
  b) Zellen mit 2 Mundspalten od. Klappen.
    α) Hinterende mit 2 seitlichen, von vorn nach hinten sich verbreiternden Mundspalten, in denen die 2 Schleppgeißeln ansitzen. **6. Hexamitus.**
    β) Hinterende mit einem, aus 2 beweglichen Klappen bestehenden Schnabel, seitlich davon je eine schmale Spalte für die Schleppgeißeln. **7. Urophagus.**

1. Gattung: **Spironema** Klebs.

Zellen hinten in einen feinen Schwanzfaden auslaufend, am Vorderende beiderseits mit einer schraubigen Mundfurche. Der eine Rand der beiden Furchen mit feinen, zahlreichen Wimperhaaren besetzt. 1 kontraktile Vakuole hinten.

Zellen lanzettlich, etwas zusammengedrückt, 14—18 μ lg., 2—3 μ br. In stehenden Gewässern. (Fig. 140.) **S. multiciliatum** Klebs

2. Gattung: **Gyromonas** Seligo.

Zellen ohne Mundstelle, mit 4 an den Vorderecken entspringenden, gleichlangen Geißeln. Kontraktile Vakuolen 1 bis mehrere.

Zellen rundlich, flachgedrückt, etwas schraubig gedreht, 6—10 μ lg., 4 μ br. In stehenden Gewässern. **G. ambulans** Seligo

3. Gattung: **Trigonomonas** Klebs.

Zellen an beiden Seiten je eine schwach muldenförmige, etwas schraubig verlaufende Mundstelle. Unterhalb der beiden vorderen Ecken je 3 ungleich lg. Geißeln. 1 kontraktile Vakuole. Bewegung durch Rotation u. Hin- u. Herzittern.

Zellen etwas dreieckig, vorn br. abgerundet bis schief abgestutzt, hinten zugespitzt, seitlich stark zusammengedrückt, 24—33 μ lg., 10—16 μ br. In fauligen Gewässern. (Fig. 136.)
T. compressus Klebs

4. Gattung: **Trepomonas** Duj.

Zellen plattgedrückt, an den Seiten mit je einer offenen, taschenförmigen Mundstelle, die durch Ausbuchtung, flügelartige Verbreiterung u. Einkrümmung des Randes entstanden ist; die Taschen liegen an den entgegengesetzten Rändern der beiden Seiten. Querschnitt der Zelle daher ~-förmig. Bewegung rotierend, schreitend u. springend.

1. Zellen mit 2 Paar lg. u. 2 Paar kurzen Geißeln. 2.
   Zellen ± eiförmig, mit 1 Paar lg. u. 3 Paar kurzen Geißeln. In verschmutzten Gewässern. **T. agilis** Duj.
2. Zellen br. eiförmig, von der Mitte ab nach hinten stark abgeplattet, am Hinterende fast gerade u. in der Mitte ausgerandet. In stehenden, auch fauligen Gewässern. (Fig. 137.) **T. rotans** Klebs
   Zellen beidendig abgerundet, hinten etwas verjüngt u. schraubig gedreht. Vorkommen wie vor. **T. Steinii** Klebs

5. Gattung: **Actomitus** Prowazek.

Zellen ohne Mundstellen mit 6 am Vorderende bzw. oberhalb der Mitte entspringenden Schwimmgeißeln u. 2 Schleppgeißeln am Hinterende. Kontraktile Vakuolen fehlend. 2 Achsenstäbe.

Zellen eiförmig bis spindelförmig, hinten meist schwanzförmig ausgezogen, 8—16 μ lg., 4—7 μ br. Im Darm von Amphibien u. Reptilien. **O. intestinalis** (Duj.) Prowazek

6. Gattung: **Hexamitus** Duj.

Zellen kaum abgeplattet. 6 Geißeln entspringen am Vorderende (jederseits 3), das nachschleppende Paar in der Nähe. An den Breitseiten befinden sich je eine nach hinten sich verbreiternde Spalte, so daß also die beiden nach entgegengesetzten Seiten offen sind; in beiden ruht eine Schleppgeißel. Im Zellinnern meist stark lichtbrechende Kugeln eines glykogenartigen Körpers. Bewegung durch Rotation od. Anheften durch die Schleppgeißeln.

1. Zellen ± eiförmig. 2.
   Zellen schmal zylindrisch bis spindelförmig, am Hinterende bisweilen ausgerandet, 22—27 μ lg., 10—12 μ br. Mundspalten seicht, etwas schraubenförmig. In stehenden, bes. fauligen Gewässern. **H. fusiformis** Klebs
2. Zellen am Hinterende abgestutzt bis ausgerandet, 13—25 μ lg., 9—15 μ br. In stehenden, bes. fauligen Gewässern. **H. inflatus** Duj.
   Zellen birnförmig, hinten stachelförmig zugespitzt, 20—26 μ lg., 9—13 μ br. Mundspalten bis an den Endstachel reichend. Vorkommen wie vor. (Fig. 138.) **H. fissus** Klebs

7. Gattung: **Urophagus** Klebs.

Zellen hinten schnabelförmig zugespitzt mit 2 beweglichen Klappen. Schnabel schief zur Mediane orientiert, die beiden Klappen daher ebenfalls sich schief öffnend; zu beiden Seiten des Schnabels eine schmale Furche für die beiden Schleppgeißeln. Die 6 anderen Geißeln vorn angeheftet (je 3 seitlich). Zwei pulsierende Vakuolen. Kern vorn. Bewegung rotierend unter Bewegung der Klappen.

Zellen eiförmig bis fast spindelförmig, vorn etwas verjüngt, 16—25 μ lg., 6—12 μ br. In fauligem Wasser.

U. rostratus (Stein) Klebs

Zellen lg. u. schmal, fast lanzettlich, am Vorderende schwach kopfförmig, 12 μ lg., 2 μ br. Vorkommen wie vor. (Fig. 139.)

U. angustus (Klebs) Lemm.

IV. Reihe: **Chrysomonadales.**

Bestimmungstabelle der Familien.

A. Bewegliches, begeißeltes Flagellatenstadium vorherrschend (bisweilen in Gehäusen); amöboide od. unbewegliche Stadien nur vorübergehend.
(Unterreihe: Euchrysomonadineae.)
 a) Zellen mit 1 Geißel. **1. Chromulinaceae** (S. 143).
 b) Zellen mit 2 Geißeln.
  α) Geißeln gleich lg. **2. Hymenomonadaceae** (S. 147).
  β) Geißeln ungleich lg., in längere Haupt- u. kürzere Nebengeißel differenziert. **3. Ochromonadaceae** (S. 149).

B. Unbewegliches, unbegeißeltes Stadium vorherrschend, Zellen in verschieden geformten Gallertmassen vereinigt; bewegliches Stadium vorübergehend.
(Unterreihe: Chrysocapsineae.)
 4. Chrysocapsaceae (S. 153).

1. Familie: **Chromulinaceae.**

Zellen eiförmig od. länglich, mit einer od. mehreren Chromatophoren u. einer Geißel, nackt od. mit Hülle od. in Gehäusen lebend. Einzeln od. in Kolonien.

A. Zellen mit einfachem Vakuolensystem, ohne skulpturierte Hülle (Euchromulineae).
 a) Zellen nicht in Gehäusen lebend.
  α) Bewegliche Zellen ohne Pseudopodien. **1. Chromulina.**
  β) Bewegliche Zellen meist mit radial ausstrahlenden Pseudopodien. **2. Chrysamoeba.**
 b) Zellen in Gehäusen eingeschlossen.
  α) Gehäuse nur mit einer winzigen Öffnung für die Geißel versehen. **3. Chrysococcus.**
  β) Gehäuse vorn mit deutlicher größerer Öffnung.
   I. Gehäuse gestielt, Stiel gerade. **4. Stylococcus.**
   II. Gehäuse mit einem ringförmigen Faden befestigt. **5. Chrysopyxis.**

B. Zellen mit apikal gelegener Blase od. kompliziertem Vakuolensystem, mit eng anliegender, Kieselsäure-Einlagerungen enthaltender Hülle (Mallomonadeae).
a) Zellen einzeln.
α) Hüllen einfach, glatt od. mit kleinen Körnchen besetzt. **6. Microglena.**
β) Hülle aus dachziegelförmig angeordneten Kieselplättchen bestehend, die meist lg. Kieselnadeln tragen. **7. Mallomonas.**
b) Zellen zu freischwimmenden, von zarter Gallerthülle umgebenen Kolonien vereinigt. **8. Chrysosphaerella.**

1. Gattung: **Chromulina** Cienkowsky.

Zellen kugelig, eiförmig bis länglich, hinten deutlich amöboid. Geißel vorn ansitzend. Oberfläche glatt od. körnig bis höckerig. 1—2 kontraktile Vakuolen im Vorderende. 1—2 Chromatophoren, meist mit Augenfleck. Kern vorn gelegen. Freischwimmend. Teilung in beweglichem od. gallertumhülltem Ruhezustand. Dauercysten mit Skulptur u. Porus.

1. Untergattung: Euchromulina Lemm.

Zellen mit zwei Chromatophoren.

Zellen zylindrisch, eiförmig bis kugelig, 7—13 μ br., 14—16 μ lg., mit ungefähr gleichlanger Geißel. Hautschicht deutlich körnig. Augenfleck rundlich. In stehendem, auch salzhaltigem Wasser. (Fig. 141.) **C. flavicans** (Ehrenb.) Bütschli

Zellen kugelig bis herzförmig, etwas abgeplattet, 3,6—8 μ lg., mit 2—3mal so lg. Geißel. Hautschicht glatt. Augenfleck stäbchenförmig. In stehenden Gewässern, auch im salzhaltigen Wasser. **C. ochracea** (Ehrenb.) Bütschli

2. Untergattung: Chromulinella Lemm.

Zellen mit nur einem Chromatophor.

1. Hautschicht glatt. 2.
Zellen br. eiförmig, vorn abgestutzt, mit 1½mal so lg. Geißel. Hautschicht mit einzelnen derben, warzenförmigen Vorsprüngen. Augenfleck klein, punktförmig. Kontraktile Vakuole 1. In stehenden Gewässern. **C. verrucosa** Klebs
2. Zellen ohne Augenfleck. 3.
Zellen mit punktförmigem Augenfleck, ± oval, vorn ausgerandet, 6—7 μ br., 9—14 μ lg., mit 1½mal so lg. Geißel. Kontraktile Vakuolen 2. In stehenden Gewässern verbreitet, doch meist vereinzelt. **C. ovalis** Klebs
3. Zellen meist eiförmig, 4—6 μ br., 8—9 μ lg., im Vorderende mit einer kontraktilen Vakuole u. einem gelbbraunen, wandständigen Chromatophor, ohne Augenfleck. Geißel so lg. wie die Zelle. Bildet Dauerzellen mit Halsfortsatz, ferner formlose Palmella-

zustände. In stehenden Gewässern, Wasserbassins usw., sehr verbreitet. Bildet goldbraun-glänzende, staubförmige Überzüge auf der Wasseroberfläche. (Fig. 142.)

C. Rosanoffii (Woron.) Bütschli

Zellen eiförmig, selten kugelig od. spindelförmig, 5—7 μ br., 6—9 μ lg., mit Chromatophor u. Vakuole wie vor. Geißel etwas länger als die Zelle. Dauerzellen ohne Halsfortsatz, ferner formlose Palmellazustände. In stehenden Gewässern u. ruhigen Buchten.

C. Woroniniana Fisch

2. Gattung: **Chrysamoeba** Klebs.

Zellen nackt, mit Geißel od. unter Verlust der Geißel durch Ausbildung von Pseudopodien amöboid werdend. 2 gelbbraune, muldenförmige Chromatophoren, ohne Augenfleck. 2—3 kontraktile u. 1 große, nicht kontraktile Vakuole. Zweiteilung.

Bewegliche Zellen eiförmig, 12—15 μ lg. Amöboide Zellen mit zahlreichen, radial ausstrahlenden, feinen Pseudopodien. Im Plankton stehender Gewässer. (Fig. 143.) **C. radians** Klebs

3. Gattung: **Chrysococcus** Klebs.

Zellen kugelig, von einer enganliegenden, dicken, bräunlichen Schale umschlossen, die vorn für die doppelt zellenlg. Geißel eine enge Öffnung besitzt. Meist 2 Chromatophoren. 1 od. 2 kontraktile Vakuolen vorn. Freischwimmend.

Zellen 8—10 μ im Durchm., mit seitenständigen Chromatophoren u. deutlichem Augenfleck. In stehenden Gewässern. (Fig. 149.)

C. rufescens Klebs

4. Gattung: **Stylococcus** Chodat.

Zellen kugelig bis länglich, einzeln, lg. gestielt, in ein enges, spindelförmiges bis flaschenförmiges, langgestieltes Gehäuse mit schwach vorgezogener Mündung eingeschlossen. Eine Chromatophor am Hinterende. Eine kontraktile Vakuole.

Zellen 5—10 μ lg., 5—6 μ br., ohne Augenfleck. Stiel 8—21 μ lg. An den Gallerthüllen von Algen in stehenden Gewässern. (Fig. 150.)

S. aureus Chodat

5. Gattung: **Chrysopyxis** Stein.

Zellen ± kugelig, mit krugförmigem, braunem Gehäuse, einzeln. Gehäuse ungestielt, vorn zu einer Mündung verengt, hinten zugespitzt u. einen Faden bildend, der sich ringförmig um den Algenfaden legt. Geißel zellenlg., oft pinselförmig zerschlitzt. Chromatophoren 1 od. 2. Kontraktile Vakuole vorn. Kern zentral.

Zellen 10 μ lg., 13 μ br. Gehäuse 12—15 μ hoch, 8—13 μ br. In stehenden Gewässern, besonders an Fadenalgen (Mougeotia) festsitzend; verbreitet. (Fig. 151.) **C. biceps** Stein

6. Gattung: **Microglena** Ehrenb.

Zellen eiförmig, etwas abgeplattet, am Vorderende ausgerandet u. hier die Geißel entspringend, umhüllt von einer dünnen, eng anliegenden, weichen Hülle, die zerstreute Körnchen enthält. Meist 2 Chromatophoren. Augenfleck vorhanden. Vorn seitlich 5—6 kontraktile Vakuolen u. eine große nicht pulsierende, birnförmige Blase. Bewegung langsam rotierend. Kern groß.

Zellen 20—50 μ lg., 10—20 μ br. In stehenden Gewässern zwischen Wasserpflanzen. (Fig. 145.)

M. punctifera (Müller) Ehrenb.

7. Gattung: **Mallomonas** Perty.

Zellen eiförmig bis länglich, mit eng anliegender Hülle, die aus dachziegelig angeordneten Kieselplättchen besteht, die alle od. nur an den Körperpolen steife, bogig abstehende, verkieselte Borsten tragen. Geißel vorn, etwas länger als die Zelle. Chromatophoren 2, muldenförmig, seitenständig, ohne Augenfleck. Mehrere verschieden gelagerte kontraktile Vakuolen, vorn eine größere Zellblase u. der Kern. Langsames Vorwärtsschwimmen.

1. Borsten nur an den Polen der Zellen vorhanden. 2.
   Borsten gleichmäßig verteilt, bisweilen am Vorderende fehlend. 3.
2. Zellen spindelförmig, ca. 79 μ lg., ca. 13 μ br. Schuppen in schrägen Reihen angeordnet. Borsten kurz, stachelförmig, nur an den Polen, vorn am stärksten. In stehenden Gewässern.
   M. pulcherrima (Stokes) Lemm.
   Zellen fast spindelförmig, ca. 25 μ lg., ca. 8 μ br. Schuppen sehr zart. Borsten länger als bei vor., vorn wagerecht abstehend, hinten rückwärts gerichtet. In stehenden u. langsam fließenden Gewässern. (Fig. 146.) **M. litomesa** Stokes
3. Borsten glatt. 4.
   Borsten gezähnt. 5.
4. Zellen oval, 20—26 μ lg., 7—12 μ br., mit zahlreichen glatten, gebogenen Borsten besetzt. Schuppen oval, dachziegelig, mit 2 Linien versehen, die sich kurz vor dem Hinterende im spitzen Winkel treffen. Dauerzellen kugelig, in der Mitte der leeren Hülle liegend. Im Plankton stehender u. fließender Gewässer.
   M. acaroides Perty
   Zellen lg. gestreckt, gleich br., nur an den Enden etwas verschmälert u. abgerundet, zuweilen schwach gekrümmt, 40—63 μ lg., 7—11 μ br., mit zahlreichen, nach hinten gerichteten, glatten, fast geraden Borsten, die bisweilen am Vorderende fehlen. Dauerzellen in der Mitte der leeren Hülle liegend. Im Plankton stehender u. fließender Gewässer. **M. producta** (Zachar.) Iwanoff
5. Schuppen eiförmig. 6.
   Schuppen rund. 7.
6. Zellen verkehrt eiförmig, 28—36 μ lg., 16—21 μ br. Schuppen in geraden Querreihen angeordnet. Borsten zahlreich, gleichmäßig

verteilt, am Ende deutlich gezähnt, 50—60 μ lg. Dauerzellen kugelig, die Hülle vollständig ausfüllend. Im Plankton stehender u. fließender Gewässer. (Fig. 147.) **M. longiseta** Lemm.

Zellen verkehrt eiförmig, hinten schwanzartig ausgezogen, 40 bis 85 μ lg., 12—25 μ br. Schuppen dachziegelig, regellos. Borsten am Ende gebogen u. an der konvexen Seite deutlich gezähnt, zahlreich, zuweilen verzweigt. Dauerzellen kugelig, die Hülle ganz ausfüllend. Im Plankton stehender u. fließender Gewässer.
M. caudata Iwanoff

7. Zellen eiförmig, 22 μ lg., 16 μ br., vorn etwas verjüngt, hinten br. abgerundet. Schuppen in geraden Querreihen. Borsten zahlreich, gleichmäßig angeordnet, am Ende gezähnt, 35—44 μ lg. Im Plankton stehender u. fließender Gewässer.
M. dubia (Seligo) Lemm.

Zellen vorn fast zylindrisch, hinten schwanzartig verlängert, 67—70 μ lg., vorn 14 μ, hinten 4 μ br. Nadeln zahlreich, gleichmäßig verteilt, am Ende gezähnt, 70—75 μ lg. Im Plankton stehender Gewässer. **M. fastigata** Zachar.

8. Gattung: **Chrysosphaerella** Lauterborn.

Zellen mit dem Hinterende zu kugeligen Kolonien vereinigt u. von einer lockeren Gallerthülle mit eingelagerten, gebogenen Kieselnädelchen umgeben. Geißel am Vorderende entspringend. Neben der Geißelbasis erheben sich 2 kelchförmige, hyaline Gebilde, aus denen je eine sehr lg., bewegliche, röhrenförmige, verkieselte Nadel entspringt. Chromatophoren 2, seiten- od. wandständig. Augenflecke 2 (?). Kern zentral. Vakuolen mehrere. Bewegung rotierend.

Zellen birnförmig 15 μ lg., 9 μ br. Kolonie bis 250 μ groß. Geißel etwas länger als die Zelle. Im Plankton stehender pflanzenreicher Gewässer. (Fig. 148.) **C. longispina** Lauterb.

2. Familie: **Hymenomonadaceae.**

Zellen eiförmig, länglich bis dreieckig, mit 1—2 Chromatophoren u. 2 gleichlg. Geißeln, nackt od. meist von einer Hülle od. schalenförmigem Gehäuse umgeben, einzeln od. in Kolonien.

Bestimmungstabelle der Gattungen.

A. Zellen einzeln.
  a) Zellen freischwimmend, ohne Gallertstiel. **1. Hymenomonas.**
  b) Zellen festsitzend, mit Gehäuse.
    α) Gehäuse langgestielt. **2. Stylochrysallis.**
    β) Gehäuse ungestielt od. kurzgestielt. **3. Derepyxis.**

B. Zellen in freischwimmenden Kolonien.
  a) Zellen ohne Hülle, Kolonien in Gallerte eingeschlossen. **4. Syncrypta.**
  b) Zellen mit derber Hülle, Kolonien ohne Gallerte. **5. Synura.**

1. Gattung: **Hymenomonas** Stein.

Zellen länglich zylindrisch, vorn br., häufig ausgerandet, etwa zellenlg. Geißeln, von einer eng anliegenden, dicken, hellbräunlichen Hülle umgeben, in der zuweilen größere Körner sind. Zwei Chromatophoren, ohne Augenfleck. 1 kontraktile Vakuole am Vorderende, durch das Zusammenfließen mehrerer kleinerer entstehend. Einzeln, freischwimmend.

Zellen 17—50 μ lg., 10—20 μ br. In pflanzenreichen Teichen. (Fig. 152.) **H. roseola** Stein

2. Gattung: **Stylochrysallis** Stein.

Zellen in ein kugeliges bis eiförmiges, mit lg., geradem Gallertstiel u. scheibenförmigem Fuß aufsitzenden Gehäuse eingeschlossen. Geißeln etwa doppelt zellenlg. 2 seitlich gelegene Chromatophoren, ohne Augenfleck. 1 kontraktile Vakuole hinten.

Zellen ca. 10 μ lg. An Eudorina in stehenden Gewässern, auch im Plankton. (Fig. 153.) **S. parasitica** Stein

3. Gattung: **Derepyxis** Stokes.

Zellen in ein zartes, an der Basis verschmälertes Zellulosegehäuse eingeschlossen, ohne od. mit nur kurzem Gallertstiel. Geißeln gleich lg. Chromatophoren 1, basal od. 2, seitenständig. 1 od. 2 Vakuolen, an der Spitze od. Basis liegend.

Gehäuse verkehrt eiförmig bis spindelförmig, 18—20 μ lg., 10—14 μ br. mit 3—5 μ lg. u. 1—2 μ br. Hals. In Teichen. **D. dispar** Senn

4. Gattung: **Syncrypta** Ehrenb.

Zellen eiförmig bis birnförmig, mit den spitzen Hinterenden zu kugeligen Kolonien vereinigt, die von einer, größere Körner enthaltenden Gallertschicht umgeben sind, Geißeln mehr als zellenlg., aus der Gallerte herausragend. 2 Chromatophoren, 2 Augenflecke. 1 kontraktile Vakuole vorn.

Zellen 10 μ lg., 7 μ br. In stehenden Gewässern zwischen Algen und Moosen freischwimmend. (Fig. 155.) **S. volvox** Ehrenb.

5. Gattung: **Synura** Ehrenb.

Zellen mit dem zugespitzten Hinterende zu kugeligen, nicht in Gallerte eingehüllten Kolonien vereinigt, Geißeln etwas mehr als zellenlg., Hülle derb, enganliegend, kurze Borsten tragend. Chromatophoren 2, seitenständig. Augenfleck fehlt. 1—5 kontraktile Vaguolen hinten. Kern zentral. Kolonien frei rotierend. Dauerzellen kugelig. Kolonien kugelig od. etwas länglich.

Zellen eiförmig bis birnförmig, bis 20—40 μ lg. u. 8—17 μ br. Kolonien 100—400 μ groß. In süßen u. salzhaltigen, auch verschmutzten Gewässern. (Fig. 154.) **S. uvella** Ehrenb.

3. Familie: **Ochromonadaceae.**

Zellen eiförmig bis länglich, mit 2 ungleich lg. Geißeln u. 1—2 Chromatophoren, nackt od. von einer Gallertschicht umgeben od. in zarten Gehäusen lebend, oft Kolonien bildend, festsitzend od. freischwimmend.

A. Zellen nackt, ohne Gehäuse (Ochromonadinae).
  a) Zellen einzeln lebend, ohne Gallerte. **1. Ochromonas.**
  b) Zellen koloniebildend, von Gallerte umhüllt.
    α) Zellen innerhaleb der Gallerte ziemlich regellos peripher gelagert. **2. Uroglenopsis.**
    β) Zellen innerhalb der Gallertkugel radiär gelagert u. durch dichtere Gallertstränge zusammenhängend. **3. Uroglena.**

B. Zellen mit becherförmigen od. röhrenförmigen Gehäusen (Lepochromonadinae).
  a) Rand des Gehäuses einfach.
    α) Gehäuse verkehrt eiförmig bis ± zylindrisch, nicht od. schwach gewellt; Protoplast mit kontraktilem Stiel. **4. Dinobryon.**
    β) Gehäuse tonnenförmig durch 2—3 Quereinschnürungen stark gewellt; Protoplast ungestielt. **5. Pseudokephyrion.**
  b) Rand des Gehäuses aus kragenförmig ineinandersteckenden Stücken bestehend. **6. Hyalobryon.**

1. Gattung: **Ochromonas** Wyssotzki.

Zellen eiförmig, birnförmig bis länglich, deutlich amöboid, Geißeln verschieden lg., Mundstelle an der Geißelbasis, Hautschicht glatt od. warzig. Chromatophoren 1—2, meist mit Augenfleck. Kontraktile Vakuole vorn, Kern zentral. Schwimmbewegung frei rotierend. Längsteilung.

1. Hautschicht glatt. Chromatophoren stets 2. 2.
   Hautschicht warzig. 3.
2. Zellen 16—24 μ lg. Hauptgeißel länger als die Zelle. In pflanzenreichen stehenden Gewässern. (Fig. 156.) **O. mutabilis** Klebs

   Zellen 6—9 μ lg., 5—8 μ br. Hauptgeißel von Zellenlänge. Vorkommen wie vor. **O. variabilis** H. Meyer
3. Zellen meist ± kugelig, 14—20 μ lg., mit einem gefalteten, bandförmigen, goldgelben Chromatophor, außen warzig. Hauptgeißel etwa doppelt so lg. wie die Zelle. Bisweilen Gallertfäden ausscheidend, welche die Warzen verhüllen. Vorkommen wie vor. **O. crenata** Klebs

   Zellen eiförmig bis fast herzförmig u. vorn ausgerandet, 9—12 μ lg., 6—9 μ br., mit 2 großen, seitlichen, dunkelbraunen Chromatophoren. Außen warzig. Hauptgeißel so lg. wie die Zelle. In Moorgewässern. **O. chromata** H. Meyer

2. Gattung: **Uroglenopsis** Lemm.

Zellen zu ± kugeligen Gallertkolonien vereinigt u. an deren Peripherie ziemlich regellos verteilt. 1—2 Chromatophoren, meist mit Augenfleck. Kontraktile Vakuolen 2.

Kolonien bis 300 μ groß. Zellen oval mit fein granulierter Hautschicht, 5—8 μ lg. Hauptgeißel bis 4mal so lg. wie die Zelle, Nebengeißel kürzer als die Zelle. Im Plankton stehender Gewässer.

U. americana Lemm.

3. Gattung: **Uroglena** Ehrenb.

Zellen durch Gallerte zu kugeligen Kolonien vereinigt u. durch dichotom verzweigte, dichtere Gallertstiele im Innern der Kugel zusammenhängend. Hauptgeißel doppelt zellenlg., die andere halb so lg. Chromatophor schraubig, gelb, vorn mit stäbchenförmigem Augenfleck. Kontraktile Vakuole vorn, Kern zentral. Kugeln frei rotierend. Längsteilung der Zellen u. Querteilung der Kolonien. Dauersporen stachelig u. mit röhrigem Stiel.

Kolonien 40—300 μ im Durchm. Zellen eiförmig bis birnförmig, hinter zugespitzt, 14—18 μ lg., 10—12 μ br. Im Plankton stehender, seltener fließender Gewässer, oft massenhaft. (Fig. 157.)

U. volvox Ehrenb.

4. Gattung: **Dinobryon** Ehrenb.

Zellen länglich, spindelförmig, an einem kontraktilen Faden im Grunde eines ± becherförmigen, oben offenen Gehäuses sitzend, einzeln od. Kolonien bildend. Gehäuse der Frühlings- u. Sommerkolonien oft verschieden gestaltet, auch innerhalb der Kolonie häufig nicht gleichartig. Chromatophoren 1 od. 2. Augenfleck 1, vorn gelagert. 2 kontraktile Vakuolen u. Kern zentral. Hauptgeißel zellenlg., Nebengeißel ¼ so lg. Festsitzend od. im Plankton. Dauercysten kugelig mit verkieselter Membran, am Rande des Gehäuses sitzend.

I. Sektion: Epipyxis (Ehrenb.) Lauterb.

Gehäuse festsitzend, einzeln od. gruppenweise, niemals zu verzweigten Kolonien vereinigt.

1. Gehäuse spindelförmig, an der Mündung verengt. 2.
   Gehäuse schmal zylindrisch, an der Mündung nicht verengt, an der Basis kurz zusammengezogen, 40—50 μ lg., 5—7 μ br. In stehenden Gewässern, an Wasserpflanzen, zerstreut.
   D. Stokesii Lemm.
2. Gehäuse schmal-spindelförmig, oft mit zart netziger Struktur, 25—50 μ lg., 6—11 μ (an der Mündung 8—9 μ) br. Protoplast vorn abgeschrägt u. ausgerandet, mit 2 Chromatophoren. An Wasserpflanzen in stehenden Gewässern. (Fig. 158.)
   D. utriculus (Ehrenb.) Stein
   Gehäuse br.-spindelförmig, häufig braun gefärbt, an der Basis mit kurzer Düte, mit einem Gallertscheibchen festsitzend, 22—24 μ

lg., 9 μ br. Protoplast mit einem Chromatophor. In stehenden Gewässern, an Fadenalgen festsitzend. **D. marchicum** Lemm.

II. Sektion: Dinobryopsis Lemm.

Gehäuse einzeln, freischwimmend.

Gehäuse zylindrisch, hinten schief kegelförmig ausgezogen, unterhalb der Mündung etwas eingeschnürt, 18—25 μ lg., 4—6 μ br., unter der Mündung 4 μ br. Wandung außer dem Hinterende mit 2 sich kreuzenden spiralförmigen Verdickungsleisten versehen. Im Plankton stehender u. fließender Gewässer. (Fig. 160.)
D. Marssonii Lemm.

III. Sektion: Eudinobryon Lauterb.

Gehäuse zu vielfach verzweigten Kolonien verbunden.

1. Gehäuse vasenförmig, unterhalb der erweiterten Mündung eingeschnürt. Kolonien dichtbuschig. 2.
Gehäuse zylindrisch-kegelförmig. Kolonien meist schmal u. eng. (Die Gehäuse der Frühlingskolonien gleichlg., die der Sommerkolonien nach der Spitze zu länger werdend.) 3.
Gehäuse aus einem vorderen Zylinder mit erweiterter Mündung u. einem, meist schief aufgesetzten Basalkegel bestehend. Kolonien meist sperrig. 5.
2. Gehäuse regelmäßig, seitlich ohne Ausstülpung, am Ende zugespitzt, 30—44 μ lg., an der Mündung u. in der Mitte 10—13, an der Einschnürung 10—11 μ br. Dauerzellen kugelig, 14—16 μ im Durchm., innerhalb einer weiten, in der Mündung des Gehäuses steckenden Gallerthülle. Im Plankton stehender u. schwach fließender Gewässer; sehr verbreitet. (Fig. 161.) **D. sertularia** Ehrenb.
Gehäuse durch eine kurze seitliche Ausstülpung nahe dem Grunde unregelmäßig, hinten allmählich verjüngt, am Ende abgerundet, 37—40 μ lg., in der Mitte 7—10, an der Mündung 10—11, an der Einschnürung 7 μ br. In stehenden u. fließenden Gewässern; ziemlich verbreitet. **D. protuberans** Lemm.
3. Gehäuse vorn $\pm$ zylindrisch, an der Basis mit lg. u. stielartiger, kegelförmiger Verschmälerung. 4.
Gehäuse mehr kegelförmig, an der Basis ohne stielartige Verschmälerung; bei der Frühlingsform 30—41 μ lg., bei der Sommerform 30—41 bzw. 41—68 μ lg., an der Mündung 7—8 μ br. Dauerzellen kugelig bis etwas länglich, 12—14 μ im Durchm., in einer ovalen od. keulenförmigen Gallerthülle in der Mündung des Gehäuses. Planktonbewohner, im Tiefland u. im Gebirge sehr verbreitet. (Fig. 162.) **D. sociale** Ehrenb.
4. Gehäuse lg. keglförmig, nicht od. nur schwach gewellt, gegen die Basis zu allmählich in den lg. feinen Endkegel übergehend; bei der Frühlingsform 56—82 μ lg., bei der Sommerform an der Spitze der Kolonie bis 96 μ lg. Dauerzellen unbekannt. Im Plankton stehender Gewässer. Überall verbreitet **D. stipitatum** Stein

Gehäuse vorn zylindrisch mit deutlich gewellter Wandung, hinten mit deutlich abgesetztem Stiel, der vor der Basis lanzenförmig verbreitert ist, bei der Frühlingsform 46,5—60 μ lg., bei der Sommerform 46,5—60 bzw. 57,5—100 μ lg. Dauerzellen kugelig, mit Halsfortsatz, fein punktiert, 8—12 μ im Durchm., in einer ovalen, in der Mündung des Gehäuses steckenden Gallerthülle. — Im Plankton stehender, seltener fließender Gewässer, verbreitet. **D. bavaricum** Imhof

5. Gehäuse mehr gerade, manchmal schwach gewellt, an der Basis schief in den stumpfen od. kurz zugespitzten Endkegel verschmälert, bis 115 μ lg. u. 10—12 μ br. (Vorderteil 40—80 μ, Endkegel 20—40 μ lg.). Dauerzellen kugelig, ohne Halsfortsatz, ca. 12 μ groß, in einer weiten, keulenförmigen, in der Mündung des Gehäuses steckenden Gallerte eingebettet. Im Plankton stehender u. fließender Gewässer, auch in Torfmooren; sehr verbreitet. **D. cylindricum** Imhof

Gehäuse ziemlich deutlich gekrümmt, meist mit welligen Wänden, an der Basis mit meist schief nach außen gebogenem Endkegel, bis 50 μ lg. (Vorderteil 20—30 μ, Endkegel 15—20 μ lg.). Dauerzellen mit Halsfortsatz, bis 15 μ groß, in einer weiten Gallerthülle. In stehenden Gewässern, Gräben u. Flüssen; außerordentlich verbreitet. **D. divergens** Imhof

5. Gattung: **Pseudokephyrion** Pascher.

Zellen oval, ohne basalen kontraktilen Faden, dem Grunde des Gehäuses aufsitzend. Gehäuse frei, tonnenförmig, mit 2—3 querverlaufenden Einschnürungen u. zylindrisch vorgezogener Mündung. Chromatophoren 2, seitenständig, Augenfleck stäbchenförmig; Vakuolen 2. Hauptgeißel 1½mal so lg. wie die Zelle.

Gehäuse oft bräunlich gefärbt, am Hinterende abgerundet, 18 bis 25 μ lg., hinten 1,5 μ, in der Mitte 7—12 μ, vorn 3—5 μ br. Zwischen Wasserpflanzen in stehenden Gewässern; verbreitet. (Dinebryon undulatum Klebs). (Fig. 159.) **P. undulatum** (Klebs) Pascher

6. Gattung: **Hyalobryon** Lauterborn.

Zellen spindelförmig, vorn halsförmig verlängert, schief abgestutzt, hinten mit lg. Schwanzfaden, seitlich im Vorderende von hyalinen, röhrigen, gebogenen, festsitzenden Gehäusen sitzend, deren Außenwand durch kragenförmig ineinandergesteckte Ringe gebildet wird. Gehäuse einzeln od. Tochtergehäuse außen seitlich an dem Muttergehäuse befestigt u. so baumförmig verzweigte Kolonien bildend. Einzelgehäuse u. Kolonien festsitzend od. durch passives Losreißen freischwimmend.

1. Gehäuse einzeln od. gruppenweise, keine verzweigten Kolonien bildend. 2.

Kolonien bildend. Zellen spindelförmig, vorn schief abgestutzt u. peristomartig ausgehöhlt, 30 μ lg., 4—5 μ br., mit 2 gelbbraunen

Chromatophoren u. einem Augenfleck. 2 kontraktile Vakuolen. Gehäuse lg. zylindrisch, gerade od. gebogen, 50—55 μ lg., 5—7 μ br. An Wasserpflanzen, seltener im Plankton stehender Gewässer. **H. ramosum** Lauterb.

2. Zellen länglich. Gehäuse zylindrisch, hinten kurz zugespitzt, an der Mündung bedeutend erweitert, 27—38 μ lg., 5—9 μ br., an der Mündung 11—12 μ br., Ringe schon an der Basis des Gehäuses entspringend, zahlreich. Dauerzellen oval, in der Mitte des Gehäuses liegend. An Wasserpflanzen, an Tieren in stehenden Gewässern. (Fig. 163). **H. Lauterbornii** Lemm.

Zellen fast zylindrisch, hinten in einen hyalinen, kontraktilen Stiel ausgezogen, ca. 20 μ lg., mit 1—2 goldgelben Chromatophoren u. einer kontraktilen Vakuole in der Mitte. Gehäuse 26—30 μ lg., hinten stark erweitert, 6—6,5 μ br., an der Mündung 3—3,5 μ br., Stiel 5—10 μ lg. Ringe wie bei vor. Im Plankton in den Gallerthüllen von Schizophyceen. **H. Voigtii** Lemm.

4. Familie: **Chrysocapsaceae.**

Zellen im vegetativen Zustand unbeweglich u. ohne Geißeln, zu kleinen Gallertkolonien od. ziemlich großen, oft strangförmigen Gallertmassen vereinigt. Die aus den Gallertlagern heraustretenden Schwärmer mit 1 Geißel.

Bestimmungstabelle der Gattungen.

A. Gallertlager klein, ± kugelig, ohne Spitzenwachstum. **1. Chrysocapsa.**

B. Gallertstränge lg., oft vielfach verzweigt mit deutlichem Spitzenwachstum. **2. Hydrurus.**

1. Gattung: **Chysocapsa** Pascher.

Gallertlager meist frei treibend. Zellen kugelig bis oval, mit 1 od. 2 Chromatophoren, ohne od. mit Augenfleck. Schwärmer unvollständig bekannt.

Lager bis 20 μ groß mit ziemlich peripher gelagerten, 2—4 μ großen Zellen. Schwärmer wahrscheinlich eingeißelig. Im Plankton größerer, stehender Gewässer; leicht zu übersehen. **C. planktonica** Pascher

2. Gattung: **Hydrurus** Ag.

Zellen gelbbraun, kugelig bis länglich, in langen, flutenden, vielverzweigten Gallertsträngen eingebettet, die durch Spitzenwachstum sich vergrößern u. oft mit Kalk inkrustiert sind. Chromatophor 1, muldenförmig. 5—6 kontraktile Vakuolen im Hinterende. Kern zentral. Schwärmer tetraedrisch mit vorgezogenen Ecken u. einer zellenlangen Geißel, bei der Bewegung rotierend od. hin- u. herzitternd.

Lager 1—30 cm lg., sehr verschiedenartig beschaffen u. verzweigt, oft dichte, moosartige Überzüge bildend. In fließenden, kalten Gewässern, an Steinen, Holz festsitzend. (Fig. 144.)

H. foetidus (Vill.) Kirchner

V. Reihe: **Cryptomonadales.**

Bestimmungstabelle der Familien.

A. Zellen einzeln, im vegetativen Stadium beweglich.
1. Chryptomonadaceae (S. 154).

B. Zellen im vegetativen Stadium zu festsitzenden, kleinen, oft verästelten Fäden vereinigt. **2. Phaeothamnionaceae** (S. 156).

1. Familie: **Cryptomonadaceae** (=Chilomonadaceae).

Zellen beweglich mit schräg abgestutztem, schiefem u. ausgerandetem Vorderende u. ± längs verlaufender Furche. Geißeln 2, ungleich, in der vorderen Ausrandung, nach vorn gerichtet u. etwa so lg. wie die Zelle. Unbewegliche Dauerstadien vorhanden.

Bestimmungstabelle der Gattungen.

A. Chromatophoren vorhanden.
   a) Furche median, nicht zu einem Schlund vertieft; 1 kontraktile Vakuole.
      α) Zellen mit 1 roten Chromatohpor. **1. Rhodomonas.**
      β) Zellen mit 1 od. später 2, blaugrünen Chromatophoren. **2. Chroomonas.**
   b) Furche in der Mediane zu einem deutlichen Schlund eingesenkt. Chromatophoren 2, kontraktile Vakuolen meist 2. **3. Cryptomonas.**

B. Chromatophoren fehlen.
   a) Assimilationsprodukt Stärke; Saprophyt. **4. Chilomonas.**
   b) Assimilationsprodukt Fett od. Öl; Ernährung animalisch. **5. Cyathomonas.**

1. Gattung: **Rhodomonas** Karsten.

Zellen mit deutlicher, etwas gekrümmter u. mit Körnchen ausgekleideter, aber nicht zu einem Schlund vertiefter Furche, mit 1 rotem Chromatophor u. 1 kontraktilen Vakuole. Zahlreiche kleine Stärkekörner.

1. Im Süßwasser. . 2.
   Im Salzwasser; Zellen länglich, an beiden Enden verjüngt, 42—63 μ lg. (Fig. 165.) **R. marina** (Dang.) Lemm.
2. Zellen br. eiförmig, am vorderen Ende verbreitert, hinten abgerundet, 10—13 μ lg., 5—8 μ br. Böhmerwald, Niederösterreich. **R. lacustris** Pascher u. Ruttn.
   Zellen spindelförmig, an beiden Enden verschmälert u. spitz, ca. 15 μ lg. Böhmerwald, Niederösterreich. **R. lens** Pascher u. Ruttn.

2. Gattung: **Chroomonas** Hansg.

Zellen mit schwacher, oft verwischter, nicht zu einem Schlund vertiefter Längsfurche. Chromatophoren blaugrün, anfangs 1, später oft zwei, wandständig. Kontraktile Vakuole 1, am Vorderende. Stärkekörner groß.

Zellen länglich-eiförmig, 9—16 μ lg., 3,5—8 μ br. Kern von 2 halbmondförmigen Stärkekörnern umgeben. In stehenden, auch verschmutzten Gewässern, auch im Plankton. **C. Nordstedtii** Hansgirg

3. Gattung: **Cryptomonas** Ehrenb.

Zellen mit abgeflachter Bauchseite, fast apikal verlaufender u. hier zu einem tiefen Schlund eingesenkter Furche. Chromatophoren 2, wandständig, schalenartig, grün, gelb, braunviolett gefärbt; in ihnen eiförmige bis sechseckige, plattenförmige Stärkekörner liegend. Kontraktile Vakuolen meist 2, am Vorderende. Dauercysten eiförmig bis kugelig mit derber Zellulosemembran.

Zellen eiförmig bis länglich, vorn meist deutlich ausgerandet, 15—32 μ lg., 8—16 μ br., mit 2 grünlichen, gelben od. braunen, seltener fast violetten Chromatophoren u. zahlreichen Stärkekörnern. Schlund fast gerade einmündend. In stehenden, auch verschmutzten Gewässern, auch im Plankton. (Fig. 166.) **C. erosa** Ehrenb.

Zellen lg. eiförmig, vorn wenig ausgerandet, 20—80 μ lg., 5—20 μ br., mit 2 grünen od. gelbbraunen Chromatophoren. Schlund schief einmündend. Vorkommen wie vor. **C. ovata** Ehrenb.

4. Gattung: **Chilomonas** Ehrenb.

Zellen seitlich zusammengedrückt, vorn mit schief orientiertem, fast bis zur Körpermitte reichendem u. mit Körnchen ausgebildetem Schlund. Geißeln im oberen Teil des Schlundes entspringend. Viele Stärkekörner vorhanden, vorn eine kontraktile Vakuole.

Zellen länglich, an der Basis verjüngt u. schwanzartig verlängert, oft etwas zurückgekrümmt. Zellen 22—39 μ lg. In fauligem Wasser. (Fig. 164.) **C. paramaecium** Ehrenb.

Zellen eiförmig, an der Basis nicht verlängert. 20—50 μ lg. In fauligem Wasser. **C. oblonga** Pascher

5. Gattung: **Cyathomonas** Fromentel.

Zellen seitlich zusammengedrückt mit fast völlig zu einem Schlunde eingesenkter Furche, an der Mündung, jederzeit von einer Reihe stark lichtbrechender Körnchen (Schlundring) umgeben. Seitlich erscheint der Schlundring als dunkler Strich. Inneres der Zelle von stark färbbaren Balken durchzogen. Geißeln bandförmig, in ein Spitzchen ausgezogen. Im Vorderende eine kontraktile Vakuole. Assimilationsprodukt Fett u. Öl.

Zellen elliptisch, vorn breit u. schräg abgestutzt, hinten abgerundet od. stumpf, 15—30 μ lg. In Aquarien, Algenkulturen, in

Altwässern, am Rande von Teichen; zwischen faulenden Algen, verbreitet. (Fig. 131.) **C. truncata** Ehrenb.

2. Familie: Phaeothamnionaceae.

Zellen unbeweglich, zu kleinen, einfachen od. wenig verzweigten, festsitzenden Fäden vereinigt. Membran leicht verschleimend. Vermehrung durch Schwärmer, die wie typische Cryptomonaden gebaut sind.

Einzige Gattung: **Phaeothamnion** Lagerh.

(Merkmale der Familie.)

Lager klein, büschelig. Zellen länglich, 5—11 μ lg., 3—9 μ br. Schwärmer 4—7 μ lg. In stehenden od. langsam fließenden Gewässern, auf Fadenalgen festsitzend, verbreitet. **P. confervicolum** Lagerh.

VI. Reihe: Chloromonadales.

Einzige Familie: Chloromonadaceae.

Mit den Charakteren der Ordnung (siehe S. 121).

Bestimmungstabelle der Gattungen.

A. Zellen mit scheibenförmigen, maigrünen Chromatophoren.
   a) Zellen ohne Trichocysten[1]). **1. Vacuolaria.**
   b) Zellen mit Trichocysten, am anderen Ende stets ausgerandet, nicht verschmälert. **2. Gonyostomum.**

B. Zellen ohne Chromatophoren, mit zahlreichen radiären Borsten besetzt. **3. Thaumatomastix.**

1. Gattung: Vacuolaria Cienkowsky.

Zellen formveränderlich. Geißeln in einer tutenförmigen Vertiefung des Vorderendes entspringend, die eine gerade ausgestreckt, die andere am Körper anliegend u. hin- u. herpendelnd. Chlorophyllkörner zahlreich. Vakuolensystem vorn, 1—2 pulsierende Vakuolen umfassend. Kern groß, vorn liegend. Bewegung ruhig rotierend. Dauercysten kugelig, in dicken Gallerthüllen.

Zellen eiförmig, hinten br. abgerundet, vorn allmählich verjüngt, 50—150 μ lg. Geißeln gleich lg., von Zellenlänge. In stehenden pflanzenreichen Gewässern, verbreitet. (Fig. 167.)
V. virescens Cienk.

Zellen verkehrt birnförmig, am Vorderende verbreitert u. ausgerandet u. mit dreieckiger Blase, hinten oft schwanzartig ausgezogen. Geißeln ungleich lg., Schwimmgeißel von Zellenlänge, Schleppgeißel 1½ mal so lg. Vorkommen wie vor. **V. viridis** (Dang.) Senn

---

[1]) Unter Trichocysten versteht man stärker lichtbrechende, radiär orientierte Stäbchen unter der Oberhaut, die bei Reizung Fäden ausscheiden.

2. Gattung: **Gonyostomum** Diesing.

Zellen abgeplattet, am vorderen Ende ausgerandet, mit Schwimm- u. Schleppgeißel. Trichocysten gleichmäßig verteilt. Chromatophoren zahlreich. Eine kontraktile Vakuole u. eine fast dreieckige od. runde Blase im Vorderende. Kern groß, zentral.

Zellen 44—63,5 μ lg, vorn mit einer fast dreieckigen Blase. Geißeln von Zellenlänge, gleichlg. In Sphagnumsümpfen. (Fig. 168.) **G. semen** (Ehrenb.) Diesing

Zellen rundlich, ca. 40 μ lg., vorn mit einer runden Blase. Geißeln ungleich lg. Im Altrhein bei Ludwigshafen, freischwimmend u. zwischen Wasserpflanzen. **G. depressum** (Lauterb.) Lemm.

3. Gattung: **Thaumatomastix** Lauterborn.

Zellen abgeplattet, Schwimmgeißel nach vorn gerichtet, Schleppgeißel in einer ventralen Furche liegend. Hautschicht mit zahlreichen, radiär ausstrahlenden Borsten. Zwei kontraktile Vakuolen entleeren in ein bläschenförmiges Reservoir, das am Vorderende liegt u. nach außen mündet. Langsam kriechende Bewegung. Pseudopodien kräftig, an der Bauchseite ausgestreckt.

Zellen br. eiförmig, 20—35 μ lg., 16—28 μ br. Im Bodenschlamm des Altrheins in Baden. (Fig. 169.) **T. setifera** Lauterb.

VII. Reihe: Euglenales.

Bestimmungstabelle der Familien.

A. Zellen radiär, nicht bilateral-symmetrisch. Ernährung autotroph od. saprophytisch.
  a) Zellen mit Chromatophoren, grün od. rot, seltener farblos. 1. **Euglenaceae** (S. 157).
  b) Zellen ohne Chromatophoren, hyalin. 2. **Astasiaceae** (S. 164).

B. Zellen bilateral-symmetrisch, ohne Chromatophoren, hyalin. Ernährung animalisch od. saprophytisch. 3. **Peranemaceae** (S. 167).

1. Familie: Euglenaceae.

Zellen metabolisch od. nicht, radiär gebaut, mit Chromatophoren, rot od. grün, selten farblos, mit 1—2 Geißeln. Augenfleck meist vorhanden. Teilung meist in ruhendem, selten in beweglichem Zustande. Oberfläche häufig streifig.

Bestimmungstabelle der Gattungen.

A. Zellen stets ohne feste Schalen.
  a) Zellen mit einer Geißel.
    α) Zellen freischwimmend, ohne Gallertstiel.
      I. Zellen nicht in einem Gehäuse steckend.
        1. Zellen ± metabolisch, formveränderlich. 1. **Euglena.**

2. Zellen starr, nicht formveränderlich.
   * Zellen drehrund. **2. Lepocinclis.**
   ** Zellen plattgedrückt. **3. Phacus.**
II. Zellen in einem braunen Gehäuse steckend. **4. Trachelomonas.**
β) Zellen in einem Gehäuse u. festsitzend, formveränderlich, ohne Gallertstiel. **5. Ascoglena.**
γ) Zellen ohne Gehäuse, auf Gallertstielen befestigt. **6. Colacium.**
b) Zellen mit 2 gleichlg. Geißeln. **7. Eutreptia.**
B. Zellen flach gedrückt, an den flachen Seiten mit je einer, dicht anliegenden, festen Schale. Eine Geißel. **8. Cryptoglena.**

1. Gattung: **Euglena** Ehrenb.

Zellen langgestreckt spindelförmig, zylindrisch od. bandförmig, meist metabolisch. Geißel im Trichter am Vorderende entspringend. Oberhaut meist gestreift. Chromatophoren scheiben-, band- od. sternförmig, grün, seltener hyalin. Hauptvakuole u. 1 bis mehrere pulsierende Nebenvakuolen. Kern zentral od. hinten gelegen. Augenfleck meist vorhanden. Bewegung frei rotierend. Dauercysten mit mehrschichtigen Gallerthüllen bekannt.

1. Chromatophoren sternförmig od. sternförmig angeordnet. 2.
   Chromatophoren scheibenförmig. 6.
   Chromatophoren 2, lg. bandförmig, seitlich gelegen. Zellen wenig veränderlich, vorn abgerundet, hinten allmählich verjüngt, mit kurzer Endspitze, 25—26 μ lg., 7—8 μ br. Geißel von Zellenlänge. In stehenden, auch verschmutzten Gewässern, meist einzeln. **E. pisciformis** Klebs
2. Zellen mit zahlreichen Chromatophoren. 3.
   In jeder Zelle nur ein sternförmiger Chromatophor mit von einer hohlkugeligen Schicht kleiner Paramylonkörner umhülltem Mittelstück. Zellen sehr formveränderlich, hinten mit kurzer Endspitze, 52—57 μ lg., 14—18 μ br. Membran zart spiralig gestreift. Teilungszustände kugelig mit Schleimhülle. Dauercysten kugelig, mit dehr dicker, oft konzentrisch geschichteter Hülle. In verschmutztem Wasser, Pfützen, Fischteichen im Plankton u. im Schlamm. (Fig. 170.) **E. viridis** Ehrenb.
3. Zellen durch Hämatochrom rot gefärbt. 4.
   Zellen ohne Hämatochrom. 5.
4. Membran mit spiraliger Streifung. Zellen lg. eiförmig od. spindelförmig, formveränderlich, vorn schräg abgerundet, hinten zugespitzt, 55—121 μ lg., 28—33 μ br. Geißel doppelt so lg. wie die Zelle. Chromatophoren mit vielen schmalen, radial ausstrahlenden u. parallel zur Oberfläche verlaufenden Fortsätzen. Augenfleck vorhanden. Teilungszustände rundlich, abgeplattet, mit dünner Schleimhülle. In Gräben, Teichen, oft eine rote Wasserblüte hervorrufend. (Fig. 171.) **E. sanguinea** Ehrenb.

Membran glatt. Zellen vorn abgerundet, hinten zugespitzt, formveränderlich, 75—103 μ lg., 28—36 μ br. Geißel 1½—2mal so lg. wie die Zelle. Chromatophoren wie bei sanguinea. Augenfleck fehlt. Haematochrom vorhanden. Teilungszustände kugelig, mit dünner Hülle. In Fischteichen oft Überzüge bildend, die in der Sonne zinnoberrot gefärbt sind, in der Dunkelheit wieder grün werden. **E. haematodes** (Ehrenb.) Lemm.

5\. Zellen wenig formveränderlich, ± eiförmig, beidendig abgerundet, 50—70 μ lg., 25—35 μ br. Geißel länger als die Zellen. Chromatophoren zahlreich, peripher gebogen, mit vielen radialen Fortsätzen, die der Wandstreifung entsprechend verlaufen. Pyrenoide beschalt. In stehenden Gewässern zwischen Pflanzen. **E. oblonga** Schmitz

Zellen formveränderlich, lg. gestreckt eiförmig, mit kurzer, hyaliner Endspitze. 98 μ lg., 27 μ br. Geißel von Zellenlänge. Chromatophoren zahlreich, sternförmig, mit doppelt beschaltem Pyrenoid. Membran sehr fein gestreift. Teilungszustände kurz eiförmig, mit Schleimhülle. In stehenden Gewässern, Pfützen usw. **E. velata** Klebs

6\. Pyrenoide fehlen. 8.

Pyrenoide beschalt. 7.

Pyrenoide unbeschalt. Zellen sehr formveränderlich, lg. gestreckt zylindrisch od. bandförmig, vorn schräg, hinten hyalin u. kurz zugespitzt, 85—155 μ lg., 15—22 μ lg. Geißel kürzer als die Zelle. Chromatophoren zahlreich, rund, eiförmig od. scheibenförmig, mit je einem Pyrenoid. Membran schwach spiralig gestreift. — Var. tenuis hat Zellen von 100 μ Länge u. 7—10 μ, Breite. In stehenden, auch verschmutzten Gewässern, Gräben, Pfützen. (Fig. 172.) **E. deses** Ehrenb.

7\. Zellen formveränderlich, vorn abgerundet, hinten kurz u. farblos zugespitzt, hell gelbbraun, 83—92 μ lg., 21—25 μ br. Geißel so so lg. wie die Zelle. Chromatophoren zahlreich, uhrglasförmig, mit unregelmäßig gelapptem Rand u. je einem Pyrenoid. Membran deutlich spiralstreifig. Teilungszustände kugelig mit dicker Hülle. An der Oberfläche von stehenden, auch verschmutzten Gewässern dicke Überzüge bildend. **E. granulata** (Klebs) Lemm.

Zellen lg. gestreckt zylindrisch od. schmal eiförmig, hinten zugespitzt, 37—45 μ lg., 6—22,5 μ br. Geißel ca. zellenlg. Chromatophoren zahlreich, scheibig, mit unregelmäßig lappigem Rand u. je einem Pyrenoid. Teilungszustände mit dünner Schleimhülle. In schlammigen Teichen u. Gräben. (Fig. 173.) **E. gracilis** Klebs

8\. Zellen nur wenig formveränderlich (metabolisch). 9.

Zellen stark formveränderlich. 13.

9\. Membran mit Höckerreihen. 10.

Membran ohne Höckerreihen. 11.

10. Zellen lg. gestreckt, bandförmig, vorn br. abgerundet, hinten allmählich verjüngt, mit hyaliner Endspitze, 90—225 μ lg., 23—27,5 μ br. Geißel von Zellenlänge. Chromatophoren zahlreich, scheibenförmig. Membran dunkelbraun bis schwarz, mit zahlreichen, gleichmäßigen, fast parallel der Längsachse verlaufenden, durch deutliche Zwischenräume voneinander getrennten Höckerreihen. Im Detritus od. Plankton pflanzenreicher stehender Gewässer. **E. fusca** (Klebs) Lemm.

Zellen lg. gestreckt zylindrisch, bisweilen schwach gedreht od. halbkreisförmig gebogen, vorn abgerundet, hinten mit farbloser Endspitze, 80—125 μ lg., 8—15 μ br. Geißel kürzer als die Zelle. Chromatophoren zahlreich, klein. Membran gelb od. braun, mit verschieden entwickelten Höckerreihen besetzt. Vorkommen wie vor. (Fig. 174.) **E. spirogyra** Ehrenb.

11. Zellen spiralig gewunden. 12.

Zellen lg. spindelförmig, vorn halsförmig verjüngt u. schräg abgerundet, hinten mit hyaliner Endspitze, 140—180 μ lg., 10 μ br. Geißel $^1/_3$ so lg. wie die Zelle. Chromatophoren zahlreich, scheibenförmig, rund. Membran zart spiralstreifig. In pflanzenreichen stehenden Gewässern. **E. acus** Ehrenb.

12. Zellen lg. gestreckt, etwas platt, meist deutlich spiralförmig gewunden, vorn abgerundet, hinten kurz zugespitzt, 375—490 μ lg., 30—45 μ br. Geißel von halber Zellenlänge. Chromatophoren zahlreich, klein, scheibenförmig. Membran stark spiralstreifig. Im Detritus od. Plankton pflanzenreicher stehender Gewässer. **E. oxyuris** Schmarda

Zellen lg. gestreckt, bandförmig, spiralig gewunden, vorn br. abgerundet, hinten mit lg. hyalinen Endstachel, 70—80 μ lg., 8—14 μ br. Geißel von halber Zellenlänge. Chromatophoren klein, scheibenförmig. Membran zart gestreift. In pflanzenreichen stehenden Gewässern. **E. tripteris** (Duj.) Klebs

13. Hinterende zugespitzt. 14.

Zellen schmal bandförmig, beidendig br. abgerundet, 290 μ lg., 26 μ br. Geißel kürzer als die Zelle. Chromatophoren zahlreich, sehr klein. Membran stark spiralstreifig. Teilungszustände kugelig, mit Membran. Im Plankton von stehenden Gewässern, Pfützen. **E. Ehrenbergii** Klebs

14. Zellen kurz zylindrisch mit kurzer Endspitze u. leicht konkaven Seiten od. fast eiförmig u. hinten stark verjüngt, 30,5—46 μ lg. u. 9—13 μ br. Geißel 2—3mal so lg. wie die Zelle. Chromatophoren zahlreich, scheibenförmig. Augenfleck sehr groß, dunkelrot. Membran stark spiralig gestreift. Teilungszustände eiförmig, ohne Schleimhülle. In pflanzenreichen Teichen. **E. variabilis** Klebs

Zellen lg. gestreckt zylindrisch, vorn schräg, hinten kurz u. farblos zugespitzt, 120—135 μ lg., 8—12,5 μ br. Geißel kürzer als die Zelle. Chromatophoren zahlreich, rund, scheibenförmig.

Membran zart spiralstreifig. Teilungszustände kugelig, mit lockerer Schleimhülle. In verschmutzten Gewässern, Pfützen, Straßenrinnen. **E. intermedia** (Klebs) Schmitz

2. Gattung: **Lepocinclis** Perty.

Zellen formbeständig, freischwimmend, ohne Gehäuse, drehrund, mit einer Geißel, mit zahlreichen, grünen, wandständigen, scheibenförmigen Chromatophoren u. meist 2 seitlich gelegenen, ringförmigen, großen Paramylonkörnern.

1. Membran deutlich gestreift. 2.
   Zellen spindelförmig, 39—40 μ lg., 11—13 μ br., hinten allmählich zugespitzt, vorn verjüngt, lippenartig, wulstig, 2,7 μ br. Augenfleck punktförmig, kurz unterhalb der Geißelöffnung. In stehenden Gewässern, auch im Plankton. (Fig. 175.) **L. Marssonii** Lemm

2. Zellen am Hinterende nicht abgesetzt, sondern nur zugespitzt od. abgerundet. 3.
   Zellen mit deutlich abgesetztem Hinterende. 4.

3. Zellen verkehrt eiförmig bis spindelförmig, vorn abgerundet, hinten kegelförmig verjüngt, 41 μ lg., 17 μ br. Membran zart gestreift. Geißel länger als die Zelle. In stehenden Gewässern, auch im Plankton. **L. teres** (Schmitz) Francé
   Zellen br. eiförmig, beidendig abgerundet, 52—60 μ lg., 38 μ br., Geißel 3mal so lg. wie die Zelle. In stehenden Gewässern, auch in verschmutzten Dorfteichen. **L. texta** (Duj.) Lemm.

4. Vorderende nicht halsartig vorgezogen. 5.
   Zellen eiförmig mit halsartig vorgezogenem Vorderende u. deutlich abgesetztem, hyalinem Hinterende, 33 μ lg., 12 μ br. Membran sehr zart spiralstreifig. Geißel etwa doppelt so lg. wie die Zelle. In Sphagnumsümpfen. **L. sphagnophila** Lemm.

5. Zellen eiförmig, 30—38 μ lg., 15—18 μ br., Stachel ca. 6—7 μ lg. Geißel doppelt so lg. wie die Zelle. Membran mit stark spiralig gedrehten Streifen. Ändert ab mit kugeligen, kleineren Zellen u. längerer Geißel. In stehenden Gewässern, auch im Plankton. **L. ovum** (Ehrenb.) Lemm.
   Zellen spindelförmig, 22—30 μ lg., 8—15 μ br. Stachel 1,5—4 μ lg. Membranstreifen kaum spiralig gedreht. In stehenden Gewässern, auch im Plankton. **L. Steinii** Lemm.

3. Gattung: **Phacus** Dujardin.

Zellen formbeständig, ohne Gehäuse, freischwimmend, mit einer Geißel, plattgedrückt, hinten zugespitzt od. mit Stachel versehen, mit zahlreichen, wandständigen, scheibenförmigen, grünen Chromatophoren u. unregelmäßigen, rundlichen, stab-, scheiben- od. ringförmigen Paramylonkörnern.

I. Sektion: Euphacus Lemm.

Membran längsgestreift, ohne Stacheln od. Warzen.

1. Endstachel sehr lg. od. fehlend. 2.
   Endstachel kurz. 3.
2. Zellen eiförmig, hinten mit lg., farblosem Stachel, 85—115 μ lg., 46—70 μ br. Geißel kürzer als die Zelle. Augenfleck vorhanden. Ein großes, scheibenförmiges Paramylonkorn. In stehenden, auch verschmutzten Gewässern, auch im Plankton. (Fig. 177.)
   P. longicauda (Ehrenb.) Duj.
   Zellen verkehrt eiförmig, hinten kurz kegelförmig zugespitzt, 31—35 μ lg., 23—25 μ br., auf dem Rücken eine Membranfalte. Geißel zellenlg. Augenfleck u. ein großes Paramylonkorn vorhanden. In stehenden, auch verschmutzten Gewässern. (Fig. 178.)
   P. brevicaudata (Klebs) Lemm.
3. Endstachel schief angesetzt, kurz. 4.
   Endstachel gerade, ca. 15 μ lg. Zellen eiförmig, gedreht, 45 μ lg., 22,5 μ br., auf dem Rücken mit Membranfalte. Geißel zellenlg. Ein größeres ringsförmiges Paramylonkorn in der Mitte, ein kleineres vor dem Stachel. In Gräben u. Sümpfen.
   P. caudata Hübner
4. Zellen an den Seiten nicht flügelartig erweitert. 5.
   Zellen an den Seiten flügelartig verdickt u. mit je einem großen Paramylonkorn versehen, eiförmig od. rundlich, 19 μ lg., 6 μ br., Augenfleck vorhanden. In verschmutztem Wasser, Pfützen usw.
   P. alata Klebs
5. Zellen stark gedreht, eiförmig, 49—55 μ lg., 33—35 μ br., auf dem Rücken mit einer kammartigen, bis zum Hinterende reichenden Membranfalte. Geißel zellenlg. Augenfleck vorhanden. Ein ringförmiges Paramylonkorn. In Gräben u. Sümpfen.
   P. triqueter (Ehrenb.) Duj.
   Zellen wenig gedreht, 45—49 μ lg., 30—33 μ br., auf dem Rükken mit einer bis zur Mitte reichenden Längsfalte. Ein ringförmiges Paramylonkorn (seltener 2). In stehenden Gewässern auch im Plankton. (Fig. 179.)
   P. pleuronectes (O. F. Müll.) Duj.

II. Sektion: Spirophacus Lemm.

Membran spiralig gestreift, ohne Stacheln od. Warzen.

1. Zellen höchstens bis 10 μ br., nur ein ringförmiges Paramylonkorn in der Mitte. 2.
   Zellen birnförmig, 30—55 μ lg., 13—15 μ br., hinten allmählich verjüngt u. in eine lg. farblose Spitze ausgezogen. Geißel zellenlg. Augenfleck vorhanden. 2 große od. mehrere kleinere, seitliche, wandständige, scheibenförmige Paramylonkörner vorhanden. In stehenden, auch verschmutzten Gewässern, zwischen anderen Algen, auch im Plankton. (Fig. 176.)
   P. pyrum (Ehrenb.) Stein

2. Zellen verkehrt eiförmig, hinten zugespitzt, 17—30 μ lg., 9—10 μ br. Geißeln zellenlg. Augenfleck vorhanden. Ein ringförmiges Paramylonkorn in der Mitte. In stehenden Gewässern, namentlich Pfützen, auch in verschmutztem Wasser.

P. parvula Klebs

Zellen verkehrt eiförmig, hinten allmählich verjüngt u. kurz vor der Spitze deutlich abgesetzt, mit den seitlichen Rändern nach unten hin umgerollt, 26 μ lg., 10 μ br. Geißel zellenlg. Augenfleck vorhanden. Ein großes, scheibenförmiges Paramylonkorn in der Mitte. In stehenden Gewässern zwischen Algen.

P. oscillans Klebs

III. Sektion: Chloropeltis (Stein) Lemm.

Membran längsgestreift, Streifen mit feinen Stacheln (od. Warzen) besetzt.

Zellen eiförmig, vorn mit kurzer, röhrenförmiger Geißelöffnung, hinten mit kurzem, geradem, hyalinem Stachel, 30—55 μ lg., 18—33 μ br. Geißel zellenlg. In stehenden Gewässern, zwischen Algen.

P. hispidula (Eichw.) Lemm.

4. Gattung: **Trachelomonas** Ehrenb.

Zellen freischwimmend, mit einer Geißel, mit einem festen, meist braun gefärbten, glatten od. verschieden skulpturierten Gehäuse, das an der Geißelöffnung ringförmig verdickt od. mit Kragen versehen ist. Chromatophoren wandständig, scheibenförmig, meist mit Pyrenoid. Teilung innerhalb des Gehäuses.

1. Gehäuse ganz glatt od. höchstens wellig od. mit feinen Strichen versehen. 2.
   Gehäuse mit Stacheln. 6.
2. Gehäuse kugelig od. fast kugelig, hinten abgerundet. 3.
   Gehäuse oval od. zylindrisch, hinten abgerundet. 4.
   Gehäuse verkehrt-eiförmig, hinten verjüngt. 5.
   Gehäuse zylindrisch, vorn halsartig vorgezogen, hinten mit Endstachel, mit gewellter Wandung, 51 μ lg., 27 μ br., Kragenmündung schräg abgestutzt. Chromatophoren zahlreich, scheibenförmig. In stehenden Gewässern zwischen Algen. (Fig. 180.)
   T. affinis Lemm.
3. Gehäuse hyalin bis dunkelbraun, 7—21 μ im Durchm. Geißel 2—3 mal so lg. wie die Zelle. Kern hinten, 2 Pyrenoide seitlich. Augenfleck vorhanden. Geißelöffnung ringförmig verdickt od. mit einem abgesetzten zylindrischen Kragen umgeben. In stehenden, auch in verschmutzten Gewässern, zwischen Algen od. im Plankton. **T. volvocina** Ehrenb.
   Gehäuse hellgelb, mit vielen kleinen Öffnungen, 17—20 μ lg., 16—19 μ br. Geißelöffnung 2,7 μ weit, mit einem 1 μ hohen Kragen, oft nur ringsförmig verdickt. In stehenden Gewässern, auf Schlamm od. im Plankton. **T. perforata** Awerinzew

4. Gehäuse oval, gelbbraun, 13—16 μ lg. 11—12 μ br. Geißelöffnung ringförmig verdickt od. von einem niedrigen, abgestutzten Kragen umgeben. In stehenden Gewässern zwischen Algen.
T. oblonga Lemm.
Gehäuse zylindrisch, beidendig abgerundet, 35 μ lg., 20 μ br. Geißelöffnung von einem niedrigen, gerade abgestutzten, zylindrischen Kragen umgeben. Augenfleck vorhanden. Chromatophoren 6—10, mit je einem Pyrenoid. In stehenden Gewässern, Pfützen zwischen Algen. **T. euchlora** (Ehrenb.) Lemm.
5. Gehäuse verkehrt eiförmig, vorn br. abgerundet, hinten allmählich verjüngt u. zugespitzt, braun, 26 μ lg., 17 μ br., dicht mit feinen Punkten u. Strichen besetzt. Mit Augenfleck. In faulenden Kulturen, verschmutztem Wasser. **T. reticulata** Klebs
Gehäuse verkehrt eiförmig, hinten allmählich verjüngt, 37,6 μ lg., glatt. Geißel 2—2½mal so lg. wie die Zelle, mit ringförmig verdickter Geißelöffnung. In stehenden Gewässern.
T. incerta Lemm.
6. Gehäuse gleichmäßig mit feinen Stacheln besetzt. 7.
Gehäuse am Hinterende mit einem Kranz längerer Stacheln besetzt, br. eiförmig, 29—64 μ lg. Geißelöffnung ringförmig verdickt od. von einem niedrigen, gezähnten Kragen umgeben. Zwischen Algen, auch im Plankton, in stehenden Gewässern. (Fig. 181.)
T. armata (Ehrenb.) Stein
7. Gehäuse verkehrt eiförmig. 8.
Gehäuse oval, 20—35 μ lg. u. 15—26 μ br., gelb bis dunkelbraun, gleichmäßig bestachelt, seltener mit einigen etwas längeren Stacheln od. mit vielen feinen Punkten. Kragen kurz, zylindrisch gerade abgestutzt. Chromatophoren 8—10, mit je einem doppelt beschalten Pyrenoid. Augenfleck vorhanden. Zwischen Algen od. im Plankton von stehenden Gewässern, Pfützen. (Fig. 182.)
T. hispida (Perty) Stein
8. Gehäuse hinten abgerundet, nur wenig verjüngt. 50—59 μ lg. Geißelöffnung von einem 6 μ hohen, gezähnten Kragen umgeben. In stehenden Gewässern. **T. bulla** Stein
Gehäuse verkehrt eiförmig, hinten in eine farblose, glatte Spitze ausgezogen, 29—53 μ lg., ca. 21 μ br. Geißelöffnung von einem hohen, zylindrischen, an der Mündung erweiterten u. gezähnten Kragen umgeben. In stehenden Gewässern zwischen Algen.
T. caudata (Ehrenb.) Stein

2. Familie: **Astasiaceae.**

Zellen radiär gebaut, rotierend, zentral am Vorderrande mit einem meist ziemlich engen Membrantrichter, der zur Hauptvakuole führt u. in dem eine lg. od. daneben noch eine kurze, stummelförmige, meist rückwärts gebogene Geißel entspringt. Chromatophoren fehlen. Paramylon vorhanden.

Bestimmungstabelle der Gattungen.

A. Zellen stark metabolisch.
  a) Mit einer Geißel. **1. Astasia.**
  b) Mit einer Haupt- u. einer Nebengeißel. **2. Distigma.**
B. Zellen starr, nicht formveränderlich.
  a) Mit einer Geißel. **3. Menoideum.**
  b) Mit einer Haupt- u. einer Nebengeißel. **4. Sphenomonas.**

1. Gattung: **Astasia** Dujardin.

Zellen stark formveränderlich, mit einer fast zellenlg. Geißel, vielen Paramylonkörnern u. meist gestreifter Membran. Dauerzellen kugelig.

1. Kern in der Mitte gelegen. 2.
   Kern ganz hinten gelegen. Zellen verkehrt eiförmig bis spindelförmig, vorn schräg abgestutzt, hinten stark verjüngt, 30—58 μ lg., 12—20 μ br. Membran deutlich spiralig gestreift. In verschmutzten Gewässern. (Fig. 187.) **A. Dangeardii** Lemm.
2. Zellen spindelförmig, vorn undeutlich abgeschrägt, hinten stark verjüngt, 50—59 μ lg., 13—20 μ br. Membran undeutlich spiralstreifig. In verschmutztem Wasser. **A. Klebsii** Lemm.
   Zellen zylindrisch, stets deutlich gekrümmt, häufig gedreht od. abgeflacht, vorn abgestutzt, hinten allmählich zugespitzt, 40—46 μ lg., 5—6 μ br. In verschmutztem Wasser u. faulenden Algenkulturen. **A. curvata** Klebs

2. Gattung: **Distigma** Ehrenb.

Zellen stark formveränderlich, spindelförmig, mit Haupt- u. sehr kurzer Nebengeißel, vielen Paramylonkörnern u. zahlreichen kontraktilen Nebenvakuolen.

Zellen 46—110 μ lg. In stehenden, bes. verschmutzten Gewässern (Fig. 188.) **D. proteus** Ehrenb.

3. Gattung: **Menoideum** Perty.

Zellen nicht formveränderlich, mit einer Geißel, vorn trichterförmig erweitert, mit mehreren kontraktilen Nebenvakuolen u. häufig mit Paramylonkörnern. Membran längsstreifig. Dauerzellen von der Form der beweglichen Zellen.

Zellen sichelförmig gekrümmt, hinten allmählich verjüngt, 39 bis 40 μ lg., 7—10 μ br. Geißel kaum halb so lg. wie die Zelle. Kern hinten gelegen. Membran dicht streifig. In stehenden, auch in verschmutzten Gewässern. (Fig. 189.) **M. pellucidum** Perty

Zellen zylindrisch, schwach gekrümmt, beidendig abgerundet, 16—25 μ lg., 7—8 μ br. Membran entfernt streifig. Vorkommen wie vor. **M. incurvum** (Fres.) Klebs

4. Gattung: **Sphenomonas** Stein.

Zellen nicht formveränderlich, vorn ausgerandet, mit Haupt- u. kurzer Nebengeißel u. 1—4 Längskielen. Membran gestreift. Im Hinterende der Zelle liegt eine große, stark lichtbrechende Gallertmasse.

Zellen br. spindelförmig, vorn schräg abgestutzt, 20—40 μ lg., 8 μ br., mit einem schwach entwickelten Längskiel. Kern vorn. Bewegung gleitend mit schief aufgerichteter Längsachse. In stehenden, bes. verschmutzten Gewässern. (Fig. 190.)
S. teres (Stein) Klebs

Zelle br. spindelförmig, ca. 30 μ lg., vorn schräg abgestutzt, mit 4 stark hervortretenden Längskielen. Kern zentral. Vorkommen wie vor. **S. quadrangularis** Stein

5. Gattung: **Ascoglena** Stein.

Zellen festsitzend, ohne Gallertstiele, in einem weichen, meist braun gefärbten Gehäuse befestigt, formveränderlich, mit einer Geißel. Chromatophoren wandständig, scheibenförmig, mit Paramylonkörnern.

Gehäuse ca. 43 μ lg., vorn 8—11, hinten 15—16 μ br. Zellen spindelförmig, das Gehäuse nicht ausfüllend. Geißeln zellenlg. An Fadenalgen in stehenden Gewässern. (Fig. 183.)
A. vaginicola Stein

6. Gattung: **Colacium** Ehrenb.

Zellen mit dem Vorderende auf einfachen od. beweglichen Gallertstielen befestigt, ohne Gehäuse, mit dünner Gallerthülle. Chromatophoren u. Paramylon wie bei vor. Gatt. Beweglicher Zustand selten, freischwimmend, mit 1 Geißel. Augenfleck vorhanden.

1. Zellen ohne Gallerthaube. 2.

Bewegliche Zellen vorn mit längsgestreifter Gallerthaube, zylindrisch bis verkehrt eiförmig, 46—68 μ lg., 15—29 μ br. Geißel fast so lg. wie die Zelle. Unbewegliche Zellen an der Basis mit Gallerthaube, zylindrisch, 42—48 μ lg., 19—20 μ br., auf kurzen dicken Gallertstielen. Auf Crustaceen sitzend, im Plankton.
C. calvum Stein

2. Bewegliche Zellen spindelförmig, 22 μ lg., 12 μ br., beidendig verjüngt u. abgerundet. Geißel länger als die Zelle. Unbewegliche Zellen eiförmig od. spindelförmig, 19—29 μ lg., 9—17 μ br., auf kurzen, wenig verzweigten Gallertstielen. Auf Crustaceen u. Rotatorien im Plankton stehender Gewässer. (Fig. 184.)
C. vesiculosum Ehrenb.

Bewegliche Zellen wie bei vor. Unbewegliche Zellen verkehrt eiförmig od. spindelförmig, auf langen, verzweigten Gallertstielen. Vorkommen wie vor. **C. arbuscula** Stein

7. Gattung: **Eutreptia** Perty.

Zellen stark metabolisch, mit 2 gleich lg. Geißeln. Chromatophoren scheibenförmig, wandständig, ohne Pyrenoid. Paramylonkörner klein. Augenfleck vorhanden. Teilung im ruhenden Zustand. Bewegung frei rotierend.

Zellen hinten schwanzartig ausgezogen, 49—60 μ lg., 13 μ br. Geißeln zellenlg. In stehenden, auch salzhaltigen Gewässern. (Fig. 185) **E. viridis** Perty

8. Gattung: **Cryptoglena** Ehrenb.

Zellen zusammengedrückt, an den flachen Seiten mit 2 dicht anliegenden, dünnen, festen Schalen, einer Geißel u. 2 seitlich gelegenen Chromatophoren ohne Pyrenoid. Paramylon fehlt. Bewegung frei rotierend.

Zellen eiförmig, vorn br. abgerundet, mit leichtem Ausschnitt in der Mitte, hinten ± zugespitzt od. etwas ausgezogen, an der Bauchseite mit Längsfurche, 11—15 μ lg., 6—9,5 μ br. In stehenden, auch verschmutzten Gewässern. (Fig. 186.) **C. pigra** Ehrenb.

3. Familie: **Peranemaceae** (= Peranemataceae).

Zellen bilateral getrennt, meist kriechend, seltener rotierend schwimmend, vorn mit runder od. spaltenförmiger Mundöffnung, die gewöhnlich auf der Kriechseite liegt. Geißeln 1—2. Augenfleck und Chromatophoren fehlen.

Bestimmungstabelle der Gattungen.

A. Zellen mit einer Geißel.
- a) Zellen formveränderlich.
  - α) Zellen ohne Staborgan. **1. Euglenopsis.**
  - β) Zellen mit Staborgan.
    - I. Geißel einer ventralen Falte entspringend. Mehrere kontraktile Vakuolen vorhanden. **2. Peranema.**
    - II. Geißel einem vorderen Membrantrichter entspringend. Hauptvakuole u. eine Nebenvakuole vorhanden. **3. Urceolus.**
- b) Zellen nicht formveränderlich.
  - α) Zellen unsymmetrisch, gewöhnlich mit Längskielen. Haupt- u. Nebenvakuole in der rechten Körperseite. Kern meist links gelegen. **4. Petalomonas.**
  - β) Zellen stets ohne Längskiele. Eine Vakuole im Vorderende. Kern zentral. **5. Scytomonas.**

B. Zellen mit 2 Geißeln.
- a) Schleppgeißel bedeutend kürzer als die Schwimmgeißel.
  - α) Zellen drehrund, bisweilen schraubig rippig. **6. Heteronema.**
  - β) Zellen seitlich plattgedrückt, mit 6—8 starken Längsrippen. **7. Tropidoscyphus.**

b) Schwimmgeißel viel kürzer als die Schleppgeißel.

α) Mundöffnung mit vorstülpbarer Röhre.

8. Entosiphon.

β) Mundöffnung ohne Röhre.

I. Ektoplasma fehlt. 1 Haupt- u. 1 Nebenvakuole.

9. Anisonema.

II. Ektoplasma plasmolysierbar, mit Körnchenreihe. Eine Haupt- u. mehrere Nebenvakuolen.

10. Dinema.

1. Gattung: **Euglenopsis** Klebs.

Zellen spindelförmig, formveränderlich, ohne Staborgan. Mundfalte im Vorderende seitlich gelegen, in der Nähe die kontraktile Vakuole. Eine zellenlg. Geißel. Membran spiralig gestreift. Bewegung rotierend.

Zellen 21—26 μ lg., 7—10 μ br. In Infusionen mit faulenden stärkereichen Pflanzenteilen, auch in verschmutzten Gewässern. (Fig. 191.) **E. vorax** Klebs

2. Gattung: **Peranema** Duj.

Zellen spindelförmig bis fast zylindrisch, mit Staborgan, formveränderlich. Geißel in einer ventralen Falte entspringend, etwas über zellenlg. Membran spiralstreifig. Mehrere kontraktile Vakuolen. Kern zentral. Bewegung langsam kriechend unter Formänderung, wobei nur die Geißelspitze bewegt wird.

Zellen 22—70 μ lg., 12—15 μ br. In stehenden, bes. verschmutzten Gewässern. (Fig. 192.) **P. trichophorum** (Ehrenb.) Stein

3. Gattung: **Urceolus** Mereschk.

Zellen flaschenförmig, vorn mit halsförmiger Einschnürung, formveränderlich, Geißel im Grunde des Membrantrichters entspringend, etwas über zellenlg. An der Geißelbasis die Mundöffnung, von der ein gebogenes starres Gebilde zum Staborgan führt. Hauptvakuole mit langem Ausfuhrkanal u. 1 Nebenvakuole. Bewegung kriechend, indem der Mundtrichter dem Substrat anliegt u. die Zelle schief aufrecht steht.

Zellen 26—50 μ lg., 17—30 μ br., vorn stark erweitert, schräg abgestutzt, hinten kurz vorgezogen u. abgerundet. Membran deutlich spiralstreifig. Auf dem Schlamm stehender Gewässer. (Fig. 193.) **U. cyclostomus** (Stein) Mereschk.

Zellen 35—40 μ lg., 12—14 μ br., mit Endstachel, im mittleren Teil mit starken, spiralig verlaufenden Rippen. Vorkommen wie vor., auch im Plankton. **U. costatus** Lemm.

4. Gattung: **Petalomonas** Stein.

Zellen starr, unsymmetrisch, meist abgeplattet, mit Längskielen. Geißel rechts von der Mundöffnung in einer besonderen Falte entspringend. Eine Haupt- u. Nebenvakuole meist rechts. Kern links. Bewegung gleichmäßig kriechend.

1. Zellen hinten abgerundet od. zugespitzt. 2.
   Zellen mit 2 od. 3 Fortsätzen, glockenförmig, vorn kurz zugespitzt, ca. 38 μ lg. Geißel. 1 ½—2 mal so lg. wie die Zelle. In pflanzenreichen, auch verschmutzten stehenden Gewässern. **P. sinuata** Stein
2. Zellen ohne Längskiele. 3.
   Zellen mit 1—3 Längskielen. 5.
3. Seitenränder der Zelle nicht eingekrümmt. 4.
   Beide Seitenränder der Zelle nach oben eingekrümmt. Zellen blattartig, vorn zugespitzt, hinten breit abgestutzt, ca. 30 μ lg. Geißel etwas länger als die Zelle. In pflanzenreichen, auch verschmutzten Gewässern. **P. inflexa** Klebs
4. Zellen schmal eiförmig, mit gefurchter Bauchseite u. konvexer Rückenseite, 14—23 μ lg., 7—14 μ br. Geißel von Zellenlänge. In pflanzenreichen Gewässern. **P. angusta** (Klebs) Lemm.
   Zellen mit schmaler Rückenfurche u. stark gefurchter Bauchseite, der linke Furchenrand rippenartig vorspringend, br. eiförmig, nach vorn verjüngt, 22—25 μ lg. In stehenden, auch verschmutzten Gewässern. **P. mediocancellata** Stein
5. Zellen eiförmig, nach vorn meist verjüngt, durch den vorspringenden Kiel u. die zugeschärften Seitenränder $\pm$ dreieckig. Geißel von Zellenlänge. — Var. lata Klebs 47 μ lg., 24 μ br. (Fig. 194.) In pflanzenreichen, auch verschmutzten od. salzhaltigen Gewässern. **P. Steinii** Klebs
   Zellen eiförmig, vorn etwas verjüngt, beidendig abgerundet od. nur hinten abgerundet od. abgestutzt, an der Bauchseite flach od. gestreckt mit 2—3 Längskielen, 27,5 μ lg. Geißel länger als die Zelle. In stehenden, auch verschmutzten Gewässern.
   P. abscissa (Duj.) Stein

5. Gattung: **Scytomonas** Stein.

Zellen starr, eiförmig, vorn gerade abgestutzt, hinten br. abgerundet, ohne Längskiele, schwach abgeplattet. Geißel einer Ecke des Vorderrandes entspringend, etwa zellenlg. Eine Vakuole vorn. Kern zentral.

Zellen eiförmig u. vorn verjüngt od. spindelförmig, 4,8—6 μ lg., 2,5—3 μ br. Im Darminhalt von Fröschen u. Kröten u. in verschmutztem Wasser, Kulturen usw. (Fig. 195.) **S. pusilla** Stein

Zellen lg. oval, an beiden Enden br. abgerundet, ca. 20 μ lg., ca. 8 μ br. Im Darminhalt der Smaragdeidechse.
S. major (Berl.) Lemm.

6. Gattung: **Heteronema** Stein.

Zellen drehrund, spindelförmig bis kugelig, vorn zugespitzt, oft stark metabolisch. Geißeln in der Mundöffnung entspringend, vordere 1—2 mal so lg. wie die Zelle, hintere halb so lg., nach hinten gerichtet. Membran meist deutlich spiralstreifig. Haupt- u. Nebenvakuole. Staborgan schwach entwickelt. Kern zentral. Bewegung meist gleitend.

1. Zellen nicht gedreht. 2.
Zellen schraubig gedreht, mit 5—6 Windungen, 42 μ lg., 24—30 μ br. Membran glatt. In Sümpfen, auch in verschmutztem Wasser. (Fig. 196.) **H. spirale** Klebs
2. Zellen stark spiralig gestreift. 3.
Zellen spindelförmig, hinten schwanzförmig ausgezogen, 45—50 μ lg., 8—20 μ br., glatt. In verschmutztem Wasser u. Torfsümpfen. (Fig. 197.) **H. acus** (Ehrenb.) Stein
3. Zellen eiförmig, kugelig, birnförmig, veränderlich, mit schamalem, hellem Vorderende, 40—57 μ lg., 10—30 μ br. Membran stark spiralstreifig, fast gerippt. Schleppgeißel kürzer als die Zelle. In stehenden, verschmutzten Gewässern und Sümpfen. **H. nebulosum** (Duj.) Klebs
Zellen eiförmig od. lg. gestreckt, vorn zugespitzt, hinten abgerundet od. abgestutzt. Membran stark spiralstreifig. Schleppgeißel länger als die Zelle. Vorkommen wie vor. **H. globuliferum** Stein

7. Gattung: **Tropidoscyphus** Stein.

Zellen oval, beidendig zugespitzt, seitlich etwas zusammengedrückt, mit 8 stark hervortretenden, kantigen Längsrippen, sehr wenig formveränderlich. Geißeln wie bei vor. Gattung. Membran glatt. Vakuolen u. Kern wie bei vor. Gatt. Bewegung kriechend.

Zellen 35—63 μ lg., am Vorderende gespalten. In stehendem Wasser. (Fig. 198.) **T. octocostatus** Stein

8. Gattung: **Entosiphon** Stein.

Zellen starr, eiförmig, wenig abgeplattet, ohne Bauchfurche. Zwei etwa zellenlg. Geißeln in einer Mulde des Vorderendes entspringend, hintere Geißel nachschleppend. Mundöffnung am Ende einer vorstülpbaren Röhre gelegen. Mehrere kontraktile Nebenvakuolen. Kern hinter der Körpermitte. Bewegung kriechend, oft zitternd.

Zellen ellipsoidisch od. eiförmig, vorn ausgerandet, 20—25 μ lg., 10—15 μ br., mit stark hervorstehenden Längsrippen. Mundröhre bis zum Hinterende reichend. In stehenden, auch verschmutzten Gewässern. (Fig. 199.) **E. sulcatum** Stein

Zellen verkehrt eiförmig, vorn schräg abgestutzt, hinten allmählich zugespitzt, 15 μ lg., 7,5 μ br., zart längsstreifig. Mundröhre bis zur Mitte reichend. In pflanzenreichen, auch verschmutzten Gewässern, häufig. **E. obliquum** Klebs

9. Gattung: **Anisonema** Dujardin.

Zellen eiförmig, flach, an der Bauchseite mit einer Furche. Geißeln ventral am Vorderende entspringend, eine nachschleppend. Mundöffnung hinter der Geißelbasis in der Bauchfurche. Haupt- u. Nebenvakuole am linken Körperrand. Kern rechts. Bewegung langsam kriechend od. rasch zuckend.

1. Zellen formbeständig. Schleppgeißel länger als die Schwimmgeißel. 2.
   Zellen formveränderlich. Geißeln gleichlg. 3.
2. Zellen mit sanft gewölbter Rücken- u. stark gefurchter Bauchfläche, 25—40 μ lg., 16—22 μ br. Linker Rand der Bauchfurche vorspringend. Schleppgeißel doppelt so lg. wie die etwa zellenlg. Schwimmgeißel. In pflanzenreichen, auch verschmutzten Gewässern, sehr verbreitet. (Fig. 200.) **A. acinus** Duj.
   Zellen verkehrt eiförmig, vorn br. abgerundet, hinten allmählich zugespitzt, 60 μ lg., 20 μ br. Geißeln wie bei vor. Vorkommen wie vor. **A. truncatum** Stein
   Zellen oval bis br. eiförmig, am Vorderende ausgerandet, hinten abgerundet, 11 μ lg., 7 μ br. Schwimmgeißel zellenlg., Schleppgeißel 1½mal so lg. Vorkommen wie vor. (Fig. 201.) **A. ovale** Klebs
3. Zellen fast zylindrisch, abgeplattet, beidendig ausgerandet, auf der Bauchseite mit seichter Mulde, 14—16 μ lg., 9—12 μ br., glatt. Vorkommen wie vor. **A. variabile** Klebs
   Zellen fast zylindrisch, plattgedrückt, vorn ausgerandet, hinten schwach verjüngt u. abgerundet, 15 μ lg., 7 μ br., auf der Bauchseite mit kurzer Furche, spiralstreifig. In stehenden Gewässern. **A. striatum** Klebs

10. Gattung: **Dinema** Perty.

Zellen langgestreckt, sackförmig, beidendig abgerundet, wenig formveränderlich. Schwimmgeißel etwa zellenlg., zart, gleich dick, Schleppgeißel doppelt so lg., tief im Körper entspringend u. im Bogen um die Mundöffnung herumlaufend, nach hinten gerichtet u. sich nach der Spitze allmählich verdünnend. Mund spaltenförmig, in einen erweiterten Raum mündend, an dessen Grunde das umgebogene Ende des Staborganes sich befindet. Unter der fein spiralstreifigen Plasmamembran befindet sich ein plasmolysierbares Ektoplasma mit spiraligen Körnerreihen. Hauptvakuole mit kleinen kontraktilen Nebenvakuolen neben der Basis der Schleppgeißel. Kern groß, etwas hinter der Mitte. Bewegung kriechend.

Zellen 76—80 μ lg., 30—40 μ br. In pflanzenreichen stehenden, auch verschmutzten Gewässern. (Fig. 202.) **D. griseolum** Perty

III. Klasse: Dinoflagellatae.

Bestimmungstabelle der Familien.

A. Zellen ohne Quer- und Längsfurche.

a) Zellwand aus einer zweischaligen Hülle bestehend. Geißeln zwei, aus einer kleinen Öffnung hervortretend. **1. Prorocentraceae** (S. 172).

b) Zellwand zelluloseartig, nicht aus zwei Schalen bestehend. Protoplast strahlig gebaut. Geißeln fehlen. **4. Phytodiniaceae** (S. 181).

B. Zellen mit Quer- u. Längsfurche u. zwei Geißeln.

a) Hülle der Zelle hautartig; Furchenwände wallartig abgerundet. **2. Gymnodiniaceae** (S. 173).

b) Hülle der Zelle einen starken Panzer darstellend; Furchenränder meist leistenartig vorgezogen. **3. Peridiniaceae** (S. 177).

1. Familie: **Prorocentraceae.**

Zellen mit 2 uhrglasförmigen, nicht verkieselten, panzerartigen, mit Poren versehenen Platten, die an den Rändern ohne Gürtelband aufeinanderpassen. Eine Schale meist mit einer stachelähnlichen Leiste, neben der sich eine lochartige Durchbrechung für die beiden Geißeln befindet. Die eine Geißel bei der Bewegung nach vorn gerichtet, die andere um die erste sich herumschlingend od. seitwärts gerichtet. Chromatophoren gelb oder gelbbraun. Vermehrung durch Längsteilung, wobei jede Tochterzelle eine Schale der Mutterzelle erhält u. die andere neu bildet.

Bestimmungstabelle der Gattungen.

A. Zellen ohne oder höchstens mit rudimentärem Zahnfortsatz. **1. Exuviaella.**

B. Zellen mit gut entwickeltem Zahnfortsatz. **2. Prorocentrum.**

1. Gattung: **Exuviaella** Cienk.

Zellen meist rundlich oder oval; am Vorderende ohne oder mit nur sehr unscheinbaren Zähnen und zwei, aus einer Spalte oder aus zwei Poren herausragenden Geißeln.

1. Schalen im Mittelpunkt ohne kegelförmige Einbuchtung. 2.

Zellen rundlich-oval, seitlich zusammengedrückt, 22—27 μ lg., 18—21 μ br.; beide Schalen im Mittelpunkt mit einer kegelförmigen Einbuchtung, am Rande mit einer Reihe von Poren. Chromatophoren 2, unregelmäßig plattenförmig. Zellkern im Hinterende liegend. In Küstengewässern und im freien Meer; Nordsee, Skagerrak. **E. perforata** Gran

2. Zellen rundlich-oval, an den Seiten etwas abgeplattet, 9—14 μ lg. Chromatophoren 1 bis mehrere, verzweigt. Zellinhalt mit zahlreichen, stark lichtbrechenden Körnchen. Ostsee bei Kiel, gelegentlich in Massen auftretend. **E. baltica** Lohm.

Zellen in der Seitenansicht oval bis eiförmig, vorn kurz ausgerandet, hinten br. abgerundet, in der Dorsalansicht gleich br., beiderseits konvex od. auf einer Seite abgeplattet, 36—48 μ lg. Chromatophoren muldenförmig, wandständig, mit zentralem Pyrenoid. Kern im Hinterende liegend. Im Meer- und Brackwasser. (Fig. 203.) **E. laevis** (Stein) Schröd.

2. Gattung: **Prorocentrum** Ehrenb.

Zellen oval oder etwas herzförmig, seitlich zusammengepreßt; vorn mit kräftigem, solidem oder hohlem Zahnfortsatz, der auf beiden oder nur auf einer Schale auftritt. Geißeln am Vorderende aus einem Spalt zwischen den beiden Schalen herausragend.

Zellen in der Seitenansicht verkehrt eiförmig, hinten spitz, in der Dorsalansicht schmal verkehrt-eiförmig, hinten ebenfalls spitz, bis 48 μ lg. und 38 μ br. In der Nord- und Ostsee. (Fig. 204.)
P. micans Ehrenb.

2. Familie: **Gymnodiniaceae**

(=Kyrtodiniaceae Schilling=Kryptoperidiniaceae Lindem.)

Zellen einzeln, mit zarter od. derberer, hautartiger, an lebenden Exemplaren oft kaum sichtbarer Hülle, die in Felder geteilt ist. Längs- u. Querfurche vorhanden, ihre Ränder meist wallartig vorgezogen. Längsgeißel ziemlich gerade nach hinten gerichtet. Quergeißel wellig gebogen, in der Querfurche schwingend. Chromatophoren grün od. gelb. od. selten fehlend.

Bestimmungstabelle der Gattungen.

A. Querfurche den Zellkörper nur halb umlaufend.
1. Hemidinium.

B. Querfurche den Zellkörper ganz umlaufend.

a) Querfurche dem Vorderende so weit genähert, daß die Oberschale sehr klein, deckelförmig, kopfförmig od. zahnförmig wird.
2. Amphidinium.

b) Querfurche mehr nach der Mitte der Zelle gelegen, deshalb die Oberschale nicht deckelförmig usw. ausgebildet.

α) Dauerzellen an beiden Enden in Hörner ausgezogen.
3. Cystodinium.

β) Dauerzellen kugelig.

I. Querfurche fast kreisförmig od. wenig spiralig.

1. Zellhülle sehr zarthäutig; Felderung gleichartig.
4. Gymnodinium.

2. Zellhülle derber; Felderung ungleichartig, aus polygonalen Abschnitten bestehend. **5. Glenodinium.**

II. Querfurche stark spiralig, Hülle sehr zart. **6. Gyrodinium.**

1. Gattung: **Hemidinium** Stein.

Zellen asymmetrisch. Querfurche nur auf der linken Seite entwickelt, einen halben Umlauf machend, etwas schraubig. Längsfurche gerade. Chromatophoren klein, scheibenförmig, wandständig, rotbraun bis gelbbraun. Längsteilung.

Zellen länglich bis fast nierenförmig, beidendig abgerundet, 24—28 μ lg., 16—17 μ br. In pflanzenreichen Teichen u. Sümpfen, ziemlich häufig. (Fig. 207.) **H. nasutum** Stein

2. Gattung: **Amphidinium** Clapar. et Lachm.

Zellen fast kugelig bis länglich, durch die ganz vorn befindliche Querfurche in einen vorderen, knopf- od. deckelartigen od. zahnförmigen Kopf (Oberschale) u. die viel größere Unterschale geschieden, dorsiventral abgeplattet. Chromatophoren gelb bis braun, plattenförmig u. wandständig od. bandförmig. u. von einem zentralen Stärkekorn ausstrahlend. Augenfleck fehlt. Längsfurche bis zum Hinterende reichend, mit der Querfurche nicht verbunden. Längsteilung.

1. Zellen seitlich nicht abgeplattet. 2.

Zellen breit-oval, dorsiventral abgeplattet, 17—23 μ lg., mit zungenförmiger Oberschale und abgerundeter Unterschale. Zellkern im Hinterende liegend. Im Brackwasser längs der Ostseeküste. **A. ovoideum** Lemm.

2. Zellen fast kugelig, 20—30 μ lg., mit flach abgerundeter Oberschale. Längsfurche auf die Unterschale beschränkt, gegen das Zellende zu an Breite abnehmend. Längsgeißel ungefähr doppelt so lang wie die Zelle. In Teichen und Sümpfen. (Fig. 208.) **A. lacustre** Stein

Zellen breit-oval, 27—30 μ lg., mit kappenförmiger, etwas zugespitzter Oberschale. Längsfurche von der Spitze der Zelle bis fast zum Hinterende verlaufend, in der Mitte am breitesten. Längsgeißel ungefähr dreimal so lang wie die Zelle. Zellkern groß, im Hinterende liegend. Ostsee bei Kiel. **A. crassum** Lohm.

3. Gattung: **Cystodinium** Klebs.

Zellen rundlich bis eiförmig mit fast gleich großen Körperhälften. Hülle sehr zart. Querfurche wenig schraubig, Längsfurche vorwiegend auf der hinteren Seite. Chromatophoren braun. Augenfleck vorhanden. Dauerzellen an beiden Seiten in Hörner ausgezogen.

Zellen 25 μ lg., 20 μ br. Oberschale abgerundet, Unterschale kegelförmig zulaufend. In Teichen u. Sümpfen. (Fig. 209)
C. cornifax (Schill.) Klebs

4. Gattung: **Gymnodinium** Stein.

Zellen kugelig bis länglich, bilateral symmetrisch, meist flach, mit sehr zarthäutiger Hülle. Felderung gleichartig, oft schwer sichtbar. Chromatophoren gelb, braun od. ± grün gefärbt, rundliche Scheiben, radial angeordnete Stäbchen od. schmale Bänder bildend. Querfurche fast kreisförmig od. nur wenig spiralförmig verlaufend. Längsfurche meist gerade, vorwiegend auf der hinteren Seite. Längsteilung.

1. Zellen scheibenförmig abgeflacht. 2.
   Zellen nicht scheibenförmig abgeplattet. 3.
2. Zellscheibe rundlich unregelmäßig verbogen mit etwas zugespitzter Oberschale, 65 μ lg., 60 μ br. Querfurche mit 2 Felderreihen. Augenfleck fehlt. Sehr empfindliche Winterform. Im Plankton stehender Gewässer. **G. tenuissimum** Lauterb.
   Zellscheibe fast kreisrund, mit etwas zugespitzter Ober- u. Unterschale, ca. 40 μ lg. Querfurche mit einer Felderreihe. Augenfleck länglich od. hufeisenförmig, in der Längsfurche gelegen. Weniger empfindliche Frühjahrs- u. Sommerform. In Teichen, Lehmgruben usw., sehr häufig. (Fig. 210a)
   G. leopoliense Wolosz.
3. Unterschale zugespitzt. 4.
   Unterschale abgerundet od. ausgebuchtet. 5.
4. Zellen 80—100 μ lg. Oberschale glockenförmig; Unterschale fast gleich groß, spitz kegelförmig. Chromatophoren gelbbraun. Augenfleck fehlt. In pflanzenreichen Tümpeln, häufig.
   G. fuscum (Ehrenb.) Stein
   Zellen 50 μ lg. Oberschale br. abgerundet, in drei kurzen Spitzen endigend; Unterschale größer, spitz kegelförmig. Chromatophoren u. Augenfleck fehlen. Körperoberfläche mit zarten längsverlaufenden Riefen versehen. Im Plankton, besonders der Alpenseen. (Fig. 210b.)
   G. helveticum Penard
5. Im Süßwasser, Zellen bis 35 μ lg. 6.
   Im Meer- und Brackwasser. Zellen länglich-oval oder elliptisch, 90—130 μ lg., nicht abgeflacht. Querfurche gegen die Zellspitze zu verschoben. Oberschale zugespitzt, Unterschale breit abgerundet. Chromatophoren blaß gelbgrau oder blaßrot. Ostsee, Kattegat. **G. gracile** Bergh.
6. Zellen länglich, dorsiventral stark zusammengedrückt, 33—35 μ lg., 21—22 μ br., mit äquatorialer Querfurche. Längsfurche etwas auf die Oberschale übergreifend. Hinterende deutlich ausgerandet. Chromatophoren zahlreich, klein, scheibenförmig, spangrün. Augenfleck fehlt. In Teichen u. Seen. (Fig. 211).
   G. aeruginosum Stein

Zellen kugelig bis oval, 18—35 μ lg., mit äquatorialer Querfurche. Längsfurche auf die Unterschale beschränkt. Hinterende meist ± ausgerandet. Chromatophoren gelbbraun. Augenfleck fehlt. In stehenden Gewässern, oft in großen Mengen auftretend.

G. veris Lindem.

5. Gattung: **Glenodinium** Ehrenb.

Zellen mit derbhäutiger, aus einzelnen plattenartigen Feldern bestehender Hülle. Platten, ähnlich wie bei den Peridiniaceen, polygonal gestaltet. Querfurche fast kreisförmig. Längsfurche meist auf die Unterschale beschränkt. Chromatophoren scheibenförmig od. länglich, wandständig, od. radial angeordnet, gelb od. braun, selten grün. Augenfleck vorhanden od. fehlend. Vermehrung durch Teilung meist in ruhendem Zustand. Dauerzellen bekannt.

1. Zellen sehr stark abgeplattet. 2.
 Zellen nicht od. nur schwach abgeplattet. 3.
2. Zellen blattartig flach, an der Ventralseite tief eingedrückt, 30—50 μ lg., 27—45 μ br. Schalen fast gleich groß, glockenförmig. Querfurche kreisförmig. Längsfurche nur auf der Unterschale. In stehenden brackigen Gewässern, Ostseeküste. (Fig. 212a.)
 G. foliaceum Stein
 Zellen stark abgeplattet, an der Ventralseite meist eingedrückt, 40 μ lg., 35 μ br. Schalen gleichgroß, Oberschale etwas zugespitzt, Unterschale halbkugelig. Querfurche schwach spiralig. Längsfurche auf die Unterschale beschränkt. Süßwasser, in Seen, sehr häufig. (Fig. 212 b.) **G. gymnodinium** Penard
3. Oberschale od. auch die Unterschale etwas zugespitzt. 4.
 Ober- u. Unterschale breit abgerundet. 5.
4. Zellen kugelig, bis 35 μ lg. u. 30 μ br. Beide Schalen gleichgroß u. etwas zugespitzt. Querfurche kreisförmig; Längsfurche auf die Unterschale beschränkt, am linken Rande mit Flügelleiste. Augenfleck fehlt. In Teichen u. See.
 G. berolinense (Lemm.) Lindem.
 Zellen br. eiförmig, 30 μ lg., 28 μ br. Schalen gleichgroß. Oberschale fast kegelförmig, zugespitzt. Unterschale br. abgerundet, Querfurche schwach spiralig. Längsfurche auf die Unterschale beschränkt, am Rande ohne Flügelleiste. Augenfleck fehlt. In Teichen u. Seen, häufig.
 G. Penardi (Lemm.) Lindem.
5. Zellen ± kugelig od. länglich, 43—45 μ lg., beidendig br. abgerundet. Schalen gleichgroß. Querfurche schwach spiralig. Längsfurche nur auf der unteren Schale, nicht bis zum Hinterende durchlaufend. Augenfleck sehr groß, hufeisenförmig, in der Längsfurche. In pflanzenreichen stehenden Gewässern, seltener im Plankton. **G. cinctum** (Müll.) Ehrenb.
 Zellen oval, etwas abgeplattet, beidendig br. abgerundet, 20—23 μ

lg. Schalen gleichgroß. Querfurche linkswindend. Längsfurche wie bei vor. Augenfleck klein, länglich, in der Längsfurche. In pflanzenreichen stehenden Gewässern. **G. oculatum** Stein

6. Gattung: **Gyrodinium** Kofoid et Swezy (= Spirodinium Schütt).

Zellen mit sehr zarter Hülle. Oberschale kleiner als die Unterschale. Querfurche spiralig gewunden. Längsfurche schwach S-förmig gekrümmt. Chromatophoren gelbbraun od. fehlend.

Chromatophoren fehlend. Zellen asymmetrisch, br. oval, beidendig br. abgerundet, 23 μ lg., 20 μ br. Oberschale deutlich kleiner als die Unterschale, mützenförmig, rechts weit über die etwas schiefe Unterschale überspringend. Augenfleck schmal, hufeisenförmig, in der Längsfurche. In pflanzenreichen stehenden Gewässern. (Fig. 213.)
G. hyalinum (Schilling) Kof. et Sw.

Chromatophoren vorhanden, gelb, wenig, zahlreich. Zellen asymmetrisch, länglich oval, beidendig abgerundet, 23 μ lg., 18 μ br., Gestalt ähnlich wie bei G. hyalinum. Augenfleck in der Längsfurche. In pflanzenreichen Gewässern.
G. pusillum (Schilling) Kof. et Sw.

3. Familie: **Peridiniaceae**
(= Krossodiniaceae Schilling).

Zellen einzeln od. Ketten bildend, mit derber Hülle, die meist aus 6 u. mehr, selten nur aus 3 Platten besteht (Panzer). Platten vielfach skulpturiert. Längs- u. Querfurche vorhanden, ihre Ränder meist leistenartig vorgezogen. Längsgeißel bei der Bewegung nach hinten gerichtet. Quergeißel in der Querfurche schwingend. Chromatophoren plättchenförmig, grün od. gelb od. selten fehlend.

Bestimmungstabelle der Gattungen.

A. Panzer stark rotbraun gefärbt, ohne Täfelung. **1. Kolkwitziella.**

B. Panzer ungefärbt, mit Täfelung.
  a) Zellen ohne lg. Hörner.
    α) Unterschale mit einer Endplatte. **2. Gonyaulax.**
    β) Unterschale mit 2 Endplatten. **3. Peridinium.**
  b) Zellen mit lg. hornartigen Fortsätzen. **4. Ceratium.**

1. Gattung: **Kolkwitziella** Lindem.

Zellen von der Seite gesehen abgerundet-dreieckig, auf der Ventralseite eingebuchtet. Panzer rotbraun gefärbt, sehr stark, rauh, aber ungetäfelt. Querfurche kreisförmig, Längsfurche auf die Unterschale beschränkt.

Zellen 40 μ lg., 47 μ br. Oberschale etwas größer als die Unterschale, zugespitzt, Unterschale br. abgerundet. In Seen wohl nicht selten, aber bisher stets übersehen, da wie ein Stein aussehend. (Fig. 214.)
K. salebrosa Lindem.

2. Gattung: **Gonyaulax** Diesing.

Zellen ohne lg. Hörner, kugelig, kegel- bis spindelförmig. Oberschale mit 2—4 Endplatten (Apikalplatten) u. 5—6 Prääquatorialplatten. Unterschale mit 1 Endplatte (Antapikalplatte), 1 akzessorischen Platte u. 5 Postäquatorialplatten. Chromatophoren zahlreich, wandständig, rundlich od. länglich scheibenförmig, gelb- bis dunkelbraun. Augenfleck fehlt. Vermehrung durch schiefe Längsteilung od. Schwärmerbildung. — Meist marine Arten.

Zellen eiförmig, 30—60 μ lg. Schalen gleichgroß. Oberschale am Ende in ein ganz kurzes, abgestutztes Horn vorgezogen. Unterschale abgerundet. Querfurche ziemlich stark schraubig. In größeren Seen häufig. (Fig. 215.) **G. apiculata** (Penard) Entz

3. Gattung: **Peridinium** Ehrenb.

Zellen ohne lg. Hörner, kugelig, oval, kegelförmig. Oberschale mit 3—6 Endplatten (Apikalplatten), selten mit einer akzessorischen Platte u. 5—7 Prääquatorialplatten, am Ende abgerundet od. mit Spitze u. Öffnung (Apex) od. mit Spitze ohne Öffnung (Pseudoapex). Unterschale mit 2 Endplatten (Antapikalplatten) u. 5 Postäquatorialplatten, aber ohne akzessorische Platte. Chromatophoren grün, gelb bis braun, wandständig od. radial, rundlich od. länglich scheibenförmig, stäbchenförmig od. bandförmig. Augenfleck fehlt stets. Vermehrung durch Längsteilung od. Schwärmerbildung. — Meist marine Arten.

1. Oberschale am Ende abgerundet. 2.
   Oberschale zugespitzt, mit Apex. 4.
   Oberschale zugespitzt mit Pseudoapex. Zellen ± kugelig, dorsiventral etwas abgeplattet, 40—50 μ lg., 35—42 μ br. Querfurche schwach spiralig. Längsfurche wenig auf die Oberschale übergreifend. Platten der unteren Schale an den Rändern mit Flügelleisten, dicht mit feinen Stacheln versehen. Im Plankton stehender Gewässer, im Winter häufig, im Sommer selten. (P. Marssonii Lemm.) (Fig. 216a.) **P. palatinum** Lauterb.
2. Die 6 Apikalplatten in drei Reihen zu 2, 3 u. 1 Platte gelegen. 3.
   Die 6 Apikalplatten in drei Reihen zu je 2 Platten gelegen. Zellen kugelig bis eiförmig, 45—60 μ lg., 35—55 μ br., dorsiventral stark abgeplattet. Querfurche ziemlich stark spiralig. Längsfurche weit auf die Oberschale übergreifend. Platten der Unterschale areoliert. Im Plankton stehender Gewässer, überall vorkommend. (Fig. 216b.)
   P. cinctum (Müll.) Ehrenb.
3. Zellen kugelig, dorsiventral etwas abgeplattet, 45—70 μ lg. Oberschale von zusammengeklemmter Gestalt mit großer dreieckiger Rautenplatte u. oft mit br., quergestreiften Kämmen. Querfurche ziemlich stark spiralig. Längsfurche kaum auf die Oberschale übergreifend. In Teichen u. großen Seen, sehr häufig. (Fig. 217a.) **P. Willei** Huitf.-Kaas

Zellen kugelig, weniger abgeplattet, 40—52 μ lg. Oberschale halbkugelig, mit kleiner, fünfeckiger Rautenplatte u. äußerst selten mit nur kleinen Kämmen. Querfurche ziemlich stark spiralig. Längsfurche meist stark auf die Oberschale übergreifend. In Teichen u. Seen, auch in Torfmooren, sehr häufig. (Fig. 217b.) **P. Volzii** Lemm.

4. Oberschale mit 1 Rautenplatte u. 6 Apikalplatten. 5.
Oberschale mit 1 Rautenplatte u. 5 Apikalplatten. 7.
Oberschale mit 1 Rautenplatte u. 4 od. 3 Apikalplatten. 11.

5. Zellen ohne Flügel od. Kämme. 6.
Zellen eiförmig, 40—60 μ lg., 38—55 μ br. Längsfurche weit auf die obere Schale reichend, in der unteren Schale verbreitert u. am Hinterende in 2 breite, 3eckige Flügelleisten auslaufend. Obere Schale kegelförmig, mit Flügelleisten versehen, untere halbkugelig, viel kleiner. Platten areoliert. Im Plankton der Seen u. Teiche. (Fig. 218a.) **P. bipes** Stein

6. Zellen eiförmig, abgeplattet, 30—50 μ lg., 25—42 μ br., am hinteren Ende mit drei Endstacheln. Längsfurche wenig auf die obere Schale übergreifend, bis hinten reichend, auf der Unterschale durch eine zarte Querlinie geteilt. Schalen ungefähr gleichgroß, obere kegelförmig, untere halbkugelig. Platten sehr fein areoliert. Im Plankton stehender Gewässer, bes. während des Winters. **P. aciculiferum** Lemm.
Zellen eiförmig, stark abgeplattet, 40—60 μ lg., 35—50 μ br., ohne Endstachel. Längsfurche ziemlich weit auf die Oberschale übergreifend. Oberschale glockenförmig, Unterschale viel kleiner, br. abgerundet. Platten areoliert. Im Plankton stehender Gewässer. **P. tabulatum** (Ehrenb.) Cl. et L.

7. Linker Rand der Längsfurche ohne Flügel. 8.
Zellen birnförmig, 20—30 μ lg., 15—23 μ br., kaum abgeplattet, Längsfurche auf die untere Schale beschränkt, ihr linker Rand verdickt u. flügelartig vorgezogen. Oberschale kegelförmig; Unterschale halbkugelig, oft kleiner. Platten strukturlos. Im Brackwasser. (Fig. 218b.) **P. trochoideum** (Stein) Lemm.

8. Unterschale ohne Stacheln. 9.
Unterschale mit drei stumpfen Ecken, die kleine Stacheln tragen. 10.

9. Zellen länglich eiförmig, etwas abgeplattet, 25—40 μ lg., 20—35 μ br., Längsfurche auf die obere Schale übergreifend, hinten stark verbreitert. Oberschale glockenförmig, Unterschale viel kleiner schräg ausgerandet. Platten sehr fein areoliert. Im Plankton stehender Gewässer, häufig. (Fig. 218c.) **P. umbonatum** Stein
Zellen eiförmig, 18—24 μ lg., schmal abgeplattet. Oberschale etwas größer als die Unterschale, beide an den Enden ± stumpflich abgerundet. Platten glatt od. zart areoliert. In Sümpfen u. Teichen. **P. pusillum** Lemm.

10. Zellen eiförmig, schwach abgeplattet, 18—24 μ lg., 15—20 μ br. Längsfurche wenig auf die obere Schale übergreifend, hinten stark verbreitert. Oberschale kegelförmig, Apikalplatten in 2 Reihen zu 2 u. 3 Platten gelagert. Unterschale fast halbkugelig, mit 3 stumpfen Ecken, kleiner. Platten glatt. In pflanzenreichen stehenden Gewässern, sehr häufig. (Fig. 219a.)
P. inconspicuum Lemm.

Zellen oval, etwas abgeplattet, 18—26 μ lg., Breite etwas geringer. Oberschale kegelförmig, Apikalplatten in 3 Reihen zu 2, 1 u. 2 Platten gelagert. Unterschale etwas kleiner, mit 3 stumpfen Ecken. Platten glatt od. zart areoliert. In Sümpfen u. Seen, sehr häufig. **P. munusculum** Lindem.

11. Zellen eiförmig, 26—38 μ br. Oberschale mit 4 unsymmetrischen Apikalplatten. Unterschale etwas kleiner, fast halbkugelig, mit 6 Stacheln besetzt. Querfurche schwach spiralig. Platten fein areoliert. In Seen u. auch in Flüssen, häufig. (Fig. 219b.)
P. Cunningtonii Lemm.

Zellen eiförmig bis fünfeckig. Oberschale mit 3 symmetrischen Apikalplatten. Unterschale etwas kleiner, mit 3 Ecken, die wenige bis ganze Büschel von Dornen tragen. Querfurche fast kreisförmig. Platten fein punktstreifig areoliert. In Seen, häufig.
P. Elpatiewskyi (Ostenf.) Lemm.

4. Gattung: **Ceratium** Schrank.

Zellen mit lg. Hörnern. Längsfurche mit einer dünnen Ventralplatte, dem rhomboidalen Feld, bedeckt. Oberschale mit 3—4 zum Apikalhorn vereinigten Platten u. 4 Prääquatorialplatten. Unterschale mit 1—2, zum Antapikalhorn vereinigten Platten u. 3 Postäquatorialplatten, von denen 1—2 zu Hörnern ausgewachsen sind. Chromatophoren wandständig, rundlich od. länglich scheibenförmig, lg. u. schmal bandförmig od. vielfach gelappt. Vermehrung durch schiefe Längsteilung od. Bildung von Schwärmern. Gehörnte Dauerzellen. — Die meisten Arten marin. Außerordentlich wechselnd in der Gestalt je nach Standort u. Jahreszeit.

1. Das oder die hinteren Hörner ± gerade, nicht nach oben gebogen. 2.

Die beiden unteren Hörner nach oben gebogen. Vorderes Horn gerade verlaufend. Im Meerwasser, Plankton. (Fig. 220a.)
C. tripos (Müll.) Nitzsch

2. Im Meerwasser. 3.

Im Süßwasser. 4.

3. Zellkörper so lg. als br., fast fünfeckig. Hintere Hörner etwas verschieden, kräftig, länger als ihr gegenseitiger Abstand; Vorderhorn etwas länger. Nordsee, Skagerrak, Kattegat.
C. furca (Ehrenb.) Duj.

Zellkörper schwach elliptisch. Hintere Hörner ganz ungleich, das linke verlängert, ziemlich dünn u. fast gerade, das rechte rudimentär; Vorderhorn lg. Nordsee, bis in den Belt vordringend. **C. fusus** (Ehrenb.) Duj.

4. Vorderhorn gerade, kurz od. bisweilen sehr lg. Hintere Hörner 2 od. 3, in der Ausbildung und Stellung sehr wechselnd. Zellen 100—400 μ lg. Sehr formenreich. In größeren Sümpfen zwischen Wasserpflanzen od. in Seen im Plankton. Sehr verbreitet und äußerst formenreich. (Fig. 220b.) **C. hirundinella** (O. Fr. Müll.) Schrank

Vorderhorn schief zur Querfurche auslaufend u. am Ende schief abgestutzt. Hintere Hörner 1 od. 2. Zellen 100—150 μ lg. Besonders in Mooren u. Seen vorkommend, nicht so häufig als vorige Art. (Fig. 220c.) **C. cornutum** Ch. et L.

4. Familie: Phytodiniaceae.

Peridineenartige Zellen ohne Furchenstruktur u. ohne Geißeln. Zellen einzeln od. kleine Kolonien bildend. Mit zelluloseartiger Zellhaut. Protoplast strahlig gebaut, Chromatophoren gelb od. braungelb. Vermehrung durch Zweiteilung. (Schwärmer bisher nicht bekannt.)

Bestimmungstabelle der Gattungen.

A. Zellhaut dünn, ungeschichtet. **1. Phytodinium.**
B. Zellhaut dick, geschichtet. **2. Gloeodinium.**

1. Gattung: Phytodinium Klebs.

Zellen mit dünner, strukturloser Zellhaut. Protoplast der Zellhaut dicht anliegend, sich niemals von ihr zurückziehend. Chromatophoren scheibenförmig, wandständig. Vermehrung durch Querteilung unter Zerfall in Einzelzellen.

Zellen kugelig bis ellipsoidisch, 42—50 μ lg. u. 30—45 μ br. Bei Tübingen gefunden. (Fig. 205.) **P. simplex** Klebs

2. Gattung: Gloeodinium Klebs.

Zellen mit dicker geschichteter Hülle, die abwechselnd aus Gallertsubstanz und Zellhäuten besteht. Zellinhalt durch das Vorhandensein braungelber Chromatopheren braun gefärbt. Vermehrung durch sukzessive Zweiteilung, unter Bildung kleinerer od. größerer Kolonien.

Zellen kugelig, eiförmig od. elliptisch, ca. 60 μ groß. In Torfsümpfen, zerstreut. (Fig. 206.) **G. montanum** Klebs

IV. Klasse: Bacillariales.

Bestimmungstabelle der Familien.

A. Schalen zentrisch gebaut, ohne Raphe od. Pseudoraphe; Schalenstruktur regellos, konzentrisch od. radiär, nicht fiederig.
1. Reihe: **Centricae.**

a) Zellen scheiben- od. büchsenförmig, in der Gürtelansicht kürzer od. wenig länger als breit.

α) Schalen meist ohne Buckel od. derbere Hörner; Zellen flach scheibenförmig; Querschnitt meist kreisförmig.
1. Discaceae (S. 183).

β) Schalen mit 2 od. mehr Polen, an jedem Pol mit Ecke, Buckel od. Horn; Querschnitt meist elliptisch od. polygonal.
2. Biddulphiaceae (S. 191).

b) Zellen stabförmig, in der Gürtelansicht mehrfach lg. als br.; Querschnitt meist kreisförmig. **3. Rhizosoleniaceae** (S. 195).

B. Schalen zygomorph, nicht zentrisch gebaut, meist mit Raphe od. Pseudoraphe; Schalenstruktur fiederig, die Fiedern in einem bestimmten Winkel zur Raphe od. Pseudoraphe stehend.
2. Reihe: **Pennatae.**

a) Echte Raphe fehlt, höchstens eine Pseudoraphe vorhanden. Zellen in der Schalenansicht nur bei Campylosira bogig gekrümmt. **4. Fragilariaceae** (S. 196).

b) Echte in einem Polknoten endigende Raphe vorhanden, aber sehr kurz. Zellen in der Schalenansicht ± bogig gekrümmt.
5. Eunotiaceae (S. 205).

c) Echte Raphe wenigstens auf einer Schalenseite vorhanden.

α) Untere Schale mit echter Raphe, obere mit Pseudoraphe. Zellen in der Gürtelansicht geknickt od. gekrümmt.
6. Achnanthaceae (S. 208).

β) Beide Schalen mit echter Raphe.

I. Raphe in der Längsachse verlaufend, offen u. daher deutlich sichtbar. Kiel bisweilen vorhanden, aber dann ohne Kielpunkte. **7. Naviculaceae** (S. 212).

II. Raphe in einem seitlichen Längskiel versteckt (Kanalraphe).

1. Schalen ohne Flügel; Kanalraphe in einem randständigen mit Punkten besetzten Kiel verlaufend; Querschnitt daher rhombisch.
8. Nitzschiaceae (S. 252).

2. Schalen mit je zwei, ± stark entwickelten, seitlichen Flügelkielen, in denen die Kanalraphe verläuft.
9. Surirellaceae (S. 260).

1. Familie: **Discaceae.**

Zellen kurz zylindrisch, scheiben- od. büchsenförmig, im Querschnitt kreisförmog od. kreisförmig-polygonal, einzeln od. zu Ketten vereinigt. Schalenseiten eben, konvex od. seltener radial wellig od. mit einzelnen warzenförmigen Erhöhungen u. mit Augen, Stacheln od. Zitzen auf diesen Erhöhungen, am Rande bisweilen mit einem Kranz von Stacheln versehen.

Bestimmungstabelle der Gattungen.

A. Schalen nicht durch radiale Rippen od. Strahlen in Sektoren geteilt.
a) Schalen flach od. gewölbt, ohne Augen od. Zitzen.
1. Tribus: Coscinodisceae.
α) Zellen in Ketten zusammenhängend.
I. Schalen nicht bestachelt.
1. Schalen gleichmäßig punktiert. **1. Melosira.**
2. Schalendeckel radial punktiert, am Rande mit einer kreisförmigen Furche u. grob areoliert.
2. Paralia.
II. Schalen bestachelt. **3. Stephanopyxis.**
III. Schalen der voneinander entfernten Kettenzellen durch parallele periphere Längsstäbchen verbunden.
4. Sceletonema.
β) Zellen einzeln od. höchstens einmal 2 verbunden.
I. Schalen unbestachelt. **5. Cyclotella.**
II. Schalen bestachelt.
1. Schalendeckel am Rand mit Stachelkranz, radial granuliert, mit hyalinen Streifen zwischen den Radien. **6. Stephanodiscus.**
2. Schalendeckel am Rand kurzstachelig, seltener glatt, meist dicht radial od. fast gleichmäßig granuliert.
7. Coscinodiscus.
b) Schalen flach oder ± radial gewellt, mit Augen od. Zitzen.
2. Tribus: Eupodisceae.
α) Jede Schale mit einem od. mehreren, randständigen Augen.
I. Schale mit einem Auge u. mit radialstrahlig geperlter Struktur. **8. Actinocyclus.**
II. Schale mit mehreren Augen. Struktur nicht radialstrahlig. **9. Eupodiscus.**
β) Jede Schale mit mehreren, meist großen, flächenständigen Augen. **10. Auliscus.**

B. Schalen durch radiale Rippen u. Strahlen in Sektoren geteilt, ohne Augen od. Zitzen. 3. Tribus: Actinodisceae.
Einzige Gattung. **11. Actinoptychus.**

1. Gattung: **Melosira** Ag.

Zellen kugelig od. meist zylindrisch, dicht zu Ketten zusammenschließend, die infolge der Teilung der Zellen entstehen u. deshalb ungleich br. Schalen zeigen. Schalen einfach dicht punktiert, Deckel flach od. gewölbt, kreisförmig. Auxosporenbildung ungeschlechtlich, indem aus einer Mutterzelle eine vergrößerte Tochterzelle entsteht. die die allmähliche Verkleinerung des Durchmessers der Schalen wieder ausgleicht. — Zahlreiche nicht leicht unterscheidbare Arten.

1. Schalenseiten halbkugelig od. deutlich konvex gewölbt. In salzhaltigem Wasser. 2.
Schalenseiten flach od. die Ecken $\pm$ abgerundet. Im Süßwasser. 6.
2. Schalenseiten mit ringförmigem Kiel. 3.
Schalenseiten ohne ringförmigen Kiel. 4.
3. Zellen kugelig, zu 3 enger verbunden, 30 μ br. Schalen halbkugelig, fein punktiert. In Meer- u. Brackwasser; Nordsee. **M. nummuloides** (Dillw.) Ag.
Zellen kugelig-zylindrisch, 24 μ br., meist zu 2 eng verbunden. Schalen glatt. Im Brackwasser u. salzhaltigen Gewässern des Binnenlandes; Thüringer Salinen. Vielleicht mit voriger Art zu vereinigen. (Fig. 221.) **M. salina** Kütz.
4. Zellen in längeren Ketten, im Plankton. 5.
Zellen gewöhnlich zu 2, mit deutlichem Stiel, fast kugelig, 45—73 μ br. Gürtelband quergestreift, Deckel punktiert. An Meeresalgen festsitzend. **M. Montagnei** Kütz.
5. Zellen lg. zylindrisch, zu 2 enger verbunden, 11—23 μ br., 3 bis 4mal so lg. Schalendeckel konvex abgerundet, glatt, an den Seiten konkav eingezogen. Im Brackwasser an den deutschen Küsten. **M. Jürgensii** Ag.
Zellen br. als lg., 29—55 μ br. Schalendeckel halbkugelig zusammengedrückt, grubig punktiert. Im Brackwasser, auch marin. Küsten der Nord- u. Ostsee, häufig. (M. Borreri Grev.) **M. moniliformis** (Müller) Ag.
6. Zellen in der Gürtelansicht $\pm$ rechteckig. 7.
Zellen sehr zart, in der Gürtelansicht tonnenförmig, 4—16 μ br. Struktur kaum nachweisbar. Schalendeckel am Rande fein gestrichelt. Im Plankton der Seen u. Flüsse, verbreitet, manchmal in großen Mengen auftretend. **M. Binderiana** Kütz.
7. Schalenseiten in der Mitte ohne grobe Punkte. 8.
Zellen mit 2 dicken, nach innen vorspringenden Leisten, 12 bis 45 μ br., 1½—2mal so lg. Schalenseiten leicht konvex, mit radialen Punktreihen u. 3—4 in der Mitte stehenden groben Punk-

ten (Augen). Gürtelseite punktiert streifig. An feuchten, überrieselten Felsen u. auf überfluteten Steinen in Bächen, besonders in Gebirgstälern verbreitet. Bildet gelblich-bräunliche, schleimig-flockige Überzüge. **M. Roeseana** Rabenh.

8. Zellen bis 40 μ br., 1—2mal so lg., seltener kürzer. 9.

Zellen scheibenförmig, 40—130 μ br., $\frac{1}{4}$ bis höchstens $\frac{3}{4}$ so lg. als br., breite Ketten bildend. Schalen dickwandig, ganz flach, stark radial gestreift; Ränder mit alternierenden Zähnen besetzt. Gürtelseite fein punktiert, Punkte in zwei, sich kreuzenden Liniensystemen angeordnet. In stehenden u. langsam fließenden Gewässern, Grundform. **M. arenaria** Moore

9. Gürtelbandseite mit nur schwach abgerundeten Ecken; Schalenwand oft mit kleinen Zähnen besetzt. Typische Planktonorganismen. (Gesamtart: M. polymorpha Bethge). 10.

Gürtelbandseite rechteckig mit deutlich abgerundeten Ecken, 16—35 μ br., 1—2mal so lg., glatt od. fein punktiert. Schalenseiten äußerst fein punktiert. Schalenrand stets ohne Zähne. In stehenden u. langsam fließenden Gewässern, mehr der Uferregion angehörig, häufig. (Fig. 222.) **M. varians** Ag.

10. Zellen langgestreckt, 5—35 μ br. Zellwand stark od. zarter, mit stets geraden Innenseiten. Schalenwand mit stets sehr kleinen, oft kaum wahrnehmbaren Zähnchen. Gürtelbandseite mit kräftiger bis zarter Struktur, Porenreihen 8—9 od. 10—14 auf 10 μ. Endzellen der Fäden häufig mit langen Dornen od. Falten. Im Plankton größerer Gewässer, verbreitet. (Inkl. M. helvetica O. Müll.) **M. granulata** Ralfs

Zellen meist langgestreckt, 8—16 μ br.; Zellwand mittelstark bis zart, mit stets geraden Innenseiten. Schalenwand mit zahlreichen, $\pm$ starken Zähnchen. Gürtelbandseite mit zarten Poren, Porenreihen 18—20 auf 10 μ. Endzellen der Fäden ohne Dornen od. Falten. Im Süßwasser Europas weit verbreitet, im Plankton fließender Gewässer. **M. italica** Kütz.

Zellen oft kürzer als br., selten doppelt so lg., 4—13,5 μ br.; Zellwand sehr stark, mit deutlich konvexer Innenseite. Schalenrand mit meist undeutlichen Zähnchen. Gürtelbandseite mit ziemlich groben Poren, Porenreihen 14—15 auf 10 μ. Endzellen der Fäden stets ohne Dornen od. Falten. Im Süßwasser Europas, besonders in kälteren, stehenden od. langsam fließenden Gewässern; im Plankton. (Fig. 223.) **M. distans** Kütz.

2. Gattung: **Paralia** Heiberg.

Zellen zylindrisch, Schalen mit einer kreisförmigen, dem Rande parallelen Furche; im Zentrum fein punktiert, am Rande mit einem Kranz von Areolen.

Zellen kürzer als breit, zusammengedrückt-kugelig bis rundlich scheibenförmig, 20—45 μ br. An den Küsten der Nordsee. (Fig. 224.) **P. sulcata** (Ehrenb.) Cleve

3. Gattung: **Stephanopyxis** (Ehrenb.) Grun.

Zellen meist zu Ketten vereinigt. Schalenseiten meist stark gewölbt u. grob areoliert. Gürtelbänder oft fast verschwindend. Rand meist mit kranzförmig angeordneten Stacheln.

Zellen länglich. Schalen halbkugelig, mit 6eckigen Areolen. An Meeresalgen, an den Küsten der Nordsee. (Pyxidicula cruciata Ehrenb.) **S. cruciata** (Ehrenb.) Mig.

4. Gattung: **Sceletonema** Greville.

Zellen zylindrisch, meist nicht länger als br., zu Ketten vereinigt. Schalenseiten gewölbt oder flach, mit parallelen, peripher angeordneten Längsrippen od. Dornen, welche die weit getrennten Zellen miteinander verbinden.

Schalen konvex-bauchig, mit einem Kranz langer, einfacher, stäbchenförmiger Dornen. Im Plankton der Nord- und Ostsee. (Fig. 225.) **S. costatum** (Grev.) Grun.

5. Gattung: **Cyclotella** Kütz.

Zellen einzeln od. paarweise, selten zu mehreren zusammenhängend, scheibenförmig. Schalenseite in einen zentralen u. einen kreisförmig-ringförmigen Abschnitt geteilt; der ringförmige mit glatten od. punktierten Streifen, zuweilen mit zerstreuten Dornen; der zentrale oft blasig angeschwollen, glatt od. zerstreut strahlig granuliert. Gürtelansicht daher gerade od. wellig.

1. Schalen am Rande ohne Kieselborsten; Zellen meist einzeln. 2.
   Schalen am Rande mit Kieselborsten; Zellen zu mehreren zusammenhängend. 8.
2. Mitte der Schalenseite nicht bauchig aufgetrieben, daher die Gürtelansicht gerade. 3.
   Mitte der Schalenseite aufgetrieben, daher die Gürtelansicht wellig. 6.
3. Im Süßwasser, seltener in salzigen Sümpfen. 4.
   Im Meerwasser. Schalenseite oben, am Rand stark streifig, in der Mitte grob punktiert, 52 μ br. Nordsee. **C. striata** (Kütz.) Grun.
4. Innenraum der Schalenseite punktiert. 5.
   Innenraum der Schalenseite mit einigen, sternförmig angeordneten und kurzen Strichen versehen; Randstreifen ziemlich kräftig. Durchmesser 12—26 μ. Bisher nur zerstreut aufgefunden. Bremen, Schlesien, Tirol, Vogesen. **C. stelligera** Cleve u. Grun.
5. Zellen 7,5—30 μ br. Schalenseite in der Mitte fein punktiert, am Rand mit deutlichen Rippen, deren 3. od. 4. kräftiger ist. Gürtelseite in der Mitte etwas bauchig. Im Süßwasser verbreitet. (Fig. 226.) **C. comta** (Ehrenb.) Kütz.

   Zellen 45—75 μ br. Schalenseite mit bis 15 μ br. Rand. Punktkranz vom Rand entfernt, Streifen radial. Zentraler Teil außer einem glatten Fleck sehr fein punktiert. Im Bodensee u. Alpenseen, nicht selten. **C. bodanica** Eulenst.

6. Schalenseite am Rande nur streifig. 7.
   Schalenseite nahe dem Rande mit feinen, zähnenförmigen Stacheln besetzt, nur schwach wellig gebogen; radiale Streifen zart; Zentrum fein punktiert. Gürtelseite rechteckig, mit abgestumpften Ecken. In stehenden Gewässern. (Fig. 229.) **C. operculata** Kütz.
7. Schalenseite wellig verbogen, am Rand mit radialen, bis zur Hälfte reichenden Streifen, 12—30 μ br.; Mittelfeld sehr fein punktiert; mit einzelnen größeren Punkten. Gürtelseite mit rechteckig welligem Schalenrand. In stehenden od. langsam fließenden Gewässern. (Fig. 227.) **C. Kuetzingiana** Thw.
   Schalenseite mit kurzen randständigen, nach innen zu feiner werdenden Streifen, 10—20 μ br.; Mittelfeld fein punktiert. Gürtelseite deutlich wellig. In stehenden Gewässern, verbreitet. (Fig. 228.) **C. Meneghiniana** Rabenh.
8. Kolonie aus 2, 4 od. 8, zu einer Kette vereinigten Zellen bestehend. Zellen 12—17 μ lg., 21—28 μ br. Schalenseite am Rande kräftig radial gestreift, Mitte glatt. Kieselborsten lg., hyalin. Selten, bei Berlin. **C. chaetoceras** Lemm.
   Kolonien meist aus 4, in ziemlich weiten Abständen stehenden Zellen gebildet. Zellen 23—28 μ br. Schalenseite meist flach, am Rande fein radiär streifig, in der Mitte mit rundlichen Grübchen, Kieselborsten fein. In Alpenseen, Schweiz, Österreich; Plöner See (C. comta var. quadrijuncta Schroet.) **C. Schroeteri** Lemm.

6. Gattung: **Stephanodiscus** Ehrenb.

Schalenseite kreisförmig, wenig gewölbt, radial-körnig u. mit glatten Zwischenstreifen zwischen den Radialstreifen, in der Mitte körnig od. hyalin, am Rand mit einfachem Stachelkranz. Gürtelseite strukturlos.

Schalen 9—17 μ im Durchm. Stacheln ziemlich kräftig, 6—9 auf 10 μ. Radialstrahlen zart, am Rand aus Doppelpunktreihen gebildet. Im süßen od. salzigen Wasser. (Fig. 230.) **S. Hantzschii** Grun.

Schalen robuster, mit kräftigen Randdornen, Radialstrahlen kräftiger, nach außen hin aus 2 od. mehr Punktreihen bestehend. Im Plankton größerer Seen, verbreitet, oft massenhaft auftretend. **S. astraea** Ehrenb.

7. Gattung: **Coscinodiscus** Ehrenb.

Schalenseite kreisförmig bis elliptisch, eben od. vertieft od. seltener wellig-faltig, areoliert-punktiert, nicht rein radiär, Rand schmal, oft glatt, Mittelfeld oft vorhanden, verschieden strukturiert. Rand oft mit Stacheln.

1. Im Meerwasser. 2.
   Im Süßwasser. Schalen eben, konkav od. konvex, seltener wellig verbogen, bis über 50 μ br., mit ziemlich eng stehenden Randstacheln. Schalenseite radial streifig-punktiert mit scheinbar gabeligen Streifen, ohne Zentralrosette. Weit verbreitet, besonders in stehenden Gewässern, Alpenseen usw. (Cyclotella punctata W. Sm.) **C. lacustris** Grun.
2. Mittelfeld deutlich vorhanden, meist von einer Rosette umgeben. 3.
   Mittelfeld ganz fehlend od. sehr undeutlich, von größeren Areolen gebildet. 6.
3. Ohne Randdornen. 4.
   Mittelfeld meist unbedeutend od. fehlend. Schalenseite 120 bis 255 μ im Durchm. Areolen 4—4½ auf 10 μ, nach dem Rand abnehmend, Reihen gerade, am Rand oft bündelig. Randdornen zart, 6 μ voneinander entfernt. Rand schmal, mit 6 Streifen auf 10 μ. In der Nord- u. Ostsee. **C. centralis** Ehrenb.
4. Rand mit 4 Streifen auf 10 μ. 5.
   Rand schmal, mit 6 Streifen auf 10 μ. Schalenseite 135—300 μ im Durchm. Mittelfeld klein, aber sehr deutlich. Areolen vieleckig, nicht punktiert, innen 3—4 μ, nach außen hin etwas größer u. gegen den Rand 2,5 μ im Durchm. Sekundärreihen deutlich, gekreuzt. Nord- u. Ostsee; sehr häufig. **C. oculus-iridis** Ehrenb.
5. Schalenseite 160—310 μ im Durchm. Mittelfeld etwa $^1/_{20}$—$^1/_{25}$ des Durchm. betragend. Areolen stumpflich 6eckig, papillös, in der Mitte 4 μ, nach dem Rand zu 5 μ, am Rande selbst von kleinerem Durchm., in schräg gekreuzten Reihen. Nordsee. **C. gigas** Ehrenb.

   Schalenseite in der Mitte leicht eingedrückt, nach dem Rand zu erhaben, 85—300 μ im Durchm. Mittelfeld klein, mit Rosette. Areolen vieleckig, punktiert, 3,5—4 μ im Durchm., nach dem Rande zu kleiner. Nordsee, Elbmündung. **C. asteromphalus** Ehrenb.
6. Stets ohne Randdornen. 7.
   Mit Randdornen, die auch fehlen können. 10.
7. Mit deutlichen Areolen. 8.
   Schalenseite mit rundlichen, in der Mitte dichter, am Rande zerstreuter stehenden Körnchen, eben, nach dem Rande konvex, 85 μ im Durchm. Rand mit radialen, in der Mitte unterbrochenen Streifen. Nordsee. **C. cinctus** Kütz.
8. Rand mit aus Punkten gebildeten Streifen. 9.
   Rand deutlich abgesetzt u. mit gedrängten, schräg verlaufenden Areolenreihen besetzt. Schalenseite 63 μ im Durchm., Areolen vieleckig, fast gleich groß od. nach außen etwas kleiner. Streifen

nach außen deutlich gebündelt. Sekundäre Reihen sich schräg kreuzend u. nach außen hin gekrümmt. Elbmündung. (Fig. 231.)
C. Kuetzingii A. Schmidt

Rand nicht abgesetzt, Schalenseite 67—180 μ im Durchm. Areolen vieleckig, 2—2½ auf 10 μ, am Rand wenig kleiner, in undeutlichen radialen, am Rand bisweilen gebündelten Reihen. Nord- u. Ostsee. **C. radiatus** Ehrenb.

9. Areolen 6eckig, 2½—4 auf 10 μ.
cfr. **C. lineatus** Ehrenb.

Areolen vieleckig, etwa 8 auf 10 μ.
cfr. **C. Normannii** Greg.

10. Durchm. der Schalenseiten stets über 40 μ. 11.

Schalenseiten ca. 22 μ im Durchm. Areolen klein, vieleckig, in der Mitte 6 μ, nach dem Rand allmählich bis auf 9—10 auf 10 μ abnehmend. Randdornen klein, der Zwischenraum zwischen ihnen zart gestreift. Elbmündung. **C. minor** Ehrenb.

11. Areolen nicht strahlig. 12.

Areolen meist deutlich strahlig. 13.

12. Schalenseiten 52—82 μ im Durchm., flach. Areolen in der Mitte 4 μ im Durchm., nach dem Rande zu kleiner, 8 auf 10 μ; in der Mitte eine, von 5—8 ähnlichen umgebene Areole. Randdornen meist deutlich, zahlreich. Elbmündung, Ostsee; häufig. (Fig. 232.)
C. excentricus Ehrenb.

Schalenseite 50—150 μ im Durchm. Areolen 6eckig, 2½—4 auf 10 μ, nach dem Rand etwa 6 auf 10 μ. Randdornen klein od. fehlend. Rand deutlich aus wenigen konzentrischen zusammenhängenden Punktreihen (8—9 auf 10 μ) gebildet. Elbmündung (Fig. 233.) **C. lineatus** Ehrenb.

13. Strahlen deutlich bündelig angeordnet. 14.

Areolenreihen gerade durchlaufend, nur am Rand bisweilen bündelig. cfr. **C. centralis** Ehrenb.

14. Schalenseiten 42—112 μ im Durchm. Areolen vieleckig, 6 auf 10 μ, nach außen etwas kleiner, in der Mitte etwas konzentrisch, sonst büschelig u. jedes Büschel mit 12 parallelen Reihen, Sekundärreihen sich schräg kreuzend, deutlich. Randdornen meist zwischen 2 Bündeln. Rand feinstreifig, 12—14 auf 10 μ. Elbmündung. **C. subtilis** Ehrenb.

Schalenseiten leicht gewölbt, 62—112 μ im Durchm. Areolen vieleckig, 8 auf 10 μ, nach außen etwas kleiner, in radialen gebüschelten Reihen. Bündel am Rand aus 8 Reihen gebildet. Rand mit zarter Punktstreifung. Randdornen sehr klein od. fehlend. Nordsee. **C. Normannii** Greg.

8. Gattung: **Actinocyclus** Ehrenb.

Schalen kreisförmig-elliptisch bis rundlich-rhombisch, mit fast ganz ebener, seltener konvexer Fläche. Radiäre Streifen aus Körnelungen bestehend, oft radial-bündelig. Mittelfeld meist vorhanden, rundlich. Rand glatt od. streifig, mit einem Auge.

1. Ohne Mittelfeld. 2.
   Mit Mittelfeld. 3.
2. Schalenseiten 20—27 μ im Durchm., mit ziemlich großen, rundlichen Körnchen, die in 2 sich fast senkrecht kreuzenden Reihen angeordnet sind. Rand mit 4 kreuzförmig angeordneten Spitzchen, gestreift-punktiert. Auge rund, submarginal gelegen. Ostsee. (Fig. 234.) **A. cruciatus** Schum.
   Schalenseite 36—108 μ br., Körnchen in radialen Reihen, die wieder schräg sich kreuzende Reihen bilden. Submarginale Zone etwa $^1/_8$ des Radius br., gestreift-punktiert, mit deutlichen Spitzchen. Rand gestreift-punktiert, abgesetzt. Auge schräg elliptisch. Ostsee. **A. arcuatus** Schum.
3. Schalenseiten 50—200 μ im Durchm., eben, am Rand abfallend. Mittelfeld rundlich-eckig, 7,5—12,5 μ br. mit wenigen Körnchen. Sonstige Körnchen in radialen, perlschnurförmigen Reihen, nach dem Rande dichter, Reihen am Rande gebündelt, durch hyaline Zwischenräume nach der Mitte getrennt. Rand deutlich, gestreift. Auge kreisrund. Elbmündung. (Fig. 235.) **A. Ralfsii** (W. Sm.) Ralfs
   Schalenseiten 20—155 μ im Durchm., bis $^5/_6$ nach dem Rande zu eben, dann abfallend. Mittelfeld unregelmäßig stumpfeckig. Körnchen in gebündelten Reihen, zwischen den Reihen am Rande Spitzchen. Rand zart streifig. Auge von einem unregelmäßigen, hyalinen Feld umgeben. Elbmündung. **A. moniliformis** Ralfs

9. Gattung: **Eupodiscus** Ehrenb.

Zellen flach, diskusförmig. Schalen eben od. etwas gewölbt od. wenig gebogen, in der Nähe des Randes mit mehreren, kurzen Fortsätzen (Augen). Struktur aus großen, unregelmäßig angeordneten Areolen mit dazwischenstehenden Punkten gebildet.

Schale mit etwa 4 Fortsätzen, die auf der Oberfläche einen hyalinen, augenartigen Fleck haben. Schalenrand zart radial gestreift. Nordsee. **E. argus** Ehrenb.

10. Gattung: **Auliscus** Ehrenb.

Zellen scheibenförmig. Schalen rundlich-elliptisch, eben, nur mit 2 hügeligen Fortsätzen, die an der stumpfen Spitze je ein großes Auge tragen.

Schalenseiten 55—87 μ br., im kürzeren Durchm. etwa $^1/_{10}$ bis $^1/_4$ kürzer, in der Nähe der Vorsprünge leicht erhaben. Mittelfeld rundlich. Randzone br., mit dicken, nach innen zu sich verschmälernden, gebogenen Streifen. Zwischen Rand u. Mittelfeld 4 kreuzförmig gelegene Gruppen von gekrümmten Streifen. Elbmündung. (Fig. 236.) **A. sculptus** W. Sm.

11. Gattung: **Actinoptychus** Ehrenb.

Zellen flach scheibenförmig, im Querschnitt 6eckig bis kreisrund. Schalenseiten in abwechselnd erhabene od. vertiefte Sektoren geteilt, areoliert.

1. Schalenseiten mit zentralem Nabel. 2.
   Schalenseiten ohne zentralen Nabel, mit 6 helleren und 6 dunkleren Sektoren, 30—90 μ groß. Ostsee. **A. gracilis** Schum.
2. Schalenseiten mit 6 Sektoren u. zentralem, 6eckigem Nabel, ca. 75 μ groß. Rand mit 6 kurzen, dornförmigen Fortsätzen. Elbmündung. (Fig. 237.) **A. undulatus** Ralfs
   Schalenseiten mit 14 Sektoren u. ± deutlichem Nabel, 30—90 μ groß. Rand zart gestreift mit schmalem Randring. Ostsee. **A. vulgaris** Schum.

2. Familie: **Biddulphiaceae.**

Zellen büchsenförmig, etwa so lg. wie br., im Querschnitt meist elliptisch od. eckig, seltener kreisförmig. Schalen mit 2 od. mehr, durch Buckel, Ecken od. Hörner ausgezeichneten Polen.

Bestimmungstabelle der Gattungen.

A. Zellen mit mehrfach längeren Hörnern, ohne Klauen. **1. Chaetoceras.**
B. Zellen mit kürzeren od. nur wenig längeren Buckeln od. Hörnern, ohne Klauen am Ende.
   a) Jede Schale mit einem zugespitzten Pol. **2. Isthmia.**
   b) Jede Schale mit zwei Polen.
      α) Schalen schwach verkieselt, fast strukturlos, mit zahlreichen Zwischenbändern.
         I. Schalen mit borstenförmigen Fortsätzen. **3. Attheya.**
         II. Schalen mit kurzen, ungleichlangen Buckeln. Zellen Schraubenketten bildend. **4. Eucampia.**
      β) Schalen kräftig, stark strukturiert, ohne Zwischenbänder. **5. Biddulphia.**
   c) Jede Schale mit 3 od. mehr Polen.
      α) Schalen stark strukturiert. **6. Triceratium.**
      β) Schalen fast strukturlos. Mit vielen Zwischenbändern.
         I. Schale mit zentralem Horn. **7. Ditylium.**
         II. Schale ohne zentrales Horn. **8. Lithodesmium.**
C. Zellen mit verhältnismäßig lg. Hörnern, am Ende mit Klauen. **9. Hemiaulus.**

1. Gattung: **Chaetoceras** Ehrenb.

Zellen bilateral symmetrisch, kürzer od. wenig länger als br., mit 4 lg. Hörnern, deren jedes an einem Pol entspringt u. am Grunde umgebogen ist. Schalen elliptisch, an den Hornbasen miteinander verbunden. Gürtelbänder zart, schwach verkieselt. Auxosporen ungeschlechtlich. Nur im Plankton des Meeres.

1. Zellen in geraden, nicht tordierten Ketten. 2.
   Zellen in gebogenen od. tordierten Ketten. 5.
   Zellen einzeln, 6—10 μ br. Hörner sehr fein fadenförmig, auf dem Schalendeckel nahe dem Rand entspringend. Ostsee.
   C. gracile Schütt
2. Zellen mit spaltenförmigem Zwischenraum (Fensterchen) aneinanderschließend. 3.
   Zellen ohne od. mit geigenförmigem Fensterchen aneinanderschließend. 4.
3. Zellen 6 μ br., 3 mal so lg. Schalenmantel hoch zylindrisch. Hörner am Rand vom Schalendeckel u. Schalenmantel entspringend, an der Basis sich kreuzend. Endhörner stark divergierend, wenig gebogen. Ostsee. (Fig. 238.) **C. procerum** Schütt
   Zellen 13 μ br., ungefähr ebenso lg. Schalenmantel kurz zylindrisch mit gewölbtem Rand. Hörner auf dem Schalendeckel am Rand entspringend, gekreuzt, in großem Bogen quer verlaufend. Ostsee. **C. medium** Schütt
4. Zellen fensterlos aneinanderschließend, 15 μ br., halb so lg. Hörner an der Schalenabstutzung entspringend, stark gebogen, Endhörner leicht gewellt, dünn. Ostsee. (Fig. 239.)
   C. crinitum Schütt
   Fensterchen flach geigenförmig, 15 μ br., bis 1½ mal so lg. Schalendeckel flach, mit seichter mittlerer Erhebung. Hörner am Rande des Schalendeckels entspringend, an der Basis sich kreuzend, gerade od. flach gebogen. Endhörner flach gezähnt. Ostsee.
   C. angulatum Schütt
5. Ketten gerade, ± gedreht. 6.
   Ketten spiralig gebogen, in kürzere Stücke zerfallend u. dann stachlige Kolonien bildend. Zellen 10 μ br., wenig länger. Fensterchen hoch geigenförmig. Hörner auf dem Deckel etwas vom Rande entfernt entspringend, fadenförmig. Ostsee.
   C. radians Schütt
6. Fensterchen spaltenförmig. Zellen 1—2 mal so lg. wie br. Schalendeckel flach gewölbt, 12 μ br. Hörner auf dem Deckel nahe dem Rand entspringend, sehr zart. Ostsee. **C. laeve** Schütt
   Fensterchen flach geigenförmig mit seichter Einschnürung. Zellen 10 μ br., ungefähr ebenso lg. Schalendeckel mit seichter mittlerer Erhebung. Hörner nahe dem Rande des Deckels entspringend, rechtwinklig gekreuzt, quer gerichtet. Endhörner gebogen, sehr leicht wellig gezähnt. Ostsee.
   C. holsaticum Schütt
   Fensterchen fast quadratisch. Zellen 10 μ br., 1½—4 mal so lg. Schalendeckel gewölbt. Hörner nahe dem Rande des Deckels ent-

springend, rechtwinklig zueinander. Endhörner stärker, in der Mitte verdickt, sehr flach gezähnt. Ostsee. (Fig. 240.)
C. laciniosum Schütt

2. Gattung: **Isthmia** Ag.

Zellen meist länger als dick u. br., in der Gürtelansicht meist trapezförmig. Schalen elliptisch, ungleich, jede mit einem Buckel (Pol), grob areoliert. Einzeln od. unregelmäßige Verbände bildend.

Schalen mit Längsrippen, oval, mit runden, 5—6eckigen Areolen. Nordsee. (Fig. 244.) **I. nervosa** Kütz.

3. Gattung: **Attheya** West.

Zellen gestreckt elliptisch, flachgedrückt, an den Polen mit borstenförmigen Fortsätzen. Gürtelseite durch zahlreiche Zwischenbänder geringelt erscheinend. Querschnitt elliptisch. Zellen einzeln od. zu mehr od. weniger lg. Ketten vereinigt.

Zellen ohne Borsten 60—100 μ lg., bis 20 μ br.; Borsten bis 70 μ lg., etwas nach außen divergierend. Im Plankton größerer Seen, wohl weit verbreitet, doch stets nur vereinzelt auftretend u. wohl infolge ihrer Zartheit oft übersehen. **A. Zachariasi** Brun.

4. Gattung: **Eucampia** Ehrenb.

Schalen elliptisch, mit den längeren Querachsen kielförmig gegeneinandergeneigt, an den Polen gebuckelt. Gürtelseite meist mit Querstreifen. Zellen mit den Polbuckeln aneinanderhaftend u. so schraubenförmige Ketten bildend. Ein ovales Fensterchen zwischen den Zellen vorhanden. Schalen punktiert-areoliert.

Schalen 40—45 μ lg., in der Gürtelansicht keilförmig, in der Mitte mit einigen Längsfalten, nach dem Rande zu gestreift. Nordsee (Fig. 241.) **E. zodiacus** Ehrenb.

5. Gattung: **Biddulphia** Gray.

Zellen büchsenförmig, im Querschnitt kreisförmig od. elliptisch. Schalen $\pm$ kräftig gewölbt, bipolar, jeder Pol mit stumpfem Buckel od. kurzem, kräftigem Horn; bisweilen auch einzelne Stacheln auf den Schalen. Membran stark verkieselt u. kräftig skulpturiert. Zellen einzeln od. durch Gallertpolster zu Zickzacklinien verbunden.

1. Zellen an den Polen mit $\pm$ konischen Hörnern. 2.

Zellen an den Polen mit kurzen, dicken, rundlichen Buckeln. Gürtelansicht fast rechteckig, klein areoliert-punktiert. Schalenansicht elliptisch mit wellig verbogenem Rand, parallelreihig areoliert, 50—170 μ lg., 60—90 μ br. Nordsee, zerstreut.
B. pulchella Gray

2. Schalen $\pm$ elliptisch, punktiert. 3.

Schalen fast kreisend, 6eckig areoliert, 40—120 μ lg., zwischen den konischen, stumpfen Polhöckern auf jeder Seite mit einem

kurzen, sichelförmigen, randständigen Dorn. Gürtel mit fein punktierter Zone. Vereinzelt vorkommend; Elbmündung. (Fig. 243.)
B. Smithii (Ralfs) v. Heurck

3. Dornen ziemlich in der Mitte stehend. 4.
Dornen dem Rande ± genähert. 5.

4. Schalen elliptisch-lanzettlich, 30—80 μ lg., an den Enden oft verschmälert, in der Mitte mit 2—3 ziemlich lg. Dornen, grob punktiert, vom Gürtel gesehen mit 3 Erhebungen, von denen die beiden Polerhebungen höher sind. Kettenbildend. Nordsee. (Fig. 242.) **B. aurita** Bréb.
Schalen der vorigen ähnlich, jedoch kleiner, mit niedrigen Hörnern u. niedergedrücktem Zentrum, glatt od. streifig-punktiert. Nordsee, z. B. Helgoland. **B. obtusa** (Kg.) Grun.

5. Schalen rhombisch-elliptisch, 50—180 μ lg., an den Spitzen abgerundet-zugespitzt, mit kurzen, dicht am Rande stehenden Dornen. Streifen im mittleren Schalenteil undeutlich, sonst radial, aus groben Punkten gebildet. Gürtelbänder punktiert. Brackwasser an den Strommündungen, Küsten der Nord- u. Ostsee. **B. rhombus** (Ehrenb.) W. Sm.
Schalen zart, gelblich, 60—125 μ lg., mit langen dünnen Hörnern, in der Mitte mit breiter, flacher Einbuchtung, auf den seitlichen Vorsprüngen je ein zierlicher, langer Dorn. Streifen in sich kreuzende Linien bildend u. aus zarten Punkten bestehend. Nordsee, Wesermündung, Borkum; häufig. **B. mobiliensis** Bail.
Schalen zart, farblos, mit langen dünnen Hörnern, in der Mitte mit größerer Einbuchtung, auf jeder kurzen Erhebung ein lg., zweispitziger Dorn. Punktierung sehr zart. Nordsee, verbreitet.
B. sinensis Grev.

6. Gattung: **Triceratium** Ehrenb.

Schalen drei- bis vieleckig, an den Ecken mit Buckeln, ohne Stacheln oder Klauen. Schalendeckel areoliert. Gürtelansicht rechteckig.

Schalen dreieckig, in der Mitte angeschwollen, mit geraden oder wenig konvexen Seiten; Oberfläche grob netzförmig, Areolen sechseckig, eine feine Punktierung zeigend. Gürtelseiten länger als breit, fein längsstreifig. Im Meer- und Brackwasser. (Fig. 245.)
T. favus Ehrenb.

Schalen dreieckig mit konvexen Seiten und vorgezogenen Ecken; Oberfläche mit feiner punktförmiger Areolierung. Gürtelseiten schmal, glatt. Zellen zu kurzen Bündeln vereinigt. Elbmündung.
T. striolatum Ehrenb.

7. Gattung: **Ditylium** Beil.

Zelle zylindrisch bis prismatisch, mit 2 Hörnern. Schalen 3- od. 4eckig, Seiten unduliert, radialstrahlig punktiert, in der Mitte mit einem lg., am Ende offenen Horn. Deckel mit eckigem Stachelkranz. Gürtelfläche mit unregelmäßigen Querlinien.

Schalen 3- bis 4eckig, im Umriß unregelmäßig, mit geraden od. gewellten Seiten, mit lg., am Grunde von einem hyalinen Hof umgebenen Mittelstachel. Elbmündung. (Fig. 246.)
D. Brightwellii (West) Grun.

8. Gattung: **Lithodesmium** Ehrenb.

Zellen unvollkommen verkieselt, durch Zellulosemembranen zu lg. Ketten vereinigt. Schalenansicht 3eckig, Ecken mit starkem Stachel. Gürtelansicht zart u. unregelmäßig streifig.

Schalenansicht am Rand wellig u. 3stachelig, in der Mitte erhaben u. kräftig gestachelt. Streifen zart, radialstrahlig. Gürtelansicht 4eckig. Elbmündung. (Fig. 247.)
L. undulatum Ehrenb.

9. Gattung: **Hemiaulus** Ehrenb.

Zellen meist kurz büchsenförmig, mit lg. polaren Fortsätzen, im Querschnitt 2- bis vieleckig. An jeder Ecke ein ± lg. Fortsatz mit Klaue an der Spitze. Durch die Fortsätze zu Ketten verbunden.

Zellen in der Gürtelansicht fast rechteckig, mit breitem Gürtelband; an beiden Seiten mit zwei stark verlängerten, zierlichen und undeutlich gekörnten Hörnern. Adriatisches Meer. (Fig. 248.)
H. Hauckii Grun.

3. Familie: **Rhizosoleniaceae.**

Zellen stäbchenförmig, mehrfach länger als br., im Querschnitt meist kreisförmig, seltener oval, Schalenseite gewölbt mit zentralem od. exzentrischem, lg. und hohlem Stachel od. Horn, selten mit kleiner Spitze.

Bestimmungstabelle der Gattungen.

A. Zellen mit spiraligen Punktlinien, Horn zentral angeordnet.
1. Cylindrotheca.

B. Zellen mit schuppenförmiger Struktur, Horn exzentrisch angeordnet. **2. Rhizosolenia.**

1. Gattung: **Cylindrotheca** Rabenh.

Zellen spindelförmig, beidendig lg. zentral ausgezogen, ohne Nähte, aber mit spiralig umlaufenden u. sich kreuzenden Linien.

Zellen 70—150 μ lg., mit 1—3, meist 2, mit Punkten besetzten, Spirallinien. In stehendem Süß- u. Salzwasser, meist nur einzeln vorkommend. (Fig. 249.) **C. gracilis** (Bréb.) Grun.

2. Gattung: **Rhizosolenia** Ehrenb.

Zellen lg. zylindrisch, gedrehte Ketten bildend, mit vielen schuppenförmigen Zwischenbändern, beidendig exzentrisch in einen ± langen Stachel oder Horn vorgezogen.

1. Endstacheln lg. haarförmig. 2.
   Endstacheln kurz borstenförmig. 3.
2. Zellen ohne Zeichnung, 160 μ lg. Borsten 180—200 μ lg. In stehenden Gewässern. (Fig. 250.) **R. longiseta** Zachar.
   Zellen 15—20 μ br. u. 5—15mal so lg. Ringzeichnung schwer erkennbar. Borsten lg. haarförmig. Nordsee. **R. setigera** Brightw.
3. In der Norssee. 4.
   Im Süßwasser. Zellen 110—120 μ lg., 7—8 μ br., leicht gekrümmt. Borsten höchstens 40 μ lg. Felderung etwas deutlich. In stehenden Gewässern. **R. stagnalis** Zachar.
4. Zellen eng zylindrisch, fast rhombisch-schuppig, an den Enden mit kurzer, gerader Spitze. Nordsee. **R. alata** Brightw.
   Zellen zylindrisch mit sehr zarten Ringen, an den Enden mit einem kurzen, vogelspornähnlich gekrümmten Dorn. Nordsee. **R. calcar-avis** Schultze

4. Familie: **Fragilariaceae.**

Schalen zur Längs- u. Querachse symmetrisch ausgebildet, od. aber zur Querachse unsymmetrisch. Schalenansicht stabförmig, elliptisch, keilförmig od. ± kreuzförmig; Gürtelansicht rechteckig od. keilförmig. Zellen mit od. ohne Zwischenbänder, mit Quersepten. Echte Raphe mit End- u. Mittelknoten fehlt; Pseudoraphe oft vorhanden. Struktur fiederig, querstreifig. Zellen oft zu Bändern, Ketten usw. vereinigt. Chromatophoren körnig od. plattenförmig.

Bestimmungstabelle der Gattungen.

A. Schale zur Längs- u. Querachse symmetrisch ausgebildet; Gürtelansicht daher rechteckig, nicht keilförmig.
   a) Zellen in der Gürtelansicht stark tafelförmig verbreitert, mit vielen Zwischenbändern, meist zu Bandketten vereinigt. 1. Tribus: Tabellarieae.
      α) Schalen in der Schalenansicht mit kräftigen Querrippen versehen, stets ohne Pseudoraphe.
         I. Quersepten mit einer Reihe rundlicher Fenster. **1. Denticula.**
         II. Quersepten mit einer Öffnung. **2. Tetracyclus.**
      β) Schalen in der Schalenansicht ohne Querrippen, nur fein quergestreift.
         I. Zellen in der Schalenansicht nur in der Mitte deutlich angeschwollen, Pseudoraphe fehlt, Quersepten mit 3 Öffnungen. **3. Diatomella.**
         II. Zellen in der Schalenansicht mit deutlichen Mittel- u. Endanschwellungen. Pseudoraphe sehr schmal. **4. Tabellaria.**

III. Zellen in der Schalenansicht nicht od. nur undeutlich angeschwollen.

1. Zellen mit schwacher Pseudoraphe, meist zu Zickzackbändern vereinigt. **5. Grammatophora.**

2. Zellen mit deutlicher Pseudoraphe, meist zu einfachen Bändern vereinigt.

§ Schalen mit feinen Querstreifen. **6. Striatella.**

§§ Schalen mit kräftigen, geperlten Querstreifen. **7. Rhabdonema.**

b) Zellen in der Gürtelansicht nicht sehr verbreitert, ± stabartig. 2. Tribus: Fragilarieae.

α) Schalen ohne Quersepten; Zellen nach allen 3 Richtungen symmetrisch.

I. Zellen zu Bändern vereinigt, sehr selten einzeln.

1. Bänder ohne Lücken zwischen den Zellen. **8. Fragilaria.**

2. Bänder mit Lücken zwischen den Zellen.

§ Schalenansicht ± lanzettlich, mit Pseudoraphe. **9. Dimerogramma.**

§§ Schalenansicht bogig gekrümmt, ohne Pseudoraphe. **10. Campylosira.**

II. Zellen einzeln od. zu fächerförmigen od. sternförmigen Kolonien vereinigt.

1. Beide Zellenden gleichartig ausgebildet. **11. Synedra.**

2. Die beiden Zellenden ungleich.

§ Zellenden in der Schalenansicht kopfig angeschwollen. **12. Asterionella.**

§§ Zellenden in der Schalenansicht nicht kopfig. **13. Thalassiothrix.**

β) Schalen ohne Quersepten; in der Schalenansicht zur Längsachse unsymmetrisch, C-förmig gekrümmt. **14. Ceratoneis.**

γ) Schalen mit Quersepten. **15. Diatoma.**

B. Schalen zur Querachse unsymmetrisch ausgebildet; Gürtelansicht keilförmig. Zellen zu fächerförmigen, schraubenförmigen od. kreisförmigen Bändern vereinigt. 3. Tribus: Meridioneae.

a) Schalen ohne durchgehende Transversalsepten; Zellen gestielt, festsitzend. **16. Licmophora.**

b) Schalen mit durchgehenden Transversalsepten; Zellen ungestielt, freischwimmend. **17. Meridion.**

1. Gattung: **Denticula** Kütz.

Schalenseiten länglich lanzettlich, ohne Raphe, mit starken, durchlaufenden Querrippen, zwischen denen gerade Punktreihen verlaufen. Gürtelansicht rechteckig. Zellen einzeln od. in kurzen Bändern.

Schalenseite schmal lanzettlich, beidendig spitz, ± vorgezogen, 15—45 μ lg., 5—6 μ br. Gürtelseite br. rechteckig. Rippen 3—8. In stehenden Gewässern, besonders im Gebirge, verbreitet.

D. tenuis Kütz.

Schalenseite br. elliptisch, Enden stumpf spitzlich, 12—16 μ lg., 7,5 μ br. Gürtelseite oblong mit stumpfen Ecken. Rippen 7—8. In stehenden Gewässer, Ostpreußen. (Fig. 251.)

D. crassula Naeg.

Schalenseite linear elliptisch, hochgewölbt, Enden abgerundet, 20—36 μ lg., 8 μ br. Rippen 4—6. In stehenden Gewässern, besonders in Gebirgsgegenden Süd- u. Mitteldeutschlands. (Fig. 252.)

D. elegans Kütz.

2. Gattung: **Tetracyclus** Ralfs.

Schalenseiten in der Mitte angeschwollen. Querrippen spärlich. Gürtelansicht rechteckig. Zellen mit den Schalenseiten zu Bändern vereinigt, mit zahlreichen Zwischenbändern.

Schalenseiten 35—65 μ lg., Querrippen 4—12. In stehenden Gewässern, Gebirge, verbreitet. (Fig. 254.) **T. lacustris** Ralfs

Schalenseiten 8—25 μ lg., Querrippen 2—5. Besonders an überrieselten Felsen, im Gebirge vorkommend.

T. rupestris (A. Br.) Grun.

3. Gattung: **Diatomella** Grev.

Schalenseiten länglich bis lanzettlich, in der Mitte leicht angeschwollen. Quersepten 2, gerade, mit 3 Durchbrechungen. Zentralknoten undeutlich, Pseudoraphe fehlend. Gürtelseite rechteckig. Streifung punktiert, quer verlaufend.

Schalenseite 12—35 μ lg., 6—8 μ br. In Gebirgsquellen an Moosen. Selten. (Fig. 253.) **D. Balfouriana** Grév.

4. Gattung: **Tabellaria** Ehrenb.

Zellen durch Gallertpolster zu Zickzackketten verbunden, anfangs angewachsen. Schalenseiten in der Mitte u. an den Enden ± angeschwollen, quergestreift, ohne Rippen u. Knoten, mit meist undeutlicher Pseudoraphe. Gürtelansicht rechteckig, mit Zwischenbändern, die als alternierende Längsrippen vor der Mitte endigen.

Schalenseiten 20—100 μ lg., in der Mitte u. an den Enden gleich dick angeschwollen. Zwischenbänder meist nur 2. In stehenden Gewässern, häufig. (Fig. 256.) **T. fenestrata** (Lyngb.) Kütz.

Schalenseiten 20—45 μ lg., meist in der Mitte stärker angeschwollen. Gewöhnlich lassen die feinen Querlinien in der Mitte einen freien Fleck, auch eine Längslinie erkennen. Zwischenbänder 3 u. mehr. In stehenden Gewässern, häufig. (Fig. 257.)

T. flocculosa (Roth) Kütz.

5. Gattung: **Grammatophora** Ehrenb.

Zellen durch Gallertpolster zu Zickzackketten vereinigt, Endzelle zuerst festsitzend. Schalenansicht lineal bis elliptisch, in der Mitte u. an den Enden meist leicht angeschwollen, Pseudoraphe schwer sichtbar, Mittelknoten, fehlt, Endknoten vorhanden, gekreuzt gestreift. Gürtelansicht rechteckig, Enden abgerundet. Mit zwei Zwischenbändern, die in der Gürtelansicht als in der Mitte durchbrochene Längsrippen erscheinen.

1. Längsrippen mehrfach wellig gebogen, an der Durchbrechungsstelle hakenförmig umgebogen. 2.
   Schalenseiten lang lineal, an den Enden abgerundet, 60—80 μ lg. und 11—15 μ br., mit gekreuzter schräger Streifung. Gürtelansicht ca. 30 μ br. Längsrippen meist etwas unregelmäßig gekrümmt, nicht hakenförmig umgebogen. Nordseeküsten, häufig. (Fig. 255.) **G. marina** (Lyngb.) Kütz.
2. Schalenseiten länglich, an den Enden abgerundet, 15—55—90 μ lg., mit rechtwinkelig sich kreuzender Quer- und Längsstreifung. An den Meeresküsten. **G. angulosa** Ehrenb.
   Schalenseiten fast elliptisch, bis 150 μ lg. und 15 μ br., mit punktierter Streifung. An den Meeresküsten, verbreitet. **G. serpentina** Ralfs

6. Gattung: **Striatella** Ag.

Zellen tafelförmig, zu lg. gestreckten Bändern verbunden mit zarter Struktur. Schalen lanzettlich-elliptisch, gerade od. S-förmig gebogen, mit deutlicher Pseudoraphe u. feiner Querstreifung. Zwischenbänder zahlreich.

Schalen 60—80 μ lg., 10—20 μ br., elliptisch-lanzettlich. Zwischenbänder durchgehend, mit ovaler Mittelöffnung. Meeresküsten, nicht selten. **S. unipunctata** (Lyngb.) Ag.

Schalen 30—60 μ lg., lineal elliptisch. Zwischenbänder unterbrochen, alternierend, bis zur Mitte der Zellen erkennbar. Nordsee. **S. interrupta** (Ehrenb.) Heib.

7. Gattung: **Rhabdonema** Kütz.

Zellen tafelförmig, zu einfachen, seltener zickzackförmigen, festsitzenden Bändern vereinigt. Schalen elliptisch od. lanzettlich, mit deutlicher Pseudoraphe, mit kräftiger Querstreifung od. perlschnurartiger Streifung. Zwischenbänder zahlreich, als Rippen erscheinend.

Schalen schmal lanzettlich-elliptisch, 40—70 μ lg., mit 8 perlschnurartigen Querrippen auf 10 μ. Zwischenbänder mit einem großen Mittelfenster. Nordsee, nicht selten. **R. arcuatum** (Lyngb.) Kütz.

Schalen schmal lineal-lanzettlich, 60—90 μ lg., ca. 12—15 μ br., mit 9—10 Perlstreifen auf 10 μ. Zwischenbänder mit drei Öffnungen. Nordsee, häufig. **R. adriaticum** Kütz.

8. Gattung: **Fragilaria** Lyngb.

Zellen nach allen 3 Richtungen symmetrisch, zu bandförmigen, seltener zickzackförmigen Ketten verbunden. Schalen ohne Knoten u. Rippen, bisweilen mit rippenähnlichen Perlreihen, beide Enden gleich. Gürtelansicht rechteckig, meist schmal lineal.

1. Streifung der Schalen fein od. gröber, dann aber nicht aus getrennten groben Punkten bestehend. Im Süßwasser. 2.

Streifung aus groben, ziemlich weit getrennten Perlen bestehend. Im Brack- od. Meerwasser. 7.

2. Pseudoraphe sehr schmal, oft kaum sichtbar. 3.

Pseudoraphe br., oft lanzettlich. Schalen in der Mitte oft aufgetrieben (daher $\pm$ kreuzförmig). 4.

3. Schalen 6—12 μ lg. elliptisch, Pseudoraphe $\pm$ deutlich. Streifen körnig, 10—11 auf 10 μ. Von der Ebene bis ins Gebirge, zerstreut. (Fig. 263.) **F. elliptica** Schum.

Schalen elliptisch bis lineal, Enden allmählich vorgezogen od. zugespitzt bis geschnäbelt, abgerundet, 20—70 μ lg., 5—10 μ br. Streifen ca. 17 auf 10 μ. Stehende u. langsam fließende Gewässer, häufig. **F. virescens** Ralfs

Schalen spindelförmig, Enden stark verjüngt, Mitte verbreitert, 4—11 μ lg., 3 μ br. Streifen 14—15 auf 10 μ. Im Plankton der Seen u. Flüsse, verbreitet. (Fig. 264.) **F. crotonensis** (Edw.) Kitton

4. Schalenseiten in der Mitte nicht ausgebaucht, höchstens eingeschnürt. 5.

Schalenseiten in der Mitte stark ausgebaucht, daher fast kreuzförmig. 6.

5. Schalenseite schmal lineal, in der Mitte eben od. leicht eingeschnürt, Enden zugespitzt, vorgezogen, 30—60 μ lg., 5 μ br. Querstreifen zart, kurz. Gürtelseite schmal rechteckig. Variabel in bezug auf die Zuspitzung u. die Einschnürung in der Mitte. Süßwasser, weit verbreitet, häufig. (Fig. 265.) **F. capucina** Desm.

Schalenseite eiförmig od. mehr lineal, beidendig verschmälert, 10—25 μ lg., 5—6 μ br. Streifen kräftig mit zusammenfließenden Perlen. Stehende u. langsam fließende Gewässer, häufig. **F. mutabilis** (W. Sm.) Grun.

Schalenseite geigenförmig. cfr. **F. construens** var. **binodis.**

6. Schalenseite br. lanzettlich od. kurz eiförmig, Ende oft vorgezogen, Mitte ausgebaucht, daher die Schale kreuzförmig, 10—28 μ lg.. 7—8 br. Streifen fein, parallel. — In der Mitte zusammengeschnürt, also geigenförmig: var. binodis Grun. — Stehende Gewässer, häufig (Fig. 266.) **F. construens** Grun.

Schalenseite in der Mitte stark bauchig, fast kreuzförmig, Enden abgerundet, 20—50 μ lg., 15 μ br. Streifen kräftig, 4—5 auf 10 μ Einzeln od. in kurzen Bändern. Süßwasser, zerstreut. (Fig. 267.) **F. Harrisonii** (W. Sm.) Grun.

7. Schalen br. lanzettlich, an den Enden fast stielförmig ausgezogen, abgerundet, 40—70 μ lg., 15—22 μ br. Streifen 5—6 auf 10 μ, $\pm$ gebogen. Pseudoraphe schmal. Elbmündung, auf Algen od. im Plankton, häufig. (Fig. 262.)
F. amphiceros (Ehrenb.) Schütt.

Schalen br. lanzettlich bis rhomboidisch, an den Enden kaum vorgezogen, stumpf od. abgerundet, 22—34 μ lg. Streifen 7—8 auf 10 μ. Pseudoraphe an den Polen verbreitert. Elbmündung. (Dimerogramma rhombus Ralfs). **F. rhombus** Ehrenb.

9. Gattung: Dimerogramma Ralfs.

Zellen zu bandförmigen Ketten verbunden u. zwischen sich Lücken lassend. Schalenansicht $\pm$ lanzettlich, mit Polknoten u. Pseudoraphe. Streifen aus Perlreihen bestehend.

Schalenseiten br. lanzettlich, Enden abgerundet, 25—60 μ lg., 12—15 μ br. Streifen kaum strahlig. Elbmündung. (Fig. 268.)
D. surirella (Ehrenb.) Grun.

10. Gattung: Campylosira Grun.

Zellen bandförmig verbunden, zwischen je zwei Zellen Lücken lassend. Schalenansicht cymbella-ähnlich, mit stark gekrümmter Rücken- u. schwach konvexer Bauchseite, zerstreut punktiert. Enden schnabelförmig vorgezogen. Pseudoraphe u. Polknoten fehlen. Schalen bis 40 μ lg.; Nordsee. **C. cymbelliformis** (Schmidt) Grun.

11. Gattung: Synedra Ehrenb.

Zellen einzeln od. fächerförmig verbunden, frei od. angewachsen, meist stark verlängert, meist gerade, lineal. Pseudoraphe vorhanden, oft mit falschen Mittel- u. Endknoten.

1. Schalenseite mit falschem Mittelknoten. 2.
   Schalenseite ohne falschen Mittelknoten. 3.
2. Schalenseiten lg. lanzettlich, 60—80 μ lg., 3 μ br., Enden sehr allmählich verjüngt u. etwas kopfförmig abgerundet. Falscher Mittelknoten oft bis zum Rand gehend. Endknoten klein. Gürtelansicht schmal, beidendig verjüngt. Zellen fächerförmig zusammenstehend. Mit Gallertpolster auf Wasserpflanzen sitzend, im Süß- u. Brackwasser, verbreitet. (Fig. 269.)
   S. pulchella Kütz.

   Schalenseiten lineal bis lanzettlich, 30—90 μ lg., 2—3 μ br., Enden $\pm$ verjüngt u. vorgezogen. Falscher Mittelknoten ringförmig, oft exzentrisch. Gürtelseite lineal. Auf niedrigen Gallertpolstern fächer- od. bündelförmig an Algen (bes. Vaucheria) aufsitzend, im Süßwasser, verbreitet. **S. Vaucheriae** Kütz.
3. Streifen der Schalenseite bis zur Mittellinie reichend. 4.
   Streifen der Schalenseite nicht bis zur Mittellinie reichend. nur am Schalenrand. 11.

4. Schalenseiten durch Aussetzen der Streifen mit einem zentralen glatten Raum (Area), der bisweilen undeutlich wird. 5.
   Schalenseiten ohne jeden glatten Mittelraum. 8.
5. Auf 10 μ bis höchstens 14 Streifen. Häufige, sehr variable Arten. 6.
   Auf 10 μ über 15 Streifen. Seltenere, nicht variable Arten. 7.
6. Schalenseiten lineal bis lanzettlich, sehr lg., Enden verdünnt, lg. ansetzend, 150—450 μ lg., 3—5 μ br. Pseudoraphe schmal, deutlich. Zentralfeld quadratisch, verschieden groß. Streifen 9—10 auf 10 μ, kräftig, fein geperlt-gekerbt. Endknoten klein. — Sehr veränderlich in der Länge u. in der Zuspitzung. Die Enden können etwas kopfig verdickt sein od. etwas spatelig verbreitert od. ± verschmälert, stumpflich. Auch das Zentralfeld ist sehr veränderlich, bisweilen undeutlich, bisweilen stark ausgedehnt. Einzeln od. zu zweien auf kleinen Gallertpolstern ansitzend, aber ebenso häufig im Plankton des Süßwassers, sehr häufig. (Fig. 270.) **S. ulna** Ehrenb.
   Schalenseiten schmal lanzettlich, fast nadelförmig, Enden vorgezogen, kaum kopfig, abgerundet, 100—250 μ lg., 2—2,5 μ br. Pseudoraphe sehr schmal. Zentralfeld viereckig, undeutlich bis sehr groß. Streifen fein, 12—14 auf 10 μ. — Ändert in der Zuspitzung u. im Zentralfeld sehr ab. Im Süßwasser, in stehenden Gewässern, häufig. (Fig. 271.) **S. acus** Kütz.
7. Schalenseiten lineal-lanzettlich, bisweilen leicht bogig, Enden sehr wenig kopfig, rund, 40—100 μ lg., 1,5 μ br. Pseudoraphe u. kleines rundliches Zentralfeld sehr deutlich. Streifen kurz, 16—17 auf 10 μ. In strahligen Büscheln auf Gallertpolstern ansitzend, im Süßwasser, nicht selten. **S. radians** Kütz.
   Schalenseiten lg. lanzettlich, in der Mitte leicht eingeschnürt u. hier etwas vorgewölbt, Enden spitzlich, gerundet, 40—80 μ lg., 2 μ br. Pseudoraphe sehr schmal. Zentralfeld länglich, groß. Streifen sehr fein, 15—19 auf 10 μ. In Bändern od. Platten. Im Süßwasser, in stehenden Gewässern. (Fig. 272.) **S. familiaris** Kütz.
8. Schalen mit geraden, nicht welligen Rändern. 9.
   Schalen sehr lg. gestreckt, 400—450 μ lg.; in der Schalenansicht mit stark welligen Rändern, in der Mitte erweitert, 7—8 μ br., Enden lg. vorgezogen, schwach keulenförmig. Streifen körnig, 10—12 auf 10 μ, im breiteren Teil der Schalen unregelmäßig angeordnet. Nordsee, nicht selten. **S. undulata** W. Sm.
9. Schalen beidendig kopfig. 10.
   Schalenseiten lg. lanzettlich, von der Mitte aus gleichmäßig nach den Enden verschmälert, Enden stumpflich abgerundet, 160—220 μ lg., 8 μ br. Pseudoraphe sehr schmal, in der Mitte wenig verbreitert. Querstreifen kräftig, 9—10 auf 10 μ. Auf stielförmigen Gallertpolstern aufsitzend im Brackwasser, im Süßwasser nur gelegentlich. **S. Gallionii** Ehrenb.

10. Schalenseiten lineal, Enden rhombisch verbreitert u. zugespitzt, spatelförmig, 200—500 μ lg., 1 μ br. Pseudoraphe schmal. Endknoten sehr klein. Streifen kräftig, 8 auf 10 μ. Stehende Gewässer, verbreitet, meist vereinzelt vorkommend. (Fig. 273.) **S. capitata** Ehrenb.

Schalenseiten sehr schmal lanzettlich, Enden stark vorgezogen, kopfig gerundet, 40—70 μ lg., 2—4 μ br. Pseudoraphe deutlich. Streifen fein, 10—11 auf 10 μ. Süßwasser, zerstreut. (Fig. 274.) **S. amphicephala** Kütz.

11. Bis 55 μ lg. 12.

Schalenseiten sehr schmal lanzettlich, nach den Enden allmählich verschmälert, Enden stumpflich-abgerundet, selten schwach kopfig, 90—120 μ lg., 3—5 μ br. Streifen kurz, 15—17 auf 10 μ. In strahligen Bündeln auf einem Gallertpolster aufsitzend. Im Brack- u. Meerwasser, im Süßwasser nur gelegentlich. **S. affinis** Kütz.

12. Schalenseiten lineal, gerade, beidendig allmählich verschmälert u. vorgezogen, 44—55 μ lg., ca. 2,5 μ br. Zu 4—16 in büschelförmigen strahligen Kolonien. Im Plankton stehender u. fließender Gewässer. **S. actinastroides** Lemm.

Schalenseiten gerade, in der Mitte etwas bauchig erweitert, 25—34 μ lg., in der Mitte 2,5, an den Enden 1,3 μ br. Zu 4—24 in büschelförmigen, strahligen, freischwimmenden Kolonien. Im Plankton stehender u. fließender Gewässer, zerstreut (Berlin, Bremen). **S. berolinensis** Lemm.

12. Gattung: **Asterionella** Hassall.

Zellen schmal lineal, mit ungleich verdickten Polenden, mit dem dickeren Ende zu sternförmigen Kolonien vereinigt. Schalenansicht beidendig kopfig. Pseudoraphe sehr fein. Querstreifen. Gürtelansicht lineal od. schwach keilförmig.

Schalenseiten schmal lineal, nach den Enden etwas verschmälert u. kopfig angeschwollen, unteres Ende etwas breiter gerundet, 70—100 μ lg. Gürtelseite in der Mitte schmal, nach beiden Enden etwas verbreitert. Im Plankton des Süßwassers, häufig. (Fig. 275.) **A. gracillima** (Hantzsch) Heib.

Schalenseiten schmal, geradlinig, an der Basis br. gerundet u. nach dem viel weniger gekopften Oberende verschmälert, 70—100 μ lg. Gürtelansicht an der Basis breiter. Im Plankton des Süßwassers; seltener als vorige Art. **A. formosa** Hass.

13. Gattung: **Thalassiothrix** Cleve et Grun.

Zellen lineal, zu strahligen Kolonien vereinigt; das eine Ende in der Schalenansicht schmaler, in der Gürtelansicht breiter als das andere. Schalen mit 2 Reihen erhabener Punkte od. Stachelchen.

Zellen 20—90 μ lg., in der Gürtelansicht nach den Enden zu leicht verschmälert. Im Meeresplankton. **T. nitzschioides** Grun.

14. Gattung: **Ceratoneis** Ehrenb.

Zellen einzeln. Schalenansicht C-förmig gekrümmt, an der Bauchseite mit mittlerer, rundlicher Anschwellung. Pseudoraphe vorhanden, dem konkaven Rande sehr genähert. Mittelknoten undeutlich, ringförmig. Polknoten klein.

Schalenansicht schmal lineal-lanzettlich, gebogen, 30—100 μ lg. 3—4 μ br. Streifen 13 —14 auf 10 μ. (— var. amphioxys Rabenh. [Fig. 277], 35—65 μ lg., 1—1,5 μ br., mit sichelförmiger Schalenseite. Streifen undeutlich, 12 auf 10 μ. Enden mehr kopfig. Bauchseite mit 3 Vorwölbungen.). In stehenden u. fließenden Gewässern, bis in die Alpen, auch in Thermen, nicht selten. (Fig. 276.)

C. arcus (Ehrenb.) Kütz.

15. Gattung: **Diatoma** DC.

Schalenseite lanzettlich bis lineal, mit durchlaufenden Querrippen. Gürtelansicht lg. rechteckig. Zellen zu Zickzackbändern od. kurzen geschlossenen Bändern verbunden.

1. Zellen zu Zickzackbändern verbunden, Rippen fein. (1. Untergattung: Eu-Diatoma). 2.
   Zellen zu kurzen geschlossenen Bändern verbunden. Rippen kräftig (2. Untergattung: Odontidium). 3.
2. Schalenseite lineal od. ± br. lanzettlich, Enden kaum vorgezogen, ± abgerundet, 40—60 μ lg., 10—13 μ br. Rippen 5—6, Streifen 15—16 auf 10 μ. Gürtelseite gerade, 4eckig. Im Süßwasser, weit verbreitet. (Fig. 261.) **D. vulgare** Bory
   Schalenseiten sehr schlank, beidendig gering verschmälert, Enden ± stark kopfförmig, 40—70 μ lg., 2—3 μ br. Rippen 6—7, Streifen 15—17 auf 10 μ. Gürtelseite schmal, in der Mitte etwas zusammengezogen. Meist in schnellfließenden Gewässern, verbreitet. **D. elongatum** Ag.
3. Schalenseite br. oval, lanzettlich bis lineal-lanzettlich, beidendig bisweilen etwas verjüngt, Enden gerundet, 50—60 μ lg., 1—1,5 μ br. Rippen 6—10, Streifen 20—22 auf 10 μ. Gürtelseite länglich rechteckig. An Wassergewächsen ansitzend, oft braune Räschen bildend, besonders in Gebirgsgegenden. **D. hiemale** (Lyngb.) Heib.
   Schalenseite schmal lineal, Enden abgesetzt, abgerundet, fast kopfförmig, 20—50 μ lg., 7—10 μ br. Rippen 6—14 , Streifen 21 auf 10 μ. Gürtelseite rechteckig. Im Süßwasser, vorzugsweise im Gebirge (D. anomalum Sm.). **D. anceps** (Ehrbg.) Kirchn.

16. Gattung: **Licmophora** Ag.

Gürtel u. Schalenansicht keilförmig, schlank. Schalenansicht mit Pseudoraphe u. sehr feiner Querstreifung. Gürtelansicht mit 2 ringförmigen Zwischenbändern, die am schmalen Ende offen sind, ohne

Querrippen. Zellen gestielt. einzeln od. durch Verzweigung der Stiele Kolonien bildend.

1. Zwischenbänder am breiteren Ende deutlich hervortretend. 2.
   Zwischenbänder kaum hervortretend. Schalen schmal keulenförmig, am Grunde eine Strecke lineal, 90—100 μ lg., Querstreifen 20—22 auf 10 μ. Nord- u. Ostsee. (Fig. 258.)
   L. gracilis (Ehrenb.) Grun.
2. Schalen kurz keilförmig, 25 μ lg., am Grunde stumpf, Querstreifen unten 27, oben 33 auf 10 μ. Zellen kurz gestielt, fächerförmig. Nordsee. **L. cristallina** (Kütz.) Grun.
   Schalen schwach keulenförmig. Gürtelansicht keilförmig, oben br. abgestutzt. Querstreifen unten 11—13, oben 27—28 auf 10 μ. Nordsee, zerstreut. **L. communis** Grun.

17. Gattung: **Meridion** Ag.

Schalenansicht keilförmig, am oberen Ende oft kopfig, mit Querrippen, zwischen denen feine, durch eine kaum sichtbare Pseudoraphe unterbrochene Querstreifen verlaufen. Gürtelansicht keilförmig, mit fast bis zu den Gürtelbändern reichenden Querrippen. Zellen zu fächerförmigen of. kreisförmigen bis schraubigen Bändern vereinigt.

Schalen lg. keulenförmig, beidendig abgerundet, nicht kopfförmig, mit meist 8—10 Querrippen, meist 25—30 μ lg. Im Süßwasser, überall häufig. (Fig. 259.) **M. circulare** Ag.

Schalen ähnlich, aber am oberen Ende kopfartig abgeschnürt, mit 7—10 Querrippen, meist 25—45 μ lg. Im Süßwasser, etwas seltener als vorige. (Fig. 260.) **M. constrictum** Ralfs

5. Familie: **Eunotiaceae**[1]).

Schalen zur Querachse symmetrisch, zur Längsachse ± unsymmetrisch. Beide Schalen mit echter, in einem Endknoten endigender, aber sehr kurzer u. der konkaven Seite genäherten Raphe, ohne Zentralknoten. (Jede Zelle daher mit 4 voneinander getrennten, kurzen Raphen versehen.) Schalenansicht ± bogig gekrümmt. Gürtelansicht rechteckig. Chromatophoren 2, den Schalenseiten anliegend.

Einzige Gattung: **Eunotia** Ehrenb.

Zellen einzeln od. zu Bändern vereinigt, frei od. angewachsen. Schalenseite bogig gekrümmt, Rücken oft gewellt, quergestreift, ohne Pseudoraphe u. Mittelknoten.

---

[1]) Die Gattung Eunotia wurde bisher stets zu den Fragilariaceae (= Fragilarioideae Schütt) gestellt. Herr Dr. Kolbe machte mich in dankenswerter Weise auf die durch die eigenartige Ausbildung der Raphe bedingte Sonderstellung der Gattung aufmerksam und wird in einer demnächst erscheinenden Arbeit die Aufstellung einer eigenen Familie für diese Gattung näher begründen.

1. Untergattung: Eu-Eunotia.

Zellen einzeln, selten zu 2 od. 3 vereinigt.

1. Rücken der Schalenseite nicht wellig. 2.
   Rücken der Schalenseite wellig. 6.
2. Enden nicht kopfig verdickt, nicht zurückgebogen, Rücken- u. Bauchseite parallel gekrümmt. 3.
   Enden ± kopfig verdickt u. ± zurückgebogen, Rücken- u. Bauchwand nicht parallel gekrümmt. 4.
3. Schalenseiten mit fast parallelen Seiten, 50—85 μ lg., 12—18 μ br., schwach gekrümmt. Enden abgerundet, nicht vorgezogen. Riesengebirge. **E. parallela** Ehrenb.
   Schalenseiten ± bogig gekrümmt, Ränder parallel, Enden nicht aufgeblasen, abgerundet, 50—100 μ lg., 2—2,5 μ br. Streifen zart, 15 auf 10 μ. Einzeln od. büschelweise auf Algen sitzend, im Süßwasser, häufig. **E. lunaris** Ehrenb.
   Rückenrand dachartig, Bauchrand konkav. cfr. **E. kocheliensis** O. Müll.
4. Streifen der Schalenseite 6—9 auf 10 μ. 5.
   Schalenseiten leicht gebogen, 20—50 μ lg., 3—3,5 μ br., Rückenrand vor den Enden gerundet abgesetzt, Enden kopfförmig u. deutlich zurückgebogen. Streifen 16—18 auf 10 μ. Riesengebirge, Alpengebiet. **E. paludosa** Grun.
5. Schalenseiten 40—80 μ lg., 6—12 μ br., Rückenrand leicht konvex, Bauchrand schwach konkav bis eben, Enden gestutzt, vor den Polen der Rückenseite eingezogen. Streifen 6 auf 10 μ. In Gebirgsgegenden, im Riesengebirge, Eulengebirge. (Fig. 283.) **E. praerupta** Ehrenb.
   Schalenseiten 20—60 μ lg., Rückenrand ziemlich konvex, Bauchrand konkav, Enden schwach vorgezogen, abgerundet, leicht zurückgebogen. Streifen 8—9 auf 10 μ. Alpen, Riesengebirge. **E. monodon** Ehrenb.
6. Rückenrand der Schalenseiten zweihöckerig. 7.
   Rückenrand dreihöckerig. 8.
   Rückenrand vier- bis mehrhöckerig. 9.
   Rückenrand dachartig, vor den Enden kaum eingebogen u. abfallend, Bauchrand ± konkav verbogen, Enden abgerundet, Endknoten dem Bauchrand genähert. Schalenseiten 110—180 μ lg., 6,5 μ br. Streifen etwas strahlig, 10 auf 10 μ. Riesengebirge. (Fig. 284.) **E. kocheliensis** O. Müll.
7. Schalenseiten 30—75 μ lg., 9—10 μ br., Bauchrand konkav, Rückenrand gewölbt, 2bucklig, Enden stumpf vorgezogen, gerundet. Streifen wenig strahlig, 10—12 auf 10 μ. In den Mittelgebirgen u. Alpengebiet. (Fig. 285.) **E. diodon** Ehrenb.
   Schalenseite wenig gebogen, 35—55 μ lg., 8—10 μ br., Rücken schwach 2höckerig, Enden verschmälert u. etwas vorgezogen. Riesengebirge, Kochelsee. **E. impressa** Ehrenb.

8. Schalenseiten 40—50 μ lg., 18 μ br., Bauchrand konkav, Rücken mit 3 Wellen, Enden abgerundet. Streifen 16—20 auf 10 μ. Süßwasser, in stehenden Gewässern. **E. triodon** Ehrenb.

Schalenseiten 12—17 μ lg., 4—5 μ br., Bauchrand schwach konkav, Rücken mit 3 welligen Zähnen, Enden stumpflich gerundet, leicht zurückgebogen. Streifen 18—20 auf 10 μ. Süßwasser, von der Ebene bis in die subalpine Region. (Fig. 286.) **E. tridentula** Ehrenb.

9. Rücken mit 4 hochgewölbten Buckeln. Bauchrand konkav. Schalenseiten 40—50 μ lg., 16—20 μ br., Enden br. gerundet. Streifen strahlig, einzelne kürzer, ca. 10 auf 10 μ. Süßwasser. **E. tetraodon** Ehrenb.

Rücken mit 5 ziemlich spitzen Buckeln. Bauchrand wenig konkav. Schalenseiten 50 μ lg., 5 μ br., Enden gerundet, nicht vorgezogen. Streifen wenig strahlend, 12 auf 10 μ. Süßwasser, im Gebirge. (Fig. 287.) **E. Ehrenbergii** Ralfs

Rücken mit 5—20 ± wellenförmigen Zähnen. Bauchrand konkav. Schalenseiten 50—90 μ lg., 12—17,5 μ br. Streifen kräftig, strahlend, ca. 10 auf 10 μ. Süßwasser. (Fig. 288.) **E. robusta** Ralfs

2. Untergattung: Himantidium Ehrenb.
Zellen zu ± lg. Bändern verbunden.

1. Enden der Schalenansicht vorgezogen u. meist nach außen gebogen. 2.

Enden der Schalenansicht wenig od. nicht vorgezogen, gerade od. etwas nach innen gebogen. 5.

2. Zellen über 30 μ lg. 3.

Rücken der Schalenseiten etwas stärker gebogen od. der Bauchseite fast parallel, Enden abgesetzt, gestutzt, stark zurückgebogen, 10—15 μ lg., 2—3 μ br. Rücken oft mit kleiner Einschnürung, daher zweiwellig. Streifen sehr zart, ca. 25 auf 10 μ. Süßwasser, im Gebirge, nicht häufig. (Fig. 278.) **E. exigua** Bréb.

3. Gürtelseite mit sehr zarten Streifen, 20 od. 22 auf 10 μ. 4.

Schalenseiten verlängert, lineal, gebogen, 90—190 μ lg., 6—15 μ br., Enden stumpf abgerundet, kopfig zurückgebogen. Gürtelseite mit groben Streifen, 14 auf 10 μ. Süßwasser, ziemlich selten. **E. major** W. Sm.

4. Schalenseiten gebogen, an den Enden stark kopfig, Bauchseite gerade od. gekrümmt, 30—90 μ lg., 3—4 μ br. Gürtelseite mit zarten, durch Längsfalten unterbrochenen Streifen, ca. 22 auf 10 μ. Süßwasser, bes. in kalkhaltigen Gewässern, verbreitet. (Fig. 279.) **E. arcus** Ehrenb.

Schalenseiten sehr schmal, Enden leicht kopfig zurückgebogen, Seiten parallel, 70—160 μ lg., 2—3 μ br. Gürtelband mit 20 Streifen auf 10 μ. In stehenden Gewässern im Gebirge. (Fig. 280.) **E. gracilis** (Ehrenb.) Rabenh.

5. Schalenseiten höchstens bis 5 μ br. 6.
Schalenseiten 7,5 μ br. 7.
6. Schalenseiten lineal, sehr leicht gebogen, an den Enden verschmälert geschnäbelt; nicht kopfig, 50—130 μ lg., 3—5 μ br. Süßwasser, bes. im Gebirge. **E. pectinalis** (Dillw.) Ag.
Schalenseiten schlank, leicht gebogen, Bauchseite nach innen gebogen, Enden wenig vorgezogen u. leicht nach dem Rücken hin abgesetzt, 25—35 μ lg., 4—4,5 μ br. Riesengebirge. (Fig. 281.) **E. veneris** Kütz.
7. Schalenseiten gebogen, Enden kaum vorgezogen, stumpf, rundlich, Rücken stark, Bauch wenig gekrümmt, 12—100 μ lg. Süßwasser, bes. Torfmoore, zerstreut. (Fig. 282.) **E. Soleirolii** Kütz.
Schalenseiten dick wurstförmig, Enden stumpf gerundet, am Rücken kaum abgesetzt, Rücken stark, Bauch schwach vorgewölbt od. gerade, 15—17 μ lg. Riesengebirge. **E. sudetica** O. Müll.

6. Familie: **Achnanthaceae.**

Zellen meist flach zusammengedrückt, lineal-elliptisch, schiffchenförmig in der Richtung der Längs- od. Querachse gebogen od. geknickt. Schalenseiten ungleich, die obere mit Pseudoraphe, die untere mit echter Raphe, Zentral- u. oft Endknoten.

Bestimmungstabelle der Gattungen.

A. Zellen um die Querachse gebogen od. geknickt. Gürtelansicht daher gebogen od. geknickt erscheinend.
a) Zellen in der Gürtelansicht nicht gebogen-keilförmig. **1. Achnanthes.**
b) Zellen in der Gürtelansicht gebogen-keilförmig. **2. Rhoicosphenia.**
B. Zellen um die Längsachse gebogen.
a) Ohne od. nur mit unvollständigen inneren Rippen. **3. Cocconeis.**
b) Mit starken durchgehenden Querrippen. **4. Campyloneis.**

1. Gattung: **Achnanthes** Bory.

Schalen schiffchenartig, verschieden; obere konvex, mit Pseudoraphe; untere konkav, mit echter Raphe, Zentral- u. Endknoten. Schalenansicht elliptisch bis lanzettlich, nach Längs- u. Querachse symmetrisch, Gürtelansicht in der Mitte geknickt od. gebogen, zur Querachse symmetrisch, zur Längsachse unsymmetrisch. Schalen streifig punktiert, Zentralknoten der Unterschalen staurosartig verbreitert. Zellen einzeln od. in Bändern, deren erste Zelle auf einem Gallertstiel der Unterlage angeheftet ist.

1. Sektion: Eu-Achnanthes.

Unterschale mit Rippen zwischen denen Punktreihen stehen. Raphe bzw. Pseudoraphe fast gerade, nie S-förmig gebogen od. exzentrisch.

Schalen elliptisch, mit gerundeten, oft etwas keilig auslaufenden Enden u. meist etwas eingezogener Mitte. Oberschale mit Längskiel, von welchem die feinen Querrippen auslaufen, die Rippen auf jeder Seite von je einer Punktreihe begleitet, deren Punkte alternieren. Unterschale mit undeutlicher Area neben der Raphe und schmalem Stauros, der bis zu den Rändern durchläuft. Länge 50—180 μ, Breite 12—20 μ. Gürtelband fein wellig quergestreift. Brackwasser u. marin. (Fig. 289) **A. longipes** Ag.

Schalen br. lanzettlich, seltener länglich, stark gestreift. Oberschale mit fast parallelen Streifen, Unterschale mit schwach radialen Streifen, um den runden Mittelknoten etwas kürzer. Länge 17 bis 31 μ, Breite 6—8 μ. Elbmündung. **A. Hauckiana** Grun.

2. Sektion: Microneis Cleve.

Beide Schalen ohne Rippen, mit fein punktstreifiger Struktur. Raphe bzw. Pseudoraphe gerade od. fast gerade.

1. Schalen 3—4 μ br. 2.
 Schalen 5—11 μ br. 4.
2. Area längs der Raphe der Unterschale fehlend. 3.
 Schalen sehr schmal, lg. lanzettlich, mit leicht kopfigen Enden, 9—26 μ lg., 3 μ br. Oberschale mit linienförmiger, in der Mitte nicht erweiterter Pseudoraphe. Unterschale mit in der Mitte quer erweiterter Area. Streifen sehr eng, über 30 auf 10 μ. Süßwasser, zwischen Oscillarien usw., zerstreut. **A. microcephala** Kütz.
3. Schalen gestreckt lanzettlich, Enden leicht verschmälert, stumpf, etwas vorgezogen, 15—20 μ lg., 3—4 μ br. Oberschale mit schmaler Pseudoraphe ohne Erweiterung, Unterschale mit quer verlaufendem Stauros. Streifen 25 auf 10 μ. Süßwasser, zwischen Fadenalgen, häufig. (Fig. 295.) **A. minutissima** Kütz.
 Schalen länglich, Enden abgerundet, kaum vorgezogen, 10—20 μ lg., 3—4 μ br. Oberschale mit schmaler Pseudoraphe, Unterschale mit kleinem Mittelfeld. Streifen 24—27 auf 10 μ. Süßwasser, zwischen Algen, nicht selten. **A. linearis** W. Sm.
4. Unterschale ohne Querarea. 5.
 Schalen elliptisch-lanzettlich, Enden vorgezogen, stumpflich gerundet, 13—17 μ lg., 5—6 μ br. Oberschale mit schmaler Pseudoraphe u. parallelen Streifen. Unterschale mit sehr schmaler, in der Mitte bandartig quer verbreiterter Area, Streifen strahlig, 25 auf 10 μ. Süßwasser, zerstreut. (Fig. 297.) **A. exigua** Grun.
5. Schalen schmal lanzettlich, Enden abgerundet, 15—30 μ lg., 8—9 μ br. Oberschale mit schmaler, in der Mitte erweiterter Pseudoraphe, Unterschale ohne od. mit feiner, in der Mitte rundlich erweiterter Area. Streifen in der Mitte etwas strahlend u.

stärker u. entfernter als die übrigen, 19—21 auf 10 μ. Süßwasser, zwischen Fadenalgen, überall verbreitet. (Fig. 296.)

A. exilis Kütz.

Schalen elliptisch-lanzettlich, häufig mit schwach vorgezogenen Enden, 10—20 μ lg., 5—11 μ br. Oberschale mit schmaler, linearer Pseudoraphe und 14—15 Streifen auf 10 μ. Unterschale mit undeutlicher, in der Mitte etwas erweiterter Area, mit 17—19 Streifen auf 10 μ. Nordsee u. Brackwasser. **A. delicatula** Kütz.

3. Sektion: Achnanthidium Heiberg.

Beide Schalen ohne Rippen, mit stark punktstreifiger Struktur. Raphe bzw. Pseudoraphe ± S-f gebogen.

1. Nur in Süßwasser. 2.

Schalen länglich, mit keilf. verschmälerten Enden, oft in der Mitte etwas eingezogen, 70—100 μ lg., 2 μ br. Oberschale mit etwas exzentrischer Pseudoraphe, Streifen grobperlig. Unter-Schale mit feiner Area längs der Raphe u. bandförmigem Stauros, Streifen dichter punktiert u. leicht strahlend. In brackigen Gew. u. marin, häufig. **A. brevipes** Ag.

2. Schalen länglich elliptisch, lanzettlich bis ziemlich br. elliptisch, 17—35 μ lg., 5—8 μ br., Enden stumpf gerundet, seltener etwas vorgezogen. Oberschale mit schmaler Pseudoraphe, die sich in der Mitte auf einer Seite zu einem hufeisenförmigen Raum erweitert, Streifen fast parallel. Unterschale mit schmaler Area neben der Raphe und br. bandförmigen Stauros, Streifen leicht strahlig. Im Süßwasser von der Ebene bis ins Gebirge, in Gräben und Teichen zwischen anderen Diatomeen, verbreitet. (Fig. 290.)

A. lanceolata Bréb.

Schalen lineal, in der Mitte u. vor den br. gerundeten Enden etwas eingezogen, 20—40 μ lg., 8 μ br. Oberschale mit sehr exzentrischer Pseudoraphe, Streifen parallel, an den Enden leicht divergierend. Unterschale mit feiner Area längs der Raphe u. br. Stauros, Streifen leicht strahlig. In kleineren Süßwasseransammlungen, zwischen anderen Diatomeen, nicht häufig.

A. coarctata Bréb.

2. Gattung: **Rhoicosphenia** Grunow.

Gürtelansicht keilförmig, aber zum Unterschied von voriger Gattung gebogen. Obere Schale ohne Raphe u. Mittelknoten, aber mit Pseudoraphe. Untere Schale mit Raphe u. Mittelknoten. Fein punktierte Querstreifen.

Schalen 15—25 μ lg., 3—4,5 μ br. Obere Schale mit kräftigen parallelen Streifen, die die Pseudoraphe erreichen, 16 auf 10 μ. Untere Schale mit schmaler Area u. ovalem Mittelfeld, Streifen strahlig, 15 auf 10 μ. Süß- u. Brackwasser, z. B. Ostsee, häufig. (Fig. 444.)

R. curvata (Kütz.) Grun.

3. Gattung: **Cocconeis** Ehrenb.

Zellen schiffchenförmig, flach od. etwas konkav-konvex, gerade od. gebogen. Schalenansicht rundlich-elliptisch bis kreisförmig, um die Längsachse dachartig geknickt, meist punktiert-streifig. Oberschale mit Pseudoraphe, ohne Knoten, Unterschale mit Raphe u. Knoten. Wenn ein Zwischenband mit inneren Querrippen vorhanden ist, so bilden diese nur einen Randkranz u. gehen nicht bis zur Mitte. Meist epiphytisch in Kolonien auf Wasserpflanzen sitzend.

1. Sektion: Cocconeis Ehrenb.

Raphe bzw. Pseudoraphe gerade. Struktur ziemlich kräftig.

1. Obere Schale ohne Querrippen, nur punktiert-gestreift. 2.

Schalen elliptisch bis fast kreisförmig, 15—38 μ lg., 9—18 μ br. Oberschale mit schmalem Mittelstreifen u. starken Querrippen, die mit doppelten Reihen schräg angeordneter Punkte abwechseln. Unterschale mit einer, bis nahe zum Rande reichender Raphe u. quer verbreitertem Mittelknoten. Nordsee.

C. costata Greg.

2. Obere Schale mit fein u. ungleichmäßig punktierten Querstreifen; Punkte eine wellige Längsstreifung vortäuschend. 3.

Schalen br.-elliptisch, meist 45—60 μ lg. u. 30—40 μ br. Oberschale mit grob punktierten Querlinien; Punkte am Rande in dreieckige fein punktierte Felder zusammenfließend; Längsreihen nicht deutlich hervortretend. Unterschale mit fein punktierter, radialer Streifung, am Rande mit kurzen Querrippen. Meerwasser, häufig. **C. scutellum** Ehrenb.

3. Schalen elliptisch, im Umriß veränderlich, von der Mittellinie nach beiden Seiten dachartig abfallend, 15—30 μ lg., 10—20 μ br. Oberschale mit schmaler, in der Mitte etwas zusammengezogener Pseudoraphe; Streifen 17—18 auf 10 μ. Unterschale mit deutlicher Raphe u. Knoten, Area neben der Raphe undeutlich, Stauros klein; Schalenrand schmal, streifenlos. Gürtel mit kurzen Rippen. Süß- u. Salzwasser, auf Wasserpflanzen, häufig. (Fig. 292.)

C. pediculus Ehrenb.

Schalen ± elliptisch, 12—35 μ lg., 8—20 μ br. Oberschale mit schmaler Pseudoraphe, Streifen 25 auf 10 μ bis zum Rand gehend. Unterschale mit deutlicher Randlinie u. nicht bis zu den Enden gehender Raphe, Rand scharf u. br. abgesetzt, gestreift. Im Süß- u. Brackwasser, häufig. (Fig. 293.)

C. placentula Ehrenb.

2. Sektion: Eucocconeis Cleve.

Raphe bzw. Pseudoraphe S-förmig gebogen. Streifung sehr zart.

Schalen schief rhombisch-elliptisch mit stumpfen, etwas schräg abgestutzten Enden, 40—50 μ lg., 2 μ br. Oberschale mit enger Pseudoraphe, ohne Mittelknoten. Streifen leicht strahlig, punktiert, 16 auf 10 μ. Unterschale mit gebogener Raphe u. schmaler Area, die in der

Mitte etwas oval erweitert ist, Streifen feiner, 17 auf 10 μ. Süßwasser, von der Ebene bis ins Gebirge, verbreitet. (Fig. 294.)

C. flexella Kütz.

Schalen br. elliptisch bis fast kreisförmig, 25—60 μ lg., 15—50 μ br. Oberschale mit schmaler Pseudoraphe; Streifen etwa 17 auf 10 μ. Unterschale mit deutlich gebogener Raphe u. quer verbreitertem Mittelknoten, Streifen etwa 20 auf 10 μ. Nordsee.

C. dirupta Greg.

4. Gattung: **Campyloneis** Grunow.

Zellen wie bei Cocconeis. Oberschale mit Pseudoraphe, netzig punktiert, Unterschale mit gerader Raphe u. Mittelknoten, Polknoten fehlend. Zwischenband stets vorhanden, bis zur Mitte reichend, mit großen Öffnungen, weshalb die Schalen starke innere Querrippen zeigen.

Schalen br. elliptisch, Enden abgerundet, 10—20 μ lg., 9—17 μ br. Oberschale mit netzgrubiger Punktierung; Unterschale mit feiner Streifung. Nordsee. (Fig. 298.) **C. Grevillei** (W. Sm.) Grun.

7. Familie: **Naviculaceae.**

Beide Schalen gleich ausgebildet, mit echter, gerader od. gebogener Raphe, Zentralknoten und zwei Endknoten, ungekielt oder seltener mit die Raphe nicht verdeckendem Kiel ohne Kielpunkte. Schalenansicht schiffchenförmig, $\pm$ keilförmig od. aber bogenförmig gekrümmt. Gürtelansicht zur Längsachse symmetrisch ausgebildet, $\pm$ rechteckig, elliptisch od. keilförmig. Chromatophoren meist 2, den Gürtelbändern anliegende Platten od. nur eine große Chromatophorenplatte am Gürtelband.

Bestimmungstabelle der Gattungen.

A. Zellen nicht keilförmig, meist schiffchenförmig, seltener S-förmig gebogen. 1. Tribus: Naviculeae.
- a) Zellen mit Zwischenband, das durch Quersepten in Kammern zerlegt ist; Schalenrand daher gekammert. **1. Mastogloia.**
- b) Zellen ohne gekammerte Zwischenbänder; Schalenrand daher nicht gekammert.
  - α) Schalen mit erhabenem Kiel.
    - I. Raphe gerade. **2. Tropidoneis.**
    - II. Raphe S-förmig gekrümmt, median.
      - 1. Zelle nicht tordiert. **3. Donkinia.**
      - 2. Zelle um die mittlere Sagittalachse tordiert. **4. Amphiprora.**
    - III. Raphe doppelt bogenförmig, stark exzentrisch. **5. Auricula.**
  - β) Schalen ohne Kiel, mit Längslinien versehen.
    - I. Zentralknoten beiderseits der Mittellinie in strukturlose Fortsätze verlängert. **6. Diploneis.**

II. Zentralknoten ohne Fortsätze.
1. Zeichnung der Schalen einfach.
§ Streifen nicht deutlich punktiert.
7. Caloneis.
§§ Streifen aus Punkten bestehend.
8. Neidium.
2. Zeichnung der Schalen doppelt, aus groben Querrippen u. feinen Punktreihen bestehend.
9. Scoliotropis.
γ) Schalen ohne Kiel u. ohne Längslinien.
I. Zellen innen in der Mitte mit starken, gebogenen, anastomosierenden Rippen. **10. Trachyneis.**
II. Zellen ohne innere Rippen.
1. Schalen mit S-förmig gebogener Raphe.
§ Schalenansicht symmetrisch od. fast symmetrisch.
*Zellen in der Gürtelansicht gerade.
Δ Streifung nach 2 Richtungen, die sich rechtwinklig kreuzen. **11. Gyrosigma.**
ΔΔ Streifung nach 3 Richtungen, die sich unter spitzem Winkel kreuzen.
12. Pleurosigma.
Zellen in der Gürtelansicht geknickt od. gebogen. **13. Rhoicosigma.
§§ Schalenansicht sehr unsymmetrisch mit fast geradem Rücken u. stark gewölbtem Bauchrande.
14. Toxonidea.
2. Schalen mit gerader Raphe.
§ Zentralarea rund od. quer verbreitert.
15. Navicula.
§§ Zentralarea klein od. ± verlängert.
* Zellen auf Gallertstielen. **16. Brebissonia.**
** Zellen frei.
Δ Zentralknoten klein, wenig verlängert.
17. Frustulia.
ΔΔ Zentralknoten sehr stark linienförmig verlängert. **18. Amphipleura.**

B. Zellen mindestens in einer Richtung keilförmig.
a) Zellen in der Schalen- u. Gürtelansicht keilförmig, oft eingeschnürt; Raphe median, gerade.
2. Tribus: Gomphonemeae.
Einzige Gattung: **19. Gomphonema.**
b) Zellen in der Schalenansicht bogenförmig gekrümmt, im transversalen Längsschnitt (Transversalebene) keilförmig; Raphe exzentrisch, meist gebogen 3. Tribus: Cymbelleae.
α) Schalen ohne Querrippen.
I. Zentralknoten fast in der Mitte der Schale liegend, Schalen daher wenig unsymmetrisch u. durch die Raphe

in zwei wenig ungleiche Hälften geteilt. Gürtelband schmal u. ohne Streifen. **20. Cymbella.**

II. Zentralknoten dem Bauchrande genähert, Schalen daher sehr unsymmetrisch. Gürtelband br., mit Streifen. **21. Amphora.**

β) Schalen mit Querrippen.

I. Schalen mit Querrippen u. Perlreihen, Raphe bisweilen undeutlich, nicht auf einem Kiel verlaufend. Endknoten fehlend. **22. Epithemia.**

II. Schalen nur mit Querrippen. Raphe deutlich, auf einem erhabenen Endkiel verlaufend. Endknoten vorhanden. **23. Rhopalodia.**

1. Gattung: **Mastogloia** Thwaites.

Zellen schiffchenförmig, mit Zwischenbändern u. Querrippen, in meist gallertigen Lagern eingebettet.

1. Mittelfeld rund. 2.

Schalen br. lanzettlich, Enden etwas verengt, stumpf, 40—50 μ lg., 14—27 μ br. Area sehr schmal, in der Mitte quer verbreitert u. von jeder der 4 Ecken des Querbandes aus einen schmalen Streifen nach den Enden hin aussendend, der die Strichelung unterbricht (Mittelfeld also lg. H-förmig). Kammern fast quadratisch, in der Mitte etwas größer, bis fast zu den Enden gehend. Brackwasser u. marin. (Fig. 299.) **M. Braunii** Grun.

2. Kammerreihe bis fast zu den Enden reichend, Kammern alle viereckig. 3.

Schalen lanzettlich, Enden $\pm$ vorgezogen, leicht kopfig, 27 bis 50 μ lg., 10—15 μ br. Kammerreihe ziemlich weit vor den Enden aufhörend. Kammern 4eckig, die letzte der Reihe 3eckig. Streifen fast parallel, 18—19 auf 10 μ. Krustige, sich später loslösende Überzüge bildend. Im Süßwasser, von der Ebene bis in die Alpen, u. in der Ostsee, verbreitet. (Fig. 300.) **M. Smithii** Thw.

3. Freier Raum zwischen den Kammern (Fenster) an den Enden mit einer kopfartigen Anschwellung endigend. 4.

Fenster mit 2 rundlichen Anschwellungen endigend. 5.

4. Schalen länglich oval, Enden stumpf, 35—60 μ lg., 10—12 μ br. Kammern etwa 6—7 auf 10 μ. Streifen leicht radiär, mit 2 Reihen alternierender Punkte abwechselnd. Süß- od. Brackwasser, zerstreut. (Fig. 301.) **M. Grevillei** W. Sm.

Schalen elliptisch, 22—45 μ lg., 10—18 μ br. Kammern rechteckig. Streifen leicht gebogen, strahlend, die mittleren abwechselnd länger u. kürzer. Brack- u. Süßwasser. **M. elliptica** Ag.

5. Schalen lanzettlich, Enden abgestumpft, 40—50 μ lg., 17—19 μ br. Kammern zahlreich, rechteckig. Streifen wenig strahlig, fein punktiert. Ostsee. (Fig. 302.) **M. lanceolata** Thw.

Schalen lanzettlich, mit br., etwas vorgezogenen Enden, 30 bis 40 μ lg., 13—16 μ br. Raphe von 2 dicht daneben liegenden Längsrippen eingeschlossen. Kammern quadratisch. Streifen fein punktiert, die Punkte Längsreihen bildend. Ostsee.

M. baltica Grun.

2. Gattung: **Tropidoneis** Cleve.

Schalen schiffchenförmig, meist nach den Enden verschmälert, meist geflügelt. Raphe auf medianem od. exzentrischem Kiel. Längslinien undeutlich. Mittelfeld klein. Querstreifung mit Strichen in der Längsrichtung.

1. Gürtelansicht in der Mitte eingeschnürt. 2.
   Gürtelansicht lineal, rechteckig, in der Mitte nicht eingeschnürt, 180—270 μ lg., 40 μ br. Schalenansicht schmal lineal, stark konvex u. ungleichseitig, 13 μ br. Flügel auf der breiteren Seite. Querstreifen 13—14 auf 10 μ. Ostsee, Nordsee.
   T. elegans (W. Sm.) Cleve
2. Gürtelansicht verlängert, rechteckig, in der Mitte stark eingeschnürt, 120—200 μ lg., 30—40 μ br., in der Einschnürung 13 bis 18 μ br. Flügel deutlich, besonders am Zentralknoten. Schalenansicht lineal-lanzettlich, zugespitzt, 18—23 μ br. Streifen 20—21 auf 10 μ. Ostsee, Nordsee. **T. lepidoptera** (Greg.) Cleve
   Gürtelansicht rechteckig, beidendig abgerundet, in der Mitte eingeschnürt, 70—90 μ lg., 17 μ br. Flügel wenig vertretend. Schalenseiten lanzettlich, an den Enden leicht gekopft, auf der breiteren Seite mit Vorsprung, 20 μ br. Streifen 16 auf 10 μ. Nordsee. (Fig. 303.) **T. gibberula** (Grun.) Cleve

3. Gattung: **Donkinia** Ralfs.

Zellen frei. Raphe auf hochgewölbtem, S-förmigem Kiel, ohne seitliche Leisten. Schalenansicht kahnförmig, schwach S-förmig gekrümmt. Gürtelansicht in der Mitte stark eingezogen.

Schalenseiten stark konvex, auf einer Seite sich mehr verschmälernd, spitz, 100—130 μ lg., 10—15 μ br. Streifen ca. 20 auf 10 μ. Mittellinie in der Mitte fast diagonal. Nordsee. (Fig. 304.)

D. carinata (Donk.) Ralfs

Schalenseiten konvex, gerade mit schräg abgerundeten Enden. Streifen ca. 19—20 auf 10 μ. Mittellinie stark sigmoid, nach den Enden zu am Rande verlaufend. Nordsee. **D. recta** (Donk.) Grun.

4. Gattung: **Amphiprora** Ehrenb.

Schalenseiten lanzettlich, spitz, konvex, in der Mittellinie mit erhabenem, S-förmigem Kiel, der durch 2 Seitenlinien eingefaßt wird. Gürtelseite in der Mitte stark eingezogen, mit ± zahlreichen Zwischenbändern. Schalenseiten mit Querstreifen, Kiel mit Punkten in Quer- od. Kreuzreihen. Raphe undeutlich. Mittelfeld klein od. fehlend.

1. Streifen der Schalenseiten über 20 auf 10 μ. 2.
Streifen der Schalenseiten höchstens bis 17 auf 10 μ. 3.
2. Schalen hautartig, 55—130 μ lg., 30—50 μ br. Schalenansicht lineal-lanzettlich, Enden spitz, Streifen verschieden stark, 20 auf 10 μ. Gürtelseite br. oval, in der Mitte tief ausgeschnitten-ausgebuchtet, um die Längsachse gewunden. Süß- u. Brackwasser, besonders in letzterem verbreitet. (Fig. 305.)
A. paludosa W. Sm.
Schalen hautartig, 67 μ lg., 50 μ br. Gürtelseite gewunden, in der Mitte tief eingeschnürt. Kiel fein wellig u. tief zahnartig gekerbt. Streifen 20—22 auf 10 μ, stark strahlig, fein punktiert. Süßwasser, auch leicht salzige Gewässer, zerstreut.
A. ornata Bail.
3. Schalen stark verkieselt, 100—110 μ lg., 20 μ br. Schalenseiten länglich, zugespitzt, Kiel stark S-förmig, deutlich punktiert. Gürtelseite abgestutzt-abgerundet, in der Mitte stark eingeschnürt. Streifen 16—17 auf 10 μ. Brack- u. Meerwasser.
A. alata Kütz.
Schalen stark verkieselt, 89—130 μ lg., 66 μ br. Schalenseiten mit stark erhabenem, beiderseits hyalin eingefaßtem Kiel. Gürtelseite in der Mitte tief eingeschnürt, beidendig br. abgestutzt. Streifen 7,5 auf 10 μ. Ostsee. **A. Brebissoniana** Grun.

5. Gattung: **Auricula** Castr.

Schalen nierenförmig bis cymbellaförmig, die eine konvex, die andere eben od. konkav, mit seitlichem, asymmetrischem, gebogenem Kiel. Raphe exzentrisch, bogenförmig, dem Bauchrand genähert. Streifen quer- od. unregelmäßig gebogen. Gürtelseite mit Zwischenbändern. — Schwer von Amphora zu trennen.

Kiel in der Mitte nicht eingebuchtet, niedrig. Schalenansicht zimbelförmig, Enden knopfig u. kurz vorgezogen, 80—105 μ lg., 14 bis 16 μ br. Streifen 8—9 auf 10 μ. Kieler Bucht.
A. amphoropsis Karsten

Kiel stark exzentrisch, in der Mitte nicht eingebuchtet, erhaben, mit einer Reihe von Punkten besetzt. Schalenansicht nierenförmig. 90—110 μ lg. Streifen ca. 20 auf 10 μ. Kieler Bucht, Eckernförder Bucht. **A. complexa** (Greg.) Cl.

Kiel in der Mitte scharf eingeschnürt, daher eine geknickte Bogenlinie bildend, mit Kielpunkten besetzt. Schalenseiten 110—130 μ lg., 11—16 μ br., mit zahlreichen punktf. Höckern. Kieler Bucht.
A. punctata Karsten

6. Gattung: **Diploneis** Ehrenb.

Schalenseiten meist kurz, mit meist abgerundeten, stumpfen Enden, zuweilen eingeschnürt, Zentralknoten ± quadratisch in Fortsätze (Hörner) verlängert, die der Raphe parallel gehen. Neben den Fortsätzen liegen Furchen. Querzeichnung aus feineren Streifen od. gröberen Rippen, oft sich kreuzend, mit Längsrippen od. abwechselnd mit doppelten Reihen feiner Punkte od. Areolen.

1. Schalenseiten in der Mitte eingezogen. 2.
   Schalenseiten nicht eingezogen. 3.
2. Schalenseiten oblong, 30—70 μ lg., 12—24 μ br., in der Mitte tief eingebogen, Enden abgerundet. Zentralknoten verlängert, rechteckig mit parallelen Hörnern, Furchen schmal lineal. Rippen strahlend, den Rand in der Schalenmitte nicht erreichend, 8—12 auf 10 μ. Brackwasser, Meeresküste. (Fig. 306.)
   D. interrupta (Kütz.) Cl.
   Schalenseiten elliptisch, in der Mitte eingezogen, 50—90 μ lg., 17—36 μ br., Enden leicht zugespitzt gerundet. Mittelknoten etwas in die Länge gezogen, die Hörner fast parallel, nach den Enden zu sich etwas nähernd. Rippen bogenförmig strahlend, von mehrfachen wellig unregelmäßigen Längslinien durchzogen, 8—10 auf 10 μ. Ostsee. **D. didyma** (Ehrenb.) Cl.
3. Schalen stark gestreift, 10—13 Streifen auf 10 μ. 4.
   Schalen fein gestreift, ± br. elliptisch, Enden gerundet, 35—45 μ lg., 20—25 μ br. Zentralknoten rund, sehr br., Furchen sehr schmal, dicht neben dem Zentralknoten u. den Hörnern verlaufend. Rippen (Punktreihen) quer, an den Enden strahlig, 13—20 auf 10 μ. Süßwasser, häufig. **D. ovalis** (Hilse) Cl.
4. Schalen elliptisch, 13—25 μ lg., 8—14 μ br., Zentralknoten br. quadratisch. Furchen eng, gleichbr. Rippen undeutlich körnelig, 12 auf 10 μ. Süßwasser bei Berlin, Ostsee bei Ostpreußen. (Fig. 307.)
   D. puella (Schum.) Cl.
   Schalen br. elliptisch, Enden br. gerundet, 20—40 μ lg., 10 bis 20 μ br. Zentralknoten groß, quadratisch, Hörner leicht nach außen gebogen, am Ende zugespitzt u. sich nähernd. Rippen quer, an den Enden strahlig, 10—13 auf 10 μ. Süßwasser, häufig. (Fig. 308.) **D. elliptica** Kütz.
   Schalen elliptisch od. fast rechteckig, 70—140 μ lg., 38—75 μ br. Zentralknoten mäßig groß, quadratisch. Furchen br. u. allmählich abnehmend. Rippen 6—10 auf 10 μ, mit Reihen ± quadratischer Areolen abwechselnd. Nordsee; formenreich!
   D. fusca (Greg.) Cl.

7. Gattung: **Caloneis** Cleve.

Schalenseiten von verschiedener Gestalt, lineal, lanzettlich, geigenförmig. Streifen an den Enden strahlig, sonst parallel, undeutlich punktiert, von einer od. mehreren Längslinien gekreuzt, die zu br. Seitenstreifen werden können.

1. Area in der Mitte nicht bandförmig verbreitert. 2.
   Schalenseiten ± lineal, Enden stumpf bis br. abgerundet, 23—35 μ lg., 5—8 μ br. Area undeutlich, in der Mitte br. bandförmig bis zum Rand verbreitert. Streifen in der Mitte aussetzend,

parallel, 26—28 auf 10 μ. Süßwasser u. leicht brackige Gewässer, im Gebirge, häufig. (Fig. 313.) **C. fasciata** Lagerstr.

2. Schalen lanzettlich, Ränder rundlich erweitert. 3.
Schalen lineal mit parallelen Rändern. 5.
Schalen länglich, in der Mitte aufgetrieben, 33—80 μ lg., 6—15 μ br., Enden ± verdickt, stumpf. Area längs der Raphe meist undeutlich. Zentralknoten schwach, rundlich. Längslinien schmal, dem Rand sehr genähert u. fast parallel mit ihm. Süßwasser od. leicht brackige Gewässer, häufig. (Fig. 310)
C. silicula Ehrenb.

3. Schalenenden nicht vorgezogen. 4.
Schalenenden kopfig vorgezogen. Schalen 60—80 μ lg., 24 bis 30 μ br. Area längs der Raphe, in der Mitte in einen br. Rhombus erweitert. Raphe gerade, Zentralknoten klein, Endknoten rund, kräftig. Längslinien in der Mitte der Streifen, parallel dem Rand u. fast bis zu den Endknoten reichend. In Seen, Ton- u. Mergelgruben, meist auf Schlamm, verbreitet; auch in der Ostsee. (Fig. 309.) **C. amphisbaena** Bory

4. Schalen ± schmal lanzettlich, Enden stumpflich, 80—130 μ lg., 15—26 μ br. Area längs der Raphe nach der Mitte zu sich verbreiternd u. hier länglich lanzettlich, bisweilen unsymmetrisch erweitert. Raphe in der Mitte etwas seitlich gebogen, Zentralknoten deshalb etwas seitlich. Streifen 14 auf 10 μ, meist parallel, an den Enden wenig strahlend. Längslinien median. Brackwasser, Nord- u. Ostsee. (Fig. 311.) **C. formosa** Greg.
Schalen br. oval, Enden stumpflich, 75—90 μ lg., 23—30 μ br. Area längs der leicht gebogenen Raphe in der Mitte allmählich verbreitert. Streifen nur parallel. Längslinien nahe dem Schalenrande. Süßwasser, zerstreut. **C. latiuscula** Kütz.

5. Längslinien nahe am Rande verlaufend u. daher meist undeutlich. 6.
Längslinien median verlaufend. Schalen lineal mit gerundeten od. etwas keilförmigen Enden, 50—190 μ lg., 8—32 μ br. Area längs der Raphe undeutlich od. klein. Streifen 13—20 in 10 μ, parallel, an den Enden divergierend. Nordsee, sehr variabel.
C. liber W. Sm.

6. Schalen lineal, Enden gerundet od. leicht keilförmig u. gerundet abgestumpft, 50—75 μ lg., 10—12 μ br. Area schmal, nach der Mitte allmählich verbreitert u. beiderseits des Mittelknotens mit fein mondsichelförmigem Strich. Streifen an den Enden leicht strahlend, 20 auf 10 μ. Süßwasser, im Gebirge, nicht selten. (Fig. 312.) **C. alpestris** Grun.
Schalenseiten schmal lineal, Enden br. abgerundet, 20 μ lg., 6 μ br., Area undeutlich, am Zentralknoten wenig verbreitert, rundlich. Streifen parallel, 27—30 auf 10 μ. Süßwasser, im Gebirge, häufig. **C. lepidula** Grun.

8. Gattung: **Neidium** Pfitzer.

Schalenseiten verlängert lineal od. br. lanzettlich. Raphe gerade, beiderseits mit 1—2 Längslinien. Area schmal bis undeutlich, in der Mitte rund od. quer verbreitert. Zeichnung einfach, aus in schiefen Querreihen angeordneten Punkten bestehend.

1. Schalen mit vorgezogenen, ± kopfigen Enden. 2.
   Schalenenden nicht vorgezogen. 3.
2. Schalen länglich elliptisch, fast rhombisch, Enden vorgezogen, fast kopfig, 60—100 μ lg., 20—25 μ br. Area schmal, in der Mitte rundlich. Längslinien nahe dem Rande verlaufend. Süßwasser, bis ins Gebirge, nicht selten. (Fig. 316.) **N. productum** W. Sm.
   Schalen lineal, bisweilen leicht wellig, Enden br. abgestumpft, geschnäbelt, 30—90 μ lg., 5—10 μ br. Area schmal, in der Mitte rundlich erweitert. Längslinien nur wenig vom Rande entfernt. Süßwasser, sehr verbreitet. **N. affine** Ehrenb.
3. Schalen bis 10 μ br. 4.
   Schalen 20—40 μ br. 5.
4. Schalen länglich elliptisch, mit fast parallelen od. wenig ausgebuchteten Seiten, Enden stumpf-keilig, 30—40 μ lg., 10 μ br. Area schmal, in der Mitte querelliptisch verbreitert. Längslinien nahe der Mitte verlaufend. Süßwasser od. leicht brackige Gewässer, zerstreut. (Fig. 314.) **N. dubium** Ehrenb.
   Schalen lineal, Enden br. abgerundet, 40—75 μ lg., 8 bis 10 μ br. Area schmal, am Zentralknoten querbandförmig bis zur Mitte reichend. Längslinien nahe dem Rande verlaufend. Süßwasser, im Gebirge, verbreitet. (Fig. 315.) **N. bisulcatum** Lagerstr.
5. Schalen verlängert elliptisch, Enden abgerundet, durch die am Rande verlaufenden Längsstreifen scheinbar br. gerandet, 90 bis 170 μ lg., 22—30 μ br. Area schmal, in der Mitte am breitesten, rund erweitert. Süßwasser, häufig. **N. iridis** Ehrenb.
   Schalen lineal, Enden stark keilförmig, abgerundet, 70—115 μ lg., 22—40 μ br. Area schmal, in der Mitte queroblong. Längsstreifen nahe dem Rand, aber kein abgesetzter Rand vorhanden. Süßwasser, zerstreut. (Fig. 317.) **N. amphigomphus** Ehrenb.

9. Gattung: **Scoliotropis** Cleve.

Schalen verlängert, symmetrisch. Raphe leicht S-förmig gebogen, beiderseits von 1 Längslinie begleitet. Zeichnung doppelt, aus gröberen Querrippen u. aus feinen Punkten bestehend, die in schräg sich kreuzenden Reihen angeordnet sind.

Schalen lineal mit keilförmigen Enden, 100—200 μ lg., 25—30 μ br. Querrippen etwa 7 in 10 μ Gürtelband mit Längsreihen kurzer Streifen. Nordsee. **S. latestriata** (Bréb.) Cl.

10. Gattung: **Trachyneis** Cleve.

Schalenseiten schiffchenförmig, beiderseits der Längsachse oft unsymmetrisch, innen in der Mitte mit einer Schicht starker, gebogener, oft ein Netzwerk bildender Rippen u. außen mit zarten Punkten in schiefen Längsreihen.

Schalenseiten 60—300 μ lg., 24—50 μ br., Enden stumpf. Area sehr schmal, in der Mitte zu einem br., nach außen erweiterten u. abgestutzten Stauros verbreitert. Variiert sehr in der Lage der Streifung. Nordsee. Sehr formenreich. (Fig. 318.)
T. aspera (Ehrenb.) Cl.

11. Gattung: **Gyrosigma** Hassall.

Schalen S-förmig gebogen, mit medianer, S-förmiger Raphe. Skulptur aus 2, rechtwinklig sich kreuzenden Streifensystemen bestehend, die rechtwinklige Felder einschließen.

1. Raphe in der Mitte zentral, nach den Enden zu stark exzentrisch verlaufend. 2.
   Raphe nicht od. nur wenig exzentrisch. 3.
2. Schalen lineal, allmählich nach den leicht nach außen gebogenen, stumpf schräg gerundeten Enden verschmälert, 110—170 μ lg., 15 μ br. Streifen 18—20 auf 10 μ. Nordseeküste. (Fig. 319.)
   G. Wansbeckii Donk.
   Schalen lineal, nur nach den Enden S-förmig gebogen, Enden stumpflich abgerundet, 200—400 μ lg., 24—40 μ br. Zentralknoten länglich, Streifen kräftig, 11—16 auf 10 μ. Brack- u. Meerwasser. Nord- u. Ostsee; häufig.
   G. balticum (Ehrenb.) W. Sm.
3. Querstreifen deutlich lockerer als die Längsstreifen. 4.
   Querstreifen (14—16 auf 10 μ) deutlich dichter als die Längsstreifen (10—12 auf 10 μ). Schalen leicht S-förmig gebogen, allmählich von der Mitte nach den stumpflichen, gerundeten Enden verschmälert, 180—240 μ lg., 25 μ br. Zentralknoten klein, rund. Süß- u. Brackwasser, bis ins Gebirge, häufig.
   G. attenuatum Kütz.
4. Schalenenden schnabelförmig vorgezogen. 5.
   Schalenenden nicht schnabelförmig vorgezogen. 6.
5. Schalen ziemlich br. lanzettlich, S-förmig gebogen, Enden lg. schnabelförmig vorgezogen, stumpflich, 100—130 μ lg., 18—20 μ br. Raphe etwas stärker gebogen wie die Schale, daher etwas exzentrisch. Zentralknoten länglich, neben ihm durch ein System von Längsstreifen hervorgerufene Bogenlinien. Längsstreifen 22, Querstreifen 19—22 auf 10 μ. Süß- u. Brackwasser (inkl. G. distortum W. Sm.). **G. Parkeri** Harr.
   Schalen lanzettlich, an den Enden in lange, lineale Schnäbel vorgezogen, 90—150 μ lg., 15—24 μ br. Raphe zentral, im mittleren Teil der Schale gerade. Längsstreifen 24 od. 22, Querstreifen 21 od. 23 auf 10 μ. Meerwasser, verbreitet. **G. fasciola** Ehrenb.

6. Streifen weniger als 20 auf 10 μ. 7.
Streifen mehr als 20 auf 10 μ. 8.
7. Schalen lg. lanzettlich, S-förmig gebogen, nach den stumpflichen Enden allmählich verschmälert. Zentralknoten oval. Streifen bis 18 auf 10 μ, Längsstreifen etwas dichter. Süßwasser, in fließendem u. stehendem Wasser, häufig. (Fig. 320)
G. acuminatum Kütz.
Schalen schmal lanzettlich, etwas S-förmig gebogen, allmählich verschmälert, Enden ziemlich zugespitzt, 210—350 μ lg., 30—35 μ br. Zentralknoten gerundet. Längsstreifen 16—17, Querstreifen 13—15 auf 10 μ. Brackwasser u. marin. **G. strigile** W. Sm.
8. Schalen 7—10 μ br. 9.
Schalen lg. lanzettlich, Enden stumpf, gerundet, 80—220 μ lg., 12—25 μ br. Zentralknoten länglich. Längsstreifen 12—24, Querstreifen 17—22 auf 10 μ. Brackwasser u. marin.
G. Spenceri (W. Sm.) Cl.
9. Schalen leicht S-förmig gebogen, Enden von der Mitte aus allmählich zugespitzt, sehr spitz endigend, 140 μ lg., 7 μ br. Zentralknoten klein, rundlich. Längsstreifen 24, Querstreifen 18—20 auf 10 μ. Brackwasser u. marin. (Fig. 321.)
G. tenuissimum (W. Sm.) Cl.
Schalen lineal lanzettlich, S-förmig gebogen, nach den schräg stumpflich gerundeten Enden nur wenig verschmälert, 60—70 μ lg., 10 μ br. Zentralknoten länglich. Längsstreifen 29, Querstreifen 22 auf 10 μ. Süßwasser, zerstreut. (Fig. 322.)
G. scalproides Rabenh.

12. Gattung: **Pleurosigma** W. Sm.

Schalen $\pm$ S-förmig gebogen, mit medianer, S-förmiger Raphe. Skulptur aus 3, sich unter schiefem Winkel kreuzenden Liniensystemen bestehend, daher 6eckige Felderung bei starker Vergrößerung. Gürtelseite schmal stäbchenförmig, ungefähr gerade.

1. Schalen deutlich sigmoid. 2.
Schalen nicht od. nur ganz wenig sigmoid, schmal lanzettlich mit stumpflichen Enden, 90—160 μ lg., 15—20 μ br. Streifensysteme gleich, 20—24 auf 10 μ. Meerwasser, verbreitet.
P. nubecula W. Sm.
2. Raphe exzentrisch. 3.
Raphe zentral verlaufend. 4.
3. Schalen lineal mit einseitig abgerundeten Enden, 180—300 μ lg., 23—25 μ br. Raphe gegen die Enden zu stark exzentrisch. Querstreifen 18—20, Schrägstreifen 16—19 auf 10 μ. Nordsee, weit verbreitet u. formenreich. **P. speciosum** W. Sm.
Schalen schmal lineal-lanzettlich, leicht sigmoid einseitig u. allmählich abgerundet, 140—550 μ lg., 20—50 μ br. Raphe sigmoid, exzentrisch. Querstreifen 14—20, Schrägstreifen 10—16 auf 10 μ. Nordsee, häufig u. formenreich. **P. formosum** W. Sm.

4. Schrägstreifen überall gleich weit voneinander entfernt. 5.
Schalen lanzettlich, leicht sigmoid mit etwas zugespitzten Enden, 100—250 μ lg., 25—36 μ br. Raphe zentral, sigmoid. Querstreifen 19—21, Schrägstreifen in der Mitte 17—18, an den Enden 20—21 auf 10 μ. Nordsee, häufig.
P. Normanni Ralfs
5. Quer- u. Schrägstreifen gleich weit entfernt. 6.
Querstreifen enger od. entfernter als die Schrägstreifen. 7.
6. Schalen sehr lg. lanzettlich, schwach S-förmig, Enden spitz, 150—300 μ lg., 20—30 μ br. Raphe wenig exzentrisch. Streifensysteme gleich, 22—24 Streifen auf 10 μ. Nord- u. Ostsee. (Fig. 324.) **P. delicatulum** W. Sm.
Schalen br.-lanzettlich, in der Mitte winkelig erweitert, nach den zugespitzten Enden gleichmäßig verschmälert, 150—400 μ lg., 35—50 μ br. Raphe zentral, leicht sigmoid. Streifen 18—22 auf 10 μ. Brackwasser u. marin. (Fig. 323.)
P. angulatum Quek.
7. Querstreifen 18—20, Schrägstreifen 16—19 auf 10 μ. Schalen lang gestreckt, wenig S-förmig., nach den Enden zu allmählich verdünnt; Enden spitzlich, leicht abgerundet, 130—400 μ lg., 24—30 μ br. Raphe zentral, leicht sigmoid. Brackwasser u. marin, häufig. **P. elongatum** W. Sm.
Querstreifen 22—25, Schrägstreifen 25—28 auf 10 μ. Schalen lineal od. schmal lanzettlich, schwach S-förmig, Enden stumpf, 100—130 μ lg., 15—17 μ br. Raphe zentral, wenig sigmoid. Schrägstreifen sich unter spitzerem Winkel als 60 kreuzend. Brackwasser, Salinen. **P. salinarum** Grun.

13. Gattung: **Rhoicosigma** Grunow.

Schalen ähnlich wie bei Pleurosigma aber ungleich; die obere konvex mit gerader od. kaum gebogener diagonal verlaufender Raphe, die untere konkav mit gestielter, stark exzentrischer u. S-förmig gebogener Raphe; Gürtelansicht in der Mitte ± stark spiralförmig tordiert od. geknickt.

Schalen kurz lineal, einseitig nach den schräg abgerundeten Enden verschmälert, 90—400 μ lg., 15—50 μ br. Nordsee, Ostsee.
R. compactum Grun.

14. Gattung: **Toxonidea** Donkin.

Schalen sehr unsymmetrisch mit fast geradem Rückenrand u. sehr stark konvexem Bauchrand. Raphe gebogen, stark exzentrisch. Struktur aus drei sich kreuzenden Streifensystemen bestehend.

Schalen mit etwas schnabelig vorgezogenen Enden, 120—150 μ lg., 25—32 μ br. Raphe stark exzentrisch, an den Enden eine Strecke weit mit dem Rückenrande zusammenfallend. — var. undulata Norm. mit in der Mitte höckerigem Rückenrand u. dreiwelligem Bauchrand. Nordsee. **T. insignis** Donk.

15. Gattung: **Navicula** Bory.

Zellen fast stets nach allen Seiten symmetrisch. Schalenseite flach od. gewölbt, kahnförmig, oval, elliptisch bis länglich lanzettlich. Raphe mit Zentral- u. 2 Endknoten, die nicht balkenförmig verbreitert sind, gerade od. wenig gebogen, nicht zwischen Längsrippen eingeschlossen. Struktur punktiert od. streifig, Area längs der Raphe u. Zentralarea vorhanden. Gürtelansicht stabförmig-rechteckig. Chromatophoren 2 größere Platten darstellend.

Bestimmungstabelle der Sektionen.

A. Streifen glatt, nicht punktiert od. gekerbt.
  a) Schalen ± lanzettlich. I. Laevistriatae (S. 224).
  b) Schalen ± lineal, parallelseitig.
     II. Pinnularia (S. 224).

B. Streifen fein, durch die Punkte wie gekerbt erscheinend.
     III. Lineolatae (S. 228).

C. Streifen deutlich punktiert.
  a) Zentralarea mit seitlichen Längserweiterungen.
    α) Area schmal, Zentralarea in der Mitte quer verbreitert u. von hier aus nach beiden Enden hin gerade, der Raphe parallele Streifen abgehend.
     IV. Anomoeoneis (S. 232).
    β) Area undeutlich, Zentralarea klein, seitlich von ihm nach beiden Enden je ein gebogener Längsstreifen abgehend (lyraförmig. V. Lyratae (S. 233).
  b) Zentralknoten nach den Seiten zu einem querverlaufenden Stauros erweitert. VI. Microstigmaticae (S. 233).
  c) Zentralknoten ohne seitliche Längserweiterungen u. nicht zu einem querverlaufenden Stauros erweitert.
    α) Punkte gerade Längsreihen bildend.
     VII. Orthostichae (S. 234).
    β) Punkte gewellte Längsreihen bildend.
      I. Streifen deutlich punktiert.
        1. Streifen mit kräftigen Punkten, nicht abwechselnd länger u. kürzer.
         VIII. Punctatae (S. 235).
        2. Streifen feinpunktiert, in der Mitte abwechselnd länger u. kürzer.
         IX. Heterostichae (S. 236).
      II. Streifen undeutlich od. sehr fein punktiert.
        1. Endknoten verdickt od. quer erweitert.
         X. Bacillares (S. 236).
        2. Endknoten nicht verdickt od. quer.
          § Streifen in der Mitte weitläufiger stehend.
           XI. Decipientes (S. 237).

§§ Streifen überall gleichweit voneinander entfernt.
* Area längs der Raphe sich nach dem Mittelfeld allmählich verbreiternd, daher lanzettlich.
XII. Entoleiae (S. 237).
** Area längs der Raphe nicht lanzettlich.
Δ Mittelfeld rund od. quadratisch.
XIII. Mesoleiae (S. 238).
ΔΔ Mittelfeld undeutlich. Schalen br., schwach verkieselt.
XIV. Minusculae (S. 239).

I. Sektion: Laevistriatae Cleve.

Schalen lanzettlich bis schmal elliptisch, Enden stumpf abgerundet, 60—200 μ lg., 20—38 μ br. Raphe mit kleinen Endspalten. Area br. Streifen strahlig, an den Enden enger u. konvergierend, 4—4,5 auf 10 μ. Brackwasser, Kiel. (Fig. 325.)
N. yarrensis Grun.

II. Sektion: Pinnularia Ehrenb.

Schalen ± verlängert, Enden rund, stumpf od. kopfig. Raphe gerade od. gebogen. Streifen kräftig, nicht punktiert, in der Mitte divergierend, an den Enden konvergierend, dazwischen parallel.

1. Area in der Mitte quer verbreitert u. bis zum Rand gehend, daher die Streifung unterbrochen. 2.
Area in der Mitte ± erweitert, nicht bis zum Rand gehend u. die Streifung durchgehend. 12.
2. Auf 10 μ 4—5 Streifen. 3.
Auf 10 μ mehr als 9 Streifen. 4.
3. Schalen länglich lanzettlich bis lg. lineal, Enden stumpflich gerundet u. leicht kopfförmig br. abgesetzt, 70—165 μ lg., 16—25 μ br. Area längs der Raphe ziemlich br., Mittelfeld br. rhombisch, bis zum Rand gehend u. hier am Rand mit ± deutlicher Verdickung. Streifen 4—5 auf 10 μ, in der Mitte konvergierend, an den Enden stark strahlend. Im Süßwasser; Riesengebirge u. andere Gebirgsgegenden, Hochseen, nicht selten. (Fig. 326.)
N. divergens W. Sm.
Schalen lineal, Enden br. abgerundet, 150—200 μ lg., 30—35 μ br. Raphe deutlich zusammengesetzt, an den Enden kommaförmig umgebogen. Mittelfeld bis zum Rand br. bandförmig. Streifen kräftig, deutlich bandförmig verdickt, 5 auf 10 μ, in der Mitte strahlig, an den Enden konvergierend. In kleinen Süßwasseransammlungen, nicht häufig. (Fig. 327.)
N. cardinalis Ehrenb.
4. Enden nicht kopfförmig vorgezogen, Schalen daher nach den Enden zu allmählich verschmälert u. abgerundet (nur bei N. microstauron manchmal kaum merklich vor den Enden eingezogen). 5.

Enden deutlich kopfförmig abgesetzt, Ränder deshalb gewellt. 8.

5. Mittelfeld nach dem Rand zu schmaler. 6.

Schalen lineal, von der Mitte aus keilig. Enden abgerundet, 33—50 μ lg., 5—8 μ br. Area schmal od. fast fehlend. Mittelfeld bandförmig, nicht nach dem Rand zu verschmälert. Streifen in der Mitte strahlig, 15—17 auf 10 μ, dann parallel, an den Enden konvergierend. Süßwasser, an Mühlrädern, in Gräben, verbreitet. **N. molaris** Grun.

6. Neben dem Zentralknoten nicht mit gebogener Linie. 7.

Schalen lineal lanzettlich, gleichmäßig verschmälert, Enden abgerundet, 70—110 μ lg., 9—10 μ br. Endspalten der Raphe rechtwinklig geknickt. Neben dem Zentralknoten beiderseits eine deutliche, gebogene Linie. Streifen in der Mitte stark strahlend, an den Enden stark konvergierend, 12—13 auf 10 μ. Süßwasser, zerstreut. (Fig. 328.) **N. stomatophora** Grun.

7. Schalen lineal, Ränder ungefähr parallel, Enden br. gerundet, bisweilen leicht vorgezogen, 25—80 μ lg., 7—9 μ br. Streifen in der Mitte stark strahlend, an den Enden stark konvergierend, 12 auf 10 μ. Süßwasser, ziemlich verbreitet. **N. microstauron** Ehrenb.

Schalen schmal elliptisch, nach den gerundeten Enden leicht verjüngt, 40—60 μ lg., 11 μ br. Streifen in der Mitte strahlend, an den Enden konvergierend, fast ohne parallele Streifen dazwischen, 10—13 auf 10 μ. An feuchten Moosen od. in Seen der Gebirge, bis zur Schneegrenze aufsteigend, verbreitet. (Fig. 329.) **N. Brebissonii** Kütz.

8. Mittelfeld nach dem Rand zu nicht verschmälert, eher etwas verbreitert. 9.

Mittelfeld nach dem Rand deutlich verschmälert. 10.

9. Schalen lanzettlich, Enden schwach kopfig abgesetzt, 18—36 μ lg., 4—5 μ br. Streifen in der Mitte strahlend, dann ein kurzes Stück parallel, an den Enden konvergierend, 16—18 auf 10 μ. Süßwasser u. leicht brackige Gewässer, bis ins Gebirge, verbreitet. (Fig. 330.) **N. appendiculata** Ag.

Schalen schmal, lineal, in der Mitte kaum merklich eingezogen, Enden etwas kopfig, stark verschmälert, 30—50 μ lg., 5—6 μ br. Streifen in der Mitte divergierend, am Ende kurz radienförmig, 12—13 auf 10 μ. Süßwasser bis ins Gebirge, verbreitet. **N. subcapitata** Greg.

10. Schalenränder nicht dreiwellig. 11.

Schalen lg. gestreckt, Ränder dreiwellig, in der Mitte am breitesten, Enden kopfförmig, gerundet, 80—90 μ lg., 10—12 μ br. Area ziemlich br., an den Enden rundlich erweitert. Streifen kräftig, nach der Mitte zu abgekürzt, strahlend, dann eine kurze Strecke parallel u. an den Enden strahlig, 9—10 auf 10 μ. Süßwasser, besonders im Gebirge. (Fig. 331.) **N. polyonca** Bréb.

11. Schalen schmal, Enden kopfförmig gerundet, 90—120 μ lg., 12—13 μ br. Streifen in der Mitte stark strahlend, an den Ecken stark konvergierend, 9,5—10 auf 10 μ. Süßwasser, in fließendem Wasser, ziemlich häufig. (Fig. 332.) **N. stauroptera** Grun.

Schalen sehr schmal, in der Mitte etwas geschwollen, dann wenig ausgebuchtet u. die Enden kopfförmig angeschwollen. Endspalten der Raphe bajonettartig gebogen. Streifen in der Mitte stark strahlend, an den Enden konvergierend. Süßwasser, nicht selten. (Fig. 333.) **N. tabellaria** Ehrenb.

12. Streifen über 20 auf 10 μ, zart. 13.

Streifen höchstens bis 15, nur bei N. globiceps bis 18 auf 10 μ. 14.

13. Schalen lineal, Ränder ± deutlich dreiwellig, Enden br. kopfförmig, 30—35 μ lg., 6 μ br. Mittelfeld rundlich, etwas seitlich verbreitert. Streifen parallel, nur an den Enden etwas konvergierend, 22 auf 10 μ. Süßwasser, besonders in Gebirgen, wohl ziemlich häufig. **N. undulata** Greg.

Schalen schmal lineal, in der Mitte bisweilen leicht aufgetrieben, Enden abgerundet, 20—30 μ lg., 4 μ br. Mittelfeld klein. Streifen sehr zart, in der Mitte strahlig, nach den Enden allmählich konvergierend. Süßwasser, im Riesengebirge. **N. sublinearis** Grun.

14. Enden deutlich kopfförmig vorgezogen. 15.

Enden nicht vorgezogen. 19.

15. Ränder der Schalen dreiwellig. 16.

Ränder nicht dreiwellig. 17.

16. Schalen länglich, Enden kopfförmig abgeschnürt, 30—60 μ lg., 10 μ br. Streifen in der Mitte stark strahlig, an den Enden konvergierend, 10—14 auf 10 μ. Süßwasser, in stehenden Gewässern, häufig. (Fig. 334.) **N. mesolepta** Ehrenb.

Schalen lg. elliptisch, Enden leicht kopfförmig, gerundet, 60—110 μ lg., 17—20 μ br. Mittelfeld rund. Endspalten der Raphe nach derselben Seite hakenförmig gebogen. Streifen kräftig, von der Mitte bis fast $^{2}/_{3}$ der Länge stark konvergierend, von da bis zu den Enden kräftig strahlig. Süßwasser, in Hochteichen u. Seen des Riesengebirges, Fichtelgebirges u. der Alpen. (Pinnularia legumen Ehrenb.) (Fig. 335.) **N. legumen** Ehrenb.

17. Schalen in der Mitte aufgetrieben. 18.

Schalen in der Mitte mit parallelen Rändern, oft sogar etwas eingezogen, schmal, Enden kopfig abgesetzt, 50—75 μ lg., 13 μ br. Mittelfeld rhombisch od. rechteckig. Streifen in der Mitte strahlend, dann parallel, an den Enden konvergierend, 10—15 auf 10 μ. Süßwasser, von der Ebene bis ins Gebirge, häufig. (Fig. 336.) **N. interrupta** W. Sm.

18. Schalen lineal-oblong, nach den Enden allmählich verschmälert, die Enden scharf kopfförmig abgesetzt, 30—40 μ lg., 10 μ br.

Mittelfeld br. rhombisch, sonst die Area undeutlich. Streifen in der Mitte strahlig, an den Enden konvergierend, 16—18 auf 10 μ. Salzige Gewässer, zerstreut. (Fig. 337.)
N. globiceps Greg.

Schalen lineal, allmählich in die leicht gekopften Enden verschmälert, 50—80 μ lg., 7—8 μ br. Endspalten der Raphe leicht gebogen. Mittelfeld leicht bogig. Streifen in der Mitte etwas konvergierend, bisweilen sogar auf einer Seite verkürzt od. fehlend, an den Enden konvergierend, 10—11 auf 10 μ. Süßwasser, zerstreut. **N. gibba** (Ehrenb.) W. Sm.

19. Streifen in der Mitte mit ± br. Verstärkung, so daß Längslinien durch die Streifen zu gehen scheinen. 20.

Streifen nicht so, ohne Längslinien. 23.

20. Schalen über 20 μ br. 21.

Schalen länglich eiförmig, Ränder fast parallel, gegen die stumpf gerundeten Ecken gleichmäßig verschmälert, 100—180 μ lg., 20—25 μ br. Area br., nur wenig im Mittelfeld verbreitert. Streifen in der Mitte strahlig, dann parallel, an den Enden konvergierend, 6,5—7,5 auf 10 μ. Ändert mit kleineren Schalen u. dichterer Streifung ab. Im Süßwasser allgemein verbreitet, häufig. (Fig. 338.) **N. viridis** Nitzsch

21. Rippen alle gerade, Area im Mittelfeld nur wenig einseitig, daher die Rippen in der Mitte gleichmäßig verkürzt. 22.

Schalen br., lg. elliptisch, Enden br. gerundet, 170—320 μ lg., 30—50 μ br. Raphe leicht gewellt, Zentralknoten etwas exzentrisch. Area br., Mittelfeld in der Richtung des Zentralknotens deutlich verschoben u. die Rippen nur auf dieser Seite verkürzt, auf der anderen dagegen unverkürzt u. als eine gerade Linie endigend. Rippen kräftig, nahe den Enden wellig verbogen. fast parallel, an den Enden stark verkürzt u. konvergierend, 4,5—5 auf 10 μ, die beiden Längslinien sehr weit auseinander. Süßwasser, bis ins Gebirge. (Fig. 339.)
N. dactylus Ehrenb.

22. Schalen lg. gestreckt elliptisch, Enden abgerundet, in der Mitte etwas aufgetrieben, 200—300 μ lg., 30 μ br. Mittelfeld rundlich. Streifen in der Mitte konvergierend, 5—7 auf 10 μ, die beiden Längslinien sehr dicht aneinander. Süßwasser, verbreitet. (Fig. 340.) **N. major** Kütz.

Schalen lg. elliptisch, in der Mitte u. an den Enden schwächer aufgetrieben, Enden abgerundet, 250—350 μ lg., 35—50 μ br. Area br., Mittelfeld auf einer Seite schwach exzentrisch. Streifen in der Mitte strahlig, an den Ecken konvergierend, 4—5 auf 10 μ, die beiden Längslinien etwa $^1/_3$ der Streifenlänge voneinander entfernt. Süßwasser, in stehendem Wasser vereinzelt vorkommend, nicht selten. **N. nobilis** Ehrenb.

23. Streifen kurz, daher die Area fast die ganze Schalenseite einnehmend, über 8 auf 10 μ. 24.

Streifen länger, daher die Area viel schmaler, bis höchstens 6 auf 10 μ. 25.

24. Schalen lineal-lanzettlich, in der Mitte etwas aufgetrieben, an den Enden wieder etwas aufgetrieben, Enden stumpflich od. fast kopfig, 40—70 μ lg., 7—13 μ br. Area br., sich nach der Mitte allmählich verbreiternd. Streifen sehr kurz, fast parallel, an den Enden etwas konvergierend, 9—10 auf 10 μ. Süßwasser, ziemlich verbreitet. (Fig. 341.) **N. parva** (Ehrenb.) Greg.

Schalen lg. elliptisch, Enden br. abgerundet, 50—100 μ lg., 10—15 μ br. Area sehr br., in der Mitte kaum verbreitert, aber etwas einseitig. Streifen kräftig, sehr kurz, in der Mitte wenig strahlend, an den Enden leicht konvergierend, 10—12 auf 10 μ. Süßwasser, nicht selten. (Fig. 342.) **N. hemiptera** Kütz.

25. Schalen über 30 μ br. 26.

Schalen lg. elliptisch, Enden bisweilen etwas keilförmig verschmälert, abgestumpft bis abgerundet, 30—80 μ lg., 7—8 μ br. Area schmal, Mittelfeld rundlich. Streifen teils parallel, teils schwach strahlend, 5—6 auf 10 μ. An feuchten Moosen u. Felsen, im Süßwasser, bes. im Gebirge, ziemlich häufig. **N. borealis** Ehrenb.

26. Schalen lineal, elliptisch, in der Mitte schwach aufgetrieben, Enden br. abgerundet, 100—130 μ lg., 30—40 μ br. Area br., in der Mitte etwas verbreitert. Streifen kräftig, in der Mitte strahlig, an den Enden der Längsachse parallel, 3 auf 10 μ. Süßwasser, besonders im Gebirge. (Fig. 343.) **N. lata** Bréb.

Schalen br. oval-lanzettlich, Enden abgerundet, 100—180 μ lg., 38—50 μ br. Area sehr br., in der Mitte verbreitert. Streifen strahlig, an den Enden querstehend, 3,5 auf 10 μ. Süßwasser, im Gebirge, zerstreut. **N. alpina** W. Sm.

III. Sektion: Lineolatae Cleve.

Schalen langgestreckt, seltener eingeschnürt od. S-förmig od. unsymmetrisch. Area meist schmal u. undeutlich, Mittelfeld schmal bis br. Streifen fein quergestreift, parallel od. strahlend.

1. Enden deutlich kopfig abgesetzt od. br. vorgezogen. 2.

Enden stumpf od. spitz, nicht od. sehr undeutlich abgesetzt. 7.

2. Schalen 5—7 μ br. 3.

Schalen 10—13 μ br. 4.

Schalen 15—17 μ br. 6.

3. Schalen schmal lanzettlich, nach den Enden zugespitzt, Enden ± vorgezogen, kugelig-kopfförmig, 25—35 μ lg. Area undeutlich, Mittelfeld nicht sehr br., querelliptisch. Streifen fein, in der Mitte strahlend, gegen die Enden konvergierend od. fast parallel, 16—18 auf 10 μ. Süßwasser, seltener Brackwasser, häufig. (Fig. 351.) **N. cryptocephala** Kütz.

Schalen br. lanzettlich, Enden br. vorgezogen u. br. gerundet, 15—20 μ lg., 5—6 μ br. Area schmal, Mittelfeld klein, rund. Streifen nicht sehr strahlend, nach den Enden zu konvergierend, auf beiden Seiten der Polknoten 1—2 deutlichere Streifen, 8—9 auf 10 μ. Süß- u. Brackwasser. (Fig. 352.)
N. hungarica Grun.

4. Mittelfeld rund. 5.

Schalen lineal-lanzettlich mit fast parallelen Rändern, nach den Enden plötzlich verschmälert, Enden geschnäbelt u. kopfförmig gerundet, 25—40 μ lg., 10—12 μ br. Area schmal, Mittelfeld br. bandartig, nach außen verbreitert, scharfeckig. Streifen fein gekerbt, sämtlich strahlend, 9—10 auf 10 μ. Süßwasser, besonders in großen Seen vorkommend, häufig.
N. dicephala (Ehrenb.) W. Sm.

5. Schalen länglich lanzettlich, nach den Enden allmählich verschmälert u. vor den Enden eingezogen, Enden ziemlich lg. vorgezogen, etwas kopfig rundlich, 40—60 μ lg., 10—13 μ br. Area undeutlich, Mittelfeld rund. Streifen in der Mitte weitläufiger, strahlend, an den Enden konvergierend, 10—12 auf 10 μ. Veränderlich in Größe, Streifung u. in der Form der Enden. Süßwasser, besonders in stehendem Wasser, häufig. (Fig. 353.)
N. rhynchocephala Kütz.

Schalen br. elliptisch, lanzettlich, Enden vorgezogen, kopfförmig, 23—37 μ lg., 10—12 μ br. Area undeutlich, Mittelfeld rund. Streifen in der Mitte stark strahlend u. abwechselnd kurz u. lg., nach den Enden zu parallel, 14—16 auf 10 μ. Brackwasser, Salinen. (Fig. 354.) **N. salinarum** Grun.

6. Schalen elliptisch, Enden vorgezogen, etwas kopfförmig, 50 μ lg., 15 μ br. Area schmal, Mittelfeld br., quer rechteckig. Streifen in der Mitte strahlig, nach den Enden zu parallel, 12—14 auf 10 μ. Zu beiden Seiten der Raphe einige unregelmäßige Längslinien. Süßwasser u. schwach salzhaltige Gewässer, Süddeutschland, Schweiz. **N. tuscula** Ehrenb.

Schalen länglich elliptisch, lanzettlich, Enden br. schnabelartig vorgezogen, 40—50 μ lg., 17 μ br. Area schmal, Mittelfeld quer verbreitert, fast rhombisch. Streifen sehr fein, strahlend, in der Mitte einige kürzer, 17 auf 10 μ. Süß- u. Brackwasser, zerstreut. (Fig. 355.) **N. platystoma** Ehrenb.

7. Schalen bis 6 μ br. 8.

Schalen über 6 μ br. 12.

8. Mittelfeld klein, rundlich, nicht quer bandartig. 9.

Schalen rhombisch, Enden spitz, 15—20 μ lg., 4,5—5 μ br. Area schmal, Mittelfeld quer bandartig, bis zum Rand reichend. Streifen in der Mitte strahlend, an den Enden konvergierend, kräftig, weitläufig. Süßwasser u. schwach brackige Gewässer, nicht selten. **N. costulata** Grun.

9. Ränder der Schalen ± parallel u. plötzlich zu den Enden abgerundet. 10.
Mitten der Schalenränder ± bauchig u. allmählich zu den Enden verschmälert od. ausgezogen. 11.
10. Schalen lg. lanzettlich, 20—40 μ lg., 5—6 μ br. Area undeutlich, Mittelfeld klein, querstehend. Streifen in der Mitte stark strahlig, nach den Enden konvergierend, 12—17 auf 10 μ. Die Mittelstreifen etwas kräftiger u. weitläufiger, die an der Herstellung des Mittelfeldes beteiligten ungleich lg. Süß- u. Brackwasser, verbreitet. (Fig. 356.) **N. cincta** Ehrenb.
Schalen lineal, 15 μ lg., 6 μ br. Area undeutlich, Mittelfeld sehr klein. Streifen schwach strahlig, 15 auf 10 μ. Brackwasser, marin. **N. incerta** Grun.
11. Schalen ziemlich br. lanzettlich, Enden etwas vorgezogen, stumpf, Mitte etwas gewölbt, 50—70 μ lg., 5 μ br. Area undeutlich, Mittelfeld quer rundlich, br. Streifen fein, strahlend, in der Mitte etwas weitläufiger, an den Enden fast konvergierend, 10 auf 10 μ. Süßwasser u. leicht brackige Gewässer. (Fig. 357.) **N. viridula** Kütz.
Schalen viel kürzer, Enden viel deutlicher vorgezogen. cfr. **N. hungarica** Grun.
12. Mittelfeld irgendwie quer verbreitert, eckig od. stumpfwinklig. 13.
Mittelfeld rundlich, meist klein u. oft undeutlich. 18.
13. Streifen über 11 auf 10 μ. 14.
Streifen unter 10 auf 10 μ. 15.
14. Schalen schmal lanzettlich, allmählich nach den stumpflichen Enden verschmälert, 33—50 μ lg., 6,5—10 μ br. Area sehr schmal, Mittelfeld quer, seitlich durch 3—4 gleichmäßig gekürzte Streifen gut begrenzt. Streifen in der Mitte gering strahlend, an den Enden fast parallel u. leicht konvergierend, 11—12 auf 10 μ. Besonders in fließenden Gewässern. (Fig. 358.) **N. gracilis** Ehrenb.
Schalen mit br., vorgezogenen Enden. Streifen 17 auf 10 μ. cfr. **N. platystoma** Ehrenb.
15. Schalen höchstens bis 70 μ lg. 16.
Schalen lanzettlich bis länglich elliptisch, Enden stumpf gerundet, 80—150 μ lg., 20—28 μ br. Area schmal, Mittelfeld quer verbreitert, stumpfeckig. Streifen kräftig, deutlich gekerbt, in der Mitte stark strahlend, oft ungleich lg., dann parallel u. an den Enden konvergierend, in der Mitte 5—6, an den Enden 8 auf 10 μ. Salinen, Nord- u. Ostsee. (Fig. 359.) **N. peregrina** Ehrenb.
16. Schalen in der Mitte nicht ausgebaucht, sondern nach den Enden zu allmählich sich verschmälernd. 17.
Schalen kurz elliptisch od. br. lanzettlich, in der Mitte deutlich bauchig aufgetrieben, Enden stark stumpf gerundet, 40—70 μ lg., 14—17 μ br. Area schmal, Mittelfeld quer erweitert. Streifen

in der Mitte strahlend u. am Mittelfeld abwechselnd länger u. kürzer, an den Enden querstehend, 9 auf 10 μ. Süßwasser. zerstreut. (Fig. 360.) **N. Reinhardtii** Grun.

17. Schalen elliptisch-lanzettlich, Enden stumpf gerundet, etwas vorgezogen, 40—48 μ lg., 14—18 μ br. Area schmal, Mittelfeld quer, undeutlich begrenzt. Streifen in der Mitte kürzer, aber nicht abwechselnd länger und kürzer, grob liniiert oder punktiert, strahlend, 6—9 auf 10 μ. Süß- u. Brackwasser, verbreitet. (Fig. 361.) **N. placentula** Ehrenb.

Schalen br. elliptisch bis lanzettlich, Enden stumpflich gerundet, leicht vorgezogen, 24—45 μ lg., 12—18 μ br. Area schmal, Mittelfeld quer verbreitert, unregelmäßig. Streifen in der Mitte ungleich lg., strahlend, sehr gering gebogen, 8—10 auf 10 μ. Süßwasser u. leichte brackige Gewässer. **N. gastrum** Ehrenb.

18. Streifen 10—12 auf 10 μ. 19.
Streifen 6—9 auf 10 μ. 21.

19. Schalen über 12 μ br. 20.
Schalen schmal lanzettlich, Enden spitz-stumpflich, 30—50 μ lg., 8—10 μ br. Area sehr schmal, Mittelfeld rund, klein. Streifen strahlend, in der Mitte weitläufiger u. 12 auf 10 μ, an den Enden 16. Süßwasser, von der Ebene bis ins Gebirge verbreitet, Elbmündung. (Fig. 362.) **N. lanceolata** (Ag.) Kütz.

20. Schalen schmal lanzettlich, allmählich in die spitz-stumpflichen Enden verschmälert, 45—90 μ lg., 12—20 μ br. Area undeutlich, Mittelfeld stumpflich rhombisch, klein u. undeutlich begrenzt. Streifen fein gekerbt, in der Mitte stark strahlend, an den Enden konvergierend, 11—12 auf 10 μ. Im Süßwasser von der Ebene bis in die Alpen, sehr häufig. **N. radiosa** Kütz.

Schalen lanzettlich, in leichtem Bogen nach den stumpfen Enden verschmälert, 90 μ lg., 14—16 μ br. Area sehr schmal, Mittelfeld groß, rund. Streifen fein gekerbt-liniiert, daher feine Längslinien vorhanden, in der Mitte strahlend, an den Enden konvergierend, 10—11 auf 10 μ. Süßwasser, in stehenden Gewässern, verbreitet. **N. vulpina** Kütz.

21. Enden spitzlich. 22.
Enden stumpflich abgerundet. 23.

22. Schalen schmal, lineal bis lineal-lanzettlich, Enden keilförmig verschmälert, spitzlich, 55—70 μ lg., 10—12 μ br. Area schmal, Mittelfeld wenig verbreitert. Streifen kräftig, in der Mitte strahlend, an den Enden parallel, 6—7 auf 10 μ. Brackwasser, marin. (Fig. 363.) **N. cancellata** Donk.

Schalen schmal lanzettlich, nach den Enden allmählich zugespitzt, 70—125 μ lg., 8—12 μ br. Area schmal, undeutlich. Mittelfeld klein. Streifen 4—10 auf 10 μ, deutlich quer gestrichelt. Nordsee, sehr variabel. **N. directa** W. Sm.

23. Schalen oblong-lanzettlich, 60—70 μ lg., 12—18 μ br. Area ziemlich schmal, Mittelfeld klein, schlecht begrenzt, der mittelste Streifen daneben viel länger als die beiden benachbarten. Streifen sehr fein gekerbt, deutlich strahlig, nach den Enden zu parallel, 9 auf 10 μ. Häufig im Brack- u. Seewasser, Salinenteichen. (Fig. 364.) **N. digitoradiata** Greg.

Schalen länglich od. schmal lanzettlich, 70—200 μ lg., 14—24 μ br. Area schmal, Mittelfeld rund. Streifen kräftig, fein gekerbt, in der Mitte etwas weitläufiger, strahlend, leicht gebogen, nach den Enden konvergierend u. deutlich geknickt, 7—8 auf 10 μ. Süßwasser u. leicht brackige Gewässer, zerstreut. **N. oblonga** Kütz.

IV. Sektion: Anomoeoneis Pfitz.

Schalen meist lanzettlich. Area längs der Raphe schmal, die Erweiterung beim Mittelfeld nach einer Seite ausgesprochener od. auch mit lyraförmigen Fortsätzen. Struktur aus kleinen Punkten bestehend, die quer verlaufende, meist randständige Streifen u. gewellte od. schräge Reihen bilden. Chromatophoren aus einer Platte bestehend, die einer der Gürtelseiten u. den Schalen anliegt.

1. Schalen über 17 μ br. 2.

Schalen 5—9 μ br. 3.

2. Schalen länglich, lanzettlich bis oval, Ränder gleichmäßig gerundet, Enden lg. kopfig vorgezogen, 55—80 μ lg., 17—20 μ br. Area schmal, in der Mitte zu einem unregelmäßig gerundeten, auf der einen Seite größeren Mittelfeld verbreitert. Streifen strahlig, grob punktiert, 16 auf 10 μ, durch schmale, etwas gebogene, strukturlose Längslinien unterbrochen. Süßwasser, auch in warmen Gewässern. (Fig. 347.) **N. sphaerophora** Kütz.

Schalen sehr br. lanzettlich, nach den Enden schnell verschmälert, Enden vorgezogen, stumpflich gestutzt, 70—100 μ lg., 25—36 μ br. Area sehr br., neben der Raphe eine einfache Punktreihe durch die Area laufend, Mittelfeld einseitig, bis nahe zum Seitenrand verbreitert, Streifen wenig strahlend, Punkte am Rande enger stehend, nach dem Innern in unregelmäßig gewellte Längslinien übergehend, 15—16 auf 10 μ. Brackwasser, Ostsee. (Fig. 348.) **N. sculpta** Ehrenb.

3. Schalen rhombisch, Enden ± stumpf, 22—30 μ lg., 6—9 μ br., zu kurzen Bändern zusammentretend. Area schmal, in der Mitte wenig verbreitert. Streifen fein, punktiert, 26—27 auf 10 μ. Süßwasser, in Schlesien, Schweiz usw. (Fig. 349.) **N. brachysira** Grun.

Schalen schmal lanzettlich, Enden vorgezogen, kopfig, 20—30 μ lg., 5 μ br. Area u. Mittelfeld undeutlich. Streifen sehr fein, Längslinien angedeutet, ca. 30 auf 10 μ. Süßwasser, zerstreut. **N. exilis** (Kütz.) Grun.

V. Sektion: Lyratae Cleve.

Schalen elliptisch. Area längs der Raphe undeutlich, Mittelfeld klein, bisweilen nach den Enden zu in 2 ± gebogene Seitenzweige auslaufend. Struktur aus Punkten bestehend, die in Querreihen u. welligen Längsreihen angeordnet sind. Reihen an den Enden strahlig. Chromatophorenplatten zu 2 längs der Schale, am Rand tief gezähnt.

Schalen elliptisch mit gerundeten, oft geschnäbelten Enden, 50—200 μ lg., 25—60 μ br. Area schmal; Mittelfeld gerundet, mit 2 seitlichen Areas verbunden, so daß eine lyraartige Zeichnung entsteht. Streifen leicht radial, deutlich punktiert, 6—14 auf 10 μ. In allen Meeren verbreitet, sehr variabel. **N. lyra** Ehrenb.

Schalen br. elliptisch, Enden bisweilen undeutlich abgesetzt, 70—80 μ lg., 35 μ br. Mittelfeld quer bandartig u. in 2 bogig gekrümmte, glatte Streifen nach den Enden auslaufend. Streifen feinkörnig, in der Mitte parallel, an den Enden strahlend, 15 auf 10 μ. Nordsee, Elbmündung. (Fig. 350.) **N. forcipata** Grev.

Schalen ± br. elliptisch, 28—45 μ lg., 16—24 μ br. Seitliche Fortsätze des Mittelfeldes bogig u. nach den Enden zusammenlaufend. Streifen fein punktiert, nach den Enden allmählich strahlend, ca. 26 auf 10 μ. Süß- u. Brackwasser, Nord- u. Ostsee. **N. pygmaea** Kütz.

VI. Sektion: Microstigmaticae Cleve.

Schalen lanzettlich bis lineal. Zentralarea zu einem queren Stauros verbreitert, mit der schmalen od. undeutlichen Längsarea ein Kreuz bildend. An den Enden der Schale ohne Septen Diaphragmen od. aber an den Enden u. oft am Rand mit Septen. Struktur aus kleinen, aber deutlichen Punkten bestehend, die in parallelen od. leicht radialen Querstreifen u. gewellten Längsstreifen angeordnet sind; die mittleren Querstreifen nicht abwechselnd länger od. kürzer.

1. Schalenenden ohne Septen (Stauroneis). 2.
   Schalenenden mit Septen. Zellen meist zu Ketten verbunden (Pleurostauron). 3.
2. Schalen schmal lanzettlich, vor den stumpflichen bis kopfigen Enden etwas eingezogen, 24—130 μ lg., 6—17 μ br. Stauros bis zum Rand reichend. Streifen feinpunktiert, strahlig, 20—30 auf 10 μ. Süß- u. Brackwasser, häufig. (Fig. 388.) **N. anceps** Ehrenb.

   Schalen lanzettlich, von der Mitte nach den stumpfen Enden allmählich verjüngt, 70—200 μ lg., 28—40 μ br. Raphe auf dem größten Teil der Länge scheinbar doppelt. Stauros nach außen verbreitert, den Rand nicht erreichend. Streifen 12—20 auf 10 μ. Süßwasser, von der Ebene bis ins Gebirge, häufig. (Fig. 389.) **N. phoenicenteron** Ehrenb.
3. Schalenseiten am Rande nicht gewellt. 4.
   Schalenseiten am Rande wellig eingezogen. 5.

4. Schalen lineal-lanzettlich, Enden br., stumpflich gerundet, nicht immer deutlich vorgezogen, 50—70 μ lg., 10 μ br. Stauros bis zum Rand reichend. Streifen 21 auf 10 μ. An den Enden ein kleiner rundlicher, streifenloser Raum (Diaphragma). Seen im Gebirge. **N. obtusa** Lagerst.

Schalen lineal-lanzettlich, Enden kurz geschnäbelt, gerundet od. fast abgestumpft, 20—25 μ lg., 5 μ br. Stauros br., bis zum Rand gehend. Streifen strahlig, 23 auf 10 μ. Süßwasser, bis ins Gebirge, zerstreut. **N. parvula** Grun.

5. Enden kopfig vorgezogen, Seitenränder 3 wellig. 6.

Schalen lanzettlich-rhombisch, von der Mitte aus gleichmäßig nach den stumpfen Enden verschmälert, deshalb die Ränder nur eine wellige Erhöhung in der Mitte zeigend, 80—150 μ lg., 15—40 μ br. Stauros br., bis zum Rand gehend u. sich verbreiternd. Streifen strahlig, 12—16 auf 10 μ. Süßwasser, häufig. (Fig. 390.) **N. acuta** W. Sm.

6. Schalen länglich, mit 3 gleich großen, welligen Auftreibungen, 30—35 μ lg., 8 μ br. Stauros br., bis zum Rand reichend. Streifen leicht strahlig, 27 auf 10 μ. Süßwasser od. leicht brackige Gewässer, nicht selten. (Fig. 391.) **N. legumen** (Ehrenb.)

Schalen länglich, mit 3 welligen Anschwellungen, von denen die mittlere am größten ist, Ende mit kleiner aufgesetzter Spitze, 20—30 μ lg., 7 μ br. Stauros bis zum Rand gehend. Streifen parallel, 25—30 auf 10 μ. Im Süßwasser und auch im brackigen Wasser, vereinzelt unter anderen Diatomen vorkommend; verbreitet. (Fig. 392.) **N. Smithii** Grun.

VII. Sektion: Orthostichae Cleve.

Schalen lanzettlich bis lineal. Area längs der Raphe schmal, Mittelfeld wenig erweitert. Endspalten der Raphe klein od. undeutlich. Struktur aus kleinen Punkten bestehend, die sich in rechtwinklig kreuzenden Längs- u. Querreihen anordnen.

1. Schalen höchstens bis 50 μ lg. 2.

Schalen über 70 μ lg. 3.

2. Schalen lanzettlich, Enden vorgezogen, schwach bis deutlich kopfförmig, 15—35 μ lg., 5—9 μ br. Area sehr schmal, Mittelfeld klein, rundlich. Streifen sehr fein, kaum strahlig, Längsstreifen undeutlich, 16—22 auf 10 μ. Salinen u. Brackwasser der Küsten. **N. gregaria** Donk.

Schalen lanzettlich, deutlich rhombisch, nach den spitzen Enden keilförmig verschmälert, 50 μ lg., 10—12 μ br. Area sehr schmal, Mittelfeld kaum angedeutet. Streifen zart, parallel, an den Enden etwas konvergierend, 19—20 auf 10 μ. Salzige Seen bei Eisleben. (Fig. 365.) **N. halophila** Grun.

3. Schalen rhombisch-lanzettlich mit zugespitzten Enden, 70—150 μ lg., 17—30 μ br. Area sehr schmal, Mittelfeld klein, länglich elliptisch. Querstreifen kaum strahlend, 15—20 auf 10 μ, Längs-

streifen 26 auf 10 μ. — Die var. ambigua Ehrenb. mit lanzettlichen, an den Enden etwas vorgezogen und feiner gestreiften Schalen. — Süßwasser, in Gräben, Teichen und Tümpeln verbreitet. (Fig. 366.) **N. cuspidata** Kütz.

Schalen sehr schlank lanzettlich, Enden zugespitzt, 80—110 μ lg., 10 μ br. Area schmal, Mittelfeld bandartig, schmal, bis zum Rande gehend, das Band wird von 2 kräftigeren Querstreifen durchzogen. Querstreifen fast parallel, 12 auf 10 μ, Längsstreifen schwer erkennbar, 25—28 auf 10 μ. Teils frei vorkommend, teils in Gallertschläuchen lebend. Brack- u. Meerwasser, Salinengräben. (Fig. 367.) **N. crucigera** W. Sm.

VIII. Sektion: Punctatae Cleve.

Schalen gewöhnlich symmetrisch, elliptisch bis lanzettlich, Enden br., rund, auch geschnäbelt, bisweilen in der Mitte eingezogen od. wellig. Endspalten der Raphe nach gleicher od. entgegengesetzter Richtung verlaufend. Mittelfeld meist klein. Punkte in Querreihen stehend, daneben gerade od. wellige Längsreihen. Längslinien u. seitlich erweiterte Area fehlen.

1. Enden kopfig vorgezogen. 2.
   Schalen fast kreisförmig, 15—27 μ lg., 13—29 μ br. Area schmal, Mittelfeld rund, sehr klein. Streifen strahlend, in der Mitte ungleich lg., 10 auf 10 μ. Punkte kräftig. Süß- u. Brackwasser, zerstreut. (Fig. 368.) **N. scutelloides** W. Sm.
2. Schalen stets über 50 μ lg. u. 25 μ br. 3.
   Schalen im allgemeinen weit unter 50 μ lg. (selten etwas länger) u. höchstens bis 25 μ br. 4.
3. Schalen br., rechteckig mit gerundeten Ecken, fast parallelen Seitenrändern u. vorgezogenen od. stumpf keilförmigen, gerundeten Enden, 50—100 μ lg., 30—40 μ br. Area schmal, Mittelfeld kreisförmig, bisweilen quer erweitert. Streifen strahlend, an den Enden parallel, in der Mitte einige kürzer, 9—10 auf 10 μ. Brackwasser der Nord- u. Ostseeküsten. (Fig. 369.) **N. humerosa** Bréb.
   Schalen elliptisch lanzettlich, Enden geschnäbelt, 60—100 μ lg., 28—34 μ br. Area undeutlich, Mittelfeld klein, quer. Streifen fast parallel, 12—14 auf 10 μ. Punkte ziemlich stark. Brack- u. Süßwasser, Ostpreußen. (Fig. 370.) **N. scandinavica** Lagerstr.
4. Schalen elliptisch, nach den Enden ± verschmälert u. ± eingezogen, Enden vorgezogen, stumpf gerundet, 30—45 μ lg., 15—25 μ br. Area schmal, Mittelfeld klein, rundlich. Streifen gleichmäßig strahlend, kräftig punktiert, neben dem Mittelfeld gleichlg. u. etwas weitläufiger, 13—18 auf 10 μ. Süß- u. Brackwasser, zerstreut. (Fig. 371.) **N. pusilla** W. Sm.
   Schalen elliptisch-lanzettlich, mit zugespitzt keilförmigen u. wenig vorgezogenen Enden, 35—55 μ lg., 16—18 μ br. Area schmal, Mittelfeld klein, rundlich. Endspalten der Raphe nach

entgegengesetzter Richtung gebogen. Streifen an den Enden strahlend, in der Mitte weitläufiger punktiert, 14—16 auf 10 μ. Süßwasser, selten. **N. lacustris** Greg.

IX. Sektion: Heterostichae Cleve.

Schalen elliptisch, bisweilen in der Mitte etwas stumpfwinklig u. daher etwas rhomboidal, Enden stumpf. 26—32 μ lg., 9—13 μ br. Area schmal, Mittelfeld schmal, länglich. Streifen strahlend, in der Mitte abwechselnd lg. u. kurz, 25—30 auf 10 μ ,zart, fein punktiert, die Punkte wellige Längsreihen bildend. Süßwasser. (Fig. 372.)
N. cocconeiformis Greg.

X. Sektion: Bacillares Cleve.

Schalen lineal bis elliptisch, Enden br. abgerundet. Raphe gerade, von kieseligen Verdickungen eingeschlossen, Endknoten verdickt. Area schmal bis undeutlich, Mittelfeld sehr schmal. Streifen querlaufend, sehr fein punktiert, in der Mitte etwas strahlend, weitläufiger u. etwas gebogen.

1. Schalen über 35 μ lg., 10 μ br. 2.
   Schalen lineal, in der Mitte schwach erweitert, 20 μ lg., 5 μ br. Area sehr schmal, Mittelfeld kaum verbreitert. Endknoten nicht seitlich verbreitert, Endspalten deutlich hakenförmig. Streifen 26 auf 10 μ. Gürtelansicht 3wellig. Süßwasser im Gebirge, z. B. Riesengebirge. (Fig. 373.) **N. subhamulata** Grun.
2. Endknoten seitlich erweitert, daher die Enden der Schalen ungestreift. 3.
   Schalen br. lineal, 55—100 μ lg., 14—17 μ br. Endknoten nicht seitlich verbreitert, Mittelfeld klein, rundlich. Streifen in der Mitte parallel, an den Enden strahlend, 16 auf 10 μ. Rheinebene.
   N. americana Ehrenb.
3. Schalen lineal, 35—55 μ lg., 10 μ br. Mittelfeld rundlich. Streifen in der Mitte viel kräftiger u. weitläufiger, an den Enden leicht strahlend, leicht gebogen, in der Mitte 15 auf 10 μ, an den Enden 20. Süßwasser, verbreitet. (Fig. 374.)
   N. bacillum Ehrenb.
   Schalen lineal-elliptisch, 35—50 μ lg., 10—18 μ br. Mittelfeld klein, rund. Streifen strahlend, fein punktiert, in der Mitte 13 auf 10 μ, an den Enden 20. Süßwasser, Süddeutschland.
   N. pseudobacillum Grun.

XI. Sektion Decipientes Grun.

Schalen lanzettlich bis lineal, Enden spitzlich bis stumpflich vorgezogen od. kopfförmig. Area u. Mittelfeld schmal u. undeutlich. Endknoten nicht verdickt, Mittelknoten öfters seitlich erweitert. Streifen punktiert, parallel bis leicht strahlend, an den Enden feiner. Von der vor. Sekt. besonders durch die nicht verdickten Endknoten verschieden.

1. Schalen über 15 μ br. 2.
Schalen bis 10 μ br. 3.

2. Schalen br. oval, oblong bis elliptisch-lanzettlich, Enden br. gerundet gestutzt, häufig etwas vorgezogen, 50—90 μ lg., 23—29 μ br. Streifen in der Mitte kräftiger, leicht konvergierend, etwas gebogen, fein punktiert, 8 auf 10 μ, an den Enden 13. Süßwasser, zerstreut. (Fig. 375.) **N. semen** Ehrenb.

Schalen lanzettlich bis br. elliptisch-lanzettlich, vor den stumpfen Enden leicht eingezogen, 45—70 μ lg., 15—19 μ br. Area schmal, Mittelfeld beiderseits bandförmig fast bis zum Rand erweitert. aber von Streifen durchsetzt. Streifen in der Mitte deutlicher, wenig strahlend, an den Enden parallel, fein punktiert, 16 auf 10 μ. Nord- u. westl. Ostseeküste. (Fig. 376.)
N. crucicula W. Sm.

3. Schalen lineal, Enden geschnäbelt, rundeckig abgestutzt, 22—35 μ lg., 8—10 μ br. Mittelfeld rund, klein. Streifen in der Mitte etwas weitläufiger, leicht strahlend, 12 auf 10 μ, an den Enden parallel, 20 auf 10 μ. Brackwasser. (Fig. 377.) **N. protracta** Grun.

Schalen lanzettlich-elliptisch, Rand mehrwellig, in der Mitte deutlich ausgebaucht, Enden spitzig vorgezogen, 27—30 μ lg., 8—9 μ br. Mittelfeld kaum erweitert. Streifen in der Mitte weitläufiger u. weniger strahlend als an den Enden, ca. 23 auf 10 μ. Im Süß- u. Brackwasser, zerstreut. (Fig. 378.)
N. integra W. Sm.

XII. Sektion: Entoleiae Cleve.

Schalen lineal lanzettlich, spindelförmig bis elliptisch. Area längs der Raphe nach der Mitte br. lanzettlich erweitert. Streifen fein, zart punktiert, gegen die Enden zu strahlend.

1. Schalen 4—7 μ br. 2.
Schalen lineal, in der Mitte etwas aufgetrieben, Enden br., kopfig, 7—10 μ lg., 2—2,5 μ br. Area sehr schmal, in der Mitte wenig verbreitert. Streifen parallel, ca. 36 auf 10 μ. Süßwasser, zerstreut. (Fig. 344.) **N. contenta** Grun.

2. Streifen 30 u. mehr auf 10 μ. 3.
Streifen 16—22 auf 10 μ. 4.

3. Schalen schmal lanzettlich, Enden br. gerundet, 15 μ lg., 4 μ br. Area schmal, lanzettlich, in der Mitte stark verbreitert. Streifen zart, strahlend, 35 auf 10 μ. Süßwasser, im Gebirge vorkommend.
N. Flotowii Grun.

Schalen elliptisch, in der Mitte aufgetrieben, Enden br. rundlich, 12 μ lg., 4—5 μ br. Area schmal, nach der Mitte allmählich lanzettlich erweitert. Streifen sehr zart, strahlend, ca. 30 auf 10 μ. An überrieselten Felsen, zwischen Moosen, im Süßwasser, verbreitet; auch häufig in Aquarien vorkommend. (Fig. 345.)
N. perpusilla Grun.

4. Schalen br. lanzettlich, Enden stumpf, 20 μ lg., 5—7 μ br., zu lg. Bändern vereinigt. Area lanzettlich. Streifen sehr fein punktiert, strahlend, 20—22 auf 10 μ. Aus den Tropen in Warmwasserbassins eingeschleppt. **N. confervacea** Kütz.

Schalen länglich- bis br.-elliptisch, Enden gerundet, 30 μ lg., 4 μ br. Area schmal lanzettlich, Mittelfeld rundlich. Streifen fein punktiert, etwas strahlend, 16 auf 10 μ. Süßwasser, Ostpreußen, Bayern, zerstreut. (Fig. 346.) **N. scutum** (Schum.) v. Heurck

XIII. Sektion: Mesoleiae Cleve.

Schalen lineal bis elliptisch, Enden meist geschnäbelt od. stumpf. Area schmal, Mittelfeld br., quadratisch od. quer bandförmig. Streifen fein, punktiert u. strahlend.

1. Schalen vor den Enden eingezogen. 2.

Schalen gleichmäßig nach den Enden verschmälert. 4.

2. Schalen in der Mitte ausgebaucht od. gerade. 3.

Schalen geigenförmig, in der Mitte eingezogen, Enden abgesetzt, geschnäbelt, 25 μ lg., 10 μ br. Mittelfeld undeutlich, schmal. Streifen sehr zart, etwas strahlend, 20 auf 10 μ. Süßwasser bis ins Gebirge, zerstreut. (Fig. 379.) **N. binodis** Ehrenb.

3. Schalen fast geradlinig bis elliptisch-lanzettlich, in der Mitte leicht aufgetrieben, Enden br. abgestutzt, leicht gerandet bis spitzlich, 15 μ lg., 4—5 μ br. Mittelfeld schmal, quadratisch. Streifen sehr fein, strahlend, 20 auf 10 μ. Süßwasser, Riesengebirge. (Fig. 380.) **N. seminulum** Grun.

Schalen oblong-elliptisch, Enden leicht vorgezogen, gerundet od. rundlich abgestutzt, 22—37 μ lg., 7—9 μ br. Mittelfeld quadratisch, bis zur Hälfte der Schale gehend. Streifen sehr fein punktiert, von der Mitte nach den Enden feiner, an den Enden strahlend, in der Mitte 13—15, an den Enden 22—23 auf 10 μ. Süßwasser, verbreitet. (Fig. 381.) **N. pupula** Kütz.

4. Mittelfeld klein oder quer bandförmig. Schalen bis höchstens 6 μ br. 5.

Mittelfeld quadratisch, bis etwa zur Hälfte der Schale gehend. Schalen über 7 μ br. 6.

5. Schalen länglich, Enden br. gerundet, 15—18 μ lg., 4,5 μ br. Mittelfeld klein, abgerundet-quadratisch. Streifen fast parallel, sehr zart, oft kaum erkennbar, 26 auf 10 μ. — Var. atomoides Grun. ist nur 8—10 μ lg., 4 μ br. mit 27—30 Streifen auf 10 μ u. findet sich im Riesengebirge. — In Aquarien, Wasserkästen in Kalthäusern. (Fig. 382.) **N. minima** Grun.

Schalen elliptisch, Enden abgerundet, 13—24 μ lg., 6 μ br. Mittelfeld quer rechteckig, bis zur Hälfte der Schale gehend od. noch breiter. Streifen strahlend, oft leicht gekrümmt, 28 auf 10 μ. Süßwasser bis ins Gebirge, häufig. **N. Rotaeana** Rabenh.

6. Schalen lg. lanzettlich-elliptisch bis oblong-elliptisch, Enden gerundet, 13—34 μ lg., 7—10 μ br. In der einen Hälfte des Mittel-

feldes steht neben dem Zentralknoten eine größere Perle. Streifen deutlich punktiert, neben dem Mittelfeld ungleich lg., an den Enden etwas strahlend, 18—20 auf 10 μ. Süßwasser, Brackwasser, verbreitet. (Fig. 383.) **N. mutica** Kütz.

Schalen lineal, bisweilen vor den abgerundeten Enden etwas verengt, 32—45 μ lg., 9—10 μ br. Streifen nach den Enden zu enger, strahlend u. gegen die Enden stärker u. sich nach außen krümmend. Süßwasser, zerstreut. (Fig. 384.)
N. bacilliformis Grun.

XIV. Sektion: Minusculae Cleve.

Schalen klein, lanzettlich bis oval, zart, wenig verkieselt. Struktur sehr fein u. zart, oft kaum erkennbar. Area wenig hervortretend. Gürtelansicht einfach.

1. Schalen bis höchstens 12 μ lg. u. 4 μ br., meist kleiner. 2.
   Schalen lanzettlich bis etwas breiter, Enden abgestumpft, 12—16 μ lg., 5 μ br. Area sehr schmal. Streifen fast parallel, erkennbar, ca. 30 auf 10 μ. Auf Algen, Schilfstengeln etc. vorkommend; oft schleimige Überzüge am Boden der Gewässer und auf Steinen bildend; Süßwasser, verbreitet. (Fig. 385.)
   N. minuscula Grun.
2. Streifen erkennbar, ca. 30 auf 10 μ. 3.
   Schalen elliptisch, Enden br. gerundet, 9 μ lg., 4 μ br. Area sehr schmal, Mittelfeld fast 4eckig, klein. Streifen äußerst fein, als Punkte erkennbar. Eine bräunliche, schleimige Haut auf dem Boden von Gewässern bildend; Süßwasser, verbreitet. (Fig. 386.)
   N. pelliculosa (Bréb.) Hilse
3. Schalen elliptisch, Enden gerundet, 6—12 μ lg., 4 μ br. Area u. Mittelfeld undeutlich. Streifen etwas strahlend. Süßwasser, zerstreut. (Fig. 387.) **N. muralis** Grun.
   Schalen elliptisch, Enden gerundet, 4—8 μ lg., 2,5—4 μ br. Mittelfeld ziemlich groß, kreisrund. Streifen etwas strahlend. Bräunliche schleimige Überzüge bildend, im Süßwasser, an feuchten Felsen, auf feuchter Erde, auf dem Boden von Quellen und Gräben; zerstreut. **N. atomus** Naeg.

16. Gattung: **Brebissonia** Grunow.

Zellen auf Stielen. Schalen symmetrisch, lanzettlich. Zentralknoten verlängert, Endspalten fast gerade. Grobe Querstreifen, deren zarte Punkte Längslinien bilden. Ein in 4 lg. Lappen geteiltes Chromatophor.

Enden spitzig, 120 μ lg., 23 μ br. Streifen strahlend, 10 auf 10 μ, an den Enden stärker strahlend, 13 auf 10 μ. Ostsee. (Fig. 393.)
B. Boeckii (Ehrenb.) Grun.

17. Gattung: **Frustulia** Agardh.

Schalen schiffchenförmig, Raphe zwischen 2 Kieselrippen eingeschlossen, Zentralknoten klein od. wenig verlängert, Endknoten klein, seltener verlängert. Area fehlt. Zeichnung aus Punkten bestehend, die Längs- u. Querreihen bilden. Zwei dem Gürtelband anliegende Chromatophoren.

Schalen länglich elliptisch-lanzettlich, vor den stumpf rundlichen Enden oft leicht eingezogen, 50—70 μ lg., 11 μ br. Streifen in der Mitte 22, an den Enden 34 auf 10 μ. Zellen in gallertigen, unverzweigten Schläuchen lagernd. Süßwasser, fließende Gewässer, nicht selten. (Fig. 394.) **F. vulgaris** Thw.

Schalen rhombisch-lanzettlich, Enden stumpf, 70—100 μ lg., 13—25 μ br. — Var. saxonica Rabenh. hat kleinere Zellen u. feine Streifen (34—35 auf 10 μ), var. viridula Bréb. etwas größere Zellen u. gröbere Streifen (28—30 auf 10 μ). — Süßwasser, bis ins Gebirge, verbreitet. (Fig. 395.) **F. rhomboides** Ehrenb.

18. Gattung: **Amphipleura** Kütz.

Zellen gestreckt schiffchenförmig, schmal. Zentralknoten stark verlängert, rippenförmig od. stabförmig, an den Enden in 2 parallele Rippen sich gabelnd. Querstreifung. Zwei plattenförmige, den Gürtelseiten anliegende Chromatophoren.

Schalen schmal lineal od. länglich lanzettlich, Enden stumpf, 15—35 μ lg., 4—6 μ br. Die Gabelung des Zentralknotens beträgt ca. $^1/_3$ der Länge. Streifen 28 auf 10 μ. Brackwasser, Ost- u. Nordseeküste. (Fig. 396.) **A. rutilans** (Trent.) Cl.

Schalen spindelförmig, spitz, 80—140 μ lg., 7—9 μ br. Die Gabelung des Zentralknotens beträgt ca. $^1/_5$ der Länge. Streifen 37—45 auf 10 μ. Süßwasser u. leicht brackige Gewässer, zerstreut. (Fig. 397.) **A. pellucida** Kütz.

19. Gattung: **Gomphonema** Agardh.

Schalen- u. Gürtelansicht keilförmig, aber die Gürtelansicht nicht gebogen, sondern gerade. Raphe mit Mittel- u. Endknoten od. bei fehlendem Mittelknoten nur mit Pseudoraphe. Punktreihen strahlend. In dem Mittelfeld oft isolierte Punkte. Zellen gestielt, aber oft frei werdend, od. in Gallerte eingebettet.

I. Sektion: Peronia Bréb. et Arnott.

Schalen ohne od. mit undeutlichem Mittelknoten, Endknoten sehr klein. Mittellinie nur angedeutet.

Schalen sehr zierlich, keilförmig, fast nadelförmig, vor den Enden schwach eingeschnürt, Enden stumpf, oberes kopfförmig vorgezogen, 35—50 μ lg. Streifen zart, quer, 15—16 auf 10 μ, in der Mitte durch die angedeutete Mittellinie unterbrochen. Gürtelseite keilförmig, mit von der Schalenseite her übergreifenden Randstreifen. Einzeln od. zu 2 auf kurzem Stiel. Süßwasser, Hochseen des Riesengebirges. **G. erinaceum** (Bréb.) Arn.

II. Sektion: Stigmatica Cleve.

Schale mit deutlicher Raphe, End- u. Mittelknoten. Mittelfeld mit einem od. mehreren isolierten Punkten.

1. Mittlere Streifen von gleicher Länge. 2.

Schalen keulenförmig, Mitte aufgetrieben u. zu beiden Seiten der Auftreibung eingezogen, Kopf stark u. br. gerundet, oben etwas abgeflacht, Fuß allmählich verschmälert und am Ende abgerundet; 40—60 μ lg., 10 μ br. Area sehr schmal. Mittelfeld rundlich, Querstreifen hier abwechselnd kurz od. lg. Isolierter Punkt deutlich. Streifen dicht punktiert, in der Mitte mehr strahlend, 10—12 auf 10 μ. Süßwasser, von der Ebene bis ins Gebirge, häufig. (Fig. 443.)

G. constrictum Ehrenb.

2. Mittelfeld querstehend, nur einseitig ausgebildet. 3.

Mittelfeld querstehend, zweiseitig ausgebildet. 4.

Mittelfeld schmal, rundlich od. undeutlich. 5.

3. Schalen länglich eiförmig mit br. gerundetem mit einem Spitzchen versehenen Kopf, Fuß keilförmig zugespitzt, 30—50 μ lg., 9—10 μ br. Area schmal, Mittelfeld klein, einseitig. Isolierter Punkt deutlich. Streifen undeutlich punktiert, schwach strahlend, 10 auf 10 μ. Süß- u. schwaches Brackwasser, zerstreut. (Fig. 439.)

G. augur Ehrenb.

(Man vgl. auch die Varietäten von G. acuminatum.)

Schalen keilförmig, beinahe quersymmetrisch, Kopf wenig breiter, beide Enden eingeschnürt bis kopfförmig, 30—40 μ lg., 7 μ br. Area schmal, Mittelfeld einseitig, isolierter Punkt gegenüber, undeutlich. Streifen fein, undeutlich punktiert, schräg, 10—12 auf 10 μ. Süßwasser. An Steinen, Holz usw. in fließendem Wasser.

G. angustatum Kütz.

Schalen lg. gestreckt, in der Mitte aufgetrieben u. auf beiden Seiten der Auftreibung zusammengezogen, Kopf br. geschwollen, gerundet, Fuß lg. verschmälert, abgerundet, 45 μ lg., 7 μ br. Area schmal, Mittelfeld einseitig u. gegenüber ein isolierter Punkt. Streifen deutlich punktiert, etwas schräg. Süßwasser, zerstreut. (Fig. 440.) **G. subtile** Ehrenb.

4. Schalen lg., schmal lanzettlich, Kopf u. Fuß kaum verschieden, ± spitzlich gerundet, 25—70 μ lg., 4 μ br. Area sehr schmal, Mittelfeld schmal, quer erweitert, auf der einen Seite ein kleiner isolierter Punkt. Streifen in der Mitte etwas strahlend, an den Enden schrägstehend, unter sich parallel. Stiele dichotom. Schleimige Überzüge an Wasserpflanzen bildend, Süßwasser, verbreitet. (Fig. 435.) **G. gracile** Ehrenb.

Schalen schlank lineallanzettlich, in der Mitte abgesetzt aufgetrieben, Enden stumpf gerundet, Kopf etwas breiter, 30—70 μ lg., 5—8 μ br. Area schmal, Mittelfeld breit, querstehend. Nahe dem Mittelknoten ein einseitiger Punkt. Streifen fast parallel, undeutlich punktiert, 10 auf 10 μ. Stiele verschlungen. Schleimige sammetbraune Überzüge an überrieselten Felsen usw. bildend. Süßwasser, im Gebirge, verbreitet. (Fig. 436.)

G. intricatum Kütz.

5. Kopf u. Fuß in der Form etwa gleich, höchstens in der Breite etwas verschieden. 6.

Kopf u. Fuß ungleich, der Kopf immer ± scharf durch Einschnürung abgesetzt, Ränder meist abgesetzt bauchig-aufgetrieben. 7.

6. Schalen lanzettlich, nach den Enden verschmälert, Kopf etwas breiter, Ende abgestumpft, 27—70 μ lg., 10 μ br. Mittelfeld klein, gerundet, an der einen Seite mit isoliertem Punkt. Streifen dicht punktiert, etwas strahlend, 9—13 auf 10 μ. Süßwasser, in Teichen u. Hochseen der Gebirge. **G. lanceolatum** Ehrenb.

Schalen lanzettlich-keilförmig, Kopf gerundet, vorgezogen od. kopfig, nach dem Fußende mehr verschmälert, keilförmig zulaufend, häufig gekopft, 20—30 μ lg., 6—7 μ br. Area undeutlich, Mittelfeld undeutlich oder klein, einseitig u. gegenüber ein isolierter, häufig undeutlicher Punkt. Streifen fein, undeutlich punktiert, in der Mitte leicht strahlig, 8—13 auf 10 μ. An Fadenalgen, Süßwasser, ziemlich verbreitet. (Fig. 437.)

G. parvulum Kütz.

7. Schalen schwach keilförmig, Mitte ± aufgetrieben, Kopf u. Fuß leicht verschmälert vorgezogen; Kopfende schmal kopfig, durch Abschnürung abgesetzt; Ränder bisweilen dreiwellig; 40—80 μ lg., 6 μ br. Area ziemlich br., Mittelfeld einseitig durch Verkürzung von 2—3 Streifen entstehend. Streifen schwach strahlend, gleichmäßig, 9—10 auf 10 μ. Süßwasser, von der Elbmündung bis in die Alpen, ziemlich häufig. (Fig. 438.) **G. montanum** Schum.

Schalen lanzettlich, keulig, Mitte ausgebaucht u. zu beiden Seiten der Ausbuchtung eingezogen, Kopf aufgetrieben mit einer kleineren od. größeren aufgesetzten Spitze, Fuß allmählich verschmälert, abgerundet—gestutzt, 30—70 μ lg., 9 μ br. Mittelfeld einseitig, klein, isolierter Punkt undeutlich. Streifen fein punktiert, schwach strahlend, 10—11 auf 10 μ. — Sehr veränderlich in der Form. Var. trigonocephalum Ehrenb. hat nur undeutliche Einschnürungen der Schale, daher Kopfende br. dreieckig, kaum abgesetzt. (Fig. 441.) Andere Varietäten zeigen das Fußende ± stielartig vorgezogen, so daß die ganze Zelle szepterförmig wird. — Süßwasser, häufig. (Fig. 442.)

G. acuminatum Ehrenb.

III. Sektion: Astigmatica Cleve.

Wie Sektion II, jedoch Mittelfeld ohne isolierte Punkte.

1. Schalenränder ohne abgesetzten Buckel in der Mitte. 2.

Schalen lineal, in der Mitte abgesetzt buckelig, Kopf u. Fuß etwas angeschwollen, stumpf rundlich, 38—50 μ lg., 7—8 μ br. Area schmal, plötzlich zum kreisförmigen Mittelfeld erweitert.

Streifen undeutlich punktiert, in der Mitte u. an den Enden etwas strahlig, 10—12 auf 10 μ. Ostsee bei Rügen. (Fig. 431.) **G. salinarum** Pantocz.

2. Streifen 18 u. mehr auf 10 μ. 3.

Schalen lanzettlich-rhombisch, nach oben keulig verdickt, Kopf br., stumpf gerundet, Fuß keilförmig verschmälert, abgerundet, 15—25 μ lg., 5—7 μ br. Area schmal, Mittelfeld quer bandförmig. Streifen in der Mitte strahlend u. gebogen, sonst senkrecht zur Raphe, 13—14 auf 10 μ. In ziemlich großen, schleimigen Polstern zusammenliegend. Süßwasser, häufig. (Fig. 432.) **G. olivaceum** Lyngb.

3. Schalen keilförmig, mit br. gerundetem Kopf u. verschmälertem, spitzlich gerundetem Fuß, 16—28 μ lg., 5 μ br. Area br., lanzettlich, Mittelfeld nicht abgesetzt. Streifen kurz, an den Enden etwas strahlend, 21—23 auf 10 μ. Stiele kurz u. einfach od. länger u. dichotom geteilt, Zellen oft fächerförmig verbunden. Süßwasser, zerstreut. (Fig. 433.) **G. abbreviatum** Kütz.

Schalen schmal, regelmäßig keilförmig, Kopf stumpf gerundet, Fuß spitzer, 9—30 μ lg., 2—3 μ br. Area schmal, Mittelfeld kaum erweitert. Streifen fast parallel, 18 auf 10 μ. Marin u. Brackwasser der Flußmündungen. (Fig. 434.) **G. exiguum** Kütz.

20. Gattung: **Cymbella** Ag.

Zellen meist koloniebildend, frei, an Stielen od. in Schläuchen. Schalen länglich, kahnförmig, zur Längsachse ± unsymmetrisch u. Längsränder ungleich gebogen. Raphe ± C-förmig gebogen u. die Schalenseite ungleich teilend. Endknoten dem Rande der Schale genähert u. die Endspalten dem Rücken zu gebogen. Meist strahlende Querstreifen vorhanden als Rippen od. Punkte, od. fein liniierte Streifen beiderseits der Raphe gelegen. Chromatophorenplatte der konvexen Gürtelseite anliegend u. nach beiden Schalenseiten umgebogen.

I. Sektion: Cocconema Ehrenb.

Zellen frei od. auf einfachen od. dichotom geteilten Stielen sitzend, aber leicht sich abtrennend u. dann frei beweglich.

1. Schalen cymbelförmig, mit stark konvexem Rücken u. wenig vom Geraden abweichendem (öfters etwas konkavem) Bauchrande. 2.

Schalen schiffchenförmig, mit deutlich konvexem Rücken u. Bauchrand. 9.

2. Mittelfeld an der Bauchseite mit 1 od. mehreren isolierten Punkten. 3.

Mittelfeld an der Bauchseite ohne isolierte Punkte. 5.

3. Mittelfeld mit 1 od. 2 Punkten. 4.

Schalen asymmetrisch, nachenförmig, Rücken gewölbt, Bauch eingezogen, in der Mitte leicht aufgetrieben, Enden abgerundet, stumpf od. abgestutzt, 70—160 μ lg., 18—25 μ br. Area ziem-

lich br., Mittelfeld verbreitert, auf der Bauchseite mit einer gebogenen Reihe von etwa 5 Punkten. Streifen fein, quergestrichelt, strahlend, in der Mitte etwas deutlicher, 7—9 auf 10 μ. Oft schleimige Überzüge od. bräunliche flockige Massen bildend. Süß- u. schwaches Brackwasser, häufig. (Fig. 403.)
C. cistula Hempr.

4. Schalen asymmetrisch, kahnförmig, Rücken hoch gewölbt, vor den Enden kräftig eingebogen, Bauch in der Mitte leicht aufgetrieben, Enden fast vorgezogen, gerundet, 50—100 μ lg., 18—22 μ br. Raphe gebogen, mittelständig. Area schmal, Mittelfeld ziemlich groß, länglich stumpfeckig, in ihm an der Bauchseite 1—2 deutliche isloierte Punkte. Streifen kräftig punktiert, strahlend, nach den Enden zu parallel u. etwas dichter, in der Mitte 8—9, an den Enden 10—12 auf 10 μ. Süß- u. Brackwasser, häufig. (Fig. 401.) **C. tumida** Bréb.
Schalen asymmetrisch, nachenförmig, Rücken gebogen, Bauch fast gerade od. wenig eingebogen, in der Mitte kaum aufgetrieben, Enden stumpflich, schief geschnäbelt, 50—100 μ lg., 10—12 μ br. Raphe kräftig, nicht nach dem Rücken zu gebogen, Endspalten umgeknickt. Area schmal, Mittelfeld wenig verbreitert, an der Bauchseite an den mittelsten Streifen ein isolierter Punkt. Streifen fein punktiert, kaum strahlend, in der Mitte weitläufiger, 8—9 auf 10 μ. Stiele nur bei Färbung deutlich. Als braungelbe schleimige Massen schwimmend, Süßwasser, verbreitet. (Fig. 406.)
C. cymbiformis (Ag.) Kütz.

5. Schalen über 80 μ lg. u. über 24 μ br. 6.
Schalen bis höchstens 80 μ lg. u. 15 μ br. 7.

6. Schalen asymmetrisch, nachenförmig, Rücken gewölbt, Bauchrand leicht konkav, in der Mitte leicht aufgetrieben, Enden stumpf gerundet, 80—160 μ lg., 24—30 μ br. Raphe nach dem Rücken zu stark gebogen. Area verhältnismäßig schmal, allmählich in das länglichrundliche Mittelfeld übergehend. Streifen perlig-punktiert, strahlend, 9—10 auf 10 μ. Zellen mit lg., dichotomem Stiel od. 2 auf derselben Stelle angeheftet. Süß- u. schwaches Brackwasser, häufig. (Fig. 405.)
C. lanceolata Ehrenb.
Schalen asymmetrisch, nachenförmig, Rücken gebogen, vor den Enden leicht einwärtsgekrümmt od. nicht, Bauchrand gerade, in der Mitte etwas aufgetrieben, Enden stumpflich gerundet, 150—180 μ lg., 33 μ br. Raphe fast in der Mitte. Area sehr br., Mittelfeld wenig verbreitert. Streifen aus großen getrennten Perlen bestehend, leicht strahlend, an den Enden enger, 7—9 auf 10 μ. Süßwasser bis ins Gebirge, häufig.
C. aspera Ehrenb.

7. Bauch etwas eingebogen u. in der Mitte leicht vorgewölbt. 8.
Schalen asymmetrisch, elliptisch-lanzettlich, Rücken ± hoch gewölbt, Bauch flach gebogen od. gerade, Enden vorgezogen,

stumpflich od. abgestutzt rund, 24—40 μ lg., 7—10 μ br. Raphe nach dem Rücken gebogen. Area schmal. Streifen leicht strahlend an den Enden dichter, am Rücken 10—12, am Bauch 12 auf 10 μ. Ein isolierter kleiner Punkt auf der Bauchseite des Zentralknotens dicht vor dem Ende des mittelsten Streifens. Süßwasser, verbreitet. (Fig. 400.) **C. affinis** Kütz.

8. Schalen asymmetrisch, gebogen-lanzettlich, Rücken gewölbt, vor den Enden leicht eingezogen, Enden abgestumpft gerundet, 30—50 μ lg., 10—12 μ br. Raphe in der Mitte nach dem Rücken hin gebogen. Area schmal, Mittelfeld kaum erweitert. Streifen punktiert, wenig strahlend, nach den Enden zu enger, in der Mitte des Rückens 9—10, an den Enden u. dem Bauch 13 auf 10 μ. Süßwasser, zerstreut. (Fig. 407.) **C. parva** W. Sm.

Schalen asymmetrisch, nachenförmig, ± br., Rücken ± gerundet, Enden etwas nach dem Rücken gebogen, rundlich stumpf, 36—85 μ lg., 10—15 μ br. Raphe fast gerade und nur kurz vor dem Zentralknoten leicht geschwungen, dem Bauch näher liegend, Endspalten kaum umgebogen. Area schmal, Mittelfeld leicht oblong erweitert. Streifen 8—10 auf 10 μ. Süßwasser, bis ins Gebirge, häufig. **C. helvetica** Kütz.

9. Enden durch Einschnürung an der Rückenseite, meist auch an der Bauchseite deutlich ± kopfig abgesetzt. 10.

Enden nicht abgesetzt od. höchstens an der Bauchseite mit leichter Einschnürung. 12.

10. Streifen zwischen 10 u. 16 auf 10 μ. 11.

Schalen fast symmetrisch, schmal lanzettlich, kaum kahnförmig, Enden deutlich vorgezogen, 15—23 μ lg., 3—4 μ br. Area undeutlich, Streifen zart, fast parallel, 24—30 auf 10 μ. Süßwasser, meist in Gebirgen, zerstreut. (Fig. 398.)
C. microcephala Grun.

11. Schalen leicht asymmetrisch, länglich, schief oval, Rücken gebogen, Bauch fast gerade, Enden geschnäbelt, fast abgeschnürt kopfig, 25—40 μ lg., 9—10 μ br. Raphe nur leicht nach dem Rücken zu gebogen u. genähert. Area wenig deutlich. Streifen in der Mitte weitläufiger, überall gleichstrahlig, am Rücken 12—14 auf 10 μ, am Bauch 14—16. Süßwasser, nicht selten. (Fig. 399.) **C. amphicephala** Naeg.

Schalen asymmetrisch, br. oblong, lanzettlich, Bauch an den Enden etwas stärker gekrümmt, Enden kopfförmig vorgezogen, 30—50 μ lg., 10—16 μ br. Raphe leicht exzentrisch, fast gerade. Area schmal, Mittelfeld kreisförmig. Streifen fein gekörnt, in der Mitte der Rückenseite mehr strahlend u. weitläufiger als an den Enden, an der Bauchseite gleichmäßiger voneinander entfernt, in der Rückenmitte u. am Bauch 14, an den Rückenenden 16 auf 10 μ. Süßwasser, ziemlich verbreitet. (Fig. 402.)
C. naviculiformis Auersw.

Schalen in der Form wie vor., 40—100 μ lg., 14—24 μ br.,

Raphe ebenso. Area schmal, Mittelfeld rund. Streifen fein punktiert, in der Mitte weitläufiger, 9—10 auf 10 μ, an den Enden 12—14. Süßwasser, verbreitet.
C. cuspidata Kütz.

12. Schalen bis 70 μ lg. u. bis 17 μ br. 13.
Schalen asymmetrisch, br. elliptisch-lanzettlich, Rücken u. Bauch gewölbt, Enden stumpf gerundet, etwas abgesetzt, 90 bis 140 μ lg., 28—40 μ br. Area schmal, in der Mitte auf dem Rücken länglich rundlich, am Bauch rundlich verbreitert. Streifen strahlend, punktiert, 7—9 auf 10 μ. Süßwasser, ziemlich häufig. (Fig. 404.) **C. Ehrenbergii** Kütz.

13. Streifen 5 od. 15—20 auf 10 μ. 14.
Streifen 9—14 auf 10 μ. 15.

14. Schalen asymmetrisch, br., rundlich lanzettlich, Bauch u. Rücken gewölbt, Enden stumpf, 23—40 μ lg., 8—10 μ br. Raphe gerade, leicht exzentrisch. Area schmal, in der Mitte nicht verbreitert. Streifen kräftig, schwach strahlend, 5 auf 10 μ. Süßwasser, in kalten Alpenwässern vorkommend. (Fig. 408.)
C. alpina Grun.
Schalen asymmetrisch, schmal, schief lanzettlich, Bauch wenig gebogen od. gerade, Enden spitzlich gerundet, 23—40 μ lg., 5—7,5 μ br. Raphe dem Bauch nahe liegend. Area schmal, kaum erweitert. Streifen in der Mitte etwas weitläufiger, 15 bis 18 auf 10 μ, an den Enden 16—20. Brackwasser u. Ostsee. (Fig. 409.) **C. pusilla** Grun.

15. Area schmal od. br., in der Mitte nicht od. kaum merklich, allmählich verbreitert. 16.
Schalen etwas asymmetrisch, br., fast elliptisch, Enden leicht vorgezogen, 27 μ lg., 12 μ br. Raphe fast gerade. Streifen deutlich strahlend, 12 auf 10 μ. Area schmal, in der Mitte etwas abgesetzt rundlich verbreitert. Süßwasser, selten, Stienitz See bei Berlin. (Fig. 410.) **C. obtusiuscula** (Kütz.) Grun.

16. Raphe schmal. 17.
Schalen asymmetrisch, Rücken u. Bauch gekrümmt, nach den stumpfen Enden allmählich verschmälert, 45—70 μ lg., 12—17 μ br. Raphe etwa in der Mitte, gerade, scheinbar doppelt. Area br. u. zur Mitte wenig u. allmählich verbreitert. Streifen strahlend, punktiert, am Rücken 11—13, am Bauch 13—14 auf 10 μ. Süßwasser, im Alpengebiet, zerstreut. (Fig. 411.)
C. austriaca Grun.

17. Schalen asymmetrisch, br. lanzettlich, Enden stumpflich, allmählich verschmälert, 20—44 μ lg., 8—10 μ br. Raphe leicht gebogen. Streifen punktiert, kräftig, in der Mitte 9—10, an den Enden strahlend, 12 auf 10 μ. Süßwasser, in den Gebirgen verbreitet. (Fig. 412.) **C. leptoceros** (Ehrenb.) Grun.
Schalen lg. lanzettlich, fast symmetrisch, Enden br. gerundet, 30—45 μ lg., 6—10 μ br. Raphe ziemlich gerade, dem Bauch

genähert. Streifen strahlend, punktiert, in der Mitte 11—14, an den Enden 16 auf 10 μ. Süßwasser, zerstreut.

C. aequalis W. Sm.

II. Sektion: Eucyonema Kütz.

Zellen in hohlen Gallertschläuchen der Länge nach liegend.

1. Schalen bis 10 μ br. 2.
   Schalen über 12 μ br. 3.
2. Schalen asymmetrisch, halbmondförmig, Rücken hoch, Bauch leicht gewölbt, Enden stumpf gerundet, etwas vorgezogen u. meist nach dem Bauch zu etwas gebogen, 15—36 μ lg., 7 μ br. Raphe dem Bauch etwas genähert. Area schmal, Mittelfeld kaum erweitert. Streifen punktiert, in der Mitte leicht strahlend, nach den Enden zu etwas gekrümmt, 10—16 auf 10 μ. Gallertschläuche ± verzweigt, erweitert, die Zellen daher oft mehrfach neben- u. übereinander. Süßwasser, festsitzend, auch in schnellfließenden Gewässern, ziemlich häufig. (Fig. 413.) **C. ventricosa** Kütz.
   Schalen länglich, Rücken leicht gekrümmt, Bauch fast gerade, Enden spitzlich, 30—60 μ lg., 7—10 μ br. Raphe etwas dem Bauch genähert, ihre Endknoten von den Schalenenden entfernt, Area undeutlich. Streifen fein, 10—13 auf 10 μ. Süßwasser, im Gebirge. **C. gracilis** Rabenh.
3. Schalen asymmetrisch, nachenförmig, Rücken stark gewölbt, Bauch fast gerade, nur in der Mitte etwas vorgewölbt, Enden spitzlich, etwas schnabelig, 35—60 μ lg., 12—15 μ br. Raphe fast gerade, in der Mitte etwas nach dem Rücken ausgebaucht. Area schmal, in der Mitte nach dem Rücken etwas erweitert. Streifen fein punktiert, strahlend, gleichlg., 7—10 auf 10 μ. Süßwasser, im Gebirge verbreitet. (Fig. 414.) **C. turgida** (Greg.) Grun.
   Schalen asymmetrisch, halbmondförmig, Rücken sehr stark gewölbt, ebenso am Bauch, aber häufig die Wölbung seitlich verschoben, Enden stumpf geschnäbelt, meist nach innen gebogen u. oft etwas verschieden vorgezogen, 40—100 μ lg., 25—30 μ br. Raphe fast gerade. Area schmal, Mittelfeld klein, kreisrund. Streifen fein, in der Mitte von verschiedener Länge u. strahlend, an den Enden konvergierend, 7—8 auf 10 μ. Gallerthülle dicht anliegend. Süß- u. Brackwasser, verbreitet.
   C. prostrata Berk.

21. Gattung: **Amphora** Cleve.

Zellen frei, in der Schalenansicht ± mondsichelförmig, mit abgestumpften Enden. Raphe meist gekrümmt, Zentralknoten ± dem Bauche genähert, bisweilen bandförmig verbreitert. Gürtelband bisweilen längsstreifig. Chromatophoren sehr verschieden. — Schwer zu unterscheidende Arten.

Bestimmungstabelle der Untergattungen.

A. Gürtelband glatt, nicht längsgestreift od. längsgefaltet.
I. Amphora.

B. Gürtelband längsgestreift od. längsgefaltet.
a) Raphe an den Enden dem dorsalen Rande genähert.
II. Amblyamphora.
b) Raphe nicht dem dorsalen Rande genähert.
α) Enden vorgezogen, oft kopfig; Bauchteil schmal.
III. Halamphora.
β) Enden nicht vorgezogen; Bauchteil sehr schmal.
IV. Oxyamphora.

I. Untergattung: Amphora Cleve.

1. Schalen über 20 μ lg. u. über 6 μ br. 2.
Schalen halbmondförmig, Rücken gerundet, Bauch gerade, 6—10 μ lg., 4—5 μ br. Area in der Mitte kaum verbreitert. Streifen fast querlaufend, 16—20 auf 10 μ, Bauchseite streifenlos. Süßwasser, Ostpreußen. (Fig. 415)[1]) **A. perpusilla** Grun.

2. Gürtelansicht an den Längsseiten in der Mitte eingebogen. 3.
Gürtelansicht an den Längsseiten gerade od. gewölbt. 4.

3. Gürtelansicht br. oval, Enden abgestutzt, 65—170 μ lg., 38—120 μ br. Schalenseite halbmondförmig, Rücken etwas eingebogen, Bauch fast gerade. Raphe ziemlich stark doppelt gebogen, dem Bauch nicht nahe gerückt. Area nicht scharf begrenzt, wenig erweitert. Streifen 6—7 auf 10 μ, am Rücken punktiert, am Bauch glatt, strahlig. Nord- u. westl. Ostsee. (Fig. 416.) **A. robusta** Greg.
Gürtelansicht br. oval, Enden abgerundet, 40—70 μ lg., 17—25 μ br. Schalen etwa 10 μ br., lineal, mit breiten, einseitig abgerundeten Enden. Raphe leicht doppelt gebogen, vom Bauchrand entfernt. Area undeutlich; Zentralarea kreisförmig od. oft fehlend. Streifen 10—14 auf 10 μ, grob punktiert. Brack- u. Meerwasser. **A. arenicola** Grun.

4. Zellen in der Gürtelansicht bis 25 μ br. 5.
Gürtelansicht länglich elliptisch, Enden glatt abgestutzt, 70—150 μ lg., 40—60 μ br. Schalen lg. mondsichelförmig, Rücken flach gerundet, Bauch eingebogen, Enden stumpf gerundet. Raphe gebogen. Streifen deutlich, fein punktiert, auf dem Rücken parallel, 8—10 auf 10 μ, am Bauch nur wenige rudimentäre Streifen. Area länglich, deutlich. Nordsee, bis in die Elbmündung. (Fig. 420.) **A. proteus** Greg.

5. Gürtelansicht br. elliptisch, Enden abgerundet, abgestumpft od. leicht ausgerandet, 20—90 μ lg., 6—25 μ br. Schalen halbmondförmig, Enden zugespitzt. Raphe leicht doppelt gebogen. Area ±

[1]) Die meisten Figuren zeigen die Zellen von der schmalen Gürtelseite aus, so daß also die beiden Schalenseiten zu übersehen sind.

deutlich, Mittelfeld undeutlich od. deutlicher. Rücken doppelt so breit wie die Bauchseite. Streifen des Rückens strahlend, punktiert, bisweilen von einem hellen unregelmäßigen Längsband durchzogen, 10—16 auf 10 μ, an der Bauchseite sehr kurz. — Sehr variabel, der Typus ohne Längsband u. Area u. etwa 45—60 μ lg., die var. pediculus Kütz. ist 20—40 μ lg. u. 6—8 μ br. mit 14—16 Streifen auf 10 μ u. kommt auf anderen Algen festsitzend vor. — Süß- u. Brackwasser, verbreitet. (Fig. 421.)

A. ovalis Kütz.

Gürtelband br. elliptisch, abgestutzt, 25 μ lg., 17 μ br. Raphe stark doppelt bogig gekrümmt. Area undeutlich. Streifen stark, nicht unterbrochen u. undeutlich punktiert, 14 auf 10 μ. Kieler Bucht. **A. pusio** Cleve

II. Untergattung: Amblyamphora Cleve.

Gürtelansicht elliptisch-rechteckig, 65—260 μ lg. u. 10—35 μ br., bei der typischen Form 75—150 μ lg. u. 35—50 μ br. Schalen lineal mit schief abgerundeten Enden. Streifen 18—20 auf 10 μ, deutlich punktiert, Punkte 15—24 auf 10 μ. Nordsee, verbreitet.

A. obtusa Greg.

III. Untergattung: Halamphora Cleve.

1. Gürtelansicht an den Längsseiten gerade od. gewölbt. 2.
   Gürtelansicht mit br. geschnäbelten Enden u. in der Mitte eingeschnürten Längsseiten, 40—60 μ lg., 20—25 μ br. Schalen länglich, gebogen, Rücken buchtig aufgetrieben, Bauch konkav, bogenförmig, Enden geschnäbelt. Streifen am Rücken 9—10 auf 10 μ, undeutlich punktiert. Nord- u. Ostsee.
   A. angularis Greg.
2. Schalenseiten an den Enden kopfig vorgezogen, daher die Gürtelansicht an den Enden $\pm$ kopfig nach den Seiten vorgezogen. 3.
   Schalenseiten nicht kopfig, Enden der Gürtelansicht daher gerade abgestutzt od. gerundet, nach den Seiten nicht vorgezogen. 5.
3. Gürtelansicht über 30 μ lg. u. 10 μ br. 4.
   Gürtelansicht elliptisch, abgestumpft, an den Enden meist seitlich vorgezogen, 20—30 μ lg., 10 μ br. Schalen schmal mondsichelförmig, Enden $\pm$ kopfig gerundet. Raphe etwas vom Bauch entfernt. Rücken mit Streifen, 17 auf 10 μ, Bauch glatt. Süßwasser, Harz, Schweiz. (Fig. 417.)
   A. Normanni Rabenh.
4. Gürtelansicht lg. elliptisch, 2—3mal länger als br., Enden abgestutzt, 30—50 μ lg., 10—20 μ br., Zwischenzone sehr fein gestreift. Schalen schmal, Rücken gerundet, Bauch gerade od. leicht eingebogen, Enden etwas vorgezogen u. leicht kopfig. Streifen fein, punktiert, ca. 20 auf 10 μ. — Nur 13—25 μ lg.

u. mit 21—24 Streifen versehen ist var. **borealis** Kütz. bei Helgoland. — Brackwasser und Salinen, Binnenland u. Ostsee. (Fig. 418.)
A. coffeiformis Ag.

Gürtelansicht lg. elliptisch-lanzettlich, Enden rundlich abgestutzt, seitlich etwas vorgezogen, 35—70 μ lg., 19 μ br., Zwischenzone eng gestreift. Schalen schmal, Enden leicht kopfig, Bauch gerade. Raphe dem Bauch genähert. Streifen leicht divergierend, fein, punktiert, 18—20 auf 10 μ. Brackwasser, Binnenland u. Seeküste. (Fig. 419.) **A. acutiuscula** Kütz.

5. Gürtelansicht elliptisch, Enden rundlich abgestumpft, 20 bis 60 μ lg., 11—18 μ br. Schalen mit rundem Rücken, etwas eingezogenem od. geradem Bauch u. rundlich zugespitzten Enden. Raphe dem Bauch genähert. Streifen punktiert, 26 u. mehr auf 10 μ, Bauchseite glatt. Süß- u. leichtes Brackwasser, nicht häufig. (Fig. 422.) **A. veneta** Kütz.

Gürtelansicht länglich elliptisch, Enden flach abgerundet, 50—85 μ lg., 20—26 μ br., Verbindungszone fein streifig. Schalen lineal, Enden vorgezogen, nach innen gebogen, abgerundet. Raphe doppelt gebogen. Area am Rücken deutlich. Streifen punktiert, 15 auf 10 μ, am Bauch fehlend od. sehr kurz u. randständig. Brackwasser, auch Ostsee. (Fig. 423.)
A. commutata Grev.

IV. Untergattung: Oxyamphora Cleve.

Gürtelansicht rechteckig od. elliptisch mit br. Enden, 32—45 μ lg., 15—23 μ br., Zwischenzone fein längsgestreift. Schalen sichelförmig, Bauch in der Mitte aufgetrieben, Enden spitz, nach innen geneigt. Raphe doppelt gebogen. Streifen sehr fein, punktiert, 20—23 auf 10 μ. Im Süßwasser selten, häufiger im Brackwasser des Binnenlandes u. der Ostsee. (Fig. 424.) **A. lineolata** Ehrenb.

Gürtelansicht fast rechteckig, 50 μ lg., 17—20 μ br., Zwischenzone mit 7 Längslinien auf 10 μ u. 20 Querstreifen auf 10 μ. Schalen schmal. Streifen strahlig, 18—20 auf 10 μ. Kieler Bucht.
A. bacillaris Greg.

Schalen hyalin, schwach verkieselt. Gürtelansicht rechteckig mit ± gestutzten Enden, 40—90 μ lg., 20—40 μ br. Zwischenzone mit zahlreichen Längsstreifen. Schalen zart gestreift, 22 Streifen auf 10 μ. Nordsee, auch im Brackwasser. **A. laevis** Greg.

22. Gattung: **Epithemia** Brébisson.

Zellen einzeln od. zu 2—3 zusammenhängend u. mit der Bauchseite ansitzend. Schalen bogenförmig, Rücken gewölbt, Bauch gerade od. gewölbt. Raphe dem Bauch genähert. Im Innern befinden sich Querwände, welche die Schale in eine Längsreihe von Kämmerchen teilen. Schalenstruktur aus quer verlaufenden Streifen mit od. ohne dazwischen befindlichen Punktreihen bestehend. Chromatophor eine dem Bauchgürtel anliegende u. nach den Rändern umgebogene Platte, die am Rand tief ausgeschnitten ist.

1. Schalen an den Enden abgesetzt kopfig. 2.
   Enden abgerundet, allmählich verschmälert. 3.
2. Schalen gebogen, Rücken stark gewölbt, Bauch fast gerade, wenig eingezogen, Enden geschnäbelt-vorgezogen, leicht kopfförmig gerundet, 70—150 μ lg., 15—20 μ br. Rippen strahlend, 4 auf 10 μ, zwischen ihnen je 2 Reihen großer, etwas länglicher Punkte. Süß- u. seltener Brackwasser, sehr verbreitet. (Fig. 425.)
   E. turgida (Ehrenb.) Kütz.

   Schalen hochgewölbt, gleichmäßig am Rücken u. an dem eingezogenen Bauch gekrümmt, Enden geschnäbelt, kopfförmig, leicht zurückgebogen, 25—40 μ lg., 9—10 μ br. Rippen strahlend, ebenso wie die Perlenreihen feiner als bei vor., 7 auf 10 μ. An Fadenalgen in Süß- u. leichtem Brackwasser, häufig. (Fig. 426.)
   E. sorex Kütz.
3. Rippen 3—4 auf 10 μ. 4.
   Schalen schwach gekrümmt, Rücken gerundet, Bauch fast gerade od. wenig gekrümmt, Enden abgerundet stumpf, 40—70 μ lg., 10—12 μ br. Rippen schwach strahlend, sehr kräftig, an den Enden knopfförmig erweitert (in der Gürtelansicht sichtbar), 1—1,5 auf 10 μ. Perlenreihen 4—6 zwischen 2 Rippen, sehr fein. Süßwasser, an feuchten Felsen zwischen Algen usw., bis in die Alpen verbreitet. (Fig. 427.) **E. argus** (Ehrenb.) Kütz.
4. Schalen oblong, bauchig flach gebogen, Rücken etwas mehr gekrümmt, Enden stumpf gerundet, 25—30 μ lg., 5 μ br. Rippen kräftig, strahlend, leicht nach außen gekrümmt, an den Enden knopfförmig verdickt (in Gürtelansicht sichtbar). Punktstreifen fein. Süßwasser, besonders in Hochmooren vorkommend. (Fig. 428).
   E. ocellata (Ehrenb.) Kütz.

   Schalen schwach gekrümmt, Bauch wenig eingebogen, fast gerade, Rücken mäßig gewölbt, Enden abgerundet, 20—60 μ lg., 12—14 μ br. Rippen wenig strahlend, wenig kräftig. Perlenreihen kräftiger als bei vor., 3—4 zwischen 2 Rippen. Süß- u. Brackwasser, häufig. **E. zebra** (Ehrenb.) Kütz.

23. Gattung: **Rhopalodia** O. Müller.

Schalenansicht klammerzeichenförmig bis wurmförmig gebogen, Gürtelansicht elliptisch bis lineal, keulen- bis birnförmig. Querrippen durchgehend, dazwischen feine Perlstreifen. Raphe auf einem Kiel verlaufend, ± nach dem Rücken verschoben, in der Gürtelansicht den Umriß bildend.

Schalen stark gebogen, Rücken in der Mitte etwas gebuckelt, Bauchrand fast gerade, Enden fast spitzlich, 40—70 μ lg., 12—16 μ br. Rippen stark strahlend, 3,5—5 auf 10 μ, dazwischen je 4 feine Perlreihen. (var. ventricosa [Kütz.] Grun. mit kürzeren, stark gebuckelten Schalen). Süß- u. Brackwasser, häufig. (Fig. 429.)

R. gibba (Ehrenb.) O. Müll.

Schalen klammerzeichenförmig, in der Mitte u. an den umgebogenen u. spitzen Enden etwas aufgetrieben, 80—250 μ lg., 8—10 μ br. Rippen parallel, nur an den Enden etwas strahlend, 6—7 auf 10 μ. Perlreihen undeutlich. Süß- u. Brackwasser, vom Meer bis ins Gebirge, verbreitet. (Fig. 430.) **R. gibberula** (Ehrenb.) O. Müll.

Schalen mondsichelförmig gebogen mit stark konvexem Rücken- u. schwach konkavem Bauchrand, Enden ± spitz vorgezogen, 30—60 μ lg. Rippen kräftig, radial, etwa 5 auf 10 μ; Streifen zart, aber deutlich, 15 auf 10 μ. Salzwasser, an der Küste verbreitet.

R. musculus (Kütz.) O. Müll.

8. Familie: Nitzschiaceae.

Zellen lg. gestreckt, stabförmig, oft gebogen, auf beiden Schalen mit Raphe, die in einem mit Perlen besetzten Kiel versteckt ist. Kiel meist sehr exzentrisch. Chromatophoren aus 1—2 Platten bestehend. Zellen bisweilen in Schleimröhren.

Bestimmungstabelle der Gattungen.

A. Kiel in der Mitte der Schale liegend. Zellen zu an der Längsseite der einzelnen Individuen verschiebbaren Bändern vereinigt. **1. Bacillaria.**

B. Kiel dem einen Rande genähert, mit Kielpunkten u. Querstreifen. Zellen meist einzeln, frei. **2. Nitzschia.**

1. Gattung: Bacillaria Gmel.

Zellen stabförmig, gerade. Schalen gerade, selten etwas gebogen. Kiel exzentrisch od. nur wenig exzentrisch. Kielpunkte mit Kanalraphe. Querstreifen vorhanden. Zellen zu band- od. tafelförmigen Ketten verbunden, durch Gleiten innerhalb des Verbandes schief auseinandergehende Ketten bildend.

Schalen lineal, Enden schwach vorgezogen, 60—120 μ lg., 4 μ br. Kielpunkte 6—8, Querstreifen 20—22 auf 10 μ. Brackwasser. (Fig. 445.) **B. paradoxa** Gmel.

Schalen lineal, Enden etwas vorgezogen, 84—132 μ lg., 8 μ br. Kielpunkte 7, Querstreifen 15 auf 10 μ. Nord- u. Ostsee.

B. socialis Grun.

2. Gattung: Nitzschia Hassall.

Zellen meist frei, verschieden geformt, mit den Gürtelbändern nicht rechtwinklig verbunden, daher Querschnitt rhombisch. Kiel mit kurzen Rippen od. mit Kielpunkten, die oft zu kurzen Rippen verlängert sind, die Kiele beider Schalen sich diametral gegenüberstehend od. seltener an derselben Seite der Schalen. Raphe im Kiel liegend. Querstreifen geperlt. Gürtelseite gerade, schmal, bisweilen in der Mitte etwas verengt. Enden spitzlich od. stumpf gerundet, bisweilen einseitig od. nach verschiedenen Seiten gebogen. Zwei querliegende Chromatophoren.

Bestimmungsschlüssel der Sektionen.

A. Zellen frei, nicht in Gallertschläuchen.
a) Kiele der beiden Schalen auf derselben Seite liegend; Schalen ungleichseitig gebogen, mit konkav eingebogenem Kielrand u. geradem od. fast geradem Bauchrand. I. Hantzschia.
b) Kiele der beiden Schalen sich diagonal gegenüberliegend; Schalen gerade oder gleichseitig gebogen.
α) Zellenden nicht in lange Fortsätze vorgezogen.
I. Schalen deutlich längsgefaltet, Querstreifen über der Falte fehlend od. schwächer ausgebildet.
1. Punkte drei sich kreuzende Streifensysteme bildend. II. Panduriformes
2. Schalen nur mit Querstreifung.
§ Schalen stark gefaltet; Kielpunkte klein od. undeutlich, Querstreifen meist in gleicher Anzahl. III. Tryblionella.
§§ Schalen schwach gefaltet; Kielpunkte deutlich, Querstreifen mindestens in doppelter Anzahl. IV. Apiculatae.
II. Schalen od. Gürtelseiten S-förmig gekrümmt.
1. Schalen u. Kiel ohne Einbuchtung.
§ Kiel zentral. V. Sigmoideae.
§§ Kiel exzentrisch. VI. Sigmatae.
2. Schalen u. Kiel in der Mitte mit schwacher, aber deutlicher Einbuchtung. VII. Obtusae.
III. Schalen weder längsgefaltet noch S-förmig gebogen.
1. Kielpunkte verlängert, oft rispenartig über die ganze Schale gehend. VIII. Grunowia.
2. Kielpunkte nicht verlängert.
§ Schalen in der Mitte etwas eingeschnürt.
* Kiel zentral od. fast zentral. IX. Bilobatae.
** Kiel $\pm$ exzentrisch, ohne merkliche Einbuchtung.
Δ Schalen breit lineal bis fast lanzettlich. X. Dubiae.
ΔΔ Schalen schmal lineal. XI. Lineares.
§ Schalen in der Mitte nicht eingeschnürt.
* Kiel etwas aus der Mitte gerückt; Schalen ziemlich klein. XII. Dissipatae.
** Kiel stark exzentrisch. XIII. Lanceolatae.

β) Zellenenden lg. schnabelartig vorgezogen. XIV. Nitzschiella.

B. Zellen in Gallertschläuchen lebend. XV. Homoeocladia.

I. Sektion: Hantzschia (Grun.).

Schalenränder gekrümmt, aber nicht ungleichartig, Kielpunktseite ± eingebogen, die gegenüberliegende nach außen gewölbt, Enden ± vorgezogen, spitzlich abgerundet, 45—220 μ lg., 4—5 μ br. Kielpunkte groß, kurz, die beiden mittleren etwas voneinander getrennt, ca. 7 auf 10 μ. Streifen fein, punktiert, 14—16 auf 10 μ. Wechselt sehr in der Länge u. in der Entfernung der Kielpunkte u. Streifen. Süßwasser, auf feuchter Erde von Blumentöpfen, auch im Brackwasser. (Fig. 450.) **N. amphioxys** Kütz.

II. Sektion: Panduriformes Grunow.

Schalen elliptisch mit stark eingezogener Mitte u. leicht geschnäbelten Enden, 80—120 μ lg., 20 μ br. Struktur aus feinen Punkten bestehend, die drei sich kreuzende Streifensysteme bilden; über der deutlichen Längsfalte sehr schwach, daher hier ein hyalines Längsfeld. Kielpunkte deutlich, etwa 6 auf 10 μ. Im Meerwasser, nicht selten. **N. panduriformis** Greg.

III. Sektion: Tryblionella (W. Sm.) Grunow.

1. Zellen über 80 μ lg. 2.
   Zellen bis 70 μ lg. 3.
2. Schalen lineal, in der Mitte bisweilen etwas verengt, Enden keilförmig, zugespitzt, 80—90 μ lg., 10 μ br. Kielpunkte zart. Streifen über die ganze Schale gehend, stark punktiert, 13 auf 10 μ. Süßwasser, zerstreut. (Tryblionella angustata W. Sm.) (Fig. 447.) **N. angustata** (W. Sm.) Grun.
   Schalen elliptisch-lanzettlich, Enden bogig zugespitzt, 80 bis 110 μ lg., 20—30 μ br. Kielpunkte ziemlich deutlich. Streifen in gleichem Abstand über die ganze Schale gehend, undeutlich punktiert, 5—7 auf 10 μ. Auf der den Kielpunkten entgegengesetzten Schalenseite eine deutliche Längsfalte verlaufend; hier die Streifung sehr fein od. unterbrochen. Süßwasser, auch warmes Wasser, sowie schwaches Brackwasser. (Tryblionella Hantzschiana Grun.) (Fig. 448.) **N. tryblionella** Hantzsch.
3. Schalen br.-lanzettlich, in der Mitte bisweilen etwas eingezogen, 25—35 μ lg., 10—30 μ br. Kielpunkte u. Streifen 7—9 auf 10 μ. Streifen aus starken Punkten gebildet. Im Süßwasser selten, im Brackwasser der Nord- u. Ostsee. (Fig. 446.) **N. punctata** (W. Sm.) Grun.
   Schalen elliptisch-lanzettlich, mit spitzen, kaum vorgezogenen Enden, 30—70 μ lg. Streifen kräftig, über der Falte kaum schwächer, etwa 6—8 auf 10 μ, am Rande in einer doppelten Punktreihe endigend. Im Meer- od. Brackwasser. **N. navicularis** (Bréb.) Grun.

IV. Sektion: Apiculatae Grunow.

Schalen schlank lineal, in der Mitte beiderseitig etwas eingezogen, Enden leicht vorgezogen, bogig—keilförmig zugespitzt, 50—110 μ lg., 4—6 μ br. Kielpunkte kräftig, 9—10 auf 10 μ. Streifen fein, 16—18 auf 10 μ, durch eine fast zentrale Längsfalte unterbrochen. Süßwasser, auch schwach salziges Wasser. (Fig. 460.)

N. hungarica Grun.

Schalen lineal, länglich, in der Mitte etwas eingezogen, Enden keilförmig, gerade vorgezogen, 25—50 μ lg., 10 μ br. Kielpunkte nur angedeutet oder fehlend. Streifen fein, punktiert, 16—17 auf 10 μ. Im Brackwasser der Nordseeküste, auch in warmen Quellen. (Fig. 455.) **N. apiculata** (Greg.) Grun.

V. Sektion: Sigmoideae Grunow.

1. Streifen fein über 20 auf 10 μ, Kielpunkte länglich. 2.
Schalen schmal lineal, gerade bis S-förmig gekrümmt, Enden kurz keilförmig zugespitzt, 200—350 μ lg., 13—15 μ br. Kielpunkte rund, 5 auf 10 μ. Streifen sehr kräftig, 9—12 auf 10 μ. Gürtelseite sehr br., Gürtelband schmal, glatt. Im Brackwasser der Küsten u. die Flüsse etwas hinaufgehend.
N. Brebissonii W. Sm.
2. Schalen lg. lineal, Enden keilförmig, 90—480 μ lg., 8—12 μ br. Kiel in der Mitte liegend, Kielpunkte queroval, 5—7 auf 10 μ. Streifen geperlt, 22—26 auf 10 μ. Gürtelseite S-förmig gebogen, Gürtelband fein längsfaltig. — Die Schalenseiten sind entweder schwächer od. mehrmals wellig gebogen. Süßwasser, häufig. (Fig. 453.) **N. sigmoidea** (Nitzsch) W. Sm.
Schalen ähnlich wie vor., aber die Enden länger, zugespitzt, 90—220 μ lg., 5—11 μ br. Kielpunkte quer oval, 6—9 auf 10 μ. Streifen 32—34 auf 10 μ. Süßwasser, verbreitet. (Fig. 454.)
N. vermicularis (Kütz.) Hantzsch

VI. Sektion: Sigmatae Grunow.

1. Schalen nach den Enden hin schmaler werdend. 2.
Schalen sehr schmal lanzettlich, nicht verschmälert, ± stark S-förmig gebogen, bis 150 μ lg., 4—5 μ br. (selten etwas breiter). Kielpunkte schwach, 8—10 auf 10 μ. Streifen kaum erkennbar, 24—26 auf 10 μ. Süß- u. Brackwasser. (Fig. 457.)
N. curvula (Ehrenb.) W. Sm.
2. Schalen über 50 μ lg., meist viel länger. 3.
Schalen schmal lanzettlich, S-förmig gebogen, Enden leicht vorgezogen, spitzlich gerundet u. etwas deutlicher gekrümmt als in der Mitte, 30—40 μ lg., 2—2,5 μ br. Kielpunkte klein, 9—10 auf 10 μ. Streifen zart, 30—32 auf 10 μ. Gürtelseite S-förmig gebogen. In Bächen; Sachsen, Baden, zerstreut.
N. Clausii Hantzsch

3. Kielpunkte ziemlich weit, 4—6 auf 10 μ. 4.

Schalen lineal, leicht S-förmig, nach den abgerundeten Enden allmählich verschmälert, 90—250 μ lg., bis etwa 10 μ br. Kielpunkte klein, 7—9 auf 10 μ. Streifen zart, 20—24 auf 10 μ. Gürtelseite S-förmig, nach den Enden verschmälert, Gürtelband fein längsfaltig. Meeresküsten, sehr verbreitet, auch im Süßwasser vorkommend. (Fig. 458.) **N. sigma** (Kütz.) W. Sm.

4. Schalen schlank, meist ± S-förmig gekrümmt, Enden gleichmäßig spitz zulaufend, bisweilen an der Bauchseite vor den Enden leicht ausgebuchtet, 50—100 μ lg., 6 μ br. Kielpunkte groß, quer länglich, 5—6 auf 10 μ. Streifen fein, deutlich punktiert, 28—29 auf 10 μ. Bis zu 6 Zellen zu Bündeln vereinigt, angeheftet. Brackwasser, Elbmündung. **N. fasciculata** Grun.

Schalen fast gerade od. ± S-förmig gekrümmt, 270—300 μ lg., 14—15 μ br., mit keilförmig-rundlichen Enden. Kielpunkte deutlich, 4—5 auf 10 μ. Streifen fein punktiert, 18 auf 10 μ. Kieler Bucht. **N. valida** Cl. et Grun.

VII. Sektion: Obtusae Grunow.

Schalen lg. gestreckt, schwach S-förmig gebogen, Rand in der Mitte am Kiel (u. dieser ebenfalls) kurz kerbartig eingebogen, Enden abgerundet od. einseitig keilförmig zugespitzt, 120—250 μ lg., 8—9 μ br. Kielpunkt deutlich, 5—6 auf 10 μ. Streifen ziemlich kräftig, deutlich punktiert, 26—27 auf 10 μ. Gürtelseite an den Enden abgerundet. Brackwasser u. marin, verbreitet. (Fig. 462.) **N. obtusa** W. Sm.

VIII. Sektion: Grunowia (Rabenh.) Grunow.

Schalen lanzettlich mit verbreiteter Mitte u. vorgezogenen, leicht kopfförmig gerundeten Enden (Seitenränder daher 3 wellig erscheinend), 20—40 μ lg., 5 μ br. Streifen 20 auf 10 μ, Kielpunkte 4—5 auf 10 μ. An überrieselten Felsen u. in stehenden Gewässern, zwischen Moosen, Gebirgsgegenden. (Grunowia sinuata Rabenh., Denticula sinuata W. Sm.) **N. sinuata** W. Sm.

Schalen lanzettlich mit zugespitzten od. stumpflichen Enden, 10—60 μ lg., 5—9 μ br. Streifen ca. 20 auf 10 μ, Kielpunkte nach dem einen Ende zu dünner werdend, 8—14 auf 10 μ. In stehenden Gewässern, besonders im Gebirge (inkl. N. tabellaria Grun., Grunowia tabellaria Grun.) (Denticula obtusa W. Sm.). **N. denticulata** Grun.

IX. Sektion: Bilobatae Grunow.

Schalen kurz br.-lanzettlich, in der Mitte, oft nur einseitig, etwas eingeschnürt, mit vorgezogenen, kopfförmig-gerundeten Enden, 30—40 μ lg., 5—8 μ br. Kielpunkte länglich, 10—12 auf 10 μ. Streifen sehr zart, 25—27 auf 10 μ. Stehende od. langsam fließende Gewässer des Süßwassers, im Schlamm, zerstreut. (Fig. 459.)

N. parvula W. Sm.

X. Sektion: Dubiae Grunow.

1. Kielpunkte ± rund. 2.

Schalen gestreckt lanzettlich, in der Mitte leicht eingezogen, Enden etwas geschnäbelt, gebogen, 90—160 μ lg., 7—8 μ br. Kielpunkte verlängert, 4eckig, 9—10 auf 10 μ. Streifen undeutlich, 20—24 auf 10 μ. Süßwasser, nicht selten. (Fig. 463.)

N. dubia W. Sm.

2. Schalen lg. lanzettlich, Ränder in der Mitte schwach od. nicht eigebogen, Enden keilförmig, spitz, wenig eingebogen, 80—100 μ lg., 10 μ br. Kielpunkte rundlich, die beiden mittleren etwas weiter voneinander stehend, 7—8 auf 10 μ. Streifen fein, 25—28 auf 10 μ. Gürtelseite in der Mitte eingezogen u. nach den Enden leicht verschmälert. Süß- u. Brackwasser.

N. thermalis (Kütz.) Grun.

Schalen lg. lanzettlich, in der Mitte eingezogen, Enden stumpf, vorgezogen, deutlich nach innen gebogen, 50—70 μ lg., 12—17 μ br. Kielpunkte rund, die beiden mittleren etwas weiter voneinander entfernt, 9—10 auf 10 μ. Streifen fein, 21—24 auf 10 μ. Brackwasser. (Fig. 456.) **N. commutata** Grun.

XI. Sektion: Lineares Grunow.

Schalen lineal, Enden an der Kielrandseite abgerundet, nach innen etwas übergebogen, 70—180 μ lg., 5 μ br. Kielpunkte 8—10 auf 10 μ, die mittleren etwas entfernter. Streifen sehr fein, 29—30 auf 10 μ. Gürtelseite br. lineal, Enden wenig verschmälert, abgerundet. Süßwasser, in Gräben u. Sümpfen, häufig. (Fig. 465.)

N. linearis (Ag.) W. Sm.

Schalen schmal lanzettlich, Enden wie bei vor., 60—130 μ lg., 5 μ br. Kielpunkte kräftig, br., etwas eckig, 5—6 auf 10 μ. Streifen fein, undeutlich punktiert, 20—22 auf 10 μ. Gürtelseite br. lineal, Gürtelband fein längsstreifig. Brackwasser. **N. vitrea** Norm.

XII. Sektion: Dissipatae Grunow.

Schalen lanzettlich, mit etwas vorgezogenen spitzen Enden, 20—25 μ lg., 4,5—5 μ br. Kielpunkte 12—14 auf 10 μ, deutlich. Streifen sehr zart, 30—35 auf 10 μ. Gürtelseite lineal od. nach den Enden etwas verjüngt. An Fadenalgen in flachen Gräben, verbreitet. (Fig. 472.) **N. minutissima** W. Sm.

Schalen lanzettlich mit zugespitzten Enden, 20—40 μ lg., 5—6 μ br. Kielpunkte fast in der Mitte verlaufend, deutlich, 6—8 auf 10 μ. Streifen sehr zart, ca. 14 auf 10 μ. Meist auf Fadenalgen, auch an Brunnen- und Quelleneinfassungen, Süßwasser, ziemlich verbreitet. (Fig. 467.) **N. dissipata** (Kütz.) Grun.

XIII. Sektion: Lanceolatae Grunow.

1. Enden der Schalen kopfig. 2.
   Enden der Schalen nicht kopfig. 3.
2. Schalen schmal lineal, in der Mitte schmaler, Enden schnell verschmälert, griffelartig vorgezogen, leicht kopfig-rund, 75—90 μ lg., 5—5,5 μ br. Kielpunkte deutlich, ca. 10 auf 10 μ, die beiden mittleren getrennt, Streifen 20—21 auf 10 μ. Gürtelseite lineal, Enden wenig verschmälert. Süßwasser, zwischen Algen, nicht häufig. (Fig. 461.) **N. Heufleriana** Grun.
   Schalen gerade, sehr schlank, nach den Enden stark verschmälert, Enden knopfförmig abgesetzt, gerundet, 60—90 μ lg., 4,5 μ br. Kielpunkte exzentrisch, mittlere etwas voneinander getrennt, 12 auf 10 μ. Streifen sehr zart, 30—35 auf 10 μ. Gürtelseite lineal, nach den abgerundeten Enden stark verdünnt. Süßwasser, in stehenden Gewässern, verbreitet. (Fig. 464.) **N. gracilis** Hantzsch
   Schalen lineal-lanzettlich, Enden vorgezogen, leicht kopfig, 10—15 μ lg., 3 μ br. Kielpunkte klein, 12—13 auf 10 μ, die beiden mittleren nicht getrennt. Streifen über 33 auf 10 μ. Süßwasser, bei Berlin. **N. microcephala** Grun.
3. Streifen 16 bis 24 auf 10 μ. 4.
   Streifen 29—40 auf 10 μ. 6.
4. Gürtelansicht mit geraden Seiten, nach den Enden hin kaum verschmälert. 5.
   Schalen schmal, lineal-lanzettlich, Enden etwas vorgezogen, stumpflich, 20—40 μ lg., 4—5 μ br. Kielpunkte deutlich, 9—11 auf 10 μ. Streifen deutlich, fein punktiert, 18—20 auf 10 μ. Gürtelansicht mit leicht nach außen vorgewölbten Seiten u. ± verschmälerten, stumpfen Enden. Süßwasser, besonders Gräben, mit Moos bewachsene, überrieselte Steine, verbreitet. (Fig. 468.) **N. frustulum** (Kütz.) Grun.
5. Schalen br. lanzettlich, Enden kaum vorgezogen, 14—40 μ lg., 3—4 μ br. Kielpunkte sehr klein, 12 auf 10 μ. Streifen undeutlich, sehr fein, 24 auf 10 μ. Süßwasser, in Teichen, Gräben, an feuchten Mauern, auch in warmen Abwässern. **N. inconspicua** Grun.
   Schalen lineal-lanzettlich, Enden verjüngt, keilförmig od. leicht geschnäbelt, 20—45 μ lg., 5 μ br. Kielpunkte kräftig, 7—8 auf 10 μ. Streifen sehr deutlich, 16—17 auf 10 μ. An Holz u. zwischen Algen im Süßwasser. **N. amphibia** Grun.
6. Schalen bis 80 μ lg., meist bedeutend kürzer. 7.
   Schalen lg. lanzettlich, Enden gleichmäßig verschmälert, spitzlich-rundlich, 100—200 μ lg., bis 17 μ br. Kielpunkte kräftig, alle gleich weit, 5—7 auf 10 μ. Streifen fein, 29—30 auf 10 μ. Gürtelseite in der Mitte etwas dicker, Gürtelband fein längsstreifig. Im Brackwasser an den Meeresküsten. (Fig. 466.) **N. lanceolata** W. Sm.

7. Gürtelseiten schmaler als die Schalenseiten, daher Zellen meist auf den Schalenseiten liegend. 8.
Gürtelseiten br. als die Schalenseiten. 9.
8. Schalen länglich, elliptisch-lanzettlich, Enden schwach vorgezogen, rundlich, 23—33 μ lg., 5 μ br. Kielpunkte sehr deutlich, ca. 10 auf 10 μ. Streifen ca. 30 auf 10 μ. Gürtelseite breiter als die Schalen, nach den abgestutzten Enden hin etwas verschmälert. In Gallerte an Algen u. Holz usw., Süßwasser, häufig. (Fig. 469.) **N. communis** Rabenh.
Schalen sehr schmal lanzettförmig, sehr allmählich gerade zugespitzt, 60—80 μ lg., 4—5 μ br. Kielpunkte fein, die beiden mittleren etwas getrennt, 7—10 auf 10 μ. Streifen sehr zart, 30—32 auf 10 μ. Gürtelseite schmal, an den Enden kaum verschmälert, 6 μ br. — Variiert mit kleineren u. schmaleren Schalen. Im Süß- u. Brackwasser, zerstreut. **N. subtilis** (Kütz.) Grun.
9. Schalen schmal lanzettlich, nach den Enden hin ± schnell verschmälert, Enden vorgezogen, 25—65 μ lg., 4,5—5 μ br. Kielpunkte zart, gleichmäßig entfernt, 10—12 auf 10 μ. Streifen, fein, 33—39 auf 10 μ. Gürtelseite schmal lineal, Enden schwach verdünnt, stumpf od. gerundet. Süß- u. Brackwasser, an feuchten Mauern, Erde, Moos, sehr häufig. (Fig. 470.) **N. palea** Kütz.
Schalen br. lanzettlich; Enden etwas vorgezogen, spitz, 14—25 μ lg., 4—5 μ br. Kielpunkte 14—16 auf 10 μ. Streifen enger als bei vor. Süß- u. Brackwasser, ziemlich verbreitet. (Fig. 471.)
N. Kuetzingiana Hilse

XIV. Sektion: Nitzschiella (Rabenh.) Grunow.

1. Kielpunkte 6—10 auf 10 μ, Schalenenden sehr dünn. 2.
Schalen lanzettlich, Enden dünn, lg., gerade od. bisweilen nach derselben Seite gekrümmt, 60—70 μ lg., 5 μ br. Kielpunkte deutlich, 18—20 auf 10 μ. Streifen sehr fein, kaum sichtbar. ca. 40 (?) auf 10 μ. Süßwasser, in Gräben u. Sümpfen.
N. acicularis Kütz.
2. Schalen lg. lanzettlich, Enden sehr dünn, meist nach derselben Seite gekrümmt, daher ± mondsichelförmig, 36—260 μ lg., 3—6 μ br. Kielpunkte deutlich, 6—10 auf 10 μ. Streifen schwer erkennbar, 16 (?) auf 10 μ. Brackwasser im Binnenland u. an der Küste. (Fig. 452.) **N. closterium** (Ehrenb.) W. Sm.
Schalen schmal lanzettlich, Enden dünn, nach entgegengesetzten Seiten gekrümmt, daher ± S-förmig, 100—150 μ lg., 7—9 μ br. Kielpunkte undeutlich, Streifen ca. 26 auf 10 μ. Brackwasser, Ostfriesland. (Vielleicht zu voriger Art gehörig.) (Fig. 451.)
N. reversa W. Sm.

XV. Sektion: Homoeocladia (Agardh).

1. Zellen 60—100 μ lg. 2.
Zellen sehr klein, 11—14 μ lg. u. 1 μ br., zu zwei innerhalb der

Schleimröhre gelagert. Schalen lineal, Enden abgerundet. Kielpunkte 20 auf 10 μ. Ostsee. **N. baltica** (Dannf.) Mig.

2. Zellen in Reihen zu 3—4 in fadenförmigen Gallertscheiden liegend. Schalen lineal-lanzettlich, in der Mitte etwas erweitert mit stumpflichen Enden, bis 100 μ lg. Kiel zentral, Kielpunkte deutlich, 5—6 auf 10 μ. Ostsee; selten im Süßwasser, z. B. bei Bremen. **N. filiformis** W. Sm.

Blaßgelbe bis braune Häute bildend. Schalen länglich lanzettlich, Enden stumpflich od. gestutzt, 66—100 μ lg. Kielpunkte 3—4 auf 10 μ. Thüringer Salinen u. Sole von Bad Sulza. (Fig. 449.) **N. Bulnheimiana** Rabenh.

9. Familie: Surirellaceae.

Zellen zur Längsachse symmetrisch. Schalen mit geflügelten, oft quergerippten Randkielen, in denen die kanalartige Raphe verläuft. Knoten fehlen. Chromatophoren 2, den Schalenseiten anliegende Platten bildend. Zellen frei, einzeln.

Bestimmungstabelle der Gattungen.

A. Schalen schmal, S-förmig gebogen, ohne Seitenflügel; die beiderseitigen Ränder mit Kanalraphe. **1. Stenopterobia.**

B. Schalen anders geformt, am Rande geflügelt.
  a) Schalenoberfläche in der Längsrichtung wellig gebogen. **2. Cymatopleura.**
  b) Schalenoberfläche nicht wellig gebogen.
    α) Schalen elliptisch od. eiförmig-keilförmig, flach od. seltener tordiert. **3. Surirella.**
    β) Schalenumriß fast kreisförmig; Schalen sattelförmig gebogen. **4. Campylodiscus.**

1. Gattung: Stenopterobia Bréb.

Schalen langgestreckt, S-förmig gebogen, ohne Seitenflügel. Auf der Kante längs des Seitenrandes je eine Kanalraphe, die mit runden Öffnungen in runden Umwallungen besetzt ist. Chromatophorenplatten 2, an den Schalenseiten.

Schalen 150—200 μ lg., 8 μ br., von der Mitte nach den Enden allmählich verschmälert, Enden abgerundet, Querstreifen fein, 19—23 auf 10 μ; in der Mitte eine schmale, aber deutliche Längsarea freilassend. Riesengebirge, Tirol; zerstreut. (Fig. 475.) (Surirella anceps Bréb.) **S. intermedia** (Lewis) Fricke

2. Gattung: Cymatopleura W. Sm.

Schalen elliptisch, kahnförmig, symmetrisch, Oberfläche br. quergewellt, fein querstreifig. Rand durch Querrippen geperlt. Pseudoraphe fein, oft schwer erkennbar. In der Gürtelansicht der gerade Rand u. die Querwellen der Schale sichtbar.

Schalen lg. oblong, ± verkürzt, Mitte meist eingezogen, Enden meist etwas vorgezogen u. stumpf-spitzig gerundet, 50—250 μ lg.,

20—35 μ br. Randrippen schmal länglich, länger u. enger als bei folgender Art, 6 auf 10 μ. Wellen deutlich punktiert gestreift. Süßwasser, in stehenden u. fließenden Gewässern, häufig. (Fig. 473.) **C. solea** Bréb.

Schalen länglich bis br. elliptisch, bisweilen in der Mitte leicht eingezogen, Enden stumpf abgerundet, 40—150 μ lg., 30—60 μ br. Randrippen kurz. Perlen mehr rundlich, 18 auf 10 μ. Wellen undeutlich punktiert streifig. Süßwasser, meist in stehenden Gewässern, häufig. (Fig. 474.) **C. elliptica** Bréb.

3. Gattung: **Surirella** Turpin.

Schalen oval, elliptisch, oblong, keilförmig, nierenförmig, lineal, bisweilen um die Längsachse tordiert. Pseudoraphe lineal od. lanzettlich. Rippen verschieden lg. Kanten ± stark geflügelt. Gürtelseite durch den vorspringenden Flügel des Seitenrandes ± gekielt; in dem Kiel eine Kanalraphe verlaufend.

1. Schalen eben, nicht um die Längsachse gewunden. 2.
Schalen oblong, um die Längsachse einviertelmal gewunden, beide Enden gleichmäßig gerundet od. das eine etwas breiter, 100—150 μ lg., 40—50 μ br. Rippen kräftig, fast bis zur Pseudoraphe gehend, 2—3 auf 10 μ, neben den Rippen zerstreute größere Punkte. Streifen 26—28 auf 10 μ. Zellen von oben gesehen die Form einer 8 bildend. Süßwasser, bes. in Bächen der Gebirge. (Fig. 476.) **S. spiralis** Kütz.

2. Schalen an beiden Enden gleichmäßig konisch. 3.
Schalen oval, an dem einen Ende breiter gerundet als am anderen. 5.

3. Schalen in der Mitte nicht eingeschnürt. 4.
Schalen länglich-elliptisch, in der Mitte leicht eingeschnürt, mit verschmälerten, stumpflichen Enden, 65—130 μ lg. Rippen 4—4½ auf 10 μ, z. T. schräggestellt, in der Mitte der Schale eine schmale Längsarea freilassend. Gürtelansicht lg. rechteckig mit abgestumpften Enden. An der Nordseeküste, im Brackwasser. **S. Smithii** Ralfs

4. Schalen br. lanzettlich, Enden konisch, stumpf gerundet, bisweilen etwas vorgezogen, 100—170 μ lg., 35—45 μ br. Pseudoraphe ± br., lanzettlich, oft in der Mitte verbreitert. Rippen kräftig, an den Enden strahlend, 2—3½ auf 10 μ. Streifen sehr fein punktiert, Gürtelbandseite länglich viereckig, Endwinkel abgerundet. Flügelleiste deutlich etwas gebogen. Süß- u. Brackwasser, häufig. (Fig. 477.) **S. biseriata** Bréb.
Schalen länger elliptisch, schmaler als vor., Enden br. keilförmig, abgerundet od. spitz-stumpflich, 45—120 μ lg., 14—24 μ br. Pseudoraphe schmal. Rippen 2—3½ auf 10 μ, an den Enden strahlend. Streifen sehr fein punktiert, an den Enden strahlend. Süß- u. Brackwasser, bis ins Gebirge, häufig. (Fig. 478.) **S. linearis** W. Sm.

Schalen schmal lineal-lanzettlich, an den Enden ± keilförmig bis lg. geschnäbelt, 40—70 μ lg., 4—7 μ br. Rippen schmal, 5—6 auf 10 μ; Querstreifen zart, ca. 24 auf 10 μ. Gürtelbandseite lg.-rechteckig, mit abgerundeten Ecken. Besonders in Gebirgsgegenden verbreitet. **S. delicatissima** Lewis

5. Rippen 0,7—2 auf 10 μ. 6.
Rippen 2—3 auf 10 μ. 10.
Rippen etwa 5—6 auf 10 μ. Schalen lg., lineal, Seiten parallel, Enden leicht vorgezogen, keilförmig, Spitzen leicht gerundet, 90—120 μ lg., 16—20 μ br. Pseudoraphe sehr fein. Rippen am Rand stark, nach innen schmaler u. sich verflachend, die Pseudoraphe erreichend, etwa 6 auf 10 μ. Streifen sehr zart, punktiert, 14—16 auf 10 μ. Randflügel schmal, sehr zart. Süß- u. Brackwasser, auch im Alpengebiet; ziemlich selten. (Fig. 481.) **S. gracilis** Grun.

6. Schalen 15—50 μ br. 7.
Schalen 50—75 μ br. 8.
Schalen 80—110 μ br. 9.

7. Schalen oval od. zugespitzt oval, 150—350 μ lg., 15—40 μ br. Rippen bei den größeren Exemplaren am Rand scheinbar gabelig gespalten, bei den kleinen Exemplaren abgekürzt u. am Rand einfach, 1 ¼—2 auf 10 μ. Flügelrand nur bei größeren Exemplaren deutlich. Im Süßwasser u. schwach brackigen Wasser; Ostpreußen, Elbmündung. (Fig. 480.) **S. dentata** Schum.
Schalen eiförmig, elliptisch, oblong keilförmig bis fast herzförmig, Enden abgerundet, oberes breiter, 50—80 μ lg., 30—50 μ br. Pseudoraphe schmal. Rippen schmal, kurz, randständig, 1 ¼—2 auf 10 μ. Streifen zart, 18 auf 10 μ. Gürtelseite schwach keilförmig. Flügel undeutlich. — Sehr veränderlich in der Größe, indem auch kleinere u. etwas größere Formen vorkommen. Auch die Zahl der Rippen sowie ihre Länge u. Stärke wechselt. Süß- u. Brackwasser, häufig. (Fig. 484.) **S. ovalis** Bréb.

8. Schalen ± br. oval, 180—300 μ lg., 50—70 μ br. Pseudoraphe lanzettlich, br., in der Mitte eine feine Linie angedeutet. Rippen sehr deutlich, schmal, 1 ½ auf 10 μ, Zwischenräume punktiert. Streifen äußerst zart, 22 auf 10 μ. Flügel kräftig, nahe dem Rande. Süß- u. Brackwasser, verbreitet. **S. elegans** Ehrenb.
Schalen verlängert, eiförmig-lanzettlich, Enden br. gerundet, oberes breiter, 200—360 μ lg., 75 μ br. Pseudoraphe br. lanzettlich darin eine feine dunkle Mittellinie. Rippen sehr br., parallel, an den Enden strahlend, 0,7—1 ¼ auf 10 μ. Querstreifen deutlich geperlt. Flügel dem Rand genähert. Süßwasser. In stehenden Gewässern, häufig. **S. robusta** Ehrenb.

9. Schalen sehr br. oval, beidendig sehr br. abgerundet, 100—160 μ lg., 80—100 μ br. Pseudoraphe br., lanzettlich. Rippen br., bis an die Pseudoraphe reichend, in der Mitte verbreitert u. fast parallel, an den Enden strahlig, 1—1 ¼ auf 10 μ. Streifen

deutlich punktiert, 13—14 auf 10 μ. Gürtelseite sehr stark keilförmig. Flügel dem Rand genähert. Süß- u. Brackwasser, ziemlich häufig. (Fig. 483.) **S. striatula** Turpin

Schalen oval, Kopf gerundet, Fuß zugespitzt, gerundet, ca. 250 μ lg., 110 μ br. Rippen sehr flach, br., bis zur Pseudoraphe reichend, 1 ¼—1 ½ auf 10 μ. Vor den beiden Enden befindet sich etwa an der 4. Rippe in der Mitte eine nach den Enden gerichtete Papille, auf der ein kurzer, spitzer Dorn sitzt. Süß- u. Brackwasser, zerstreut. (Fig. 482.) **S. Capronii** Bréb.

10. Schalen oval, im Verhältnis zur Länge ± br., Fußende etwas schmaler als das Kopfende, beide br. abgerundet, 70—120 μ lg., 35—45 μ br. Rippen die Mittellinie erreichend od. nicht, in nicht gleichmäßigen Abständen, 2—3 auf 10 μ. Querstreifen fein, deutlich, je nach dem Abstand der Rippen in verschiedener Zahl, 20—21 auf 10 μ. Gürtelansicht stark keilförmig, Seitenflügelansätze schmal. Im Brackwasser an den Küsten u. marin, häufig. (Fig. 479.) **S. gemma** Ehrenb.

Schalen schmal oval mit gerundeten Enden, 90—160 μ lg., 27—35 μ br. Pseudoraphe schmal, aber scharf markiert; Rippen kräftig, 2 ½—3 auf 10 μ. Wohl ziemlich verbreitet. **S. tenera** Greg.

4. Gattung: Campylodiscus Ehrenb.

Schalen ± kreisförmig, meist gebogen od. sattelförmig, Längsachsen der beiden Schalen zueinander gekreuzt liegend. Rippen kurz. Rand oft leicht geflügelt. Raphe u. Knoten fehlen. Chromatophoren 2 den Schalen anliegende Platten, deren Ränder tief ausgeschnitten sind.

1. Schalen mit od. ohne deutliche Area. 2.

Schalen fast kreisrund, gebogen, 40—48 μ im Durchm. In der Mitte eine deutliche Mittellinie, an die die strahlenden, nicht genau radiären, gebogenen Rippen anstoßen. Rippen etwa 4 auf 10 μ. Nordsee. (Fig. 485.) **C. Ralfsii** W. Sm.

2. Area fast bis zur Mitte mit Punkten bedeckt. 3.

Area länglich, von Strichen od. punktierten Strichen umgeben. 4.

3. Schalen fast kreisrund 80—140 μ im Durchm. Rippen am Rande nur durch dichtstehende, länglich-eiförmige Perlen angedeutet. Punkte unregelmäßig stehend, kaum Reihen bildend, in der Mitte zerstreuter u. viel weniger u. ein längliches freies Feld lassend. Brackwasser u. marin. (Fig. 486.) **C. echineis** Ehrenb.

Schalen ± unregelmäßig kreisrund, sattelförmig gebogen, 90—120 μ im Durchm. Mittelfeld ziemlich quadratisch, zerstreut punktiert. Rippen am Rand stark, nach der Mitte schwächer werdend, im Mittelfeld aufhörend, 1,5—2 auf 10 μ. Streifen zwischen den Rippen fein, dazu noch zerstreute Punkte. Süß- u. leichtes Brackwasser, zwischen anderen Algen, auch an feuchten Felswänden zwischen Moosen. Häufig. (Fig. 487.) (inkl. C. hibernicus Ehrenb.) **C. noricus** Ehrenb.

4. Rippen durch eine br. Furche unterbrochen. 5.
Schalen nicht regelmäßig kreisrund, oft sehr br. oval, ca. 50 μ im Durchm. Rippen sehr kräftig, nach der Mitte deutlicher u. ganz plötzlich stark verschmälert, nach dem Rande breiter u. flacher, 2—3 auf 10 μ. Zwischen den Verdünnungen der Rippen ziemlich starke Querstreifen, 10 μ lg. Mittelfeld u. die beiden Längsstreifen glatt. Küsten der Nord- u. Ostsee. (Fig. 488.)
C. Thuretii Bréb.

5. Schalen fast regelmäßig kreisrund, 180—200 μ im Durchm. Rippen radienförmig, etwas bis zur Hälfte der Schale reichend, in der Mitte durch eine br. Furche ganz od. teilweise unterbrochen, 1,5 auf 10 μ. Mittelfeld länglich, zerstreut grobpunktiert. Brackwasser u. Nordsee. (Fig. 489.) **C. clypeus** Ehrenb.
. Schalen sehr br. oval, fast kreisförmig od. fast quadratisch mit sehr br. gerundeten Enden, 60—100 μ lg., 50—80 μ br. Rippen durch eine br. Furche unterbrochen, die abgetrennten Stücke ein geschlossenes od. beiderseits offenes Oblong bildend, 1—4 auf 10 μ. Mittelfeld bisweilen grob punktiert. Sattel in der Mitte noch besonders vertieft. Brackwasser, Ostsee.
C. bicostatus W. Sm.

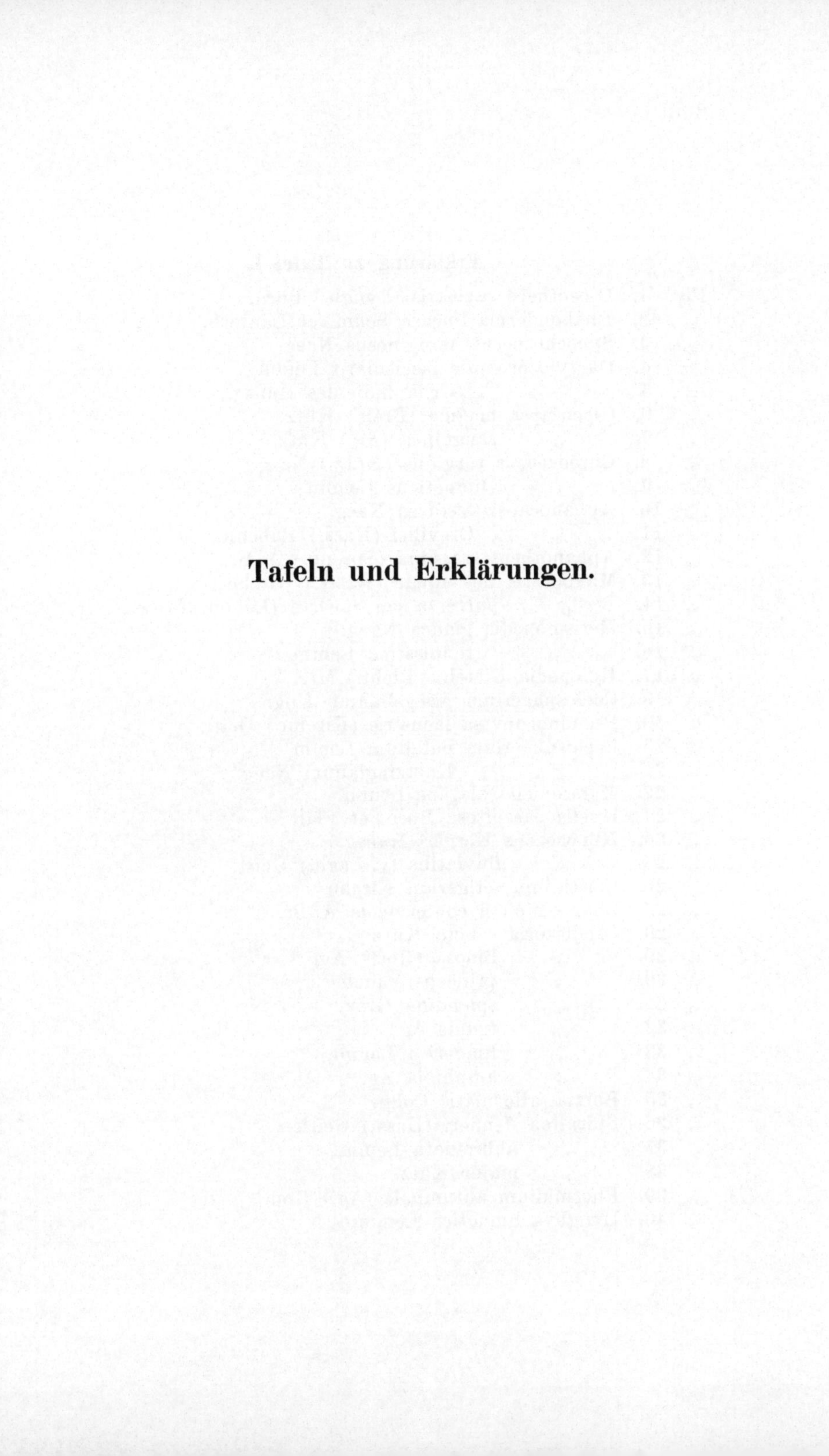

Tafeln und Erklärungen.

Erklärung zu Tafel I.

Fig. 1. Gloeothece rupestris (Lyngb.) Born.
,, 2. Rhabdoderma lineare Schm. et Lauterb.
,, 3. Synechococcus aeruginosus Naeg.
,, 4. Dactylococcopsis fascicularis Lemm.
,, 5. ,, rhaphidioides Hansg.
,, 6. Gloeocapsa magma (Bréb.) Kütz.
,, 7. ,, sanguinea (Ag.) Kütz.
,, 8. Chroococcus turgidus (Kütz.) Naeg.
,, 9. ,, limneticus Lemm.
,, 10. Aphanocapsa testacea Naeg.
,, 11. ,, Grevillei (Hass.) Rabenh.
,, 12. Aphanothece stagnina (Spreng.) A. Br.
,, 13. Microcystis flos aquae (Wittr.) Kirchn.
,, 14. ,, pulverea var. incerta (Lemm.) Crow.
,, 15. Merismopedia glauca Naeg.
,, 16. ,, tenuissima Lemm.
,, 17. Holopedia Dietelii (Richt.) Mig.
,, 18. Coelosphaerium Naegelianum Ung.
,, 19. Pseudoncobyrsa lacustris (Kirchn.) Geitl.
,, 20. Coelosphaerium pallidum Lemm.
,, 21. ,, Kuetzingianum Naeg.
,, 22. Marssoniella elegans Lemm.
,, 23. Hyella caespitosa Born. et Flah.
,, 24. Xenococcus Kerneri Hansg.
,, 25. ,, fluviatilis (v. Lagh.) Geitl.
,, 26. Clastidium setigerum Kirchn.
,, 27. Chamaesiphon confervicola A. Br.
,, 28. Oscillatoria sancta Kütz.
,, 29. ,, limosa (Roth) Ag.
,, 30. ,, princeps Vauch.
,, 31. ,, splendida Grev.
,, 32. ,, tenuis Ag.
,, 33. ,, limnetica Lemm.
,, 34. ,, amphibia Ag.
,, 35. Borzia trilocularis Cohn.
,, 36. Spirulina Jenneri (Hass.) Geitl.
,, 37. ,, abbreviata Lemm.
,, 38. ,, major Kütz.
,, 39. Phormidium autumnale (Ag.) Gom.
,, 40. Lyngbya limnetica Lemm.

Tafel I. Fig. 1—40.

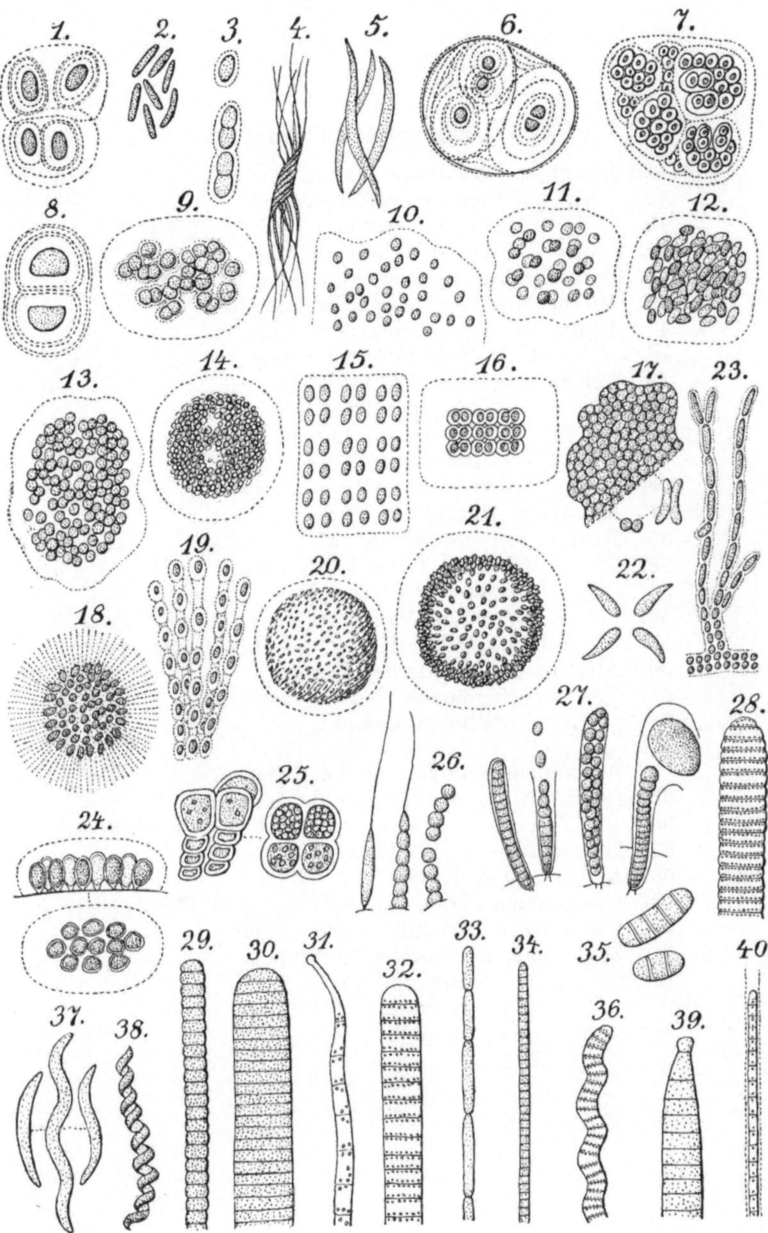

Erklärung zu Tafel II.

Fig. 41. Lyngbya bipunctata Lemm.
„ 42. „ Hieronymusii Lemm.
„ 43. „ Lindavii Lemm.
„ 44. „ thermalis Rabenh.
„ 45. Symploca muscorum (Ag.) Gom.
„ 46. Microcoleus vaginatus (Vauch.) Gom.
„ 47. Hydrocoleus homoeotrichus Kütz.
„ 48. „ heterotrichus Kütz.
„ 49. Schizothrix Friesii (Ag.) Gom.
„ 50. „ coriacea (Kütz.) Gom.
„ 51. „ ericetorum Lemm.
„ 52. „ fuscescens Kütz.
„ 53. Isocystis infusionum (Kütz.) Borzi.
„ 54. Nodularia Harveyana Thur.
„ 55. Nostoc verrucosum Vauch.
„ 56. „ Linckia (Roth) Born.
„ 57. „ carneum Ag.
„ 58. „ commune Vauch.
„ 59. „ halophilum Hansg. — mit Dauerzellen.
„ 60. Anabaena oscillarioides Bory.
„ 61. „ circinalis (Kütz.) Hansg.
„ 62. „ elliptica Lemm.
„ 63. „ variabilis Kütz.
„ 64. Aphanizomenon flos aquae (L.) Ralfs.
„ 65. Cylindrospermum marchicum Lemm.
„ 66. „ stagnale (Kütz.) Born. et Flah.
„ 67. Microchaete tenera Thur.
„ 68. Aulosira laxa Kirchn.
„ 69. Desmonema Wrangelii (Ag.) Born. et Flah.
„ 70. Plectonema carneum (Kütz.) Lemm.
„ 71. Scytonema myochrous (Dillw.) Ag.
„ 72. „ Hofmanni Ag.

Tafel II. Fig. 41—72.

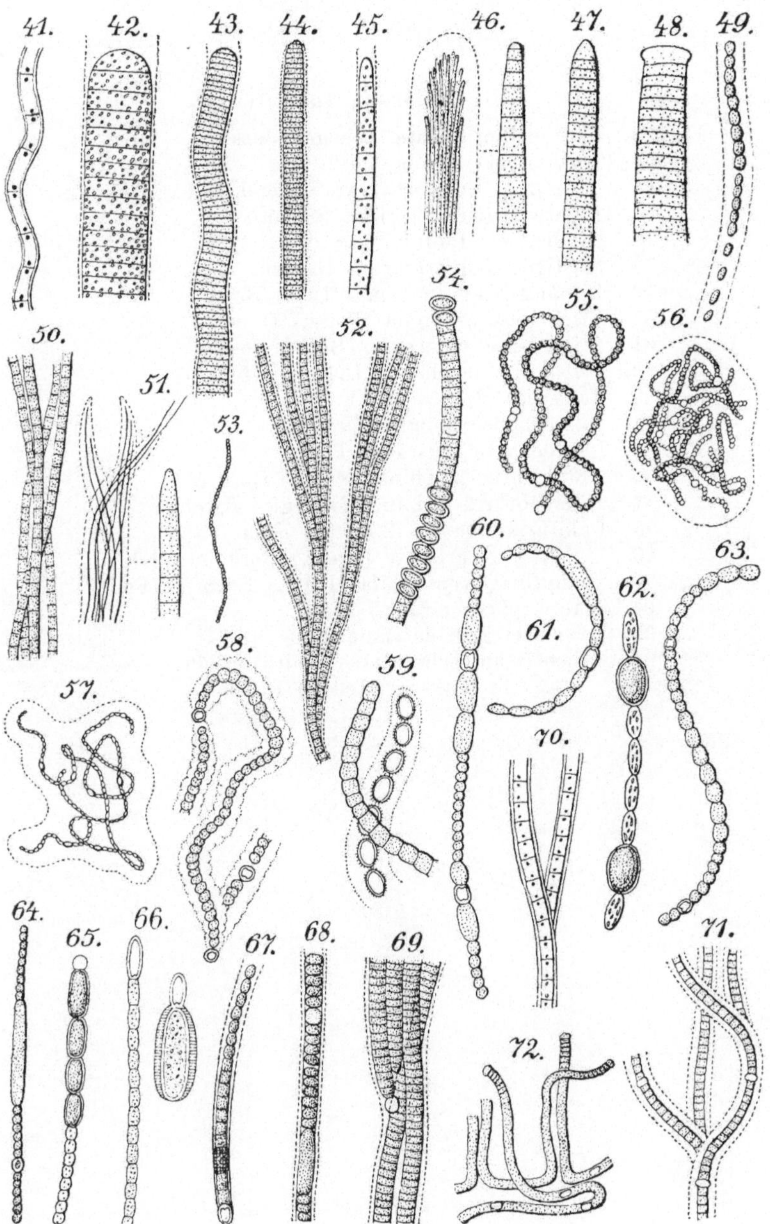

Erklärung zu Tafel III.

Fig. 73. Petalonema alatum (Carm.) Berk.
,, 74. Tolypothrix tenuis Kütz.
,, 75. ,, distorta var. penicillata (Ag.) Lemm.
,, 76. Hydrocoryne spongiosa Schwabe.
,, 77. Diplocolon Heppii Naeg.
,, 78. Mastigocoleus testarum Lagerh.
,, 79. Hapalosiphon fontinalis (Ag.) Born.
,, 80. Fischerella ambigua (Kütz.) Gom.
,, 81. Stigonema turfaceum (Berk.) Cooke.
,, 82. ,, ocellatum (Dillw.) Thur.
,, 83. Capsosira Brebissonii Kütz.
,, 84. Nostochopsis lobatus Wood.
,, 85. Leptochaete crustacea Borzi.
,, 86. Amphithrix janthina (Mont.) Born.
,, 87. Homoeothrix Juliana (Menegh.) Kirchn.
,, 88. Calothrix Braunii Born. et Flah.
,, 89. ,, parietina (Naeg.) Born. et Flah.
,, 90. Dichothrix gypsophila (Kütz.) Born. et Flah.
,, 91. Isactis plana (Harv.) Thur.
,, 92. Rivularia Biasolettiana Menegh.
,, 93. Gloeotrichia echinulata (Smith) Richt.
,, 94. ,, natans (Hedw.) Rabenh.

Tafel III. Fig. 73—94.

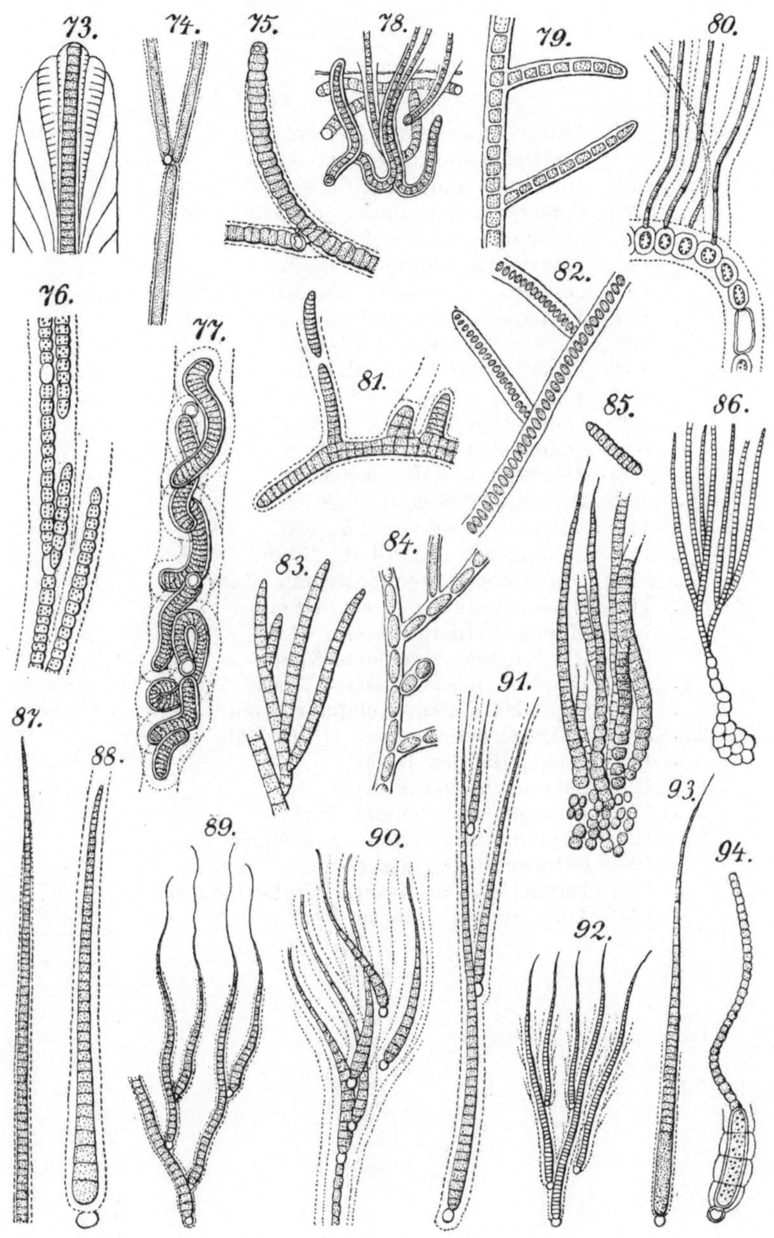

Erklärung zu Tafel IV.

Fig. 95. Multicilia lacustris Lauterb.
„ 96. Mastigamoeba invertens Klebs.
„ 97. Dimorpha mutans Gruber.
„ 98. Cercobodo longicauda (Dujardin) Senn.
„ 99. Oicomonas termo (Ehrenb.) Kent.
„ 100. Platytheca micropora Stein.
„ 101. Leptomonas muscae domesticae (Stein) Senn.
„ 102. Trypanosoma granulosum Lav. et Mesnil.
„ 103. Bicoeca lacustris J. Clark.
„ 104. Poteriodendron petiolatum Stein.
„ 105. Monosiga ovata Kent.
„ 106. Codonosiga botrytis (Ehrenb.) Kent.
„ 107. Codonocladium umbellatum (Tatem) Stein.
„ 108. Astrosiga radiata Zacharias.
„ 109. Desmarella moniliformis Kent.
„ 110. Sphaeroeca volvox Lauterb.
„ 111. Salpingoeca convallaria Stein.
„ 112. Diplosigopsis frequentissima (Zachar.) Lemm.
„ 113. Phalansterium digitatum Stein.
„ 114. Monas vivipara Ehrenb.
„ 115. Sterromonas formicina Kent.
„ 116. Dendromonas virgaria (Weisse) Stein.
„ 117. Cephalotamnion cyclopum Stein.
„ 118. Anthophysa vegetans (O. F. Müll.) Stein.
„ 119. Bodo minimus Klebs.
„ 120. Dinomonas vorax Kent.
„ 121. Pleuromonas jaculans Perty.
„ 122. Phyllomitus amylophagus Klebs.
„ 123. Colponema loxodes Stein.
„ 124. Rhynchomonas nasuta (Stokes) Klebs.
„ 125. Amphimonas globosa Kent.

Tafel IV. Fig. 95—125.

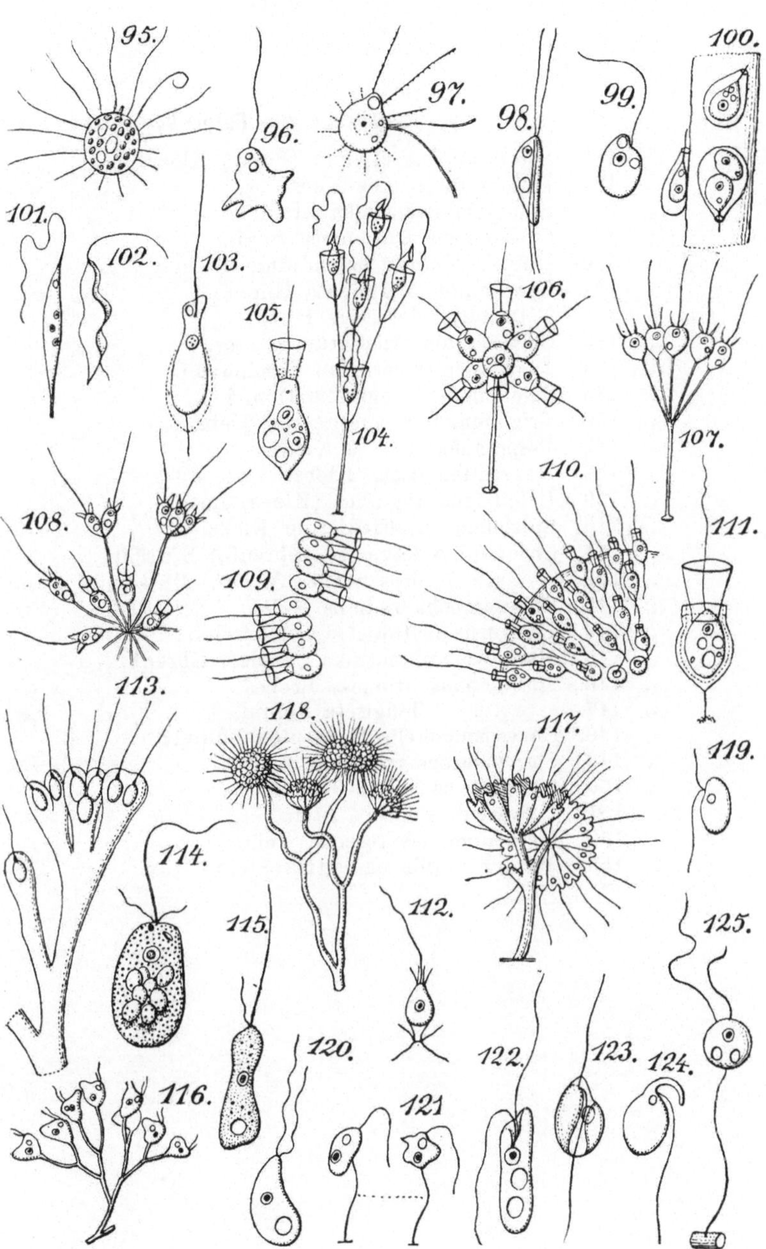

Erklärung zu Tafel V.

Fig. 126. Streptomonas cordata (Perty) Klebs.
„ 127. Diplomita socialis Kent.
„ 128. Spongomonas uvella Stein.
„ 129. Cladomonas fruticulosa Stein.
„ 130. Rhipidodendron splendidum Stein.
„ 131. Cyathomonas truncata Ehrenb.
„ 132. Tetramitus descissus Perty.
„ 133. Collodictyon triciliatum Carter.
„ 134. Trichomastix lacertae Blochmann.
„ 135. Trichomonas vaginalis Donné.
„ 136. Trigonomonas compressus Klebs.
„ 137. Trepomonas rotans Klebs.
„ 138. Hexamitus fissus Klebs.
„ 139. Urophagus angustus (Klebs) Lemm.
„ 140. Spironema multiciliatum Klebs.
„ 141. Chromulina flavicans (Ehrenb.) Bütschli.
„ 142. „ Rosanoffii (Woron.) Bütschli.
„ 143. Chrysamoeba radians Klebs.
„ 144. Hydrurus foetidus (Vill.) Kirchn.
„ 145. Microglena punctifera (Müller) Ehrenb.
„ 146. Mallomonas litomesa Stokes.
„ 147. „ longiseta Lemm.
„ 148. Chrysosphaerella longispina Lauterb.
„ 149. Chrysococcus rufescens Klebs.
„ 150. Stylococcus aureus Chodat.
„ 151. Chrysopyxis biceps Stein.
„ 152. Hymenomonas roseola Stein.
„ 153. Stylochrysallis parasitica Stein.

Tafel V. Fig. 126—153.

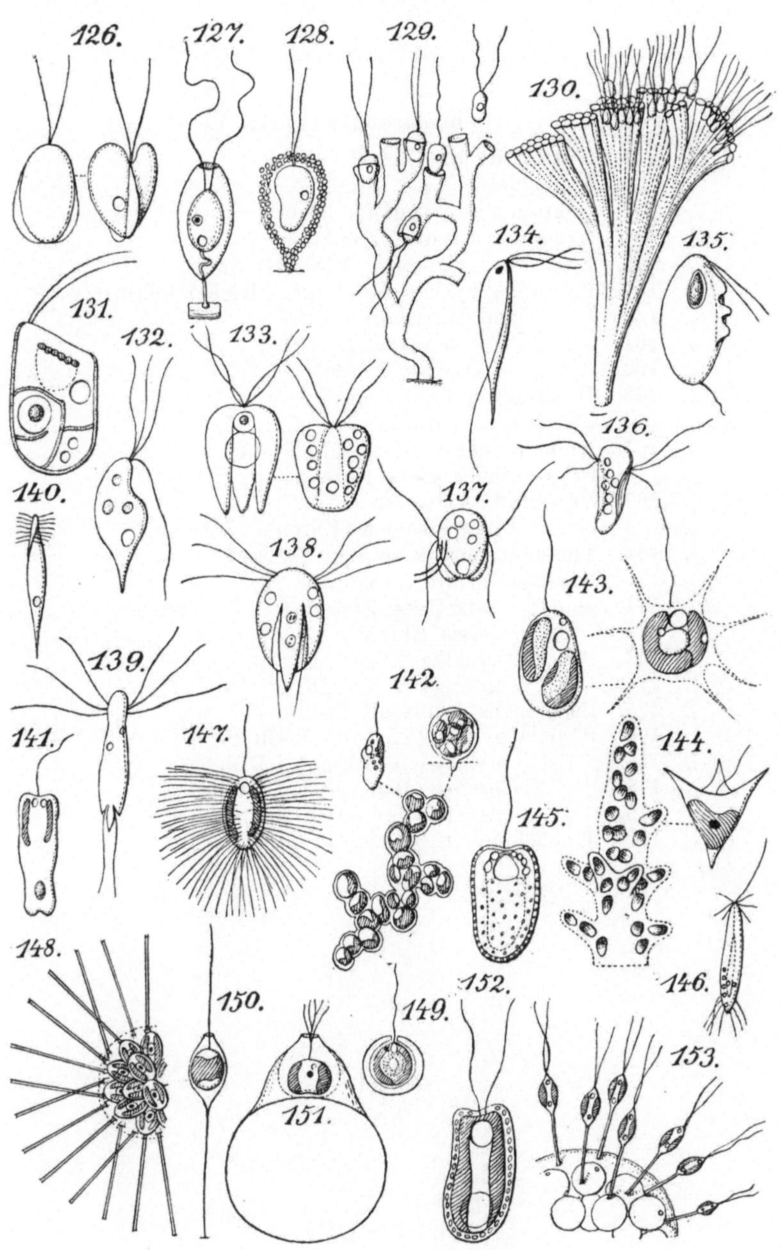

Erklärung zu Tafel VI.

Fig. 154. Synura uvella Ehrenb.
„ 155. Syncrypta volvox Ehrenb.
„ 156. Ochromonas mutabilis Klebs.
„ 157. Uroglena volvox Ehrenb.
„ 158. Dinobryon utriculus (Ehrenb.) Stein.
„ 159. Pseudokephyrion undulatum (Klebs) Pascher.
„ 160. Dinobryon Marssonii Lemm.
„ 161. „ sertularia Ehrenb.
„ 162. „ sociale Ehrenb.
„ 163. Hyalobryon Lauterbornii Lemm.
„ 164. Chilomonas paramaecium Ehrenb.
„ 165. Rhodomonas marina (Dang.) Lemm.
„ 166. Cryptomonas erosa Ehrenb.
„ 167. Vacuolaria virescens Cienk.
„ 168. Gonyostomum semen (Ehrenb.) Diesing.
„ 169. Thaumatomastix setifera Lauterb.
„ 170. Euglena viridis Ehrenb.
„ 171. „ sanguinea Ehrenb.
„ 172. „ deses Ehrenb.
„ 173. „ gracilis Klebs.
„ 174. „ spirogyra Ehrenb.
„ 175. Lepocinclis Marssonii Lemm.
„ 176. Phacus pyrum (Ehrenb.) Stein.
„ 177. „ longicauda (Ehrenb.) Duj.
„ 178. „ brevicaudata (Klebs) Lemm.
„ 179. „ pleuronectes (O. F. Müller) Duj.
„ 180. Trachelomonas affinis Lemm.

Tafel VI. Fig. 154—180.

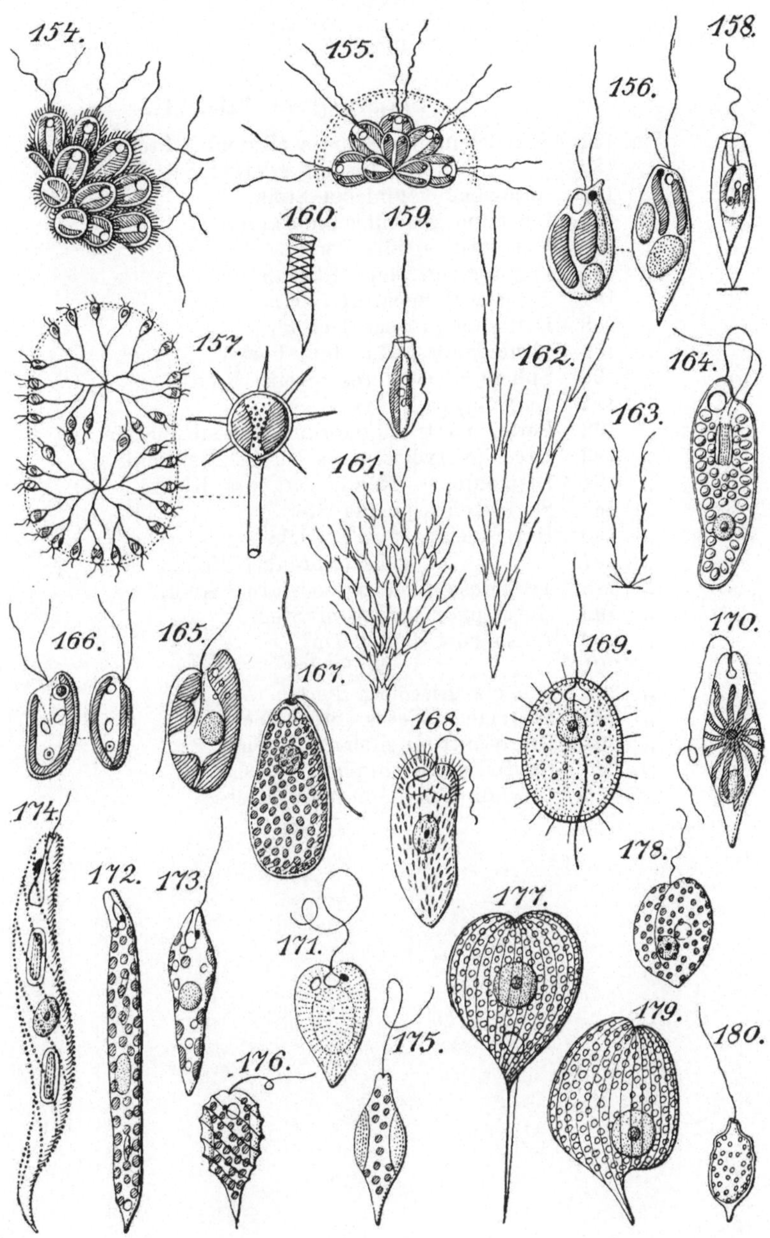

Erklärung zu Tafel VII.

Fig. 181. Trachelomonas armata (Ehrenb.) Stein.
„ 182. „ hispida (Perty) Stein.
„ 183. Ascoglena vaginicola Stein.
„ 184. Colacium vesiculosum Ehrenb.
„ 185. Eutreptia viridis Perty.
„ 186. Cryptoglena pigra Ehrenb.
„ 187. Astasia Dangeardii Lemm.
„ 188. Distigma proteus Ehrenb.
„ 189. Menoideum pellucidum Perty.
„ 190. Sphenomonas teres (Stein) Klebs.
„ 191. Euglenopsis vorax Klebs.
„ 192. Peranema trichophorum (Ehrenb.) Stein.
„ 193. Urceolus cyclostomus (Stein) Mereschk.
„ 194. Petalomonas Steinii var. lata Klebs.
„ 195. Scytomonas pusilla Stein.
„ 196. Heteronema spirale Klebs.
„ 197. „ acus (Ehrenb.) Stein.
„ 198. Tropidoscyphus octocostatus Stein.
„ 199. Entosiphon sulcatum Stein.
„ 200. Anisonema acinus Duj.
„ 201. „ ovale Klebs.
„ 202. Dinema griseolum Perty.
„ 203. Exuviaella laevis (Stein) Schröd.
„ 204. Prorocentrum micans Ehrenb.
„ 205. Phytodinium simplex Klebs.
„ 206. Gloeodinium montanum Klebs.

Tafel VII. Fig. 181—206.

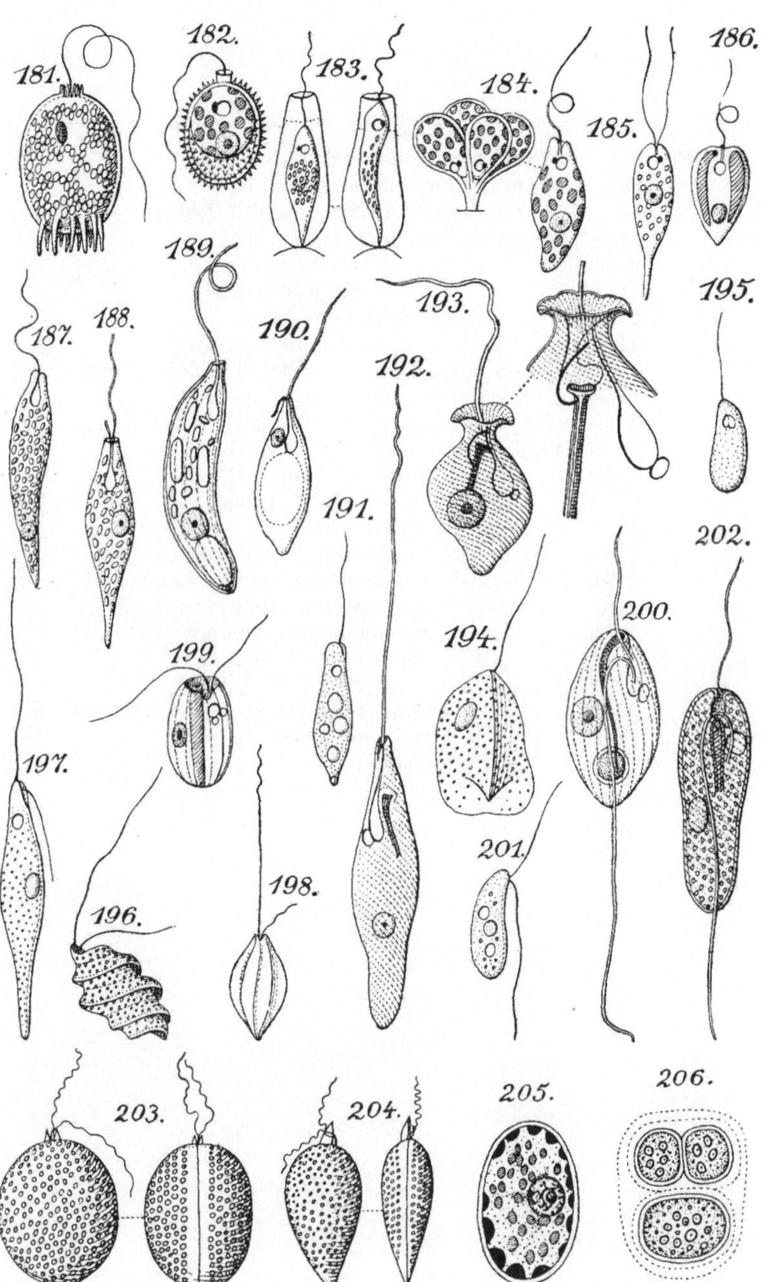

Erklärung zu Tafel VIII.

Fig. 207. Hemidinium nasutum Stein.
„ 208. Amphidinium lacustre Stein.
„ 209. Cystodinium cornifax (Schill.) Klebs.
„ 210a. Gymnodinium leopoliense Wolosz.
„ 210b. „ helveticum Penard.
„ 211. „ aeruginosum Stein.
„ 212a. Glenodinium foliaceum Stein.
„ 212b. „ gymnodinium Penard.
„ 213. Gyrodinium hyalinum (Schill.) Kof. et Sw.
„ 214. Kolkwitziella salebrosa Lindem.
„ 215. Gonyaulax apiculata (Penard) Entz.
„ 216a. Peridinium palatinum Lauterb.
„ 216b. „ cinctum (Müll.) Ehrenb.
„ 217a. „ Willei Huitf.-Koas.
„ 217b. „ Volzii Lemm.
„ 218a. „ bipes Stein.
„ 218b. „ trochoideum (Stein) Lemm.
„ 218c. „ umbonatum Stein.
„ 219a. „ inconspicuum Lemm.
„ 219b. „ Cunningtonii Lemm.
„ 220a. Ceratium tripos (Müll.) Nitzsch.
„ 220b. „ hirundinella (O. F. Müll.) Schrank.
„ 220c. „ cornutum Cl. et L.

Tafel VIII. Fig. 207—220 c.

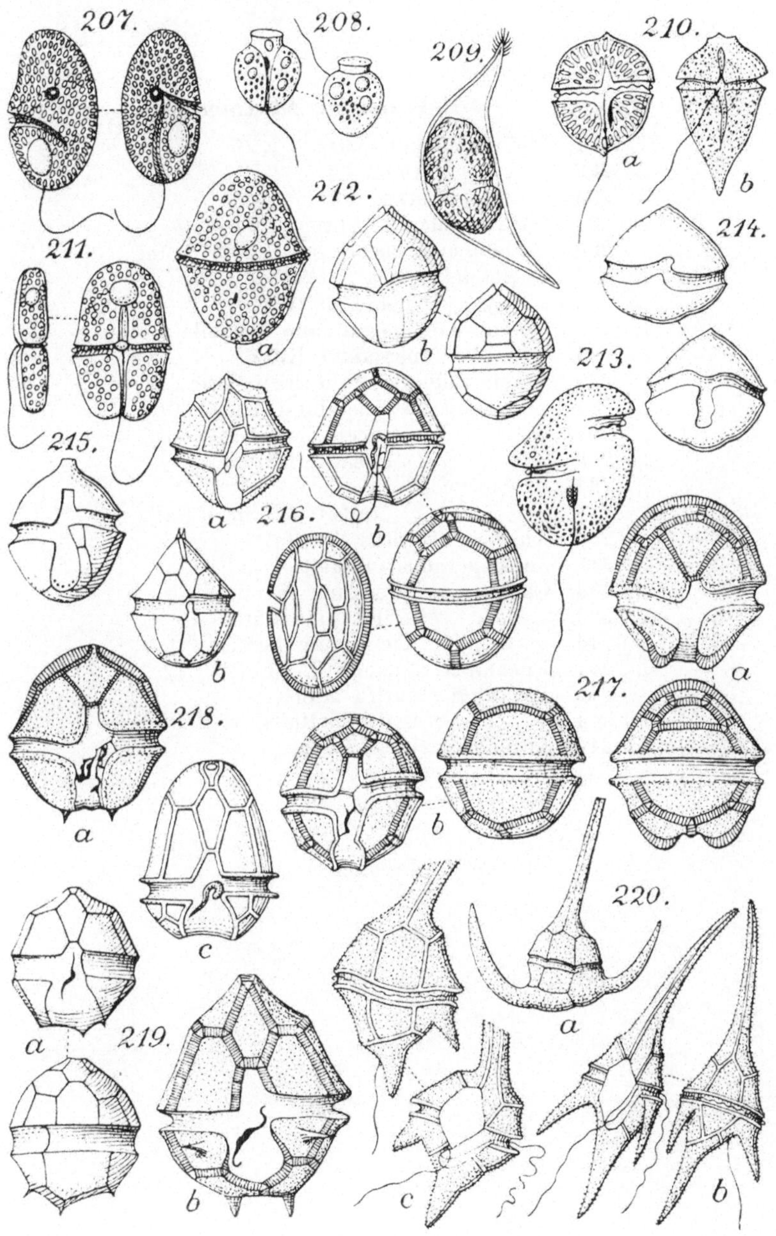

Erklärung zu Tafel IX.

Fig. 221. Melosira salina Kütz.
,, 222. ,, varians Ag.
,, 223. ,, distans Kütz.
,, 224. Paralia sulcata (Ehrenb.) Cleve.
,, 225. Sceletonema costatum (Grev.) Grun.
,, 226. Cyclotella comta (Ehrenb.) Kg.
,, 227. ,, Kuetzingiana Thw.
,, 228. ,, Meneghiniana Rabenh.
,, 229. ,, operculata Kütz.
,, 230. Stephanodiscus Hantzschii Grun.
,, 231. Coscinodiscus Kuetzingii A. Schmidt.
,, 232. ,, excentricus Ehrenb.
,, 233. ,, lineatus Ehrenb.
,, 234. Actinocyclus cruciatus Schum.
,, 235. ,, Ralfsii (W. Sm.) Ralfs.
,, 236. Auliscus sculptus W. Sm.
,, 237. Actinoptychus undulatus Ralfs.
,, 238. Chaetoceras procerum Schütt.
,, 239. ,, crinitum Schütt.
,, 240. ,, laciniosum Schütt.
,, 241. Eucampia zodiacus Ehrenb.
,, 242. Biddulphia aurita Bréb.
,, 243. ,, Smithii (Ralfs) v. Heurck.
,, 244. Isthmia nervosa Kütz.

Tafel IX. Fig. 221—244.

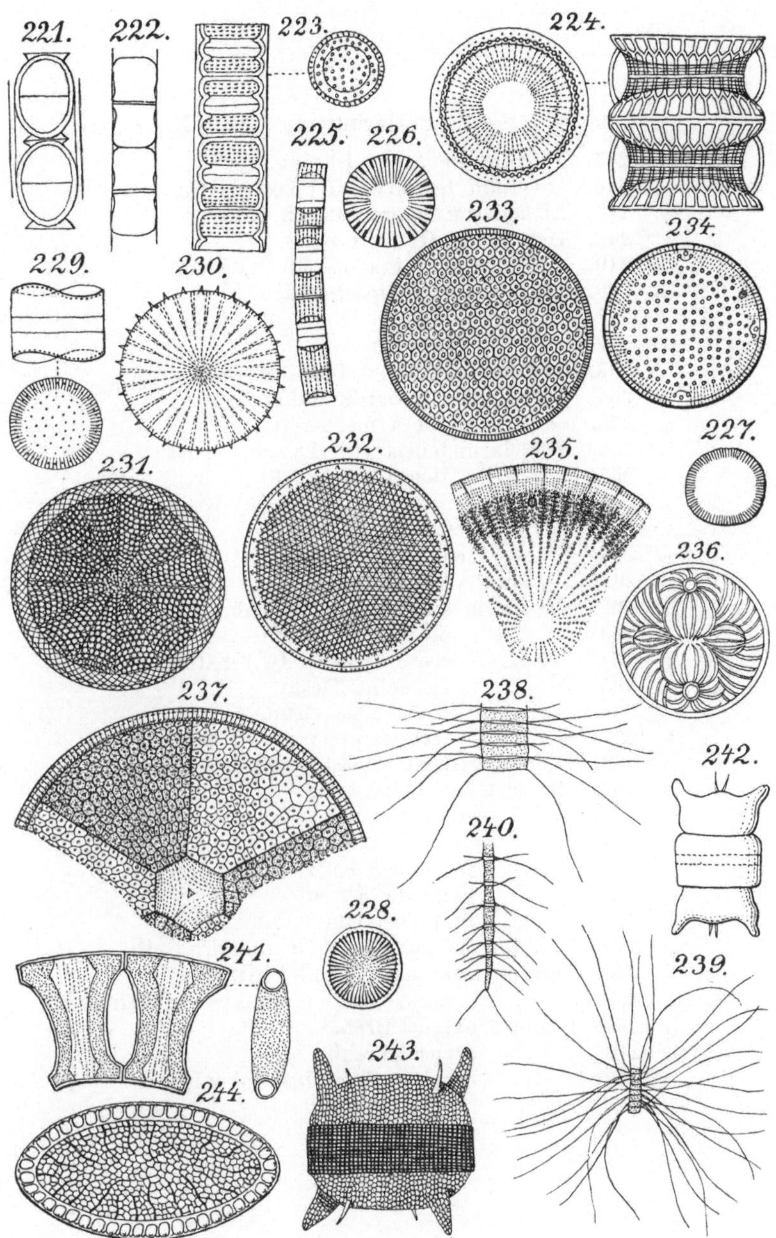

Erklärung zu Tafel X.

Fig. 245. Triceratium favus Ehrenb.
,, 246. Ditylium Brightwellii (West.) Grun.
,, 247. Lithodesmium undulatum Ehrenb.
,, 248. Hemiaulus Hauckii Grun.
,, 249. Cylindrotheca gracilis (Bréb.) Grun.
,, 250. Rhizosolenia longiseta Zach.
,, 251. Denticula crassula Naeg.
,, 252. ,, elegans Kütz.
,, 253. Diatomella Balfouriana Grév.
,, 254. Tetracyclus lacustris Ralfs.
,, 255. Grammatophora marina (Lyngb.) Kütz.
,, 256. Tabellaria fenestrata (Lyngb.) Kütz.
,, 257. ,, flocculosa (Roth) Kütz.
,, 258. Licmophora gracilis (Ehrenb.) Grun.
,, 259. Meridion circulare Ag.
,, 260. ,, constrictum Ralfs.
,, 261. Diatoma vulgare Bory.
,, 262. Fragilaria amphiceros (Ehrenb.) Schütt.
,, 263. ,, elliptica Schum.
,, 264. ,, crotonensis (Edw.) Kitton.
,, 265. ,, capucina Desm.
,, 266. ,, construens Grun.
,, 267. ,, Harrisonii (W. Sm.) Grun.
,, 268. Dimerogramma surirella (Ehrenb.) Grun.
,, 269. Synedra pulchella Kütz.
,, 270. ,, ulna Ehrenb.
,, 271. ,, acus Kütz.
,, 272. ,, familiaris Kütz.
,, 273. ,, capitata Ehrenb.
,, 274. ,, amphicephala Kütz.
,, 275. Asterionella gracillima (Hantzsch) Heib.
,, 276. Ceratoneis arcus (Ehrenb.) Kütz.
,, 277. ,, arcus var. amphioxys Rabenh.
,, 278. Eunotia exigua Bréb.
,, 279. ,, arcus Ehrenb.
,, 280. ,, gracilis (Ehrenb.) Rabenh.

Tafel X. Fig. 245—280.

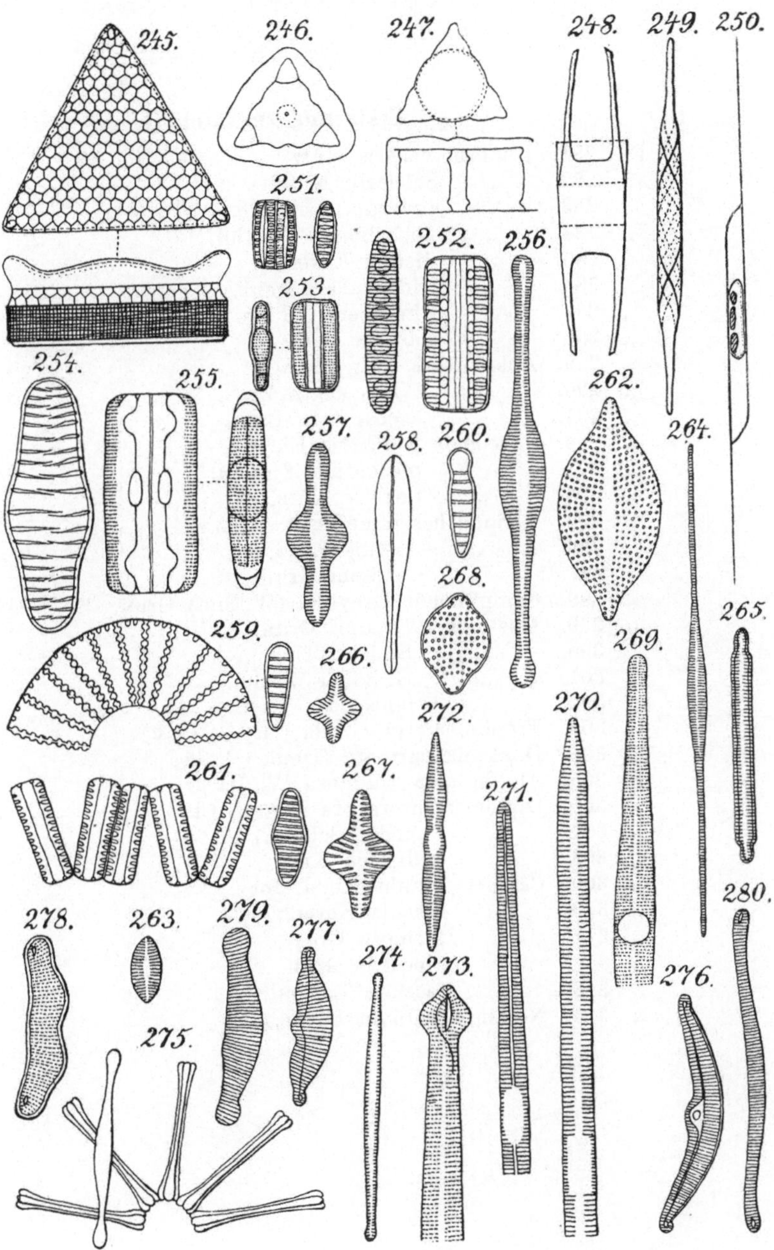

Erklärung zu Tafel XI.

Fig. 281. Eunotia veneris Kütz.
„ 282. „ Soleirolii Kütz.
„ 283. „ praerupta Ehrenb.
„ 284. „ kocheliensis O. Müll.
„ 285. „ diodon Ehrenb.
„ 286. „ tridentula Ehrenb.
„ 287. „ Ehrenbergii Ralfs.
„ 288. „ robusta Ralfs.
„ 289. Achnanthes longipes Ag.
„ 290. „ lanceolata Bréb.
„ 291. „ coarctata Bréb.
„ 292. Cocconeis pediculus Ehrenb.
„ 293. „ placentula Ehrenb.
„ 294. „ flexella Kütz.
„ 295. Achnanthes minutissima Kütz.
„ 296. „ exilis Kütz.
„ 297. „ exigua Grun.
„ 298. Campyloneis Grevillei (W. Sm.) Grun.
„ 299. Mastogloia Braunii Grun.
„ 300. „ Smithii Thw.
„ 301. „ Grevillei W. Sm.
„ 302. „ lanceolata Thw.
„ 303. Tropidoneis gibberula (Grun.) Cleve.
„ 304. Donkinia carinata (Donk.) Ralfs.
„ 305. Amphiprora paludosa W. Sm.
„ 306. Diploneis interrupta (Kütz.) Cl.
„ 307. „ puella (Schum.) Cl.
„ 308. „ elliptica Kütz.
„ 309. Caloneis amphisbaena Bory.
„ 310. „ silicula Ehrenb.
„ 311. „ formosa Greg.
„ 312. „ alpestris Grun.
„ 313. „ fasciata Lagerstr.
„ 314. Neidium dubium Ehrenb.

Tafel XI. Fig. 281—314.

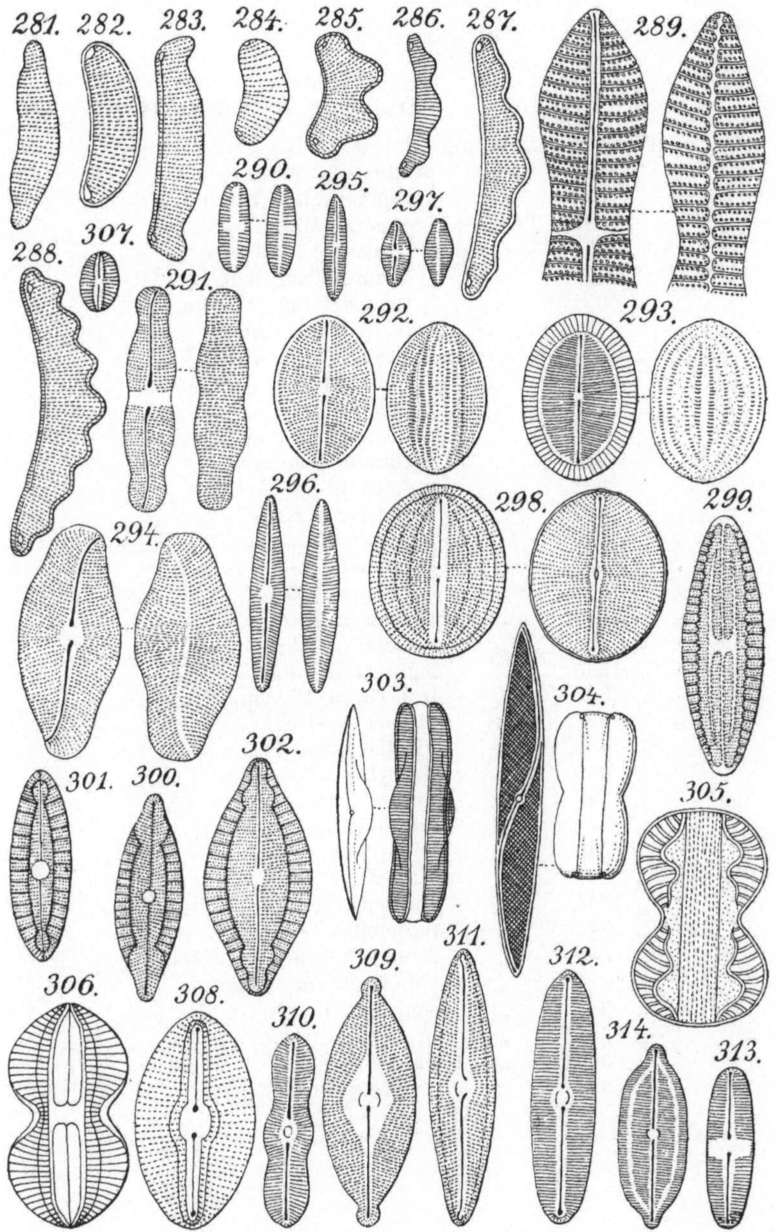

Erklärung zu Tafel XII.

Fig. 315. Neidium bisulcatum Lagerstr.
,, 316. ,, productum W. Sm.
,, 317. ,, amphigomphus Ehrenb.
,, 318. Trachyneis aspera (Ehrenb.) Cl.
,, 319. Gyrosigma Wansbeckii Donkin.
,, 320. ,, acuminatum Kütz.
,, 321. ,, tenuissimum (W. Sm.) Cl.
,, 322. ,, scalproides Rabenh.
,, 323. Pleurosigma angulatum Queck.
,, 324. ,, delicatulum W. Sm.
,, 325. Navicula yarrensis Grun.
,, 326. ,, divergens W. Sm.
,, 327. ,, cardinalis Ehrenb.
,, 328. ,, stomatophora Grun.
,, 329. ,, Brebissonii Kütz.
,, 330. ,, appendiculata Ag.
,, 331. ,, polyonca Bréb.
,, 332. ,, stauroptera Grun.
,, 333. ,, tabellaria Ehrenb.
,, 334. ,, mesolepta Ehrenb.
,, 335. ,, legumen Ehrenb.
,, 336. ,, interrupta W. Sm.
,, 337. ,, globiceps Greg.
,, 338. ,, viridis Nitzsch.
,, 339. ,, dactylus Ehrenb.
,, 340. ,, major Kütz.
,, 341. ,, parva (Ehrenb.) Greg.
,, 342. ,, hemiptera Kütz.
,, 343. ,, lata Bréb.
,, 344. ,, contenta Grun.
,, 345. ,, perpusilla Grun.
,, 346. ,, scutum (Schum.) v. Heurck.
,, 347. ,, sphaerophora Kütz.
,, 348. ,, sculpta Ehrenb.
,, 349. ,, brachysira Grun.
,, 350. ,, forcipata Grev.
,, 351. ,, cryptocephala Kütz.

Tafel XII. Fig. 315—351.

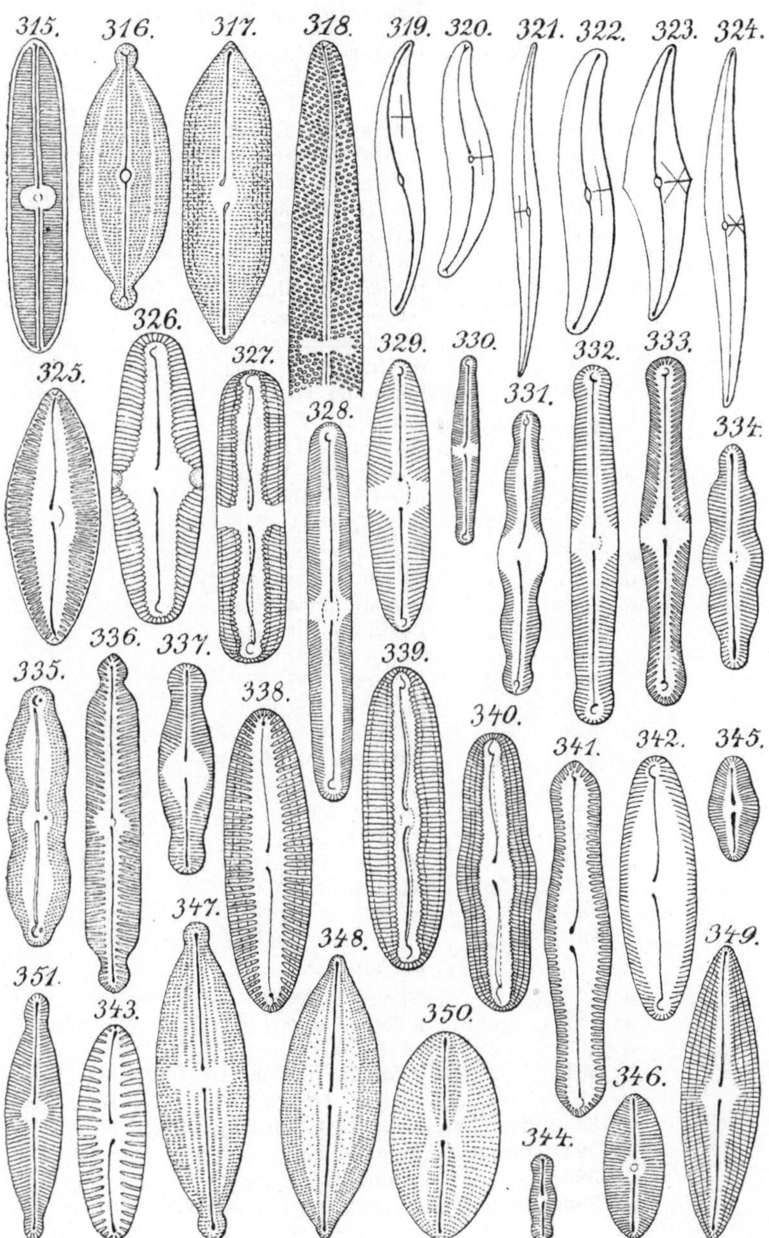

Erklärung zu Tafel XIII.

Fig. 352. Navicula hungarica Grun.
„ 353. „ rhynchocephala Kütz.
„ 354. „ salinarum Grun.
„ 355. „ platystoma Ehrenb.
„ 356. „ cincta Ehrenb.
„ 357. „ viridula Kütz.
„ 358. „ gracilis Ehrenb.
„ 359. „ peregrina Ehrenb.
„ 360. „ Reinhardtii Grun.
„ 361. „ placentula Ehrenb.
„ 362. „ lanceolata (Ag.) Kütz.
„ 363. „ cancellata Donk.
„ 364. „ digitoradiata Greg.
„ 365. „ halophila Grun.
„ 366. „ cuspidata Kütz.
„ 367. „ crucigera W. Sm.
„ 368. „ scutelloides W. Sm.
„ 369. „ humerosa Bréb.
„ 370. „ scandinavica Lagerstr.
„ 371. „ pusilla W. Sm.
„ 372. „ cocconeiformis Greg.
„ 373. „ subhamulata Grun.
„ 374. „ bacillum Ehrenb.
„ 375. „ semen Ehrenb.
„ 376. „ crucicula W. Sm.
„ 377. „ protracta Grun.
„ 378. „ integra W. Sm.
„ 379. „ binodis Ehrenb.
„ 380. „ seminulum Grun.
„ 381. „ pupula Kütz.
„ 382. „ minima Grun.
„ 383. „ mutica Kütz.
„ 384. „ bacilliformis Grun.
„ 385. „ minuscula Grun.
„ 386. „ pelliculosa (Bréb.) Hilse.
„ 387. „ muralis Grun.
„ 388. „ anceps Ehrenb.
„ 389. „ phoenicenteron Ehrenb.
„ 390. „ acuta W. Sm.
„ 391. „ legumen (Ehrenb.)
„ 392. „ Smithii Grun.
„ 393. Brebissonia Boeckii (Ehrenb.) Grun.
„ 394. Frustulia vulgaris Thw.
„ 395. „ rhomboides Ehrenb.
„ 396. Amphipleura rutilans (Trent.) Cl.

Tafel XIII. Fig. 352—396.

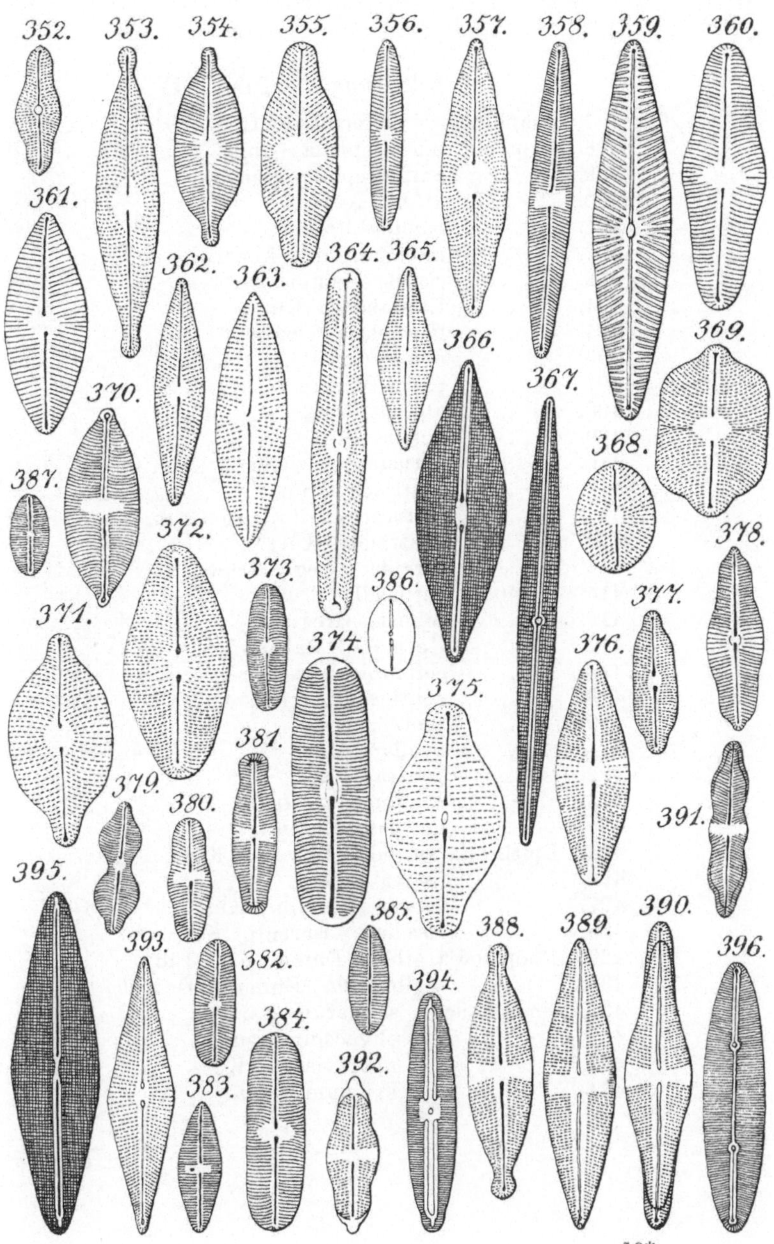

Erklärung zu Tafel XIV.

Fig. 397. Amphipleura pellucida Kütz.
„ 398. Cymbella microcephala Grun.
„ 399. „ amphicephala Naeg.
„ 400. „ affinis Kütz.
„ 401. „ tumida Bréb.
„ 402. „ naviculiformis Auersw.
„ 403. „ cistula Hempr.
„ 404. „ Ehrenbergii Kütz.
„ 405. „ lanceolata Ehrenb.
„ 406. „ cymbiformis (Ag.) Kütz.
„ 407. „ parva W. Sm.
„ 408. „ alpina Grun.
„ 409. „ pusilla Grun.
„ 410. „ obtusiuscula (Kütz.) Grun.
„ 411. „ austriaca Grun.
„ 412. „ leptoceros (Ehrenb.) Grun.
„ 413. „ ventricosa Kütz.
„ 414. „ turgida (Greg.) Grun.
„ 415. Amphora perpusilla Grun.
„ 416. „ robusta Greg.
„ 417. „ Normanni Rabenh.
„ 418. „ coffeiformis Ag.
„ 419. „ acutiuscula Kütz.
„ 420. „ proteus Greg.
„ 421. „ ovalis Kütz.
„ 422. „ veneta Kütz.
„ 423. „ commutata Grev.
„ 424. „ lineolata Ehrenb.
„ 425. Epithemia turgida (Ehrenb.) Kütz.
„ 426. „ sorex Kütz.
„ 427. „ argus (Ehrenb.) Kütz.
„ 428. „ ocellata (Ehrenb.) Kütz.
„ 429. Rhopalodia gibba (Ehrenb.) O. Müll.
„ 430. „ gibberula (Ehrenb.) O. Müll.
„ 431. Gomphonema salinarum Pantocz.
„ 432. „ olivaceum Lyngb.
„ 433. „ abbreviatum Kütz.
„ 434. „ exiguum Kütz.

Tafel XIV. Fig. 397—431.

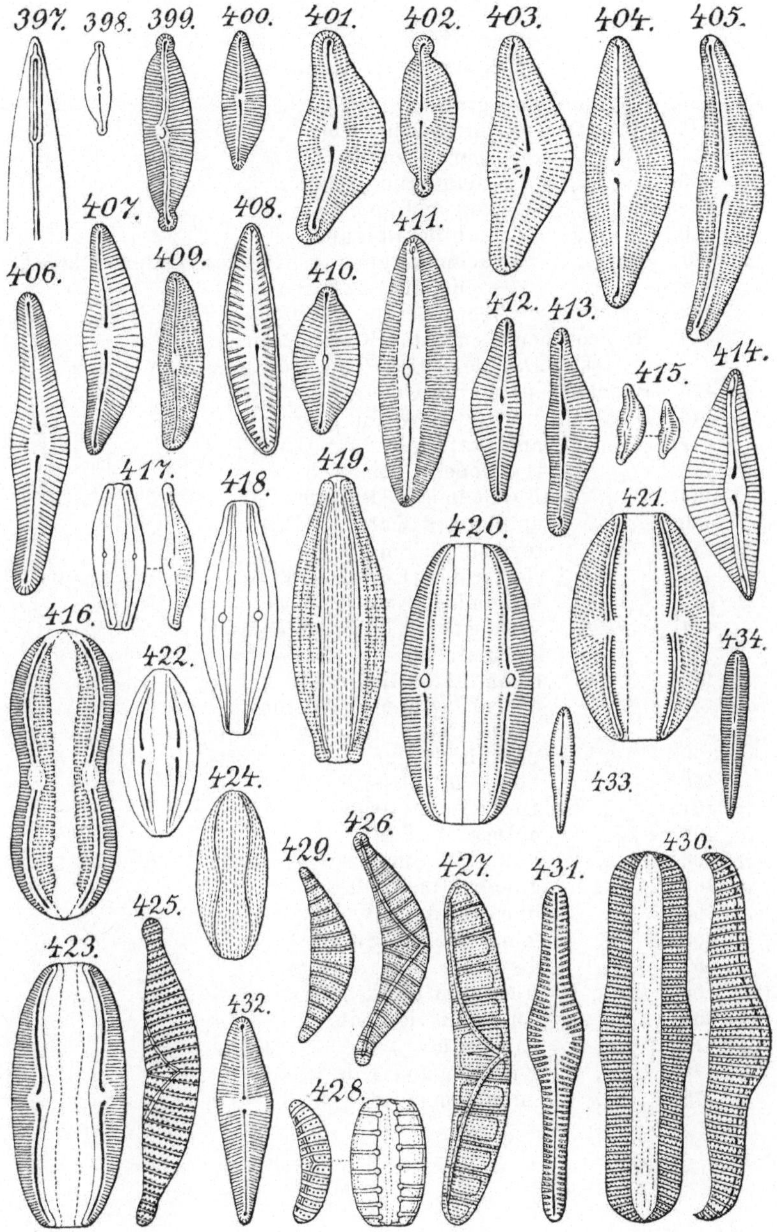

Erklärung zu Tafel XV.

Fig. 435. Gomphonema gracile Ehrenb.
„ 436. „ intricatum Kütz.
„ 437. „ parvulum Kütz.
„ 438. „ montanum Schum.
„ 439. „ augur Ehrenb.
„ 440. „ subtile Ehrenb.
„ 441. „ acuminatum var. trigonocephalum Ehrenb.
„ 442. „ acuminatum Ehrenb.
„ 443. „ constrictum Ehrenb.
„ 444. Rhoicosphenia curvata (Kütz) Grun.
(Unterschale, Oberschale, Gürtelansicht).
„ 445. Bacillaria paradoxa Gmel.
„ 446. Nitzschia punctata (W. Sm.) Grun.
„ 447. „ angustata (W. Sm.) Grun.
„ 448. „ tryblionella Hantzsch.
„ 449. „ Bulnheimiana Rabenh.
„ 450. „ amphioxys Kütz.
„ 451. „ reversa W. Sm.
„ 452. „ closterium (Ehrenb.) W. Sm.
„ 453. „ sigmoidea (Nitzsch) W. Sm.
„ 454. „ vermicularis (Kütz.) Hantzsch.
„ 455. „ apiculata (Greg.) Grun.
„ 456. „ commutata Grun.
„ 457. „ curvula (Ehrenb.) W. Sm.
„ 458. „ sigma (Kütz.) W. Sm.
„ 459. „ parvula W. Sm.
„ 460. „ hungarica Grun.
„ 461. „ Heufleriana Grun.
„ 462. „ obtusa W. Sm.
„ 463. „ dubia W. Sm.
„ 464. „ gracilis Hantzsch.
„ 465. „ linearis (Ag.) W. Sm.
„ 466. „ lanceolata W. Sm.
„ 467. „ dissipata (Kütz.) Grun.
„ 468. „ frustulum (Kütz.) Grun.
„ 469. „ communis Rabenh.
„ 470. „ palea Kütz.
„ 471. „ Kuetzingiana Hilse.
„ 472. „ minutissima W. Sm.

Tafel XV. Fig. 435—472.

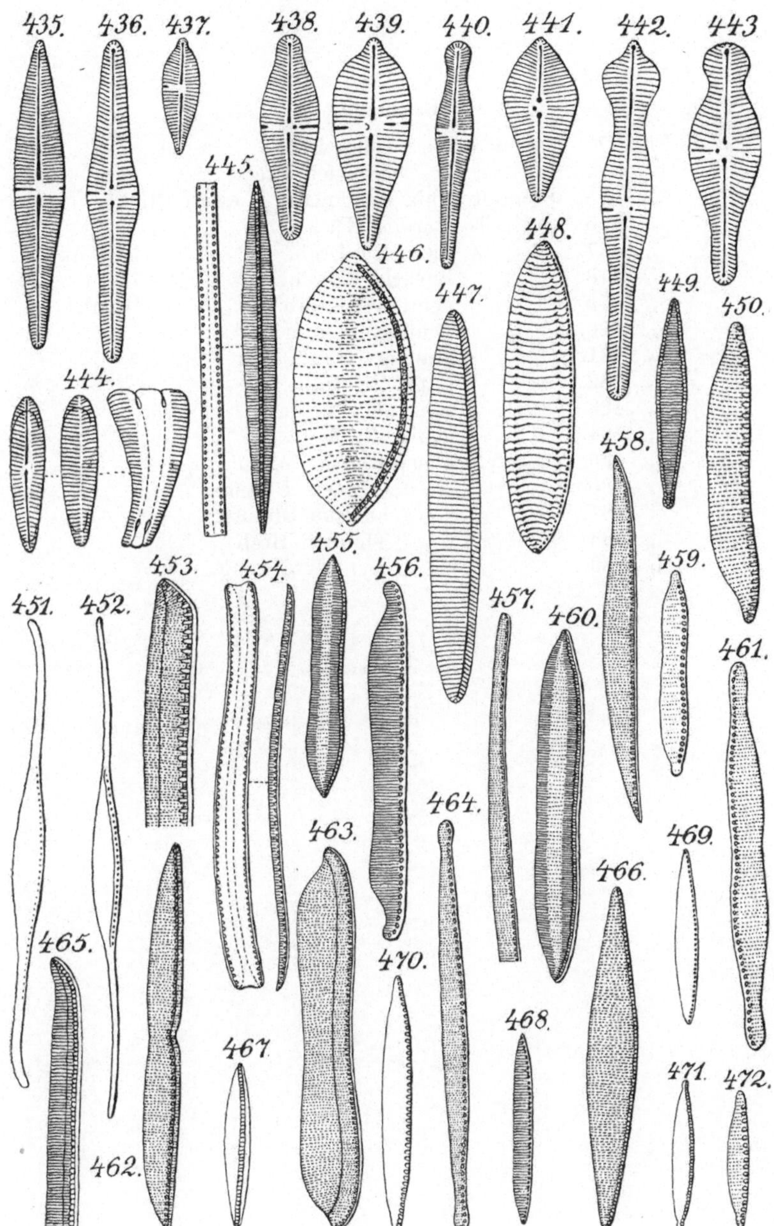

Erklärung zu Tafel XV.

Fig. 473. Cymatopleura solea Bréb.
„ 474. „ elliptica Bréb.
„ 475. Stenopterobia intermedia (Lewis) Fricke.
„ 476. Surirella spiralis Kütz.
„ 477. „ biseriata Bréb.
„ 478. „ linearis W. Sm.
„ 479. „ gemma Ehrenb.
„ 480. „ dentata Schum.
„ 481. „ gracilis Grun.
„ 482. „ Capronii Bréb.
„ 483. „ striatula Turpin.
„ 484. „ ovalis Bréb.
„ 485. Campylodiscus Ralfsii W. Sm.
„ 486. „ echineis Ehrenb.
„ 487. „ noricus Ehrenb.
„ 488. „ Thuretii Bréb.
„ 489. „ clypeus Ehrenb.

Tafel XVI. Fig. 473—489.

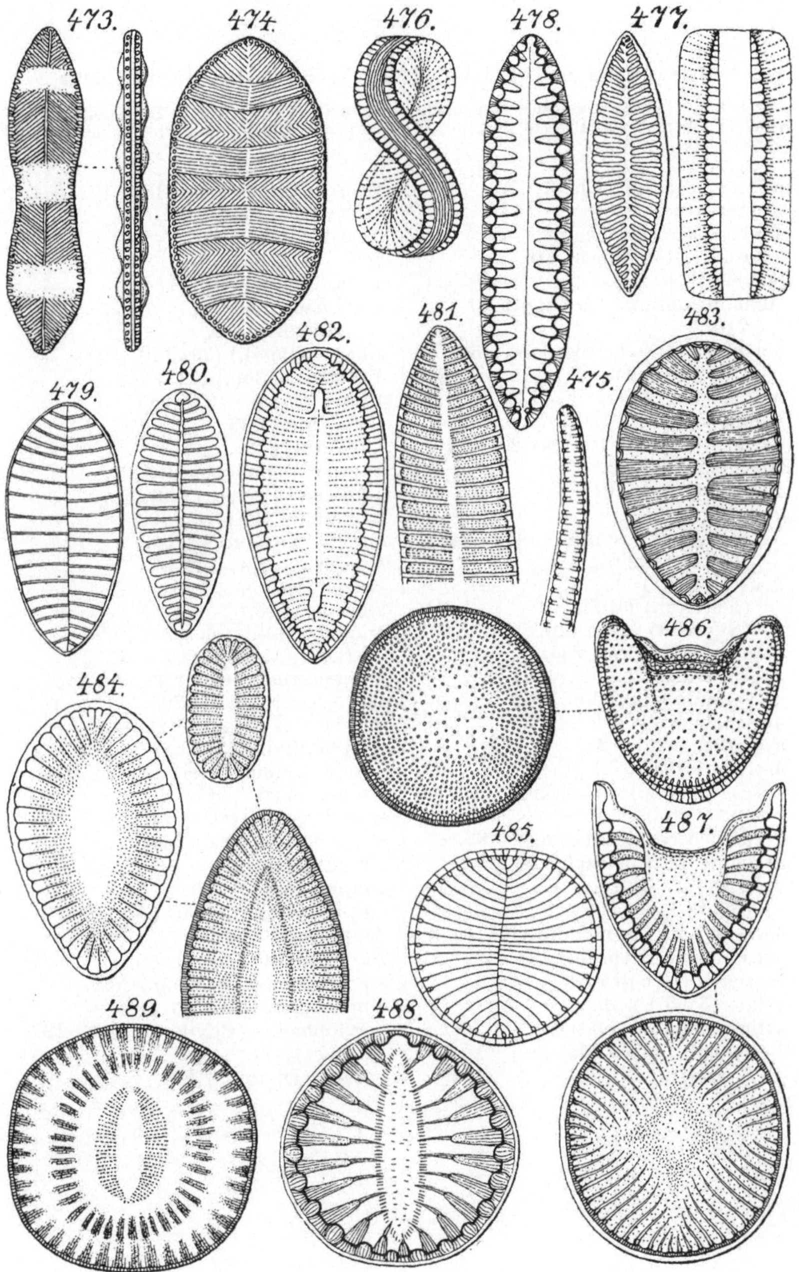

Verzeichnis der Gattungen, Arten und Varietäten.

Die in Klammern stehende Zahl bezeichnet die Nummer der Figur. Die Abbildungen sind den Werken von Eyferth, Kirchner, Lemmermann, Migula, Pascher und Schönfeldt entnommen.

Druck von Oscar Brandstetter in Leipzig.

Kryptogamenflora für Anfänger

Eine Einführung in das Studium der blütenlosen Gewächse für Studierende und Liebhaber

Begründet von

Prof. Dr. **Gustav Lindau** †

Fortgesetzt von Prof. Dr. **R. Pilger**

Erster Band: **Die höheren Pilze** (Basidiomycetes). Von Prof. Dr. **Gustav Lindau.** Zweite, durchgesehene Auflage. Mit 607 Figuren im Text. VIII, 234 Seiten. 1917. Gebunden RM 7.50

Zweiter Band, 1. Abteilung: **Die mikroskopischen Pilze** (Myxomyceten, Phycomyceten und Ascomyceten). Von Prof. Dr. **Gustav Lindau.** Zweite, durchgesehene Auflage. Mit 400 Figuren im Text. VIII, 222 Seiten. 1922. RM 6.30; gebunden RM 7.80

Zweiter Band, 2. Abteilung: **Die mikroskopischen Pilze** (Ustilagineen, Uredineen, Fungi imperfecti). Von Prof. Dr. **Gustav Lindau.** Zweite, durchgesehene Auflage. Mit 520 Figuren im Text. VI, 11 Seiten. 1922. RM 7.—; gebunden RM 8.10

Dritter Band: **Die Flechten.** Von Prof. Dr. **Gustav Lindau.** Zweite, durchgearbeitete Auflage. Mit 305 Figuren im Text. VIII, 252 Seiten. 1923. RM 6.50; gebunden RM 7.50

Vierter Band, 2. Abteilung: **Die Algen.** Von Prof. Dr. **Gustav Lindau.** Mit 437 Figuren im Text. VI, 200 Seiten. 1914. Gebunden RM 6.70

Vierter Band, 3. Abteilung: **Die Meeresalgen.** Von Prof. Dr. **Robert Pilger,** Privatdozent der Botanik an der Universität Berlin, Kustos am Botan. Garten zu Dahlem. Mit 183 Figuren im Text. XXIX, 125 Seiten. 1916. RM 3.60; gebunden RM 4.60

Fünfter Band: **Die Laubmoose.** Von Dr. **Wilhelm Lorch.** Zweite, verbesserte und vermehrte Auflage. Mit 273 Figuren im Text. VIII, 236 Seiten. 1923. RM 6.50; gebunden RM 7.50

Sechster Band: **Die Torf- und Lebermoose.** Von Prof. Dr. **Wilhelm Lorch.** Mit 296 Figuren im Text. **Die Farnpflanzen** (Pteridophyta). Von **G. Brause †.** Neu bearbeitet von **H. Andres.** Mit 75 Figuren im Text. Zweite, verbesserte und stark vermehrte Auflage. VIII, 356 Seiten. 1926. Gebunden RM 21.—